固体与软物质缺陷与断裂理论基础

（下　册）

范天佑　著

科学出版社
北京

内 容 简 介

本书是原《断裂理论基础》一书的修正与扩充版，着眼于缺陷的演化而不仅仅局限于裂纹问题，材料则从固体扩充到软物质. 原第 1 章内容得到很大的扩充. 原第 2-6 章被保存下来. 这 6 章构成现在的上册,以传统材料(结构材料)的缺陷与断裂理论为主. 非传统材料的缺陷与断裂研究,构成现在下册的主要内容，其中把理论(凝聚态)物理学中著名的 Landau 理论引入这一领域是一个初步的尝试. 另外，书中的金属泡沫材料，液晶，固体准晶和软物质准晶的缺陷与断裂理论及计算结果为著者和他的学生们所发展和发现，其中包括对势论，(多重调和与多重准调和)高阶偏微分方程，应用复分析等数学方法的发展，上述内容也是第一次在同类专著中报导. 下册还包含了复杂的偏微分方程(组)边值问题求解的数学推导和精确解析解的确定的丰富翔实的补充细节. 理论在科学和工程中实际应用的若干实例也在下册中进行了详细介绍.

读者对象：高等学校的材料物理，力学，应用数学与计算数学，地震研究和相关工程技术专业的大学生，研究生，大学教员，研究人员和工程技术人员.

图书在版编目(CIP)数据

固体与软物质缺陷与断裂理论基础. 下册/范天佑著. —北京：科学出版社, 2014.11

ISBN 978-7-03-042393-1

I. ①固… II. ①范… III. ①材料科学-物理学 IV. ①TB303

中国版本图书馆 CIP 数据核字(2014) 第 257039 号

责任编辑：陈玉琢／责任校对：宋玲玲
责任印制：赵德静／封面设计：陈　敬

科学出版社 出版
北京东黄城根北街 16 号
邮政编码：100717
http://www.sciencep.com

北京凌奇印刷有限责任公司 印刷

科学出版社发行　各地新华书店经销

*

2015 年 6 月第 一 版　开本: 720 × 1000 1/16
2015 年 6 月第一次印刷　印张: 21 1/4
字数: 411 000

POD定价： 128.00元
(如有印装质量问题，我社负责调换)

前　言

本书可以看作著者《断裂力学基础》的第三版，或扩充与修正版，其第二版已更名为《断裂理论基础》，不局限于讨论力学．每次扩充与修正，都与所讨论的内容扩充有关，一方面反映了其研究对象——材料的范围的扩充，另一方面也反映了其研究方法的扩充．现在包括把软物质材料扩充进来，当然这仅仅是一个尝试，所指的修正是讨论不拘泥于断裂，而是从缺陷及其演化的视角出发，把断裂看作演化过程的一个片段或阶段去处理．为生产实践服务，也就是断裂理论中实践性最强的分支——断裂力学及应用的讨论，仍然是书中讨论的一个重点，因为有实际应用，它才有发展的动力．国内工作者在应用上有很好的成绩①．

物理学家 A.A.Griffith 1920 年开创的经典理论，最初就是固体内部缺陷演化的理论，他从能量的转化的观点考虑裂纹的演化及其对固体物理性质的影响，还用了当时的分子理论去解释．1934 年和 1935 年，Orowan, Taylor 等提出位错假说，1956 年电子显微镜研制出来，观察到位错，证实了位错的存在，是固体缺陷演化理论和实践的一大发展．1948 年，位错理论的创始人之一 Orowan，发展了 Griffith 的理论，使其从仅仅适合于玻璃、陶瓷等绝对脆性体破坏现象扩充到适合金属与合金．同年 Mott(1977 年 Nobel 物理奖获得者) 把 Griffith 的理论扩充到动力学情形．同年，Erwin 从另一种角度修正了 Griffith 的理论，使其从仅仅适合于玻璃、陶瓷等绝对脆性体破坏现象扩充到适合金属与合金，Erwin 的方法更简单，适合于工程应用，在工程领域产生了指导性的影响．与 Erwin 的工作几乎同时，理论物理学家 Eshelby 发展了连续位错理论，弹性能量—动量张量和路径守恒积分理论，是大家公认的缺陷演化理论的又一大发展．以上进展引起了理论物理学家 Landau(1962 年 Nobel 物理奖获得者) 及其学派的重视，在他与 Lifshitz 合作的《理论物理学》的第七卷《弹性理论》的 1964 年版中就增加了位错与裂纹的一章．Landau 及其学派从研究液氦(氦的一种同位素) 的低温超流开始，创立了一系列重要理论，后来发展起来微观的量子液体物理学、统计物理学 II (凝聚态理论) 和 “粗粒化” 的 (或唯象的) 广义流体动力学．此广义流体动力学结合他们创立的凝聚态物理学的 Poisson 括号，可以讨论普通流体、超流体、弹性、位错、向错、晶体、液晶、准晶、铁磁体、自旋玻璃体和某些软物质，建立这些复杂体系运动方程．这对发展有关新型连续统动力学的分支学科会有意义．正是出于这种考虑，本书新版不拘泥于断裂的讨论，把研究范

① 航空工业部科学技术委员会．飞机结构损伤容限设计指南．航空工业部情报研究所，北京，1985.

围加以扩充.

软物质早就存在, 例如, 液晶、聚合物等, 只是 1991 年 de Gennes(当年 Nobel 物理奖获得者) 提出软物质名称和概念, 有关学科才迅速发展起来. 软物质包括液晶、聚合物、胶体、泡沫、表面活性剂、乳状液、生物大分子、某些颗粒体、软物质准晶等. 它们既不属于液体, 也不属于固体, 而是兼有液体与固体两者的特征. 这一特征使软物质态与气态、液态、固态并列, 称为物质第四态. 软物质态不仅与它们的物质结构有关, 也与环境有关, 例如, 某些颗粒, 在一定条件下为固体, 但是在另外一些条件下 (例如, 泥石流运动时) 同时具有流体性质, 就成了软物质. 由于软物质及其缺陷的重要性, 这次把它包含进来, 前面提到, 这仅仅是一个尝试, 可能会成功, 也可能会失败. 早在软物质名称和概念提出之前, 有些软物质, 如聚合物, 其宏观理论 (包括其缺陷与断裂理论) 已经发展得比较完整, 而它的软物质观的新理论的建立目前还有很大困难, 这里我们进行的介绍, 尚未充分揭示其软物质的属性. 即使液晶和软物质准晶的缺陷和断裂问题, 讨论也很初步. 我们希望抛砖引玉, 得到读者的响应, 以便出现更深入的研究工作.

各种体系的缺陷及其演化得以定量描述, 不得不涉及应用数学, 甚至群论这样的抽象数学 (纯数学). 与本书的前两版一样, 对复杂的数学计算不回避. 对新问题, 涌现出许多新的偏微分方程, 而 Fourier 分析、复分析和积分方程对它们同处理传统问题一样, 非常有效. 这些高阶偏微分方程的解, 初学习者会不熟悉, 所以我们进行详细介绍, 加强了数学附录的写作工作, 尽可能把补充计算写进去, 供读者参考. 这次把涉及的群论知识, 也在附录中进行初步介绍.

读者不难发现, 缺陷及其演化问题吸引了数学、自然科学和技术科学的诸多分支学科的共同攻关, 取得了一定进展, 但是留下许多疑难问题, 目前比较成熟的仅仅是固体缺陷和断裂的奇异性理论 (尤其是其线性理论), 并且在工程中得到成功的应用, 除此之外的其他课题 (尤其是软物质的缺陷与断裂研究) 仍然处在探索中.

最后, 对我国在缺陷 (包括裂纹和断裂) 理论研究、应用和教育方面做出重要贡献的前辈专家李四光、李薰、钱临照、张兴钤、董铁宝、刘淑仪、赖祖涵、陈篪等老师表示深深的敬意! 他们当中不乏具有传奇色彩的英雄人物, 例如, 李四光教授、张兴钤教授就冲破国民党反动势力和帝国主义的阻挠和扣押, 历经艰险回国报效, 领导科学研究 (包括成油理论、资源勘探和地震预测), 或在大西北戈壁沙漠参加“两弹一星”工程数十年, 他们不仅为我国最早应用 Griffith 理论于地球科学和材料科学的科学工作者, 还出版了介绍有关方面理论和实践的最早的著作. 陈篪老师是一位才华出众的青年理论物理学家, 当年被誉为清华大学的四大才子之一, 为了国家的需要, 放弃原专业和著名理论物理学家王竹溪教授助手的优越学术岗位, 而去条件艰苦的鞍山钢铁厂做材料检测工作. 同样由于国家的需要, 1971 年临危受命组建金属材料断裂韧性测量实验室, 到 1978 年积劳成疾, 英年早逝, 短短七年时间内, 该实验室的业绩从空白达到国外先进实验室二十年才达到的水平. 在他生命最后的三年, 身患癌症, 面对死神, 毫无惧色, 坚持实验、理论和计算工作, 与合作者一起整理出版了我国最早的两本专门讨论断裂理论著作, 直至以身殉职, 被称为科技战线上的铁人. 令人振奋的是, 他的工作被后来人继承和发展①. 上面提到的老师中, 有些直接教过、指导过和帮助过著者, 谨对他们表示最衷心的感谢! 教过、指导过和帮助过著者的老师远远不只在缺陷与断裂领域工作的前辈, 例如, 革命前辈苏谦益、陈信等领导同志的关心、支持和帮助, 王仁老师是最早引导著者学习位错的前辈, 闵嗣鹤老师把他私人藏书*Introduction to the Theory of Fourier Integrals*(Tichmarsh, 1937), 孙树本老师把他的私人藏书*A Treatise of the Theory of Bessel Functions*(Watson, 1922) 长期借给著者阅读使用, 闻国椿老师和沈燮昌老师在复分析方面的教育等, 不仅极大地帮助了著者对缺陷和断裂的工作, 也使著者终身受益. 同时衷心感谢我的学生们特别是李庆同志和李显方同志的合作, 热情的读者们的兴趣和激励, 给了著者巨大的动力, 把扩充与修正版的工作继续做下去.

感谢国家自然科学基金委员会和德国洪堡基金会 (Alexander von Humboldt Stiftung) 多年的资助, 以及德国 Profs H G Hahn(University of Kaiserslautern), J Kalthoff (Fraunhoffer Institut fuer Werkstoff, Freiburg; University of Bochum, Ruhr), U Messerschmidt (Max-Planck Institut fuer Mikrostuktur Physik, Halle) 帮助和讨论.

范天佑

2014 年 4 月 20 日

① 马德林主编. 常用金属材料断裂韧性测试. 北京：兵器工业出版社, 1994.

目　　录

(上　册)

(下　册)

第 7 章　若干非传统材料理论的预备知识

第 1 章～第 6 章大部分 (即第 1 章部分内容除外) 的讨论都是基于经典连续力学理论基础的缺陷和裂纹理论. 它们适合于工程材料或结构材料. 而这些材料属于传统意义上的材料.

近年来, 存在传统意义上的工程材料或结构材料之外的材料, 例如, 多胞/泡沫材料、准晶材料、液晶材料等, 它们的缺陷或断裂问题也引起人们的关注. 由于它们并不能简单地用传统弹性理论或塑性理论去描写, 研究它们的缺陷与断裂问题, 呈现了巨大的困难. 例如, 多胞/泡沫材料存在大量的次结构 —— 胞, 在宏观上已经不连续, 不能直接用连续介质力学去描写, 但是, 如果对次结构 —— 胞逐一跟踪描写, 用现在的力学和数学方法还没有可能去实现. 又例如, 固体准晶, 除了具有普通的位移场之外, 还有另外一种位移场, 用传统弹性理论或塑性理论无法去描写. 再例如, 液晶材料和软物质准晶材料已经超出固体材料的范畴, 它们是软物质, 属于流体–固体中间相材料. 虽然我们对液晶很陌生, 但是它从 1888 年就被发现, 到现在已有很长时间, 称它为新材料似乎不确切, 不妨称之为非传统材料的一类. 讨论非传统材料的缺陷与断裂理论, 大大拓展了人们的认识空间, 同时也存在巨大的困难. 尤其是软物质材料的缺陷与断裂的研究才刚刚开始, 很不成熟, 我们有兴趣介绍, 一方面是因为它们具有当前和潜在的应用价值, 另一方面也是因为读者感兴趣.

非传统材料有很多种类, 怎么去研究它们的缺陷和断裂呢? 估计得先从研究它们的变形开始, 同时也只能分门别类地加以处理. 对相当广泛的一类连续统 (如果对这些非传统材料可以当作连续统处理) 问题, 我们可以借助 Landau 的广义流体动力学去讨论, 而金属多胞/泡沫材料不在这个讨论范围内, 它由第 8 章单独处理.

Landau 的广义流体动力学可以追溯到 Landau 对液氦 (氦的一种同位素) 的低温超流的研究. 为了解释在低温下, 液氦的黏性消失, 其运动为理想流体 (又称为完全流体) 的运动, Landau 提出二流体模型, 即液氦在这种情形下, 既表现为正常流体的特点, 又表现出超流体的特点, 这是一种量子流体. 进一步, 他发展了一些分析工具去描写二流体的运动规律, 其后他的学派把 Landau 的这一理论, 在微观上发展成量子液体物理学和统计物理学 II (凝聚态理论), 在宏观上发展成广义流体动力学. 广义流体动力学可以用来研究复杂的凝聚态体系 (例如, 液晶、准晶、软物质) 的连续统运动, 其范畴远远超出了经典连续介质力学, 因为对这些体系, 依靠通常的守恒定律已经无法描写它们的运动. 本章希望对 Landau 广义流体动力学进行初步介绍, 为后面研究液晶、准晶、软物质的缺陷与断裂问题打下一个基础, 自然不是全部的基础. 同时 Landau 广义流体动力学也不是万能的, 有些非传统材料, 例如, 金属泡沫材料就不需要用 (也可以说无法用) 它去分析, 我们将另作讨论.

7.1 Landau 对称性破缺原理 序参量概念

在下面各章的叙述中会涉及若干概念, 其中已为大部分物理学家所熟悉. 因为阅读本书的读者有各种专业的工作者, 例如, 材料科学、应用数学、工程技术等工作者和研究生、大学生, 对后面有关章节涉及的若干概念提供初步的介绍, 也许是有益的. 它至少为本章的后面几节的叙述提供一个基础.

1900 年, Planck 提出量子理论. 很快 Einstein 发展了这一理论, 成功地解释了光电效应, 并且建立了光子概念. Einstein 还用 Planck 的量子理论研究了晶格振动导致的晶体比热 $c_{\rm v}$, 成功地解释了绝对温度 (Kelvin 温度) 趋于零度, 即 $T=0$ 时, 比热趋近零 ($c_{\rm v}=0$) 的现象. 然而 Einstein 关于比热的工作还存在一些同实验结果不太一致的地方. 为了改进 Einstein 的工作, Debye 和 Born 等分别在 1912 年和 1913 年做了进一步的研究, 取得巨大的成就. 他们的理论预言同实验结果完全吻合, 至少对原子晶体是这样的.

晶格振动的传播被称为格波. 在长波长近似下晶格振动可以看作连续弹性振动, 也就是, 格波被近似看作连续弹性波. 虽然这一运动为宏观连续运动, Debye 和 Born 按照 Planck 的学说, 假定其能量是量子化的. 采用弹性波近似和量子化, Debye 和 Born 成功地解释了晶体的低温比热, 其理论预言在很宽的温度范围内都和实验结果一致. 弹性振动的量子, 或者弹性波能量的最小单位, 称为声子, 这是因为弹性波是一种声波. 不同于光子, 也不同于单个原子或单个分子, 声子并不是一种基本粒子, 但是从量子化的意义上考虑, 声子与光子和其他基本粒子的能谱存在类似的性质, 可以被视为一种准粒子. Debye 和 Born 创立的这个概念, 开创了晶格动力学, 是固体物理学的一个重要分支. 按照现在的观点, Debye 和 Born 关于固体的理论属于唯象理论, 虽然他们用到了经典量子论.

Landau 进一步发展了这一唯象理论, 并且提出元激发的概念. 按照这个概念, 光子和声子都属于元激发. 一般地, 一个元激发对应一个场, 例如, 光子对应于电磁波, 声子对应于弹性波等. Born 进一步发展了声子概念. 他指出, Debye 的理论对应于描写一个物体的整体振动, 它属于声频振动模式, 或称为声子的声学支. 在这种情形, 物理量声子描写晶格上的质点 (原子、离子或分子) 对平衡位置的偏离, 或称为声子型位移, 或简称声子场. 在宏观上, 它就是弹性体的位移场 $\boldsymbol{u}$. Born 同时强调复杂晶体的另外一种运动, 即分子内原子之间的相对振动, 这种振动的频率比声频振动模式的频率高, 称为光频振动模式, 或声子的光学支. 对于光学支声子运动, 不能简单地理解为宏观位移场. 由于本书仅限于在连续介质框架内讨论, 我们不涉及光学支声子. 今后所说的声子, 就是声学支声子, 它可以理解为位移场 (至少在长波长近似下是成立的).

以上的分析是从晶格动力学的角度, 对声子的物理意义, 作了初步讨论. 但是这仅仅是问题的一个方面, 还有必要对声子概念从另外一个角度, 即从对称性的角度, 确切地讲, 是从对称性破缺的角度, 再进行一些讨论.

在许多物理体系 (经典的或量子的体系) 运动呈现离散谱 (能谱或频谱, 从数学的观点看, 它们对应于某些算子的特征值的离散谱). 最低的能量 (频率) 状态称为基态, 超过基态的状态称为激发态. 所谓元激发 (状态) 是指从基态到最低的非零 (能量或频率) 态的转化. 严格地讲, 它就是最低的激发态.

固体物理学在 20 世纪六七十年代取得巨大的发展, 然后进化成凝聚态物理学. 凝聚态物理学的研究范畴比固体物理学大, 不仅因为它把液体和微颗粒结构包括进来, 还因为它在基本概念和原理上有重大发展. 现代凝聚态物理学的建立是它的范式 (paradigm) 构建的结果, 其中对称性破缺概念和原理居于中心位置. 在这一发展过程中 Landau 和 Anderson 等科学家作出了巨大贡献.

考虑到对称性破缺概念和原理对发展准晶、液晶和某些软物质弹性及流体动力学具有重要意义, 下面主要围绕声子概念, 对 Landau-Anderson 对称性破缺原理作初步介绍.

人们熟知, 具有常体积的系统, 其热力学平衡要求自由能

$$F = E - TS \tag{7.1.1}$$

极小, 其中 E 为内能, S 为熵, T 为热力学温度.

在 Landau 的二级相变理论中, 引进一个描写有序–无序转变的宏观序参量 η, 假设自由能可以展开成 η 的幂级数

$$F(\eta, T) = F_0(T) + A(T)\eta^2 + B(T)\eta^4 + \cdots \tag{7.1.2}$$

其中展开式的奇次幂的系数取为零, 这是由于相变稳定性条件所要求的 (稳定性要求变分取极值, 即 $\delta F = 0$ 或 $\partial F/\partial\eta = 0$), 同时要求 $B(T) > 0$. 在高温状态下, 系统处于无序状态, 这要求 $A(T) > 0$; 在温度降低时, $A(T)$ 将改变它的符号; 在临界温度 T_{C} 时 $A(T_{\mathrm{C}}) = 0$. 在满足这些条件下的最简单的选择是

$$A(T) = \alpha(T - T_{\mathrm{C}}), \quad B(T) = B(T_{\mathrm{C}}) \tag{7.1.3}$$

其中 α 是一个常数. 由于不涉及具体微观机制, Landau 相变和对称性破缺理论具有简单性和普遍性的优点, 可以用到许多体系, 例如, 超导、液晶、高能物理学、天

体物理学等, 并且取得成就. 按照著者的理解, 准晶也是在这一理论引导下, 取得进展的一个重要领域. 应用上述原理到周期晶体, 我们有

$$F = \frac{1}{2}\alpha(|G|)(T - T_{\mathrm{C}}(G))\eta^2 + \text{高阶项} \tag{7.1.4}$$

其中常数 α 与倒格矢 G 有关 (倒格矢和倒晶格的概念见任何一本固体物理著作). 进而, Anderson 证明, 对一个周期晶体, 晶体的密度可以展开成 Fourier 级数 (这一展开成立, 是因为无论在晶格或倒晶格, 这一结构都具有周期性)

$$\rho(r) = \sum_{G\in L_R} \rho_G \exp\{\mathrm{i}G\cdot r\} = \sum_{G\in L_R} |\rho_G| \exp\{-\mathrm{i}\varPhi_G + \mathrm{i}G\cdot r\} \tag{7.1.5}$$

其中 G 是倒格矢, L_R 是倒晶格, ρ_G 为展开式的系数, 为一复数

$$\rho_G = |\rho_G|\,\mathrm{e}^{\mathrm{i}\varPhi_G} \tag{7.1.6}$$

具有幅值 (模) $|\rho_G|$ 和相位角 $\varPhi_G$. 但是密度 $\rho(r)$ 在物理上自然是一个实数, $|\rho_G| = |\rho_{-G}|$ 并且 $\varPhi_G = -\varPhi_{-G}$, 那么序参量为

$$\eta = |\rho_G| \tag{7.1.7}$$

Anderson 进一步指出, 对晶体而言, 相位角 $\varPhi_G$ 包含声子 $\boldsymbol{u}$, 也就是

$$\varPhi_G = G\cdot\boldsymbol{u} \tag{7.1.8}$$

注意由 G 和 $\boldsymbol{u}$ 点乘得到, 它们两者都在三维空间. 如果仅考虑声子的声学支, 那么这里 $\boldsymbol{u}$ 可以被理解为位移场. 公式 (7.1.8) 是 Anderson 根据 Landau 对称性破缺原理对周期晶体声子的一个解释, 说明它是对称性破缺的产物, 这一解释比我们通常从宏观连续力学角度对位移的直观理解要深入一步, 因为机械直观的理解只在长波长近似下成立 (请参考范天佑《准晶数学弹性理论及应用》, 英文版, 第 2 章). 对声子的讨论, 我们只限于这一程度, 也就是唯象理论的程度. 按照 Landau 学派的进一步发展, 声子和其他准粒子是凝聚态物质中大量原子集体激发的一种量子力学描写, 读者可以参考 Landau 理论物理学的第五卷, 特别是第九卷, 该书中提醒读者不要把声子等准粒子与单个原子、分子等同起来, 这里就不再进一步讨论了.

由于以上概念对今后讨论准晶、液晶和某些软物质弹性与广义流体动力学的重要性, 这里不得不再重复几句. 声子概念来源于 Debye 和 Born 的经典性工作, 它描写晶格质点 (原子, 或离子, 或分子) 偏离其平衡位置的机械振动, 振动的传播导致格波, 该运动可以量子化. 这是凝聚态物质的一种元激发. 它又是对称性破缺

的产物. 对称性破缺导致新的有序相的出现 (例如, 晶体), 新的序参量的出现 (例如, $\eta = |\rho_G|$, 晶体密度波的波幅), 新的元激发的出现 (例如, 声子) 和新的守恒定律出现 (例如, 晶体对称定律, 见范天佑《准晶数学弹性理论及应用》, · 英文版, 1.3 节). 前面也指出, 从这种观点去理解声子, 要比完全从直观的角度去理解深入了一步. 尤其对有些问题, 不宜用直观的角度去理解的, 借助于上面的方法论, 也可以得到解释.

后面我们要遇到的准晶, 就是一个例子. 它的变形和运动, 除了需要用声子去描写外, 还需要引进另外一个物理量 —— 相位子 (phason) , 这个量暂时还没有简单直观的意义, 用 Landau 的理论, 就可以给以描写, 详见第 10 章. 上面的讨论虽然是针对声子所给出, 也是为后面讨论相位子概念做准备. 从后面的讨论, 我们会知道, 不仅相位子没有声子那种直观的图像, 而且也没有与声子在晶格动力学中类似的对应的物理基础. 声子刻画晶格的振动, 而相位子并不刻画准晶格的振动. 从物理上讲, 它和声子很不相同. 但是把 Anderson 公式 (7.1.8) 加以扩充, 相位子的物理本质将会被揭示出来. 声子和相位子的讨论不仅贯穿第 10 章关于固体准晶的研究中, 而且也贯穿在第 11 章关于软物质准晶的研究中. 这就是为什么我们要用以上篇幅反复讨论声子物理意义的原因.

再重复一遍, 元激发与对称性破缺有关, 例如, 一个液体可以具有任意的平移对称性和取向对称性, 而周期晶体 (也就是晶格) 破坏了这种对称性, 这种对称性破缺导致了元激发 —— 声子. 准晶中的相位子是另一种对称性破缺的产物, 因而出现了新的元激发. 在软物质准晶中还有另一种元激发 —— 流体声子.

如果不是为相位子概念的叙述做准备, 本节可以删去. 对此不感兴趣的读者也可以暂时不阅读本节.

7.2 凝聚态物理学的 Poisson 括号

要得到新型复杂体系包括一些新型材料的运动方程, 要用 Landau 和他的学派发展的凝聚态物理学的 Poisson 括号方法.

Poisson 括号在经典力学和量子力学中都有重要应用. 经典力学使用的 Poisson 括号被称为经典 Poisson 括号, 量子力学中使用的 Poisson 括号被称为量子 Poisson 括号, 两者有区别, 也有联系. 苏联物理学家 Landau[①][②] 和他的学派, 在许多领域包括流体力学在内有重大贡献, 在 20 世纪 30 年代以后, 为了研究低温超流等问题, 把这以上两种既有区别, 又有联系的 Poisson 括号方法加以发展, 创造了凝聚态物理学

① Landau L D. J Phys USSR, 1941, 5: 71~90.
② Landau L D, Lifshitz E M. Phys Zh Sowiet, 1935, 8: 158~164.

的 Poisson 括号方法. 与此相联系, 又提出了广义的流体动力学 “Hydrodynamics”① 概念, 把弹性、普通流体、低温超流体、铁磁体和反铁磁体、晶体、液晶等复杂体系及其缺陷问题在一定的意义上, 归结为广义的 “Hydrodynamics” 问题. 他们还把它同 Lie 群和 Lie 代数相结合, 同时又指出和杨振宁–Mills② 规范场的联系. 美国的凝聚态物理学的学派也发展了广义的 “Hydrodynamics” 研究③ , 用的方法与 Landau 学派方法相关, 他们也讨论了晶体、液晶和普通流体问题. 1984 年准晶的发现被报道之后, 立即有物理学家把它也纳入广义的 “Hydrodynamics” 问题④ . 这一研究趋势还在发展. 尤其软物质的研究正在快速发展, 用凝聚态物理学的 Poisson 括号方法和广义的 “Hydrodynamics” 处理, 有可能打开一些新局面. 本章主要对凝聚态物理学的 Poisson 括号方法在准晶、液晶和软物质研究中的应用, 作具体介绍. 一方面介绍了推导以上物质的流体动力学方程或弹性–流体动力学方程, 另一方面讨论了某些方程的化简和求解, 其中包括揭示了国外著名权威的经典解的错误 (见第 9 章), 同时提出了一类软物质的唯象模型和这类软物质准晶的方程和得到有关的数学解 (见第 11 章).

通常若干凝聚态物质的运动方程, 可以用动量、角动量、质量 (电荷和粒子数)、能量、旋量守恒定律去推导. 但是由于出现对称性破缺, 或推导太复杂, 有些问题, 例如, 准晶流体动力学方程直接由守恒定律去推导就不可能, 需要用前述凝聚态物理学的 Poisson 括号去推导. 软物质问题更复杂, 在对它们提出简化物理模型后, 也不妨用凝聚态物理学的 Poisson 括号去推导其相关方程. 为此, 不得不去涉及与此有关的领域. 当然我们尽量地介绍通俗简短.

应该指出, 凝聚态物理学的 Poisson 括号是一个相当广泛的论题, 这里只局限在准晶、液晶和某些软物质的流体动力学或弹性–流体动力学研究方面.

Poisson 括号来自经典分析力学, 即两个力学量 f,g 有如下关系

$$\{f,g\}=\sum_i\left(\frac{\partial f}{\partial q_i}\frac{\partial g}{\partial p_i}-\frac{\partial f}{\partial p_i}\frac{\partial g}{\partial q_i}\right) \tag{7.2.1}$$

称为这两个量的 Poisson 括号, 其中 p_i,q_i 为正则动量和正则坐标. 在经典统计物理中, Poisson 括号有重要应用. 公式 (7.2.1) 被称为经典 Poisson 括号.

之所以称公式 (7.2.1) 为经典 Poisson 括号, 是因为在量子力学中以下面对易关系

$$\left[\hat{A},\hat{B}\right]=\hat{A}\hat{B}-\hat{B}\hat{A} \tag{7.2.2}$$

① Dzyaloshinskii I E, Volovick G E. Ann Phys (N Y), 1980, 125: 67~97.

② Dzyaloshinskii I E, Volovick G E. J Phys, 1978, 391; Volovick G E. Zh Eksp Teor Fiz, 75: 693~700.

③ Martin P C, Paron O, Pershan P S. Phys Rev A, 1972, 6: 2401~2420.

④ Lubensky T C, Ramaswamy S, Toner J. Phys Rev B, 1985, 32(11): 7444~7452.

为基础建立 Poisson 括号, 其中 $\hat{A},\hat{B}$ 代表两个算子, 例如, $\hat{A}$ 代表坐标算子 x_α, $\hat{B}$ 代表动量算子 p_β, 那么

$$[x_\alpha,p_\beta]=\mathrm{i}\hbar\delta_{\alpha\beta},\quad [x_\alpha,x_\beta]=0,\quad [p_\alpha,p_\beta]=0 \tag{7.2.3}$$

其中 $\mathrm{i}=\sqrt{-1},\hbar=h/2\pi,h$ 代表 Planck 常数, $\delta_{\alpha\beta}$ 代表单位张量. 方程 (7.2.3) 被称为量子 Poisson 括号. 在量子力学中力学量都用算子代表, 方程 (7.2.3) 对一般的算子都成立.

量子 Poisson 括号与经典 Poisson 括号存在内在联系, 即

$$\lim_{\hbar\to 0}\frac{\mathrm{i}\left[\hat{A}\hat{B}-\hat{B}\hat{A}\right]}{\hbar}=\{A,B\} \tag{7.2.4}$$

这是量子力学熟知的结果.

Landau 在推导超流的流体动力学方程时, 采用了量子 Poisson 括号到经典 Poisson 括号的极限过渡 (7.2.4). 他把质量密度和动量作如下展开:

$$\hat{\rho}(r)=\sum_\alpha m_\alpha\delta(r_\alpha-r) \tag{7.2.5}$$

$$\hat{g}_k(r)=\sum_\alpha \hat{p}_k^\alpha\delta(r_\alpha-r) \tag{7.2.6}$$

它们的量子 Poisson 括号为

$$\begin{aligned}
&[\hat{\rho}(r_1),\hat{\rho}(r_2)]=0\\
&[\hat{p}_k(r_1),\hat{\rho}(r_2)]=\mathrm{i}\hbar\hat{\rho}(r_1)\nabla_k(r_1)\delta(r_1-r_2)\\
&[\hat{p}_k(r_1),\hat{p}_l(r_2)]=\mathrm{i}\hbar\left(\hat{p}_l(r_1)\nabla_k(r_1)-\hat{p}_k(r_2)\nabla_k(r_2)\right)\delta(r_1-r_2)
\end{aligned} \tag{7.2.7}$$

其中 $\nabla_k(r_1)$ 代表求导对坐标 r_1 进行, $\nabla_l(r_2)$ 代表求导对坐标 r_2 进行.

利用了量子 Poisson 括号到经典 Poisson 括号的极限过渡 (7.2.4), 由量子 Poisson 括号 (7.2.7) 可以得到经典 Poisson 括号如下:

$$\begin{aligned}
&\{p_k(r_1),\rho(r_2)\}=\rho(r_1)\nabla_k(r_1)\delta(r_1-r_2)\\
&\{p_k(r_1),p_l(r_2)\}=\left(p_l(r_1)\nabla_k(r_1)-p_k(r_2)\nabla_k(r_2)\right)\delta(r_1-r_2)
\end{aligned} \tag{7.2.8}$$

与上面的讨论相似, 铁磁体与反铁磁体的磁运动方程, 也可以用 Poisson 括号讨论. 铁磁体的运动状态的 “流体动力学” 近似, 可以用旋量密度算子描写, 把它作 Landau 展开

$$\hat{s}(r)=\sum_\alpha \hat{S}_\alpha\delta(r_\alpha-r) \tag{7.2.9}$$

那么有对易关系

$$\left[\hat{s}^{\alpha}(r_1), \hat{s}^{\beta}(r_2)\right] = \mathrm{i}\hbar \exp(\alpha\beta v)\hat{s}^{v}(r_1)\delta(r_1 - r_2) \tag{7.2.10}$$

这是量子 Poisson 括号. 由量子 Poisson 括号到经典 Poisson 括号的极限过渡 (7.2.4), 得到

$$\left\{s^{\alpha}(r_1), s^{\beta}(r_2)\right\} = -\exp(\alpha\beta v)s^{v}(r_1)\delta(r_1 - r_2) \tag{7.2.11}$$

根据 Liouville 方程 (见 7.3 节介绍), 可以得到旋量运动方程. 由于我们仅限于讨论准晶、液晶和软物质, 旋量运动方程就不再介绍了. 这一工作为 Landau 与 Lifshitz 所开创.

7.3 固体准晶的广义流体动力学基础

准晶是一种新发现的复杂凝聚态体系, 它最先在二元与三元合金中发现, 被称为固体准晶. 它与晶体和其他传统固体材料相比较, 由于特殊的原子排列, 仅仅用一个位移场, 即普通位移场 u_i 不足以描写其变形与运动, 而必须引进另外一个位移场 w_i. 按照物理学的术语, 前者被称为 (声学支) 声子场, 后者被称为相位子场. 因为声子场包括声学支声子场和光学支声子场, 这里仅讨论声学支声子场, 简称声子场. 7.2 节已经提到, 这些名称的来源是量子化的结果, 它们属于所谓准粒子, 或称为元激发. 同时, 准晶按对称性分类, 这对场变量和场方程起决定性作用, 必须针对不同的对称性的准晶进行讨论. 迄今观察到的固体准晶有五, 八, 十和十二次对称的四大类.

把固体准晶中两类不同的元激发声子 u_i 和相位子 w_i 也作 Landau 展开, 有

$$u_k(r) = \sum_{\alpha} u_k^{\alpha}\delta(r_{\alpha} - r) \tag{7.3.1}$$

$$w_k(r) = \sum_{\alpha} w_k^{\alpha}\delta(r_{\alpha} - r) \tag{7.3.2}$$

利用了量子 Poisson 括号到经典 Poisson 括号的极限过渡 (7.2.4), 由式 (7.3.1) 和式 (7.3.2) 可以得到经典 Poisson 括号如下

$$\{u_k(r_1), g_l(r_2)\} = \left(-\delta_{kl} + \nabla_l(r_1)u_k\right)\delta(r_1 - r_2) \tag{7.3.3}$$

$$\{w_k(r_1), g_l(r_2)\} = \left(\nabla_l(r_1)w_k\right)\delta(r_1 - r_2) \tag{7.3.4}$$

有关准晶问题的推导是 Lubensky 等①作的. 显然公式 (7.3.3) 与公式 (7.3.4) 很不相同, 这揭示了相位子与声子在广义流体动力学意义上的不同, 下面还将介绍由这一不同导致其他一些相关公式的不同.

① Lubensky T C, Ramaswamy S, Toner J. Phys Rev B, 1985, 32(11): 7444~7452.

为了推导准晶的运动方程, 还需要其他有关知识. 下面方程

$$\frac{\partial \Psi(r,t)}{\partial t}=-\Gamma\Psi(r,t)+F_s \tag{7.3.5}$$

是统计物理学中的 Langevin 方程, 其中 $\Psi(r,t)$ 为某一力学量, Γ 量为阻力, F_s 为随机力. 它描写一种随机过程. Ginzburg 与 Landau 把方程 (7.3.5) 推广到多变量情形

$$\frac{\partial \Psi_\alpha(r,t)}{\partial t}=-\sum_\beta \Gamma_{\alpha\beta}\frac{\delta H}{\delta \Psi_\beta(r,t)}+(F_s)_\alpha=-\Gamma_{\alpha\beta}\frac{\delta H}{\delta \Psi_\beta(r,t)}+(F_s)_\alpha \tag{7.3.6}$$

其中式 (7.3.6) 的右端去掉了求和号, 表示重复下标即自动求和, $H=H[\Psi(r,t)]$ 是体系的能量泛函, 即 Hamilton 量, $\dfrac{\delta H}{\delta \Psi_\beta(r,t)}$ 代表 $H=H[\Psi(r,t)]$ 对力学量 $\Psi_\beta(r,t)$ 求变分, $\Gamma_{\alpha\beta}$ 为阻力矩阵元素 (或称耗散运动学系数矩阵元素), 其他量的物理意义同上. 方程 (7.3.6) 是一种广义 Langevin 方程. 方程 (7.3.6) 还可以作更普遍的推广. 首先宏观量 $\Psi_\alpha(r,t)$ 可以看成微观量 $\Psi_\alpha^\mu(r,\{q^\alpha\},\{p^\alpha\})$ 的热力学平均值, 即

$$\Psi_\alpha(r,t)=\langle \Psi_\alpha^\mu(r,\{q^\alpha\},\{p^\alpha\})\rangle \tag{7.3.7}$$

(这一处理又称为“粗粒化”, coarse graining), 其中 p^α, q^α 为正则动量和正则坐标, 微观量遵循 Liouville 方程

$$\frac{\partial \Psi_\alpha^\mu}{\partial t}=\{H^\mu,\Psi_\alpha^\mu\} \tag{7.3.8}$$

这里 $H^\mu(\{q^\alpha\},\{p^\alpha\})$ 为子系统的 Hamilton 量.

在 d 维空间中, 宏观量 $\Psi_\alpha(r,t)$ 对时间的偏导数

$$\frac{\partial \Psi_\alpha(r,t)}{\partial t}$$

包含若干项, 其中有一项为

$$-\int\left(\{\Psi_\beta(r'),\Psi_\alpha(r)\}\frac{\delta H}{\delta \Psi_\beta(r',t)}\right)\mathrm{d}^d r' \tag{7.3.9}$$

另一项为

$$\int\left(\frac{\delta\{\Psi_\beta(r'),\Psi_\alpha(r)\}}{\delta \Psi_\beta(r',t)}\right)\mathrm{d}^d r' \tag{7.3.10}$$

联立方程 (7.3.9), 方程 (7.3.10), 那么方程 (7.3.6) 就推广为

$$\begin{aligned}\frac{\partial \Psi_\alpha(r,t)}{\partial t}=&-\int\left(\{\Psi_\beta(r'),\Psi_\alpha(r)\}\frac{\delta H}{\delta \Psi_\beta(r',t)}\right)\mathrm{d}^d r'+\int\left(\frac{\delta\{\Psi_\beta(r'),\Psi_\alpha(r)\}}{\delta \Psi_\beta(r',t)}\right)\mathrm{d}^d r'\\&-\Gamma_{\alpha\beta}\frac{\delta H}{\delta \Psi_\beta(\mathrm{r},t)}+(F_s)_\alpha\end{aligned} \tag{7.3.11}$$

这就是普遍的广义 Langevin 方程, 其中 $\mathrm{d}^d r' = \mathrm{d}V$ 代表 d 维空间中积分的微体积元. 方程 (7.3.11) 是下面推导准晶流体动力学方程的一个基础.

Lubensky 等把 Poisson 括号 (7.2.7) 和 (7.3.3), (7.3.4) 代入方程 (7.3.11) 推导的固体准晶流体动力学方程, 共 4 组方程: 质量守恒方程、动量守恒方程、声子耗散 (弛豫) 方程和相位子耗散 (弛豫) 方程, 其中质量守恒方程与普通流体力学得到的完全一样, 动量守恒方程与普通流体力学得到的 Navier-Stokes 方程相比, 要广泛一些, 可以称为广义 Navier-Stokes 方程, 或者修正 Navier-Stokes 方程, 推导很复杂. 这里我们放在最后详细讨论它们. 先讨论声子耗散方程和相位子耗散方程.

首先考虑声子弛豫方程的推导.

这里取方程 (7.3.11) 中的 $\Psi_\alpha(r,t) = u_i(r,t), \Psi_\beta(r',t) = g_j(r',t)$, 方程 (7.3.11) 右端的第二项的计算结果是零, 而为简单起见, 第四项 (随机项) 暂不考虑, 那么

$$\frac{\partial u_i(r,t)}{\partial t} = -\int \left(\{u_i(r'), g_j(r)\} \frac{\delta H}{\delta g_j(r',t)} \right) \mathrm{d}^d r' - \Gamma_u \frac{\delta H}{\delta u_i(r,t)}$$

把式 (7.3.3) 代入上面公式右端的积分中, 有

$$\begin{aligned}\frac{\partial u_i(r,t)}{\partial t} &= \int (-\delta_{ij} + \nabla_j(r) u_i)\, \delta(r-r') \frac{g_j(r')}{\rho(r')} \mathrm{d}^d r' + \Gamma_u \frac{\delta H}{\delta u_i(r,t)} \\ &= -V_j \nabla_j(r) u_i - \Gamma_u \frac{\delta H}{\delta u_i(r,t)} + V_i \end{aligned} \qquad (7.3.12)$$

这里 Γ_u 为声子耗散 (或运动学) 系数, 推导中用到 Hamilton 量

$$H = H[\Psi(r,t)] = \int \frac{g^2}{2\rho} \mathrm{d}^d r + F_u + F_w + F_{uw}, \quad g = \rho V \qquad (7.3.13)$$

其中方程 (7.3.12) 右端的后三项代表声子变形能、相位子变形能和声子–相位子耦合变形能, 它们分别为

$$\begin{aligned} F_{\mathrm{u}} &= \int \frac{1}{2} C_{ijkl} \varepsilon_{ij} \varepsilon_{kl} \mathrm{d}^d r \\ F_{\mathrm{w}} &= \int \frac{1}{2} K_{ijkl} w_{ij} w_{kl} \mathrm{d}^d r \\ F_{\mathrm{uw}} &= \int (R_{ijkl} \varepsilon_{ij} w_{kl} + R_{klij} \varepsilon_{ij} w_{ij} \varepsilon_{kl}) \mathrm{d}^d r \end{aligned} \qquad (7.3.14)$$

C_{ijkl} 为声子弹性常数, K_{ijkl} 为相位子弹性常数, R_{ijkl}, R_{klij} 为声子–相位子耦合弹性常数, 相应的声子与相位子应变张量分别为

$$\varepsilon_{ij} = \frac{1}{2}\left(\frac{\partial u_i}{\partial x_j} + \frac{\partial u_j}{\partial x_i} \right), \quad w_{ij} = \frac{\partial w_i}{\partial x_j} \qquad (7.3.15)$$

并且声子应力张量和相位子应力张量在这里为

$$\begin{cases} \sigma_{ij} = C_{ijkl}\varepsilon_{kl} + R_{ijkl}w_{kl} \\ H_{ij} = K_{ijkl}w_{kl} + R_{klij}\varepsilon_{kl} \end{cases} \tag{7.3.16}$$

现在考虑相位子弛豫方程的推导.

这里取方程 (7.3.11) 中的 $\Psi_\alpha(r,t) = w_i(r,t)$, $\Psi_\beta(r',t) = g_j(r',t)$, 和上面一样, 可以不计右端的第二项与第四项, 把式 (7.3.4) 代入, 那么

$$\frac{\partial w_i(r,t)}{\partial t} = -\int \left(\{w_i(r'), g_j(r)\} \frac{\delta H}{\delta g_j(r',t)} \right) \mathrm{d}^d r' - \Gamma_w \frac{\delta H}{\delta w_i(r,t)}$$

把式 (7.3.4) 代入上面公式右端的积分中, 有

$$\begin{aligned} \frac{\partial w_i(r,t)}{\partial t} &= \int (\nabla_j(r) w_i)\, \delta(r-r') \frac{g_j(r')}{\rho(r')} \mathrm{d}^d r' - \Gamma_w \frac{\delta H}{\delta w_i(r,t)} \\ &= -V_j \nabla_j(r) w_i - \Gamma_w \frac{\delta H}{\delta w_i(r,t)} \end{aligned} \tag{7.3.17}$$

这里 Γ_w 为相位子耗散系数, 推导中也用到由方程 (7.3.13) 所定义的 Hamilton 量.

比较方程 (7.3.12) 与方程 (7.3.17), 发现两者在流体动力学的意义上很不相同, Lubensky 等认为声子代表波传播, 相位子代表扩散. 把方程 (7.2.8) 代入方程 (7.3.11), 用与以上相类似的推导, 可以得到质量守恒定律的表达如下：

$$\frac{\partial \rho(r,t)}{\partial t} = -\nabla_i(r)(\rho V_i) \tag{7.3.18}$$

动量守恒方程的推导比较长一些. 把 Poisson 括号 (7.2.8) 代入方程 (7.3.11), 计算用到以上的动量 $g_j = \rho V_j$、质量密度 ρ、声子 u_i 和相位子 w_i, 这表明方程 (7.3.11) 右端的被积函数同时用到 Poisson 括号 (7.2.8), 式 (7.3.3) 和式 (7.3.4), 也就是

$$\begin{aligned} \frac{\partial g_i(r,t)}{\partial t} = &-\int \left(\{g_i(r,t), \rho(r',t)\} \frac{\delta H}{\delta \rho(r',t)} \right) \mathrm{d}^d r' \\ &-\int \left(\{g_i(r,t), g_j(r',t)\} \frac{\delta H}{\delta g_j(r',t)} \right) \mathrm{d}^d r' \\ &-\int \left(\{g_i(r,t), u_j(r',t)\} \frac{\delta H}{\delta u_j(r',t)} \right) \mathrm{d}^d r' \\ &-\int \left(\{g_i(r,t), w_j(r',t)\} \frac{\delta H}{\delta w_j(r',t)} \right) \mathrm{d}^d r' \\ &\int \left(\frac{\delta \{g_i(r,t), \Psi_\beta(r',t)\}}{\delta \Psi_\beta(r',t)} \right) \mathrm{d}^d r' - \Gamma_g \frac{\delta H}{\delta g_i(r,t)} \\ \Gamma_g = &\ \eta_{ijkl} \end{aligned} \tag{7.3.19}$$

其中右端的的第一个积分经过计算为

$$\begin{aligned}\int\left(\{g_i(r),\rho(r')\}\frac{\delta H}{\delta\rho(r',t)}\right)\mathrm{d}^dr' &= \int\left(\rho(r)\nabla_i\delta(r-r')\frac{\delta(H_{\mathrm{kin}}+H_{\mathrm{density}})}{\delta\rho(r',t)}\right)\mathrm{d}^dr' \\ &= \rho(r)\nabla_i\int\left(\delta(r-r')\frac{\delta(H_{\mathrm{kin}}+H_{\mathrm{density}})}{\delta\rho(r',t)}\right)\mathrm{d}^dr' \\ &= \rho(r)\nabla_i\left(\frac{\delta H_{\mathrm{density}}}{\delta\rho}\right)+\rho(r)\nabla_i\left(-\frac{g^2}{2\rho^2}\right) \\ &= \rho(r)\nabla_i\left(\frac{\delta H_{\mathrm{density}}}{\delta\rho}\right)-g_j\nabla_iV_j\end{aligned}$$

类似地, 第二个至第四个积分可以得出来, 而第五个积分为

$$\begin{aligned}\int\left(\frac{\delta\{g_i(r,t),\Psi_\beta(r',t)\}}{\delta\Psi_\beta(r',t)}\right)\mathrm{d}^dr' &= \int\left(\frac{\delta\{g_i(r,t),\rho(r',t)\}}{\delta\rho(r',t)}\right)\mathrm{d}^dr' \\ &\quad+\int\left(\frac{\delta\{g_i(r,t),g_j(r',t)\}}{\delta g_j(r',t)}\right)\mathrm{d}^dr' \\ &\quad+\int\left(\frac{\delta\{g_i(r,t),u_j(r',t)\}}{\delta u_j(r',t)}\right)\mathrm{d}^dr' \\ &\quad+\int\left(\frac{\delta\{g_i(r,t),w_j(r',t)\}}{\delta w_j(r',t)}\right)\mathrm{d}^dr'\end{aligned}$$

其右端共含 4 项, 其中第三项的计算经过和结果为

$$\begin{aligned}\int\left(\frac{\delta\{g_i(r,t),u_j(r',t)\}}{\delta u_j(r',t)}\right)\mathrm{d}^dr' &= \int\left(\frac{\delta\{\delta_{ij}-\nabla_i(r')u_j(r',t)\}}{\delta u_j(r',t)}\delta(r'-r)\right)\mathrm{d}^dr' \\ &= \int\left(\nabla_i(r')\frac{\delta u_j(r',t)}{\delta u_j(r',t)}\delta(r'-r)\right)\mathrm{d}^dr' \\ &= \int((\nabla_i(r')1)\delta(r'-r))\mathrm{d}^dr'=0\end{aligned}$$

类似地, 得到第四项. 而第一项与第二项的和为零.

然后经过一些简单的代数运算, 有

$$\begin{aligned}\frac{\partial g_i(r,t)}{\partial t} =& -\nabla_k(r)(V_kg_i)+\nabla_j(r)\left(\eta_{ijkl}\nabla_k(r)V_l\right)-(\delta_{ij}-\nabla_iu_j)\frac{\delta H}{\delta u_j(r,t)} \\ &+(\nabla_iw_j)\frac{\delta H}{\delta w_j(r,t)}-\rho\nabla_i(r)\frac{\delta H}{\delta\rho(r,t)},\quad g_j=\rho V_j\end{aligned}\tag{7.3.20}$$

其中 η_{ijkl} 是固体黏性应力张量

$$\sigma'_{ij}=\eta_{ijkl}\,\dot{\xi}_{kl}\tag{7.3.21}$$

中的黏性系数张量, 而

$$\dot{\xi}_{kl} = \frac{1}{2}\left(\frac{\partial V_k}{\partial x_l} + \frac{\partial V_l}{\partial x_k}\right) \tag{7.3.22}$$

代表固体黏性应变速度张量.

方程 (7.3.12), (7.3.14), (7.3.17) 和 (7.3.20) 就是固体准晶流体动力学的运动方程, 场变量为质量密度 ρ、速度 V_i(或者动量 $g_i = \rho V_i$)、声子位移 u_i 和相位子位移 w_i.

以上方程为 Lubensky 等在 1985 年推导出来, 但是没有公布推导的细节. 他们的论文被广泛引用, 但是争论也不少. 这些方程非常复杂, 而且是变分–微分方程, 很难求解, 似乎从未见到过它们的任何解析解. 数值解表明, 质量密度 ρ 的变化很小, 即 $\delta\rho/\rho \approx 10^{-10}$.

7.4 液晶的广义流体动力学基础

液晶是另一类复杂的凝聚态物质, 是一种各向异性液体, 或液体–固体中间相.

液晶的流体动力学需要引进另外一个新的流体动力学参量, 即方向矢量, 也称为指向矢量 $\boldsymbol{n} = (n_x, n_y, n_z)$. 由前面建立的 Poisson 括号方法, 可以得到同 $\boldsymbol{n} = (n_x, n_y, n_z)$ 有关的 Poisson 括号

$$\{p_k(r_1), \boldsymbol{n}(r_2)\} = -\delta(r_1 - r_2)\nabla_k \boldsymbol{n} \tag{7.4.1}$$

利用这一结果, 可以同前面一样推导各种液晶的运动方程. 下面考虑 A 类层状液晶, 这时

$$\boldsymbol{n} = (n_x, n_y, n_z) = \left(\frac{\partial u_z}{\partial x}, \frac{\partial u_z}{\partial y}, 1\right) \tag{7.4.2}$$

其中 u_z 是声子场在 z 方向的分量, z 方向是层状液晶变形前的法线方向.

同时有与熵有关的 Poisson 括号

$$\{p_k(r_1), s(r_2)\} = s(r_1)\nabla_k(r_1)\delta(r_1 - r_2) \tag{7.4.3}$$

用和前面类似的方法, 可以得到连续性方程

$$\frac{\partial \rho(r,t)}{\partial t} = -\nabla_i(r)(\rho V_i) \tag{7.4.4}$$

和动量守恒方程

$$\frac{\partial g_i(r,t)}{\partial t} = -\nabla_k(r)(V_k g_i) + \nabla_j(r)\left(\eta_{ijkl}\nabla_k(r) g_l + \sigma_{ij}(r)\right), \quad g_j = \rho V_j \tag{7.4.5}$$

其中

$$\left\{\begin{aligned}&\sigma_{xx}=\sigma_{yy}=K_1\nabla^2\frac{\partial u}{\partial z}\\&\sigma_{zz}=\rho_0B'\frac{\partial u}{\partial z}\\&\sigma_{zx}=\sigma_{xz}=-K_1\nabla^2\frac{\partial u}{\partial x}\\&\sigma_{zy}=\sigma_{yz}=-K_1\nabla^2\frac{\partial u}{\partial y}\\&\sigma_{xy}=\sigma_{yx}=0\end{aligned}\right.\tag{7.4.6}$$

是弹性应力张量的分量, 其中 ρ_0B' 与 K_1 分别是 Young 模量和张开模量 (前者描写体变形, 后者描写曲率变化引起的变形), 另外两个描写曲率变化引起的变形的模量, 即翘曲模量 $K_2=0$ 和弯曲模量 $K_3=0$.

同时得到声子弛豫方程

$$\frac{\partial u_z(r,t)}{\partial t}=-\varGamma_u\frac{\partial\sigma_{zi}}{\partial x_i}+V_z\tag{7.4.7}$$

和熵守恒方程

$$\frac{\partial s(r,t)}{\partial t}=-\nabla_i(r)\left(sV_i+\frac{q_i}{T}\right)\tag{7.4.8}$$

其中 $\varGamma_u$ 为声子耗散 (或运动学) 系数, $\boldsymbol{q}=(q_x,q_y,q_z)$ 为热流密度矢量, T 为温度, 并且 $q_i=-\kappa_{ij}\partial T/\partial x_j,\kappa_{ij}$ 为导热系数张量.

对柱状液晶, 也可以得到类似结果, 只是在柱状液晶情形

$$\boldsymbol{n}=(n_x,n_y,n_z)=\left(\frac{\partial u_x}{\partial z},\frac{\partial u_y}{\partial z},1\right)$$

这里的结果同文献 de Gennes 和 Landau 与 Lifshitz 是一致的, 但是这里不仅推导简单了许多, 并且符号也简化和规范了许多, 原始文献的符号很混乱.

7.5　软物质准晶的广义流体动力学

软物质是新近蓬勃发展的物理学与化学的分支学科. 最近在软物质中发现了十二次对称和十八次对称准晶, 这是两个新学科 —— 软物质与准晶交叉的学科, 意义深远.

软物质种类很多. 根据其主要特点, 对某些软物质, 从宏观角度考虑, 认为它是一种液体–固体中间相, 或各向异性液体. 如果我们假定

$$\rho=\text{const}\tag{7.5.1}$$

(当然这一假定并不是必须的), 同时十八次对称准晶的发现, 突破了原先发现的五次、八次、十次和十二次对称准晶的理论框架, 从对称性原理出发, 必须引进 “六维镶嵌空间” 概念, 这样导致三类不同的元激发: 声子 u_i 和第一相位子 v_i 以及第二相位子 w_i. 而第一相位子 v_i 具有 Poisson 括号

$$\{v_k(r_1), g_l(r_2)\} = (\nabla_l(r_1)v_k)\,\delta(r_1 - r_2) \tag{7.5.2}$$

结果 (7.5.2) 连同 7.2 节中的有关 Poisson 括号, 同时考虑 (7.5.1), 可以得到十八次对称软物质准晶的流体动力学方程如下:

$$\left\{\begin{aligned}
&\rho\frac{\partial V_i}{\partial t} + \rho V(\nabla V_i) = \frac{\partial}{\partial x_j}\left(\sigma_{ij} + \sigma'_{ij}\right)\\
&\frac{\partial V_j}{\partial x_j} = 0\\
&\frac{\partial u_i}{\partial t} + V(\nabla u_i) + \Gamma_u\frac{\partial \sigma_{ij}}{\partial x_j} - V_i = 0\\
&\frac{\partial v_i}{\partial t} + V(\nabla v_i) + \Gamma_v\frac{\partial \tau_{ij}}{\partial x_j} = 0\\
&\frac{\partial w_i}{\partial t} + V(\nabla w_i) + \Gamma_w\frac{\partial H_{ij}}{\partial x_j} = 0
\end{aligned}\right. \tag{7.5.3}$$

其中

$$\left\{\begin{aligned}
&\sigma_{ij} = C_{ijkl}\varepsilon_{kl} + r_{ijkl}v_{kl} + R_{ijkl}w_{kl}\\
&\tau_{ij} = T_{ijkl}v_{kl} + r_{klij}\varepsilon_{kl} + G_{ijkl}w_{kl}\\
&H_{ij} = K_{ijkl}w_{kl} + R_{klij}\varepsilon_{kl} + G_{klij}v_{kl}
\end{aligned}\right. \tag{7.5.4}$$

这里声子与第一和第二相位子不耦合, 所以

$$r_{ijkl} = R_{ijkl} = 0 \tag{7.5.5}$$

又

$$\sigma'_{ij} = -p\delta_{ij} + \eta\dot{\xi}_{kl} \tag{7.5.6}$$

p 代表流体压力, η 代表流体黏性系数, $\dot{\xi}_{kl}$ 由方程 (7.2.20) 定义.

十二次对称软物质准晶的运动方程则比十八次对称问题简单一些, 有

$$\begin{cases} \rho\dfrac{\partial V_i}{\partial t}+\rho V(\nabla V_i)=\dfrac{\partial}{\partial x_j}\left(\sigma_{ij}+\sigma'_{ij}\right) \\ \dfrac{\partial V_j}{\partial x_j}=0 \\ \dfrac{\partial u_i}{\partial t}+V(\nabla u_i)+\varGamma_u\dfrac{\partial \sigma_{ij}}{\partial x_j}-V_i=0 \\ \dfrac{\partial w_i}{\partial t}+V(\nabla w_i)+\varGamma_w\dfrac{\partial H_{ij}}{\partial x_j}=0 \end{cases} \tag{7.5.7}$$

声子应力张量和相位子应力张量为 (7.2.16) 定义, 但是这里因为声子与相位子不耦合, 所以 (7.2.16) 中的耦合弹性系数在这里

$$R_{ijkl}=0$$

7.6　小　　结

考虑到 Landau 广义流体动力学和 Poisson 括号方法具有一定的普遍性, 对较宽广的一类非传统材料, 用它们作为有关统一的工具去分析, 会带来一定的方便, 而且它并不要求我们预先对材料的具体细节有深入了解, 自然该体系的 Hamilton 量是必须有的. 但是它要求我们熟悉 Landau 理论, 这又给大家带来一定的困难. 如果读者现在没有完全了解本章有关内容, 也无碍, 这里只是开一个头, 后面我们各章节讨论具体非传统材料时, 还将具体列出它们的方程组. 应该指出 Landau 广义流体动力学也有自身的局限性, 并不能解决所有非传统材料的问题.

最后指出一点, 即我们用 Poisson 括号得到了某些非传统材料的运动方程, 一般它们还是微分 — 变分方程, 需要进一步利用有关热力学关系, 把它们化成纯微分方程 (即不含变分项的方程), 才好求解. 这些问题在后面有关的章节中将讨论.

第 8 章　多胞/泡沫金属材料的缺陷与断裂理论

这里先讨论一种非传统材料 —— 多胞/泡沫材料, 它虽然是固体材料, 但是突破了致密材料的范畴. 由于它存在宏观的不连续性, 连续力学已经不再适用, 但是, 经过等价的连续处理, 连续力学可以近似应用, 从这个意义上讲, 它是与传统结构材料最接近的一种新型材料. 所以不需要用第 7 章的方法去处理它 (或者说, 它不适于用第 7 章的方法去处理).

8.1　多胞/泡沫材料性质

多胞材料 (cellular material), 泡沫材料 (foam material), 前者包含自然的 (如木材) 和人工的, 后者通常指人工的. 在人工多胞材料中, 包括金属、陶瓷和高分子 (聚合物) 三类.

多胞固体与致密固体的最主要区别在于它含有亚结构 —— 胞 (cells). 图 8.1.1 为二维多胞材料的几个例子. 图 8.1.2 为三维多胞材料的例子.

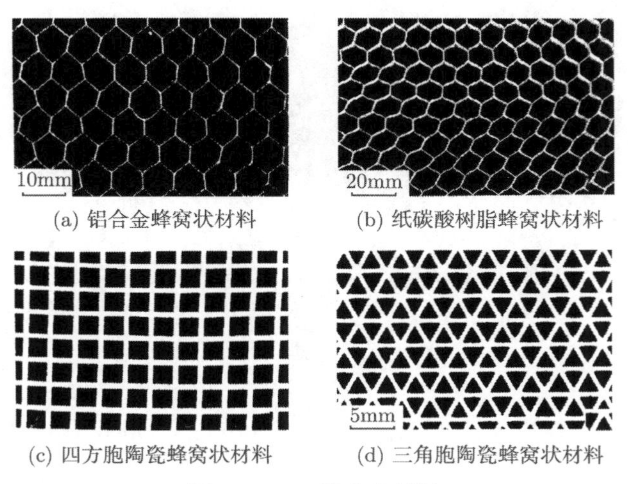

(a) 铝合金蜂窝状材料　(b) 纸碳酸树脂蜂窝状材料

(c) 四方胞陶瓷蜂窝状材料　(d) 三角胞陶瓷蜂窝状材料

图 8.1.1　二维多胞材料

由于大量胞的存在, 材料比重小, 往往引进一个相对密度描写此点. 记 ρ^* 代表多胞材料的密度, ρ_s 代表胞壁材料的密度, 则 ρ^*/ρ_s 称为相对密度, 其值从 0.04 到 0.16, 相对密度为 0.04~0.08, 称为低密度多胞材料, 相反地, 为 0.08~0.16, 称为高密度多胞材料. 多胞材料比重小, 节约大量用材, 同时它又具有适当的强度 (应该是指比强度而言), 因而具有广泛的实际应用. 关于强度概念, 可以举以下例子作为参考.

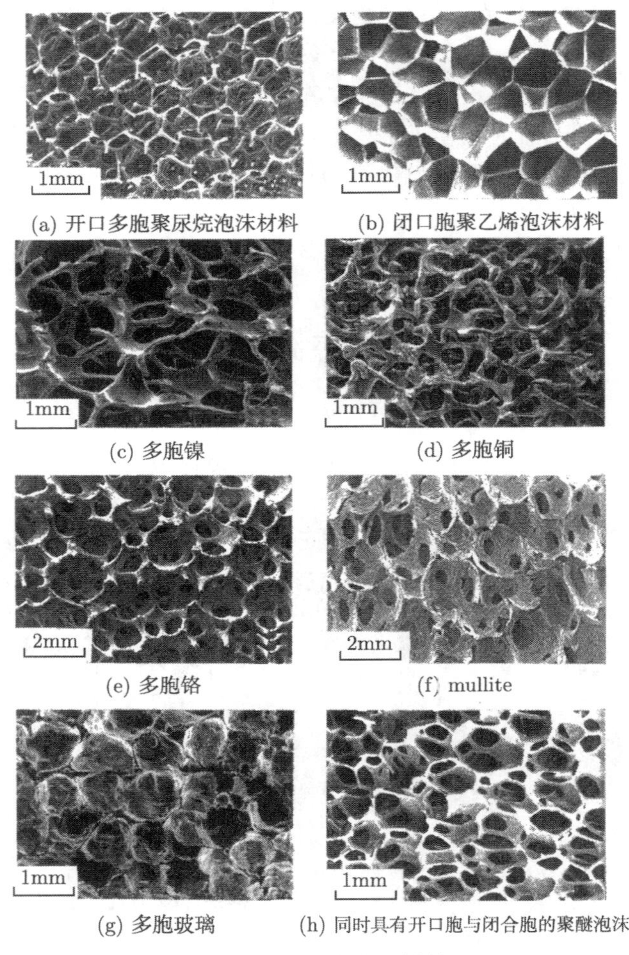

(a) 开口多胞聚尿烷泡沫材料 (b) 闭口胞聚乙烯泡沫材料

(c) 多胞镍 (d) 多胞铜

(e) 多胞铬 (f) mullite

(g) 多胞玻璃 (h) 同时具有开口胞与闭合胞的聚醚泡沫

图 8.1.2 三维多胞材料

以致密铝合金材料为例, 弹性模量 $E=71.4\text{GPa}$, 单轴屈服强度为 $\sigma_Y=258\text{MPa}$, 而 Inco 镍多胞材料 $E=0.271\text{GPa}$, $\sigma_Y=0.811\text{MPa}$, 可见多胞材料的力学性能指标值虽然比致密材料低很多, 但它的密度只有致密材料的百分之几, 并且其 σ_Y/E 值与致密材料的同一比值基本上一致.

由于以上特点, 它往往用作夹层结构的核心, 另一个应用是在包装上, 此外, 用作吸收能量的部件上 (例如, 用在汽车上, 由于可以吸收大量能量而起缓冲作用, 减轻事故的破坏程度, 使结构更加安全), 另外, 它还有隔音作用等.

Gibson 与 Ashby①的专著对多胞材料的力学和物理性能作了较全面的讨论, 这里不去详细介绍, 有兴趣的读者可以去读该专著.

从图 8.1.1 与图 8.1.2 可见, 胞的形状、大小和分布在不同多胞材料中各不相同, 自然会影响其力学与物理性能. 但是如果对胞的形状、大小和分布逐一追踪描述, 则表述极其复杂, 要使力学边值问题求解定量化, 会十分困难. 1989 年 Gibsion 等对多胞材料多轴加载下的实验研究开展了许多工作, 提出了多胞材料的破坏曲面概念, 这是多胞材料连续本构模型研究的开端, 后来被发展成屈服面概念. 接着 Triantafillou 等在此基础上, 提出了多胞材料的弹性–理想塑性本构方程. 近年来多胞材料屈服面/加载面和本构模型的实验和理论模拟得到迅速发展. 这种把不连续的多胞材料理想化成连续模型的处理, 使本构关系大为简化, 并且使力学边值问题的求解成为可能, 8.2~8.9 节仅仅围绕多胞材料连续本构模型展开讨论, 并且以它为基础, 发展这种材料非线性裂纹问题的分析解和数值解.

8.2 多胞材料的连续本构模型

多胞材料是宏观上的不连续材料, 但是要逐个追踪胞的形状、大小和分布进行描述, 所得表达式一定极其复杂, 难以进行定量求解. 如果针对不同的相对密度 ρ^*/ρ_s 去测其材料模量. 例如, E,ν 亦即认为 $E=E\left(\rho^*/\rho_s\right),\nu=\nu\left(\rho^*/\rho_s\right)$, 那么在一定程度上能给出多胞材料力学性能的定量描写, 这种方法是一种表观的方法, 或者说是一种 “平均场” 方法, 也可以称为是一种唯象的方法, 因为它未涉及亚结构的形状、大小和分布.

对均匀、各向同性弹性性质, 有了 E 和 ν 就足够, 对于各向异性弹性性质, 则需要用张量 C_{ijkl} 去描写, 这时 $C_{ijkl}=C_{ijkl}\left(\rho^*/\rho_s\right)$, 除了它们是相对密度 ρ^*/ρ_s 的函数之外, 经典弹性的方程仍然可以使用, 因而使分析工作得以实施.

金属与高分子多胞材料是弹塑性材料, 实验表明, 它的塑性与第 4 章和附录一中讨论过的塑性不同, 它是一种可压缩的塑性. 在第 4 章和附录一中, 我们指出那里的弹性具有可压缩性, 而塑性具有不可压缩性, 因而平均应力 $\sigma_m=\sigma_{kk}/3$, 或静水压力 $p=-\sigma_m$ 不出现在塑性本构方程中. 现在由于多胞材料的塑性具有可压缩性, 则 σ_m 或 p 必然要进入塑性本构关系中. 几乎所有的连续本构模型都是围绕这一效应而展开讨论的. 由于篇幅的限制, 本节只能讨论几种比较简单的连续本构模型.

① Gibson L J, Ashby F M. Cellular Solids: Structures and Properties. 2nd ed. Cambridge: Cambridge University Press, 1997.

由于实验表明金属和高分子多胞材料的塑性本构关系中必须涉及平均应力 σ_m 或静水压力 p 的效应, 所以有效应力的概念必须扩充, 为此引进了一个广义有效应力 $\hat{\sigma}$. 材料的屈服面/加载面可以表示成

$$\Phi = \hat{\sigma} - Y = 0 \tag{8.2.1}$$

在式 (8.2.1) 中, 若

$$Y = \sigma_Y = \text{const} \tag{8.2.2}$$

其中 σ_Y 代表单轴屈服强度, 则方程 (8.2.1) 为初始屈服面; 相反地, 若

$$Y = Y(h) \tag{8.2.3}$$

其中 h 是一个描写塑性变形历史的参量, 则方程 (8.2.4) 为屈服面/加载面演化方程.

Triantafillou 与 Gibson①(以下简记 TG) 建议

$$\hat{\sigma} = \sigma_{\mathrm{e}} + 0.03\frac{\rho^*}{\rho_s}\sigma_m \tag{8.2.4}$$

其中 σ_{e} 为 von Mises 有效应力:

$$\sigma_{\mathrm{e}} = \left(\frac{3}{2}s_{ij}s_{ij}\right)^{1/2} \tag{8.2.5}$$

s_{ij} 为应力偏量张量, 即

$$\begin{aligned} s_{ij} &= \sigma_{ij} - \frac{1}{3}\sigma_{kk}\delta_{ij} = \sigma_{ij} - \sigma_m\delta_{ij} \\ &= \sigma_{ij} + p\delta_{ij} \end{aligned} \tag{8.2.6}$$

σ_{ij} 为应力张量, 而 $\sigma_{kk} = \sigma_{11} + \sigma_{22} + \sigma_{33} = 3\sigma_m = -3p$.

把公式 (8.2.4) 代入公式 (8.2.1), 即得 TG 屈服面/加载面.

Gibson, Ashby, Zhang 与 Triantafillou②(GAZT) 提出

$$\hat{\sigma} = \sigma_{\mathrm{e}} + 0.81\frac{\rho^*}{\rho_s}\frac{\sigma_m^2}{\sigma_Y} \tag{8.2.7}$$

这里广义有效应力与公式 (8.2.4) 相似. 把它代入公式 (8.2.1), 便得 GAZT 屈服面/加载面

① Triantafillou T V, Gibson L J. Constitutive modeling of elastic-plastic open-cell foams. J Engng.Mech., 1990, 116: 2772∼2778.

② Gibson L J, Ashby F M, Zhang J, Triantafillou T V. Failure surface (or cellular materials under multixial loads, I: Modoiling. Int.J.Mech. Sci., 1989, 31: 635∼643.

在 GAZT 和 TG 模型提出之后, 多胞材料的连续本构模型还有其他工作, 这里不可能去详细评述, 感兴趣的读者可以参考评述性论文①. 这方面研究的较迅速发展只是出现在近几年.

与以上两模型不同, 最近的这些研究者并不把相对密度 ρ^*/ρ_s 直接引入广义有效应力 $\hat{\sigma}$ 中, 而是引进一些能刻画塑性可压缩性的新的材料参量, 如塑性 Poisson 比, 由于他们试验中选用的材料不同, 加载方式不同, 所定义的塑性 Poisson 比不尽相同.

Deshpande 与 Fleck②(DF) 定义塑性 Poisson 比为

$$\nu^{\mathrm{p}} = -\frac{\dot{\varepsilon}_{11}^{\mathrm{p}}}{\dot{\varepsilon}_{22}^{\mathrm{p}}} \tag{8.2.8}$$

由此引出一个能刻画塑性可压缩性的参量 α:

$$\alpha = 3\left(\frac{1/2-\nu^{\mathrm{p}}}{1+\nu^{\mathrm{p}}}\right)^{1/2} \tag{8.2.9}$$

α 的数值在 1 到 2 之间, DF 认为 α 是 von Mises 有效应力和平均应力比例因子, 这点可以从他们定义的广义有效应力表达式

$$\hat{\sigma} = \left[\frac{1}{1+(\alpha/3)^2}\left(\sigma_{\mathrm{e}}^2+\alpha^2\sigma_m^2\right)\right]^{1/2} \tag{8.2.10}$$

中看出来, 显然, 若 $\nu^p = 1/2$ 则 $\alpha = 0$, 此时为不可压缩塑性

把式 (8.8.10) 代入式 (8.8.1) 即得 DF 屈服面. 以上工作最初是针对金属多胞材料给出的, 后来进一步发现此模型也可以描写高分子多胞材料的屈服现象, Miller③(M) 从另一角度定义塑性 Poisson 比, 即

$$\nu_{\mathrm{p}l} = -\frac{\varepsilon_{22}^{\mathrm{p}l}}{\varepsilon_{11}^{\mathrm{p}l}} \tag{8.2.11}$$

由此引出两个新的参量 γ 与 α 如下:

$$\gamma = \frac{6\left(\sigma_c/\sigma_t\right)^2-12\left(\sigma_c/\sigma_t\right)+6+9\left(\sigma_c^2/{\sigma_t}^2-1\right)\Big/\left(1+\nu_{pl}\right)}{2\left(\sigma_c/\sigma_t+1\right)^2} \tag{8.2.12}$$

① Fan T Y, Mai Y W, Guo R P, Maier M, Ciu G T. Continuum constitufire model and analytic solutions of crack problems of cellular materials. J Materials Sci and Tech, 2003, 1114: 86~105.

② Deshpande V, Fleck N A. Isotropic constitutive models for metallic foams. J. Mech. Phys. Solids, 2000, 48: 1253~1283.

③ Miller R. A continuum plasticity model for the constitutive and indentation behavior of foamed metals. Int. J. Mech Sci., 2000,. 42: 729~754.

$$\alpha=\frac{45+24\gamma-4\gamma^2+4\nu_{\rm pl}\left(2+\nu_{\rm pl}\right)\left(-9+6\gamma-\gamma^2\right)}{16\left(1+\nu_{\rm pl}\right)} \tag{8.2.13}$$

其中 $\sigma_c=$ 压缩屈服强度, σ_t 拉伸屈服强度. Miller 定义他的广义有效应力为

$$\hat{\sigma}=\sigma_e+\gamma\sigma_m+\alpha\frac{\sigma_m^2}{\sigma_Y} \tag{8.2.14}$$

它可以看作 TG 与 GAZT 广义有效应力的推广, 当 $\alpha=0$, 它化成 TG 模型; 当 $\gamma=0$, 它化成 GAZT 模型方程 (8.2.14) 代入方程 (8.2.1) 得 M 屈服面/加载面. 注意: 这里的 α 与式 (8.2.9) 中的 α 根本不同.

虽然多胞材料的屈服面/加载面的模型或理论还可以列出一些, 由于篇幅的限制, 这里不再一一列举了.

若考虑各向同性硬化, 由流动法则和以上各屈服面/加载面演化方程, 不难得到相应的本构方程, 它们可以统一地写成

$$\dot{\varepsilon}_{ij}=\dot{\varepsilon}_{ij}^{\rm e}+\dot{\varepsilon}_{ij}^{\rm p}=\frac{1+\nu}{E}\dot{\sigma}_{ij}-\frac{\nu}{E}\dot{\sigma}_{kk}\delta_{ij}+\frac{\dot{\hat{\sigma}}}{H\left(\hat{\sigma}\right)}\frac{\partial\varPhi}{\sigma_{ij}} \tag{8.2.15}$$

这里 $\dot{\varepsilon}_{ij}$ 为应变率, $\dot{\varepsilon}_{ij}^{\rm e}$ 为弹性应变率, $\dot{\varepsilon}_{ij}^{\rm p}$ 为塑性应变率, $\dot{\sigma}_{ij}$ 为应力率, E 与 ν 为弹性模量和弹性 Poisson 比, δ_{ij} 为单位张量, $H\left(\hat{\sigma}\right)$ 为硬化模量, 可以由一维应力–应变关系近似标定, 即 $H\left(\hat{\sigma}\right)={\rm d}\sigma/{\rm d}\varepsilon^{\rm p}$ 代表应力幅值为 $\hat{\sigma}$ 时的硬化模量 (后面会详细讨论), $\varPhi$ 由 (8.2.1) 定义, 针对不同的广义有效应力, $\partial\varPhi/\partial\sigma_{ij}$ 可以计算出来, 例如

$$\frac{\partial\varPhi}{\partial\sigma_{ij}}=\begin{cases}\dfrac{3}{2}\dfrac{1}{\sigma_{\rm e}}s_{ij}+0.01\dfrac{\rho^*}{\rho_s}\delta_{ij}, & \text{对 TG 模型}\\ \dfrac{3}{2}\dfrac{1}{\sigma_{\rm e}}s_{ij}+0.18\dfrac{\rho^*}{\rho_s}\dfrac{\sigma_m}{\sigma_Y}\delta_{ij}, & \text{对 GAZT 模型}\\ \dfrac{1}{\left[1+(\alpha/3)^2\right]\hat{\sigma}}\left(\dfrac{3}{2}s_{ij}+3\left(\dfrac{\alpha}{3}\right)^2\sigma_m\delta_{ij}\right), & \text{对 DF 模型}\\ \dfrac{3}{2}\dfrac{1}{\sigma_{\rm e}}s_{ij}+\left(\dfrac{\gamma}{3}+\dfrac{2}{3}\alpha\dfrac{\sigma_m}{\sigma_Y}\right)\delta_{ij}, & \text{对 M 模型}\end{cases} \tag{8.2.16}$$

而 $\dot{\hat{\sigma}}$ 的形式也因不同模型而异, 例如

$$\dot{\hat{\sigma}}=\begin{cases}\dot{\sigma}_{\rm e}+0.03\dfrac{\rho^*}{\rho_s}\dot{\sigma}_m, & \text{对 TG 模型}\\ \dfrac{1}{\left[1+(\alpha/3)^2\right]\hat{\sigma}}\left(\sigma_{\rm e}\dot{\sigma}_{\rm e}s_{ij}+\alpha^2\sigma_m\dot{\sigma}_m\right), & \text{对 DF 模型}\end{cases} \tag{8.2.17}$$

把方程 (8.8.16) 与方程 (8.8.17) 代入方程 (8.8.15) 即得到相应的本构方程的最终形式.

8.3 多胞材料的裂纹解 —— 基于内聚力模型

多胞材料本构关系比一般弹塑性材料本构关系要复杂, 因而相关的裂纹问题更难以求解, 但是上述材料模型的提出, 已使求解成为可能, 如果能利用经典非线性断裂理论中的某些简化模型, 并且加以发展, 或者利用经典非线性断裂理论中成功的分析方法, 并且加以发展, 还是有可能得到多胞材料裂纹问题的精确分析解或近似分析解. 本节讨论裂纹起始扩展问题, 8.4 节讨论裂纹 (准静态) 稳态扩展问题.

非线性断裂经典理论中, 有一个成功的裂纹模型, 称为内聚力模型, 它是由 Dugdale 模型发展起来的, 在本书第 4 章中作了详细的讨论. 当然原始的 Dugdale 模型仅限于平面应力情形. 后来的发展已经远远突破了这一限制, 扩充到平面应变情形. 最初的 Dugdale 是在全量塑性理论基础上讨论的. 后来 Hutchinson 等用增量塑性理论进行讨论, 在第 4 章中曾提过. 近来 Chen, Fleck 与 Lu①就是试图用增量塑性讨论多胞材料的平面应变情形的内聚力模型, 但未见他们得到分析解.

我们在这里也采用内聚力模型求解多胞材料中的非线性裂纹问题. 把内聚力模型理解为裂纹顶端塑性区的形状被预先假定, 其中的应力分布可以由屈服判据推断出来的一种模型. 根据这一逻辑, 原来的非线性问题得到线性化, 因而比较容易求解.

8.3.1 平面应力情形下的裂纹解

设材料处在平面应力状态, 即

$$\sigma_{33} = \sigma_{31} = \sigma_{32} = 0 \tag{8.3.1}$$

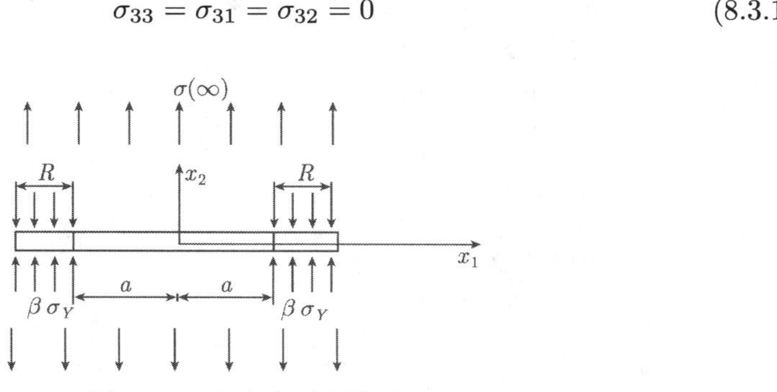

图 8.3.1 内聚力裂纹模型

进一步假设裂纹为穿透性的 (图 8.3.1), 仅考虑 I 型问题, 即远处受拉伸 $\sigma_{yy} = \sigma^{(\infty)}$, 在裂纹顶端存在一内聚力作用区, 长度为 R, 暂时未知. 在此区域内, 材料发

① Chen C, Fleck N A, Lu T J. The mode I crack growth resistance of metallic foams. J. Mech. Phys. Solids, 2001, 49: 231~259.

生了塑性流动, 即

$$y=0,\quad a<|x|<a+R:\quad \sigma_{yy}=\beta\sigma_Y,\quad \sigma_{xy}=0$$

其中 β 可以由有关的屈服判据计算出来, 例如

$$\beta=\begin{cases}\dfrac{1}{1+0.02\rho^*/\rho_s}, & \text{对 TG 模型}\\ \dfrac{(1+1.44\rho^*/\rho_s)-1}{0.72\rho^*/\rho_s}, & \text{对 GAZT 模型}\\ \left[\dfrac{1+(\alpha/3)^2}{1+(2\alpha/3)^2}\right]^{1/2}, & \text{对 DF 模型}\\ \dfrac{9}{8\alpha}\left\{\left[(1+2\gamma/3)^2+16\alpha/9\right]^{1/2}-(1+2\gamma/3)\right\}, & \text{对 M 模型}\end{cases}\tag{8.3.2}$$

由式 (8.3.2) 的前两式可见, 在 ρ^*/ρ_s 的变化范围在 (0.04, 0.16) 内, $\beta<1$, 但 β 值比较接近于 1; 由式 (8.3.2) 的第三式可见, 在 α 的变化范围在 (1, 2) 内, β 的最小值为 0.70, 其最大值为 0.87. 由此可见, 采用 DF 模型, 多胞材料塑性可压缩性给内聚力裂纹模型的影响是巨大的, 这里内聚力比致密固体内聚力可以减少 30%. 而采用 TG 模型或 GAZT 模型, 塑性可压缩性虽然也使内聚力减小, 但减小的程度很弱. 在前面所引的 Miller 的论文中, 用他自己定义的塑性 Poisson 比 $\nu_{\rm pl}=-\varepsilon_{22}^{\rm pl}/\varepsilon_{11}^{\rm pl}$ 分析过在他之前发表的多胞材料本构模型, 他指出 GAZT 模型的 $\nu_{\rm pl}=0.47$, 此值十分接近 0.5, 而 $\nu_{\rm pl}=0.5$ 为塑性不可压材料, 因此他认为 GAZT 模型是接近不可压塑性模型. 我们认为 TG 模型也是这样.

根据与第 4 章相类似的讨论, 不难得到内聚力作用区的尺寸 R 为

$$R=a\left[\sec\left(\frac{\pi\sigma^{(\infty)}}{2\beta'\sigma_Y}\right)-1\right]\tag{8.3.3}$$

以及裂纹顶端张开位移 δ_t 为

$$\delta_t=\frac{8\beta\sigma_Y a}{\pi E}\ln\sec\left(\frac{\pi\sigma^{(\infty)}}{2\beta\sigma_Y}\right)\tag{8.3.4}$$

这样, 刻画多胞材料特性的物理量 β 进入了断裂参量中. β 的计入, 使 R 与 δ_t 的值相对致密固体的对应物理量的值会有改变. 由于在 TG 模型与 GAZT 模型下, R 与 δ_t 的值较经典情形下的值变化不大 (因为 β 较接近于 1), 所以不再详细讨论, 而针对 DF 模型的 R 与 δ_t 的值如图 8.3.2 和图 8.3.3 所示.

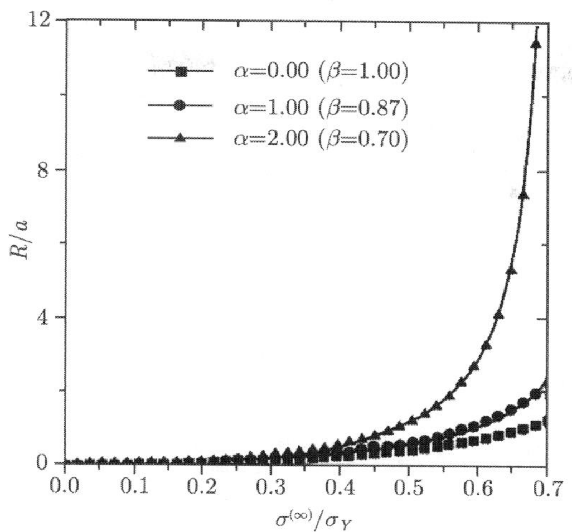

图 8.3.2 内聚力作用区大小随 α 值变化关系 (DF 模型)

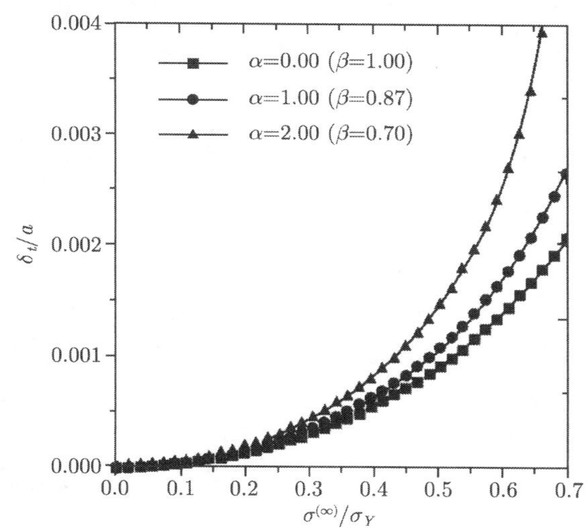

图 8.3.3 裂纹顶端张开位移大小随 α 值变化关系 (DF 模型)

8.3.2 平面应变情形下的裂纹解

在这种情形下:

$$\begin{cases} \varepsilon_{33} = \varepsilon_{31} = \varepsilon_{32} = 0 \\ \sigma_{33} = \nu\left(\sigma_{11} + \sigma_{22}\right), \sigma_{31} = \sigma_{32} = 0 \end{cases} \tag{8.3.5}$$

裂纹几何与远处受力状态仍然如图 8.3.1 所示, 但在内聚力作用区, 即 $y = 0, a <$

$|x| < a + R$ 处, $\sigma_{22} = \beta'\sigma_Y$, 其中 β' 为

$$\beta' = \begin{cases} \dfrac{1}{1-2\nu+0.02\left(\rho^*/\rho_s\right)(1+\nu)}, & \text{对 TG 模型} \\ \dfrac{\left[(1-2\nu)^2+1.44\left(\rho^*/\rho_s\right)(1+\nu)^2\right]^{1/2}-(1-2\nu)}{0.72\left(\rho^*/\rho_s\right)(1+\nu)^2}, & \text{对 GAZT 模型} \\ \left[\dfrac{1+(\alpha/3)^2}{(1-2\nu)^2+(2\alpha/3)^2(1+\nu)^2}\right]^{1/2}, & \text{对 DF 模型} \\ \dfrac{9}{8\alpha}\left\{\sqrt{[1-2\nu+(2\alpha/3)(1+\nu)]^2+\dfrac{16}{9}\alpha}-\left[1-2\nu+\left(2\alpha/3\right)(1+\nu)\right]\right\}, \\ & \text{对 M 模型} \end{cases} \tag{8.3.6}$$

这表明出了材料相对密度 ρ^*/ρ_s 之外, 材料的弹性 Poisson 比 ν 也计入参量 β' 中.

在这种情形, 由复变函数解法也能得到相应的 R 与 δ_t 为

$$R = a\left[\sec\left(\frac{\pi\sigma^{(\infty)}}{2\beta'\sigma_Y}\right)-1\right] \tag{8.3.7}$$

$$\delta_t = \frac{8\beta'\sigma_Y a}{\pi E/(1-\nu^2)}\ln\sec\left(\frac{\pi\sigma^{(\infty)}}{2\beta'\sigma_Y}\right) \tag{8.3.8}$$

由于经典情形 (对致密固体) 不讨论平面应变状态, 这里不好同经典情形的解对比, 因而式 (8.3.7) 与式 (8.3.8) 的数值计算不再介绍. 我们不妨把式 (8.3.7) 与式 (8.3.8) 当作一个形式解. 在人们确实需要对平面应变情形下, R 与 δ_t 进行计算而又缺乏任何解答时, 不妨把式 (8.3.7) 与式 (8.3.8) 当作一个参考.

以上结果由 Fan 与 Mai①等给出. 这表明多胞材料裂纹问题不仅可以解析求解, 并且可以得到封闭解.

8.4 多胞材料平面应力裂纹扩展问题

8.3 节用内聚力模型给出了若干裂纹问题解, 可以看作对第 4 章 Dugdale 模型的一种发展, 所得结果形式很简洁.

裂纹缓慢扩展在这里也是很有意义的, 如何针对多胞材料求解这一问题, 尚无现成结果, 我们不妨作一些尝试, 为了简单起见, 以 TG 模型开展讨论.

①Fan T Y, Mai Y W 等, 见 21 页的注①.

把式 (8.2.16) 的第一式与式 (8.2.17) 的第一式代入式 (8.2.15), 略去小量之后得到

$$\dot{\varepsilon}_{ij}=\dot{\varepsilon}_{ij}^{e}+\dot{\varepsilon}_{ij}^{p}=\frac{1+\nu}{E}\dot{\sigma}_{ij}-\frac{\nu}{E}\dot{\sigma}_{kk}\delta_{ij}+\dot{\Lambda}s_{ij} \tag{8.4.1}$$

$$\dot{\Lambda}=\frac{1}{H\left(\hat{\sigma}\right)}\left(\frac{9}{4}\frac{1}{\sigma_e^2}s_{kl}\dot{\sigma}_{kl}+0.045\frac{1}{\sigma_e}+\frac{\rho^*}{\rho_s}\dot{\sigma}_m\right) \tag{8.4.2}$$

这样, 我们已经把多胞材料弹塑性本构方程化成相当简洁的形式, $\dot{\Lambda}$ 可以称为广义塑性流动因子, 因为它含有材料参量 ρ^*/ρ_s 和平均应力率 $\dot{\sigma}_m$(或负的静水压力率 $-\dot{p}$).

下面仅讨论平面应力情形, 并且仅讨论幂硬化多胞材料, 即其一维应力应力关系为 (并且只考虑对 >1 的情形)

$$\varepsilon=\begin{cases}\sigma/E, & \sigma\leqslant\sigma_Y\\ \alpha\left(\sigma-\sigma_Y\right)^n, & \sigma>\sigma_Y\end{cases} \tag{8.4.3}$$

这里推广 4.11 节的方法把所有的场变量, 包括 $\dot{\Lambda}$ 均作摄动展开, 摄动参量为 $\xi=\ln\left(r/R\right)$, 其意义在 4.11 节中已介绍, 这里不详述

由 4.11 节中可知

$$\dot{\Lambda}\left(r,\theta\right)\sim\lambda_0\left(\theta\right)+\lambda_1\left(\theta\right)\xi^{-1} \tag{8.4.4}$$

$\lambda_0\left(\theta\right)$ 与 $\lambda_1\left(\theta\right)$ 是 $\dot{\Lambda}\left(r,\theta\right)$ 展开式中的零阶与一阶系数. 根据与 4.11 节中相类似的分析, 可以得到

$$\lambda_0\left(\theta\right)=0 \tag{8.4.5}$$

在略去小量之后, 我们发现

$$\lambda_0\left(\theta\right)\sim\left(s_{ij}^{(0)}\right)'s_{ij}^{(0)} \tag{8.4.6}$$

$s_{\theta}^{(0)}$ 的意义见 4.11 节, 由推导, 有

$$\left(s_{ij}^{(0)}\right)'s_{ij}^{(0)}=\left[\left(\sigma_{11}^{(0)}\right)'+\left(\sigma_{22}^{(0)}\right)'\right]s_{rr}^{(0)} \tag{8.4.7}$$

比较式 (8.4.7) 与式 (8.4.5)、式 (8.4.6), 可知

$$s_{rr}^{(0)}\left(\theta\right)=0 \tag{8.4.8}$$

由此结果与 TG 屈服条件 (实际上是指屈服条件的零阶展开), 得到

$$\begin{cases} \sigma_{r\theta}^{(0)}(\theta) = \dfrac{1}{\sqrt{3}}\sin\theta \\ \sigma_{rr}^{(0)}(\theta) = -\dfrac{\eta + \sqrt{\eta^2 + (3-\eta)^2\cos^2\theta}}{3-\eta} \\ \sigma_{\theta\theta}^{(0)}(\theta) = 2\sigma_{rr}^{(0)}(\theta) \\ \eta = 0.03\rho^*/\rho_s \end{cases} \tag{8.4.9}$$

这是一个中心扇形区, 这里应力分布与材料常数 ρ^*/ρ_s 有关, 它与 4.11 节不同.

根据与 4.11 节相类似的分析, 可以得知在裂纹顶端附近还存在一个卸载弹性区和一个重新加载塑性区, 它们连同中心扇形区一起如图 4.11.2 所示. 采用与 4.11 节相类似的分析, 即由式 (8.4.7) 的另一个因子等于零, 即

$$\left(\sigma_{11}^{(0)}(\theta)\right)' + \left(\sigma_{22}^{(0)}(\theta)\right)' = 0 \tag{8.4.10}$$

和 TG 屈服条件以及裂纹面上无应力条件, 得到重新加载塑性内的零阶展开应力场

$$\sigma_{xx}^{(0)}(\theta) = -1, \quad \sigma_{yy}^{(0)}(\theta) = \sigma_{xy}^{(0)}(\theta) = 0 \tag{8.4.11}$$

这是一个均匀应力区.

中心扇形区与均匀应力区之间为卸载弹性区, 由本构关系 (8.4.11) 及变形协调方程以及摄动展开的最低阶关系得出这个区的应力分布为

$$\begin{cases} \sigma_{xx}^{(0)}(\theta) = \dfrac{E}{4\sigma_Y}\left[A\left(4\ln|\sin\theta| + \cos 2\theta\right) + B\left(2\theta + \sin 2\theta\right) + C_{11}\right] \\ \sigma_{yy}^{(0)}(\theta) = \dfrac{E}{4\sigma_Y}\left[-A\cos 2\theta + B\left(2\theta - \sin 2\theta\right) + C_{22}\right] \\ \sigma_{xy}^{(0)}(\theta) = \dfrac{E}{4\sigma_Y}\left[A\left(2\theta + \sin 2\theta\right) - B\cos 2\theta + C_{12}\right] \end{cases} \tag{8.4.12}$$

其中 $A, B, C_{11}, C_{22}, C_{12}$ 为积分常数, 待定.

弹性卸载区与重新加载塑性区的变形速度场的最低阶展开式的解为

$$\begin{cases} v_r(r,\theta) = \dfrac{\xi^{1+s}}{1+s}\dot{a}V_r(\theta), V_r(\theta) = -A\cos\theta - B\sin\theta \\ v_\theta(r,\theta) = \dfrac{\xi^{1+s}}{1+s}\dot{a}V_\theta(\theta), V_\theta(\theta) = A\sin\theta - B\cos\theta \end{cases} \tag{8.4.13}$$

其中 $s = 2/(n-1)$.

中心扇形区的变形速度场的角分布由下列非线性常微分方程组控制:

$$\left\{\begin{array}{l} V_\theta'(\theta)/Q=(1+s)\,\lambda_1(\theta)\,s_{rr}^{(0)}(\theta)-V_r(\theta)/Q \\ \left[\sqrt{3}\dfrac{\sigma_Y}{EQ}\sin^2\theta-\lambda_1(\theta)\,s_{rr}^{(1)}(\theta)\right]'=2\,(1+s)\,\lambda_1(\theta)\,s_{rr}^{(0)}(\theta)+V_\theta(\theta)/Q \end{array}\right. \tag{8.4.14}$$

其中 $V_r(\theta), V_\theta(\theta), s_{rr}^{(1)}(\theta)$ 与 $\lambda_1(\theta)$ 均未知, 但独立的未知函数仅两个, 可以任选其中两个作求解对象, 如选 $V_\theta(\theta)$ 与 $s_{rr}^{(1)}(\theta)$, 其中 $Q=(9/4)\,n\alpha/\sigma_Y^n, \lambda_1(\theta)$ 为

$$\begin{aligned} \lambda_1(\theta)=&\,s\cos\theta\left(\frac{2}{3}+\sin^2\theta\right)-\sqrt{3}\sin^2\theta s_{rr}^{(1)} \\ &+0.02\sqrt{3}\frac{\rho^*}{\rho_s}\left(\frac{\cos^2\theta}{3}-\frac{n-2}{4}\sin^2\theta\sin^3\theta\cos\theta\right) \\ V_r(\theta)/Q=&\,\sqrt{3}\frac{\sigma_Y}{EQ}\sin^2\theta-\lambda_1(\theta)\,s_{rr}^{(1)}(\theta) \end{aligned} \tag{8.4.15}$$

显然 $\lambda_1(\theta)$ 为材料常数 ρ^*/ρ_s 和平均应力的展开式系数 $\sigma_m^{(0)}(\theta)$ 有关.

常微分方程组 (8.4.14) 在初始条件

$$V_\theta(0)=0, \quad s_{rr}^{(1)}(0)=f(0) \tag{8.4.16}$$

下求解, 其中 $f(0)$ 未知.

同 4.11 节一样, 用级数展开求初值问题 (8.4.14) 与 (8.4.16), 解中含有未知常数 $f(0)$.

现在一共有未知常数 $A, B, C_{11}, C_{22}, C_{12}, f(0)$, 以及三个分区的交界处的角度 θ_1 与 θ_2, 即总共 8 个未知常数. 交界处 Γ_1 与 Γ_2 的应力应该连续, 即 $\sigma_{rr}^{(0)}$, $\sigma_{\theta\theta}^{(0)}(\theta), \sigma_{r\theta}^{(0)}(\theta)$ 在 $\theta=\theta_1$ 与 $\theta=\theta_2$ 处的间断值等于零, 这样得到 6 个定解条件. 又在 $\theta=\theta_1$ 处 $V_r(\theta), V_\theta(\theta)$ 的间断值等于零, 又得到两个定解条件, 总共得到 8 个定解条件确定上述 8 个待定常数. 另外这些解使

$$\lambda_1(\theta_1)\approx 0$$

得到满足.

以下针对 INCO 镍多胞材料具体求解以上非线性方程组以确定所有待定常数.

这里 $E=0.271\text{GPa}, \sigma_Y=0.811\text{MPa}, n=8, \varepsilon_Y=0.003\,\left(\alpha\approx\varepsilon_Y\sigma_Y^{-n}/E\right)$, 取 $\nu=0.3, \rho^*/\rho=0.16$, 计算得到

$$\theta_1=66^\circ, \quad \theta_2=175.2^\circ$$

同 4.11 节所得结果不同, 所得 $\sigma_{rr}^{(0)}, \sigma_{\theta\theta}^{(0)}(\theta), \sigma_{r\theta}^{(0)}(\theta)$ 如图 8.4.1 所示, 也与 4.11 节所得结果不同[①]. 因为现在考虑了多胞的效应, 它的解同致密固体不同是很自然的.

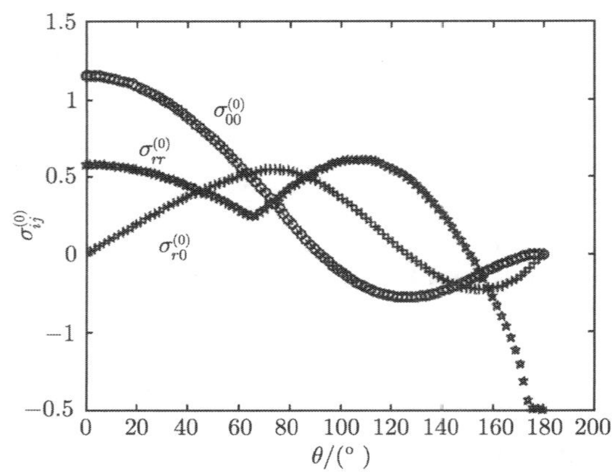

图 8.4.1　Inco 镍多胞材料另外扩展应力分布

此方法对 GAZT 模型也是适用的. 这个工作表明, 由于采用了连续本构模型, 问题得以求解.

8.5　单边拉伸试样的弹塑性分析

单边拉伸试样, 前面多次讨论过. 现在用数值方法作它的弹塑性分析. 它的模型如图 8.5.1 所示, 其中 W 为试样的宽度, $2H$ 为试样高度, a 为裂纹实际尺寸, 在试样上下边界有静载荷 σ. 软件 ABAQUS 建模使用的几何尺寸为 $W = 100\text{mm}, H =$

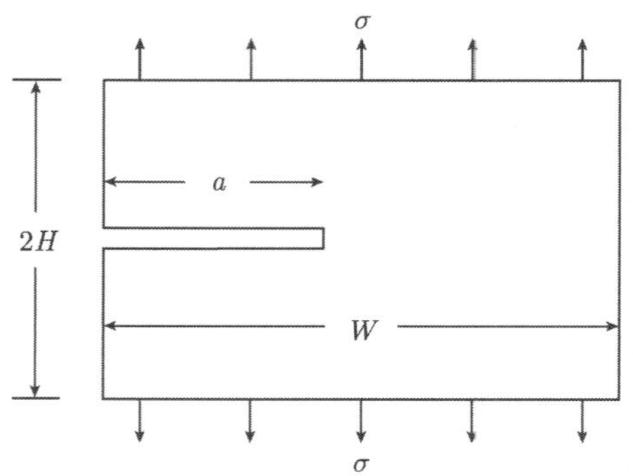

图 8.5.1　有限尺寸泡沫材料单边拉伸试样

① Fan T Y, Mai Y W, Guo R P, Maier M, Liu G T. Continuum constitutive models and analytical solutions of cellular materials. J. Materials Sci. and Tech., 2003, 11(4): 86~105.

50mm, $a=10$mm (20mm, 30mm, 40mm), 载荷为 $\sigma=0.15$MPa (0.2MPa, 0.25MPa, 0.3MPa, 0.35MPa).

由于泡沫材料的可压缩塑性特征, 目前商业软件中并没有直接研究此类塑性的材料模型. 巧合的是, 通过对金属泡沫材料可压缩塑性屈服准则的研究, 对比发现与 Drucker-Pragger 模型 (以下简称 D-P 模型) 中使用的屈服准则形式上类似, 通过类比, 可以将泡沫材料的材料常数换算成 D-P 模型所需要的参数, 这样可以借助商业软件中 D-P 模型来进行金属泡沫材料的弹塑性分析, 避免了自主开发编写程序的困难.

在软件 ABAQUS 中, D-P 模型需要输入的材料常数为内摩擦角、流动应力比、膨胀角和屈服极限, 对应于 INCO 镍泡沫材料通过计算可得材料常数如下:

$$E=0.271\text{GPa},\quad \nu=0.3,\quad \frac{\rho_*}{\rho_s}=0.16,\quad \phi=0.16,\quad \sigma_Y=0.811\text{MPa}$$

流动应力比为 1, 膨胀角的讨论过程同软件 ANSYS 一致, 大小为 0. 以下有关计算均采用此种材料常数. 影响金属泡沫材料塑性的因素主要有三种: 一是材料本身的物理性质, 二是结构的应力状态, 三是外部载荷. 下面我们分别在不同应力状态下分析金属泡沫材料的弹塑性特征.

8.5.1 平面应力状态

这里仅举 $a=30\text{mm}, \sigma=0.3$MPa 情况为例, 计算所得应力场和位移场分布如图 8.5.2 和图 8.5.3 所示.

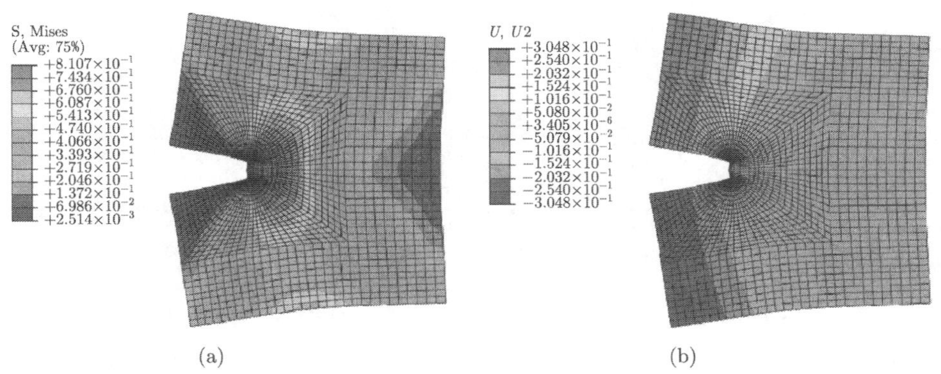

图 8.5.2 (a) 应力分布云图; (b) 位移分布云图

由图 8.5.2 可见, 有限尺寸金属泡沫材料单边拉伸试样在平面应力状态下 von Mises 有效应力最大值出现在裂纹尖端, 应力分布关于 x 轴对称. 位移最大值出现在试样左侧两个角点, 位移绝对值关于 y 轴对称, 方向相反. 裂纹尖端附近塑性区形状如图 8.5.3 灰色区域所示, 主要集中在裂纹前缘部分, 我们最关心的也是在裂纹面上塑性区的长度. 改变裂纹尺寸和外载荷时, 塑性区的形状基本不变, 只是大小有所不同, 因此我们选取裂纹面上塑性区长度 R 作为度量, 来分析外载荷等因素对金属泡沫材料塑性变形的影响. 为了方便观察计算, 对裂纹尖端附近作局部放大.

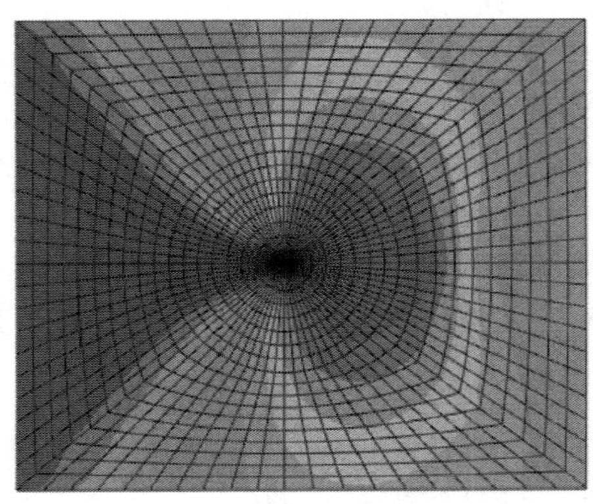

图 8.5.3　单边拉伸试样裂纹尖端附近塑性区形状

在线弹性断裂力学中, 根据 Irwin 对裂纹尖端附近塑性区的估计, 我们发现不论是采用 von Mises 屈服判据, 还是 Tresca 判据, 除了塑性区形状有微小差异, 在裂纹面坐标轴上, 塑性区的长度基本是一致的. 为了与前面的解析解对比, 从以上计算中导出塑性区尺寸 (表 8.5.1) 的数值并绘制曲线.

表 8.5.1　塑性区长度 R

塑性区 R/mm	$a=10$	$a=20$	$a=30$	$a=40$
$\sigma=0.15$MPa	0.685	1.125	3.233	4.29
$\sigma=0.2$MPa	0.937	2.249	4.849	5.363
$\sigma=0.25$MPa	1.37	3.374	6.465	6.435
$\sigma=0.3$MPa	1.63	4.499	8.081	13.944
$\sigma=0.35$MPa	2.055	5.623	9.697	#

注: "#" 表示此时由于裂纹长度和外载荷过大, 已经超出材料的极限, 计算不收敛

由图 8.5.4 可见, 在固定裂纹长度时, 塑性区尺寸与外载荷 σ 基本呈线性关系, 这与经典断裂理论所得结论基本一致. 同无限大试样的解析解对比也能看出, 在这一点金属泡沫材料同普通材料的特性基本相同. 相应地, 从另一个角度也验证了前面解析解的正确性. 在裂纹尺寸较大的情形下, 塑性区大小变化非常剧烈, 说明此时材料已经发生了破坏. 由于超过材料受力极限, 程序计算已经无法收敛, 可以以此为根据估算材料的承载极限. 这些内容超出了我们的研究重点, 因此在这里不做深入讨论.

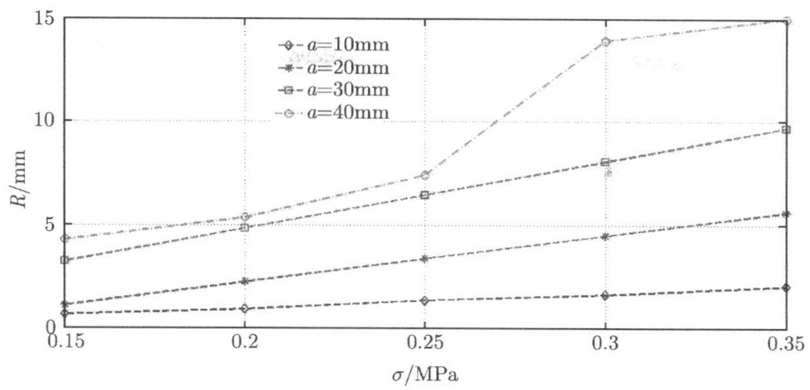

图 8.5.4 裂纹尖端塑性区尺寸 $R-\sigma$ 关系

对于裂纹尖端张开位移的定义, 断裂力学中有一些不同的提法: 将原来裂纹尖端物质质点的相对位移作为 COD, 这种定义比较适宜于显微镜测量, 可以用显微形貌标记来辨别哪一点是原裂尖, 但是对工程应用不具有良好的可操作性, 如图 8.5.5(a) 所示; 原裂纹尖端空间坐标处的张开位移, 也不是很便于量测, 因为在裂纹的变形过程中, 裂纹面的点会发生横向的位移, 如图 8.5.5(b) 所示; 为了消除上述两种定义的不易操作性和不确定性, Rice 提出以当前的裂纹尖端画出两条与裂纹方向成 45° 的线, 两条线与裂纹面相交于点 A 和 A', 这两点之间的距离作为 COD, 如图 8.5.5(c) 所示.

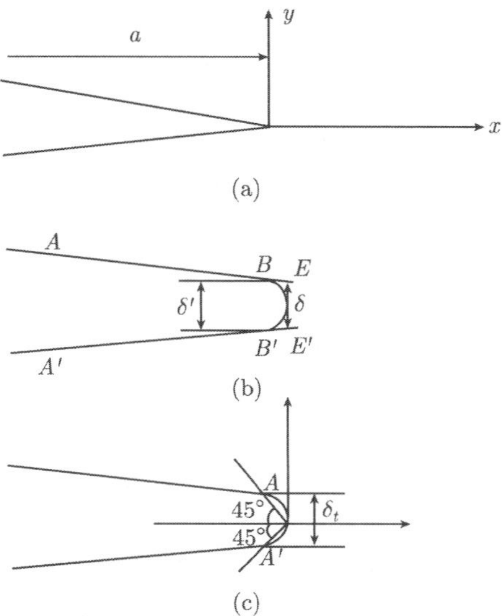

图 8.5.5 张开位移的定义方式

裂纹尖端张开位移尚没有统一的定义, 在使用的过程中只要保证定义的一致性, 即具有可比性. 这里近似采用 Rice 的定义方式, 划分网格后, 选取裂纹面上距离裂纹尖端最近的单元 y 方向的位移 δ_y 作为张开位移的一半, 计算得到的结果见表 8.5.2.

表 8.5.2　单边拉伸裂纹尖端张开位移

CTOD: δ_t/mm	a =10	a =20	a =30	a =40
$\sigma = 0.15$MPa	5.60×10^{-3}	1.36×10^{-2}	2.79×10^{-2}	4.80×10^{-2}
$\sigma = 0.2$MPa	8.19×10^{-3}	2.04×10^{-2}	4.47×10^{-2}	9.27×10^{-2}
$\sigma = 0.25$MPa	1.11×10^{-2}	2.92×10^{-2}	6.97×10^{-2}	0.19
$\sigma = 0.3$MPa	1.46×10^{-2}	4.09×10^{-2}	0.11	1.65
$\sigma = 0.35$MPa	1.88×10^{-2}	5.69×10^{-2}	0.18	#

注: "#" 表示此时由于裂纹长度和外载荷过大, 已经超出材料的极限, 计算不收敛

关于紧凑拉伸试样和三点弯曲试样塑性区及张开位移就不再一一讨论, 同单边拉伸试样一致.

如图 8.5.6 所示, 裂纹尖端张开位移与外载荷变化趋势一致, 曲线函数同致密材料类似, 呈非线性关系. 图 8.5.6 中也可以看出, 对于单边拉伸试样, 裂纹的尺寸对张开位移有较大的影响.

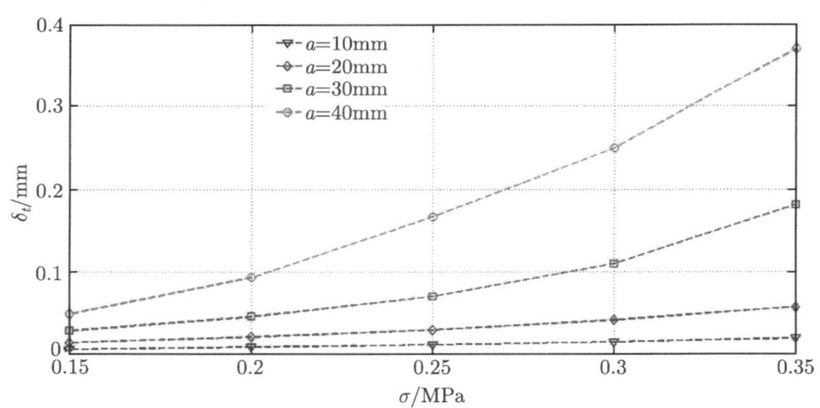

图 8.5.6　平面应力状态裂纹尖端张开位移 $\delta_t - \sigma$ 关系

8.5.2　平面应变状态

在平面应变状态下, 试样的几何尺寸以及材料常数同平面应力状态一致, 以 $a = 10$mm, $\sigma = 0.3$MPa 情形为例, 计算所得 von Mises 有效应力与位移场 u_x 分布云图如图 8.5.7 所示.

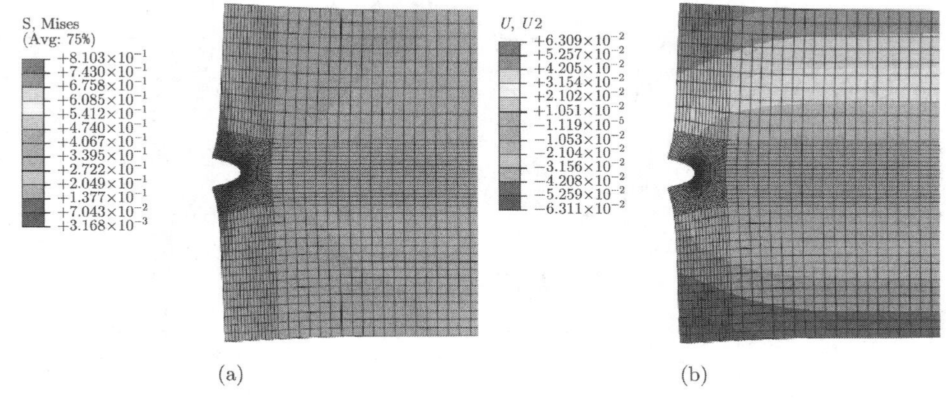

图 8.5.7 (a) 应力分布云图；(b) 位移分布云图

有限尺寸金属泡沫材料单边拉伸试样在平面应变状态下 von Mises 有效应力最大值出现在裂纹尖端, 应力分布关于 x 轴对称. 位移最大值出现在试样左侧两个角点, 位移绝对值关于 y 轴对称, 方向相反. 为方便观察, 对应力分布云图在裂纹尖端附近作局部放大, 所得裂纹尖端附近塑性区形状如图 8.5.8 所示.

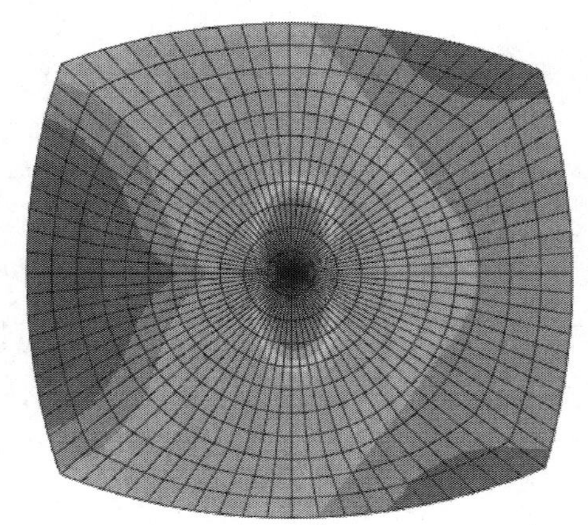

图 8.5.8 平面应变状态下裂纹尖端塑性区分布

塑性区尺寸表 8.5.3 中, 不同外载荷条件下, 忽略一些不可靠的点, 可见 R 与 σ 基本呈线性关系. 从数值上观察, 平面应变状态下塑性区长度要比平面应力状态下小得多, 整体上也是随着外载荷的增加塑性变形增大. 在载荷较小时, 几何尺寸相同的情况下, 平面应力状态时材料发生屈服时, 可能平面应变状态下的材料还没有进入塑性阶段. 针对不同裂纹尺寸, 画出塑性区尺寸–外载荷图如图 8.5.9 所示.

表 8.5.3 塑性区尺寸

塑性区 R/mm	$a = 10$	$a = 20$	$a = 30$	$a = 40$
$\sigma = 0.15$MPa	0	0	2.62	2.65
$\sigma = 0.2$MPa	0	2.01	3.23	3.72
$\sigma = 0.25$MPa	1.02	2.43	4.23	4.79
$\sigma = 0.3$MPa	1.37	3.37	5.39	6.43
$\sigma = 0.35$MPa	1.68	4.12	6.41	8.61

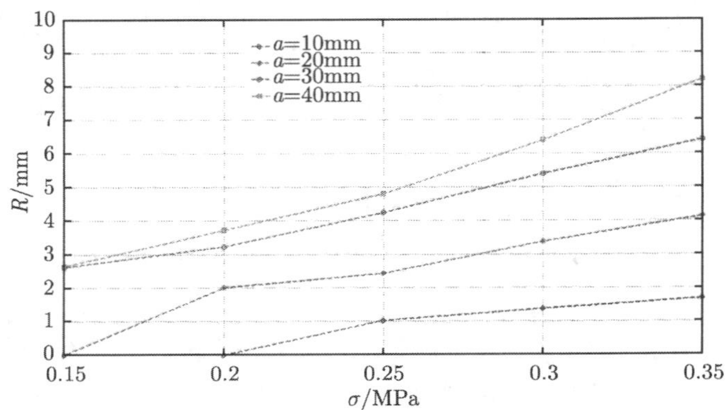

图 8.5.9 平面应变状态下裂纹尖端塑性区尺寸 $R-\sigma$ 关系

表 8.5.4 裂纹尖端张开位移列表

CTOD: δ_t/mm	$a = 10$	$a = 20$	$a = 30$	$a = 40$
$\sigma = 0.15$MPa	4.99×10^{-3}	1.10×10^{-2}	2.08×10^{-2}	2.98×10^{-2}
$\sigma = 0.2$MPa	6.64×10^{-3}	1.53×10^{-2}	3.02×10^{-2}	4.81×10^{-2}
$\sigma = 0.25$MPa	1.44×10^{-2}	2.06×10^{-2}	4.20×10^{-2}	7.30×10^{-2}
$\sigma = 0.3$MPa	2.59×10^{-2}	2.69×10^{-2}	5.70×10^{-2}	0.11
$\sigma = 0.35$MPa	3.12×10^{-2}	3.46×10^{-2}	7.62×10^{-2}	0.16

对比平面应力状态, 显而易见裂纹尖端张开位移也要相对小一些. 画出张开位移–外载荷曲线如图 8.5.10 所示.

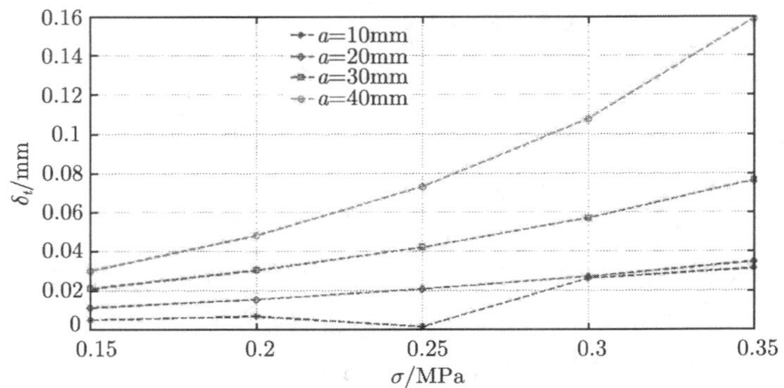

图 8.5.10 平面应变状态 $\delta_t-\sigma$ 关系

裂纹尖端张开位移与外载荷变化趋势一致, 随着载荷增大而增大, 但是二者关系不再是线性的, 而呈非线性变化, 与致密材料的解析解曲线的趋势相近, 我们可以推断二者解析解应该具有相似的表达式. 裂纹尖端张开位移的解析表达式的模拟由于时间原因这里没有讨论, 可以留待日后作为后续研究的课题 (图 8.5.11).

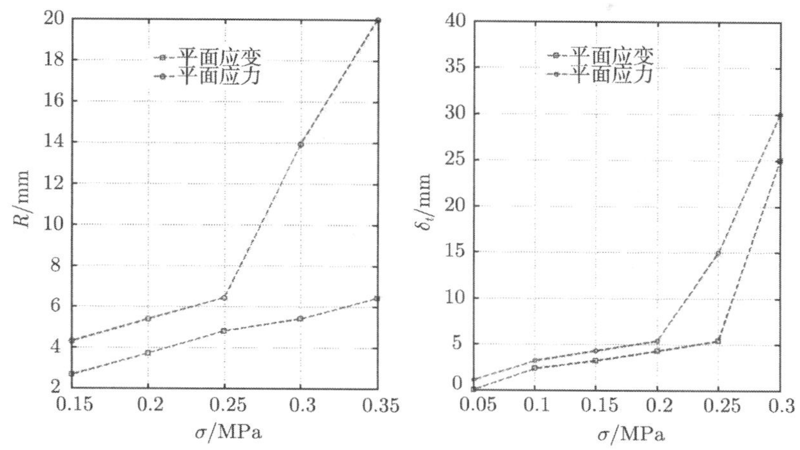

图 8.5.11 单边拉伸试样平面应力和平面应变状态塑性区尺寸与张开位移对比

对比两种应力状态, 发现在平面应变状态下, 塑性区要比平面应力状态小得多, 可见应力状态对材料的塑性变形影响较大. 平面应变型应力状态发生在厚物体的内部, 材料试样厚度较大, 即在 z 方向具有较大厚度. 对于普通材料, 平面应变状态下在裂纹前缘材料处在三向拉伸应力状态, 实验表明此时材料呈现脆性破坏而较少经历塑性变形. 相反地, 平面应力型应力状态发生在薄物体中, 这种情形 σ_{zz} 很小, 甚至等于零. 因而在裂纹前缘, 材料处于二向应力状态, 变形在 z 方向不受约束, 以致塑性区变形较大. 计算结果表明, 金属泡沫材料与普通致密材料在这两种不同应力状态下的塑性区特征高度一致.

由于几何非线性的存在, 在试样上边界也存在一定尺寸的塑性区, 需要进一步的研究讨论. 然而, 我们更加侧重研究裂纹尖端由材料非线性引起的塑性变形, 探究其物理本质和特性, 比较其与普通材料的异同, 因此其他位置的塑性变形不是我们的重点, 暂不讨论, 可以留作以后研究的课题. 以下紧凑拉伸试样和三点弯曲试样与单边拉伸试样讨论内容相同.

8.6 紧凑拉伸试样的弹塑性分析

紧凑拉伸试样是工程中测试平面应变断裂韧性试验最常见的试样之一. 其普通材料式样在前面章节作过详细讨论. 这里用 Saint–Venant 模型讨论它, 与单边拉伸试样类似, 我们也从平面应力和平面应变两种应力状态分别计算讨论裂纹尖端附近塑性区和裂纹尖端张开位移.

8.6.1　平面应力状态

试样几何与单边拉伸模型一致, 区别在于载荷的加载方式. 利用软件 ABAQUS 有限元计算程序, 由经验我们得知如果使用集中力加载方式 —— 在试样的两个角点加载极易引起小范围的大变形, 从而导致局部应力奇异性, 使所获结论有所偏差. 由普通材料力学中, 对梁的分析和讨论, 利用等价平衡力系我们可以将紧凑拉伸情形等价为侧边界的切向加载.

因此计算试样模型如图 8.6.1 所示.

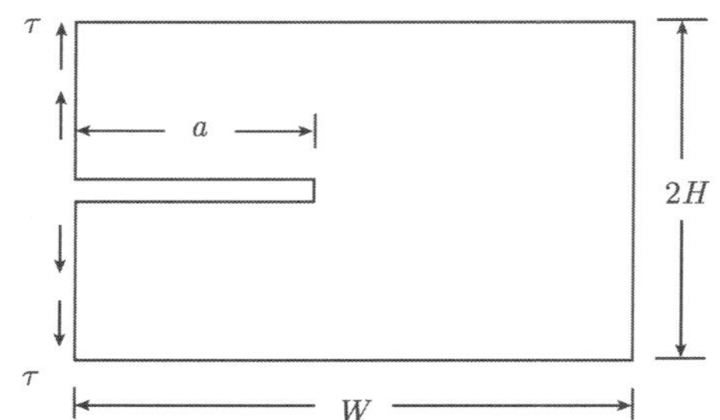

图 8.6.1　有限尺寸金属泡沫材料紧凑拉伸试样的 Saint-Venant 模型

ABAQUS 建模尺寸为 $W=100\text{mm}, H=50\text{mm}, a=10\text{mm}$ (20mm, 30mm, 40mm), 剪切应力 $\tau=0.05\text{MPa}$ (0.1MPa, 0.15MPa, 0.2MPa, 0.25MPa, 0.3MPa).

针对 $a=20\text{mm}, \tau=0.25\text{MPa}$ 情况, 计算所得应力场和位移场分布云图如图 8.6.2 所示.

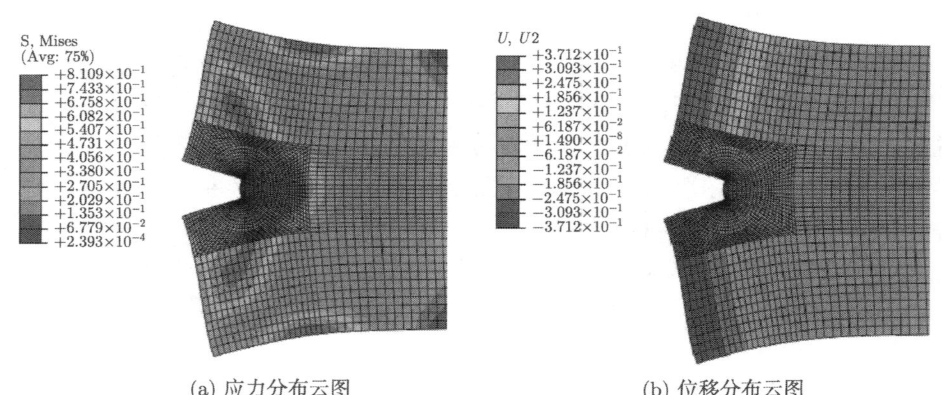

(a) 应力分布云图　　(b) 位移分布云图

图 8.6.2　应力场和位移场分布云图

由图 8.6.2 可见, 有限尺寸金属泡沫材料紧凑拉伸试样在平面应力状态下 von Mises 有效应力最大值出现在裂纹尖端, 应力分布关于 x 轴对称. 位移最大值出现在试样左侧两个角点, 位移绝对值关于 y 轴对称, 方向相反. 此时在裂纹尖端附近出现大范围屈服, 在试样上下两侧与裂纹尖端垂直部分也出现局部塑性屈服. 我们主要关注的是裂纹面附近的情况, 也就是影响材料破坏的缺陷变形情况, 材料其他区域的塑性变形可以留待日后进一步讨论. 因此对裂纹尖端附近局部放大, 考察塑性区形状及大小 (图 8.6.3).

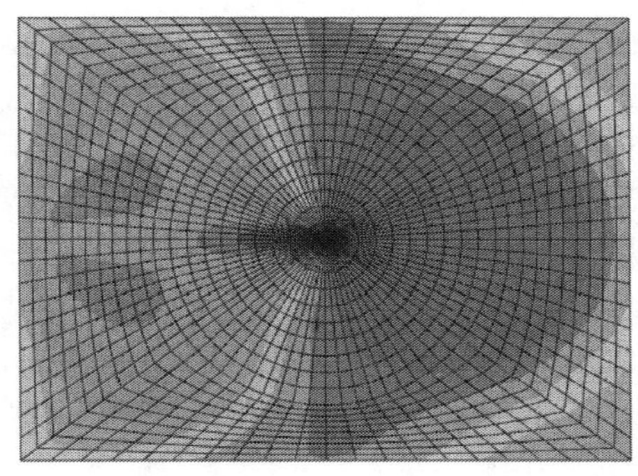

图 8.6.3 有限尺寸紧凑拉伸试样裂纹尖端塑性区

可见塑性区形状大致呈椭圆形, 沿裂纹面扩展方向分布. 与单边拉伸试样类似的计算过程, 得到塑性区以及裂纹尖端张开位移数据见表 8.6.1.

表 8.6.1 紧凑拉伸试样平面应力状态塑性区尺寸

塑性区 R/mm	$a=10$	$a=20$	$a=30$	$a=40$
$\tau=0.05$MPa	0.69	1.12	1.62	1.07
$\tau=0.1$MPa	1.37	2.25	3.23	3.22
$\tau=0.15$MPa	2.36	3.37	4.85	4.29
$\tau=0.2$MPa	3.04	4.50	5.65	5.36
$\tau=0.25$MPa	3.43	5.02	6.63	#
$\tau=0.3$MPa	4.11	5.62	#	#

注:“#” 表示此时由于裂纹长度和外载荷过大, 已经超出材料的极限, 计算不收敛

对于紧凑拉伸试样, 可以看出当材料中存在的缺陷较大时, 随着外载荷的增大, 裂纹尖端应力急剧增大, 材料容易发生破坏, 此时计算已经无法得到可靠结果, 我们这里也不做更深入的分析 (图 8.6.4).

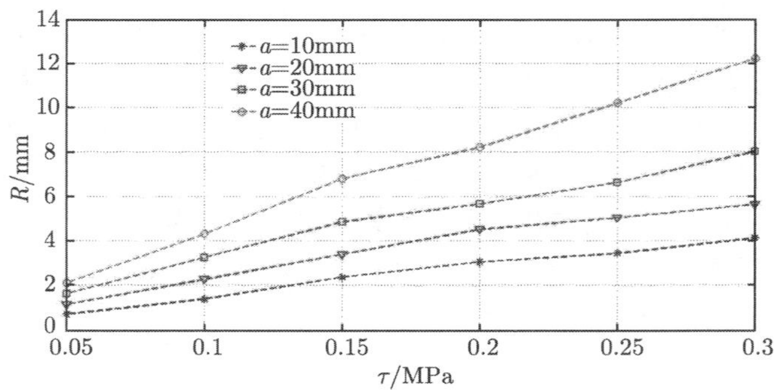

图 8.6.4　紧凑拉伸试样平面应力状态塑性区尺寸 $R-\tau$ 关系

由图 8.6.4 可见此时塑性区尺寸与外载荷 τ 基本呈线性关系, 同时裂纹的尺寸 a 也影响塑性区的大小, 这与经典断裂理论所得结论基本一致, 同无限大材料的解析解对比也能看出, 在这一点金属泡沫材料同普通材料的特性基本相同. 相应地, 从另一个角度也验证了前面解析解的正确性.

分别对比不同裂纹尺寸情况, 根据表 8.6.2 数值绘制张开位移曲线, 为了能够直观对比四种裂纹长度的情况, 在计算不收敛的情况数据暂时自行补出, 这一点需要注意, 并不是真实计算所得 (图 8.6.5).

表 8.6.2　紧凑拉伸试样平面应变状态下裂纹尖端张开位移

CTOD: δ/mm	$a=10$	$a=20$	$a=30$	$a=40$
$\tau=0.05$MPa	6.03×10^{-3}	9.54×10^{-3}	1.42×10^{-2}	1.60×10^{-2}
$\tau=0.1$MPa	1.54×10^{-2}	2.45×10^{-2}	3.73×10^{-2}	4.81×10^{-2}
$\tau=0.15$MPa	2.99×10^{-2}	4.79×10^{-2}	7.53×10^{-2}	0.113121
$\tau=0.2$MPa	5.13×10^{-2}	8.40×10^{-2}	0.139779	0.288644
$\tau=0.25$MPa	8.17×10^{-2}	0.139279	0.277169	#
$\tau=0.3$MPa	0.125193	0.234824	#	#

注: “#” 表示此时由于裂纹长度和外载荷过大, 已经超出材料的极限, 计算不收敛

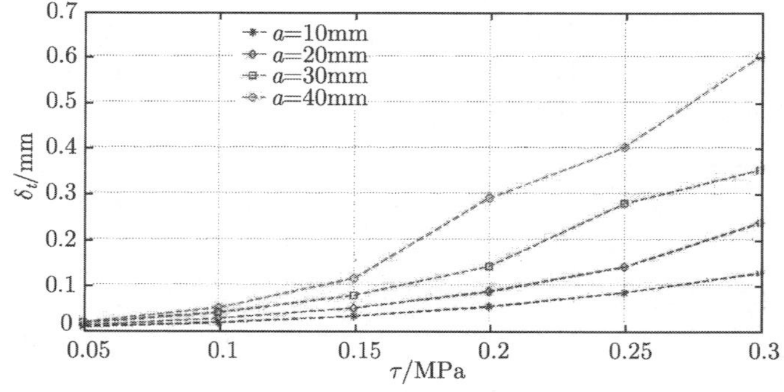

图 8.6.5　紧凑拉伸试样平面应力状态裂纹尖端张开位移 $\delta_t-\tau$ 关系

如图 8.6.5 所示, 裂纹尖端张开位移随着外载荷增大而增大, 但是明显二者不是线性关系, 具体表达式没有拟合, 但是通过观察致密材料的张开位移曲线, 可以推测金属泡沫材料同致密材料很类似. 同时裂纹的尺寸也对张开位移有不可忽视的影响, 裂纹增大时, 张开位移也随之变大.

8.6.2 平面应变状态

对于平面应变状态, 这里也列举 $a = 10\text{mm}, \tau = 0.3\text{MPa}$ 为例, 计算所得 von Mises 应力场和位移场 u_y 的分布云图如图 8.6.6 所示.

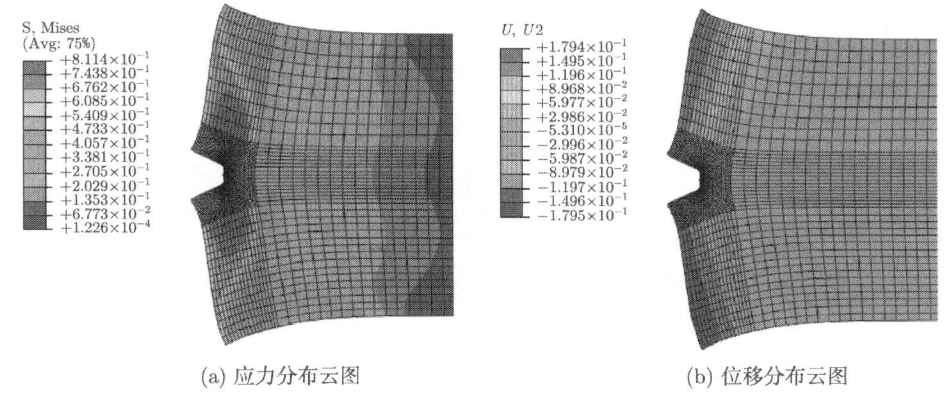

(a) 应力分布云图　　(b) 位移分布云图

图 8.6.6 von Mises 应力场和位移场 u_y 的分布云图

由图 8.6.6 可见, 有限尺寸金属泡沫材料紧凑拉伸试样在平面应变状态下 von Mises 有效应力最大值出现在裂纹尖端, 应力分布关于 x 轴对称. 位移最大值出现在试样左侧两个角点, 位移绝对值关于 y 轴对称, 方向相反. 此时在裂纹尖端附近出现大范围屈服, 与平面应力状态有些区别, 平面应力情形塑性区主要是沿裂纹扩

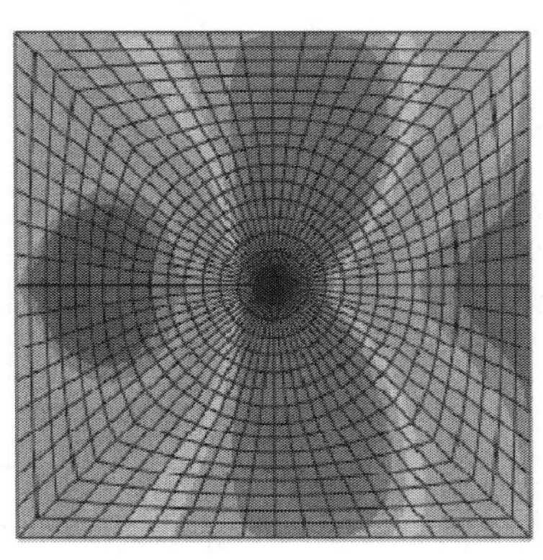

图 8.6.7 平面应变状态下的塑性区

展方向分布, 而平面应变状态塑性区沿垂直裂纹面方向分布 (图 8.6.7). 同时, 在试样上下两侧与裂纹尖端垂直部分也出现局部塑性屈服. 我们主要关注的是裂纹面附近的情况, 也就是影响材料破坏的缺陷附近变形情况, 材料其他区域的塑性变形可以留待日后进一步讨论. 对裂纹尖端附近局部放大, 考察塑性区形状及大小.

此时塑性区形状与平面应力状态有极大不同, 数值上也较小. 在这一点与致密材料区别不大.

同单边拉伸试样类似的计算过程, 得到塑性区尺寸数据见表 8.6.3.

表 8.6.3　紧凑拉伸试样平面应变状态裂纹尖端附近塑性区尺寸

塑性区 R/mm	$a=10$	$a=20$	$a=30$	$a=40$
$\tau=0.05$MPa	0	0	0	0
$\tau=0.1$MPa	0.70	2.01	2.12	2.35
$\tau=0.15$MPa	1.77	2.27	2.62	3.22
$\tau=0.2$MPa	2.36	3.37	3.72	4.29
$\tau=0.25$MPa	3.27	4.12	4.85	5.36
$\tau=0.3$MPa	3.63	5.15	6.87	50

在载荷较小的情况下, 材料没有进入屈服状态, 而在裂纹尺寸和载荷较大的情况下材料发生破坏. 根据以表 8.6.3 绘制塑性区尺寸曲线如图 8.6.8 所示.

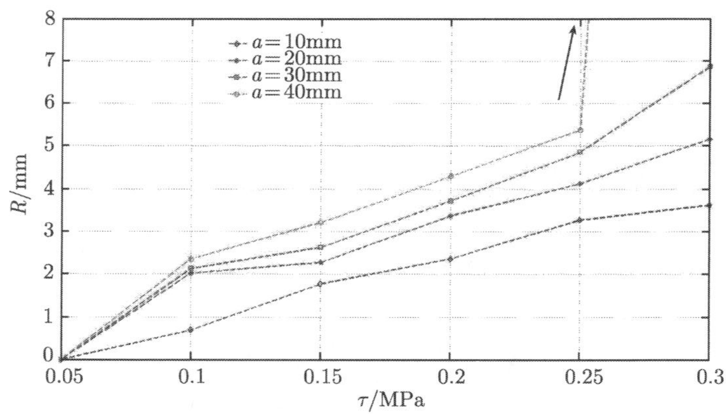

图 8.6.8　有限尺寸紧凑拉伸试样裂纹尖端塑性区 $R-\tau$ 关系

由图 8.6.8 可见塑性区尺寸与裂纹长度 a 基本呈线性关系, 裂纹尺寸较大的情况下, 塑性区发生了剧变. 前段的线性关系与经典断裂理论所得结论基本一致, 同无限大材料的解析解对比也能看出, 在这一点金属泡沫材料同普通材料的特性基本相同. 相应地, 从另一个角度也验证了前面解析解的正确性.

裂纹张开位移在载荷和裂纹尺寸较大时急剧增大, 此时材料应该已经发生了破坏. 根据表 8.6.4 绘制张开位移曲线 (图 8.6.9).

表 8.6.4　紧凑拉伸试样平面应变状态裂纹尖端张开位移

CTOD: δ_t/mm	$a = 10$	$a = 20$	$a = 30$	$a = 40$
$\tau = 0.05$MPa	5.29×10^{-3}	8.47×10^{-3}	1.2×10^{-2}	1.24×10^{-2}
$\tau = 0.1$MPa	1.12×10^{-2}	1.76×10^{-2}	2.6×10^{-2}	3.01×10^{-2}
$\tau = 0.15$MPa	1.96×10^{-2}	3.07×10^{-2}	4.56×10^{-2}	5.89×10^{-2}
$\tau = 0.2$MPa	3.11×10^{-2}	4.86×10^{-2}	7.28×10^{-2}	0.1113
$\tau = 0.25$MPa	4.65×10^{-2}	7.26×10^{-2}	0.1122	0.1886
$\tau = 0.3$MPa	6.76×10^{-2}	0.1051	0.1797	128.12

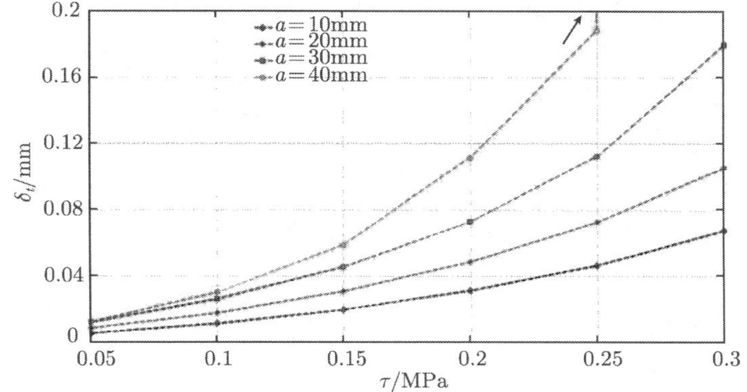

图 8.6.9　紧凑拉伸试样平面应变状态裂纹尖端张开位移 $\delta_t - \tau$ 关系

对比平面应力和平面应变状态, 考察受力状态对金属泡沫材料塑性区尺寸和裂纹尖端张开位移的影响, 如图 8.6.10 所示.

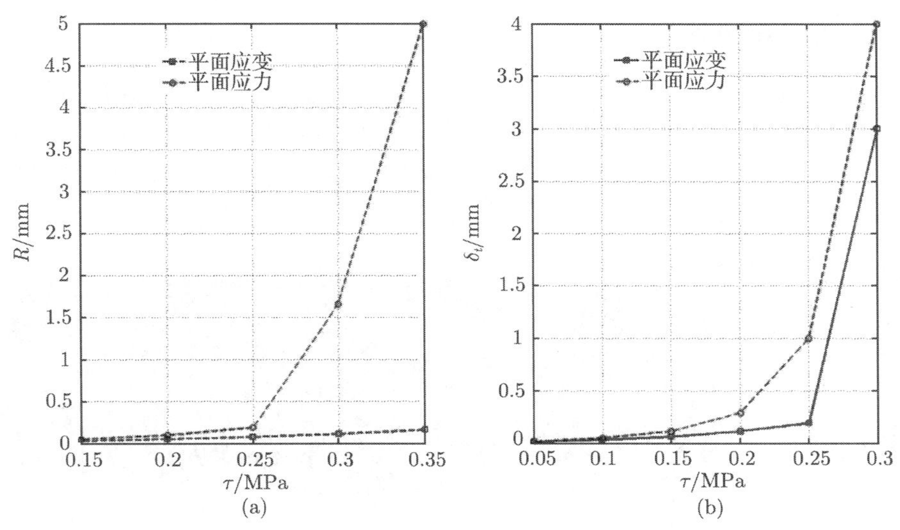

图 8.6.10　紧凑拉伸试样平面应力和平面应变状态塑性区尺寸与张开位移对比

由图 8.6.10(a) 可见, 平面应力状态比平面应变状态裂纹前缘的塑性区尺寸要大, 这种差距随着载荷的加大变得更加明显, 裂纹尖端张开位移也是平面应力状态要大一些, 但是这种差距与外载荷关系不是很明显. 由图 8.6.10 也易知材料在平面应力状态下更容易达到屈服状态.

8.7　三点弯曲试样

工程中另一种常见的实验试样就是三点弯曲, 作为断裂力学领域的标准测试试样, 被广泛地用于对材料的断裂力学特性的测试中. 如图 8.7.1 所示. 顾名思义, 三点弯曲试样是指该试样中有着重要的三点：这三点分别指受力点和简支梁的两个支撑点. 该试样的作用力使该试样产生弯曲效应, 在有裂纹的情况下, 该作用力有使裂纹扩展的趋势.

按照标准断裂韧性测试实验中推荐的几何尺寸建立三点弯曲试样模型：$S=100\text{mm}, S'=90\text{mm}, W=30\text{mm}$, 在 B 和 C 处, 受力为 $\dfrac{P}{2}$, D 处受力为 P.

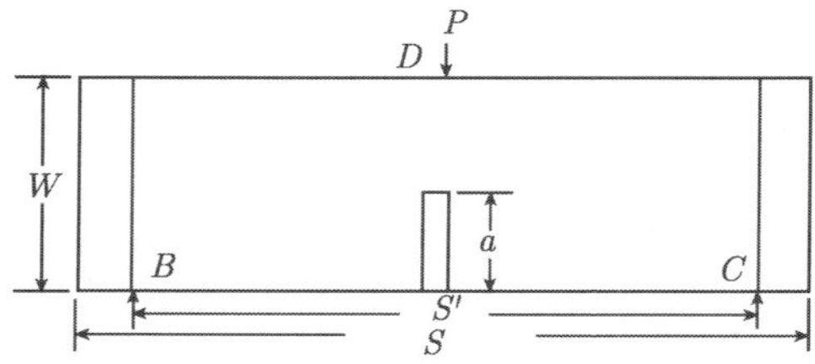

图 8.7.1　三点弯曲试样示意图

8.7.1　平面应力状态

计算时设置三个接触面, 以防止单元坍塌严重导致结果失效. 使用应力边界条件, 分别取 $P=2,3,4,5,6,7\text{N}$, 裂纹尺寸考虑两种情况 $a=7.5\text{mm}, 9\text{mm}$. 这里, 列举一种情况为例 $a=7.5\text{mm}, P=5\text{N}$, 此时计算所得 von Mises 应力场和位移场 u_x 的分布云图如图 8.7.2 所示.

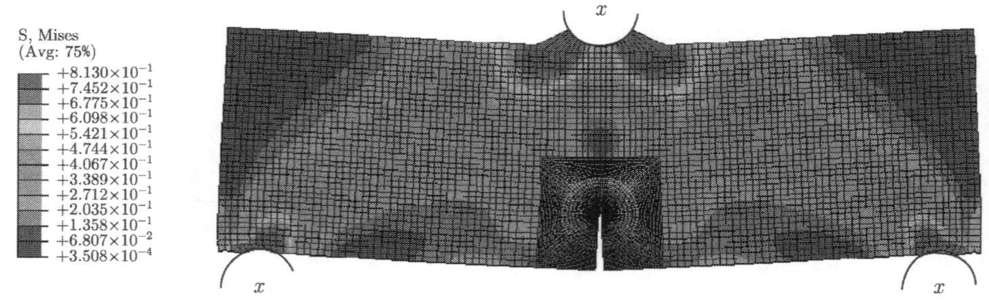

图 8.7.2　三点弯曲试样平面应力状态下 von Mises 应力分布云图

由图 8.7.3 可见, 有限尺寸金属泡沫材料三点弯曲试样在平面应力状态下, von Mises 有效应力最大值出现在裂纹尖端以及三个接触面附近, 应力分布关于 y 轴对称. 位移最大值出现在试样上下两个边界, 位移绝对值关于 y 轴对称, 方向相反. 此时在裂纹尖端附近以及三个接触面附近出现大范围屈服. 我们主要关注的是裂纹面附近的情况, 也就是影响材料破坏的缺陷附近变形情况, 材料其他区域的塑性变形可以留待日后进一步讨论. 为了更好地观察讨论裂纹尖端塑性区, 对 von Mises 应力分布云图在裂纹尖端附近作局部放大得到图 8.7.4, 灰度部分即为塑性区.

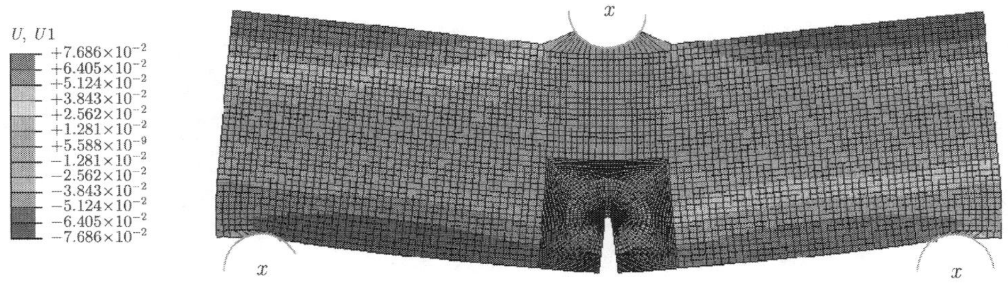

图 8.7.3 三点弯曲试样平面应力状态下位移场 u_x 分布云图

图 8.7.4 三点弯曲试样平面应力状态裂纹尖端附近塑性区分布

在受力较小的情况下, 材料没有进入塑性状态, 当 $P > 3\text{N}$ 时, 分别计算沿裂纹方向塑性区尺寸 R, 得到表 8.7.1.

表 8.7.1 三点弯曲试样平面应力状态裂纹尖端塑性区尺寸

塑性区 R/mm	$a = 7.5$	$a = 9$
2N	0	0
3N	0	0
4N	0.75	0.85
5N	0.75	1.0
6N	1.20	1.3
7N	1.50	1.6

选取距离裂纹尖端最近的单元位移 u_x 作为裂纹尖端张开位移的一半, 经过简单计算得到数据见表 8.7.2.

表 8.7.2 三点弯曲试样平面应力状态裂纹尖端张开位移

CTOD:δ_t/mm	$a = 7.5$	$a = 9$
2N	-2.03×10^{-3}	-1.94×10^{-3}
3N	-3.06×10^{-3}	-2.96×10^{-3}
4N	-4.35×10^{-3}	-4.29×10^{-3}
5N	-6.62×10^{-3}	-7.28×10^{-3}
6N	-1.15×10^{-2}	-1.50×10^{-2}
7N	-2.38×10^{-2}	-3.29×10^{-2}

由于裂纹尺寸仅列举两种情况, 将塑性区尺寸与裂纹尖端张开位移曲线同时画出, 如图 8.7.5 所示.

由图 8.7.5 可以看出, 两种裂纹长度的塑性区尺寸与载荷 P 基本呈线性关系, 而裂纹尖端张开位移与载荷 P 则是非线性的, 与致密材料趋势一致. 通过有限元计算我们还发现在裂纹长度与试样高度比值超过一定范围时, 如 $a/W > 0.3$, 塑性区尺寸有变小的趋势, 这一点与单边拉伸和紧凑拉伸试样有所不同. 然而工程中一般裂纹长度不会太大, 因此我们暂不讨论这种特殊情况.

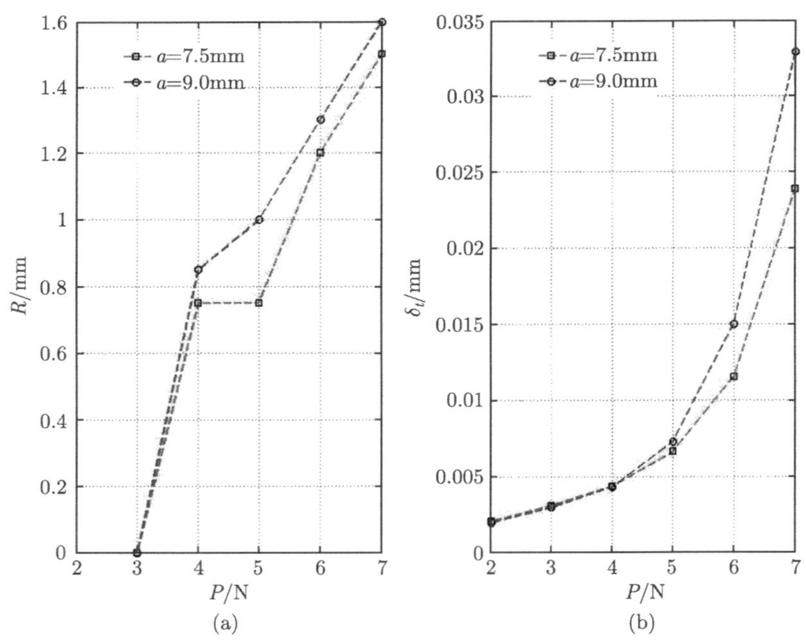

图 8.7.5 三点弯曲试样平面应力状态塑性区尺寸 $R-P$ 关系与裂纹尖端张开位移 δ_t-P 关系

8.7.2 平面应变状态

在平面应变状态下, 三点弯曲试样几何尺寸与载荷同平面应力状态一致, 这里同样列举 $a = 7.5\text{mm}, P = 5\text{N}$ 为例, 此时计算所得材料 von Mises 应力场和位移场 u_x 的分布云图如图 8.7.6 所示.

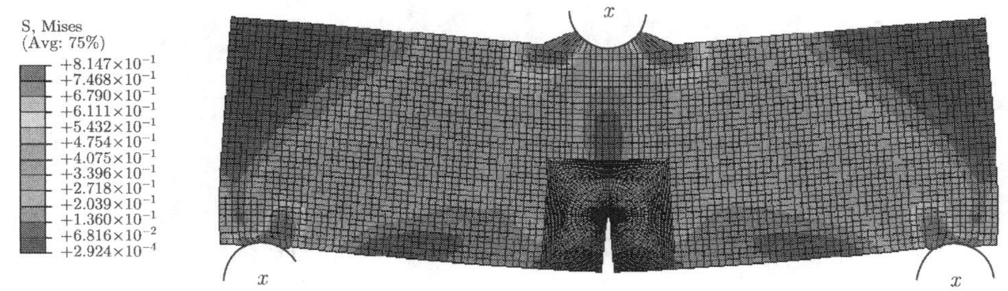

图 8.7.6 三点弯曲试样平面应变状态下 von Mises 应力分布云图

由图 8.7.6 可见, 有限尺寸金属泡沫材料三点弯曲试样在平面应变状态下 von Mises 有效应力最大值也是出现在裂纹尖端以及三个接触面附近, 应力分布关于 y 轴对称. 位移最大值出现在试样上下两个边界, 位移绝对值关于 y 轴对称, 方向相反. 此时在裂纹尖端附近以及三个接触面附近出现大范围屈服. 我们主要关注的是裂纹面附近的情况, 也就是影响材料破坏的缺陷附近变形情况, 材料其他区域的塑性变形可以留待日后进一步讨论. 对裂纹尖端附近局部放大, 考察塑性区形状及大小 (图 8.7.7).

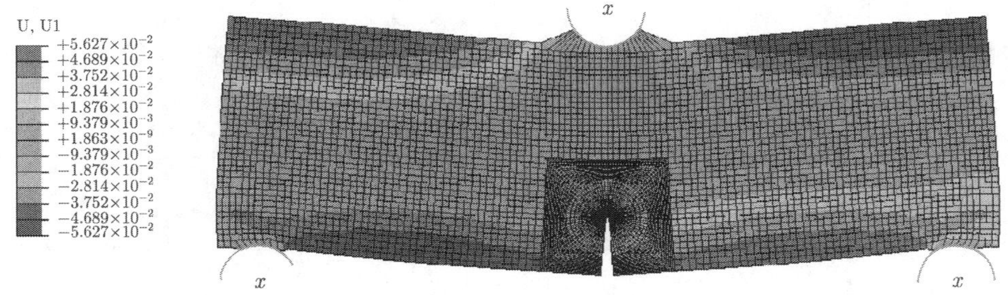

图 8.7.7 三点弯曲试样平面应变状态下位移场 u_x 分布云图

可见与平面应力状态有些区别, 平面应力情形塑性区主要是沿裂纹扩展方向分布, 而平面应变状态塑性区沿垂直裂纹面方向分布. 就数值大小来看, 平面应变状态下塑性区尺寸也远小于平面应力状态 (图 8.7.8).

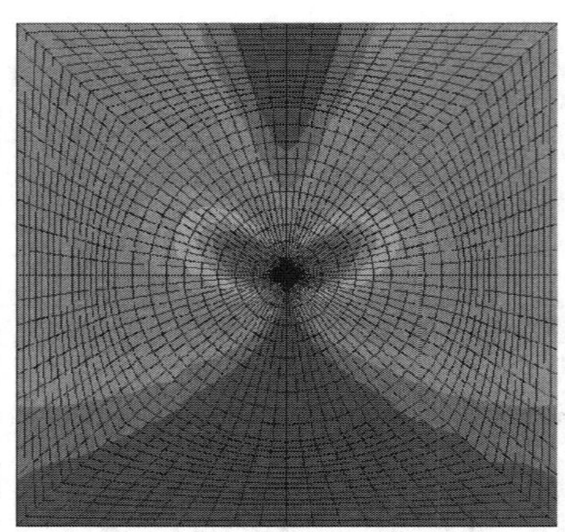

图 8.7.8　三点弯曲试样平面应力状态裂纹尖端附近塑性区分布

考察裂纹前缘塑性区尺寸, 得到表 8.7.3.

表 8.7.3　三点弯曲试样平面应力状态裂纹尖端塑性区尺寸

塑性区 R/mm	$a = 7.5$	$a = 9$
2N	0	0
3N	0	0
4N	0	0
5N	0	0
6N	0.65	0.75
7N	0.95	1.0

采用类似 Rice 对裂纹尖端张开位移的定义, 计算距离尖端最近的单元水平方向位移的绝对值, 由于对称性, 此值的 2 倍即为张开位移. 具体数值见表 8.7.4.

表 8.7.4　三点弯曲试样平面应力状态裂纹尖端张开位移

CTOD: δ_t/mm	$a = 7.5$	$a = 9$
2N	-1.83×10^{-3}	-1.76×10^{-3}
3N	-2.75×10^{-3}	-2.64×10^{-3}
4N	-3.72×10^{-3}	-3.63×10^{-3}
5N	-4.80×10^{-3}	-4.83×10^{-3}
6N	-6.29×10^{-3}	-6.65×10^{-3}
7N	-8.66×10^{-3}	-9.59×10^{-3}

利用表 8.7.3 与表 8.7.4 中数据, 由于裂纹尺寸仅列举两种情况, 将塑性区尺寸与裂纹尖端张开位移曲线同时画出 (图 8.7.9).

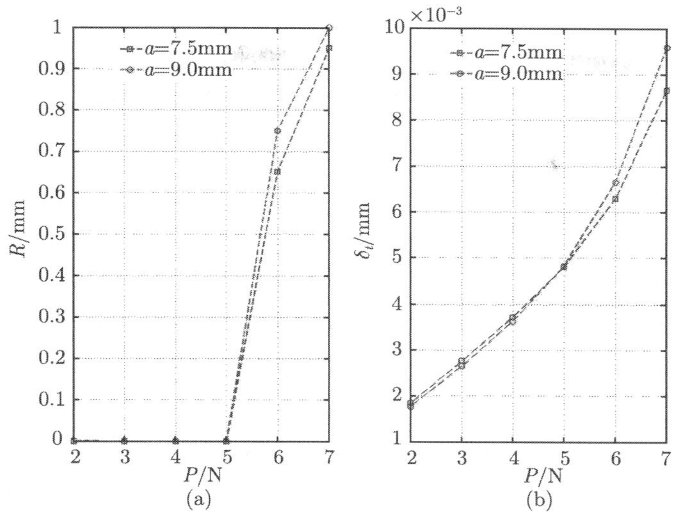

图 8.7.9 三点弯曲试样平面应变状态塑性区尺寸 $R-P$ 关系与裂纹尖端张开位移 δ_t-P 关系

由图 8.7.9 可见, 对于金属泡沫材料三点弯曲试样, 在裂纹尺寸与试样高度的比值较小的情况下, 譬如 $a/W<0.3$, 裂纹尖端附近塑性区尺寸与裂纹尖端张开位移受裂纹尺寸影响不大, 基本可以忽略不计. 主要影响因素还是外载荷和材料的受力状态. 其塑性区尺寸同加载荷呈线性关系, 张开位移同加载呈非线性关系.

考察材料受力状态的影响, 画出平面应变与平面应力的对比图 8.7.10.

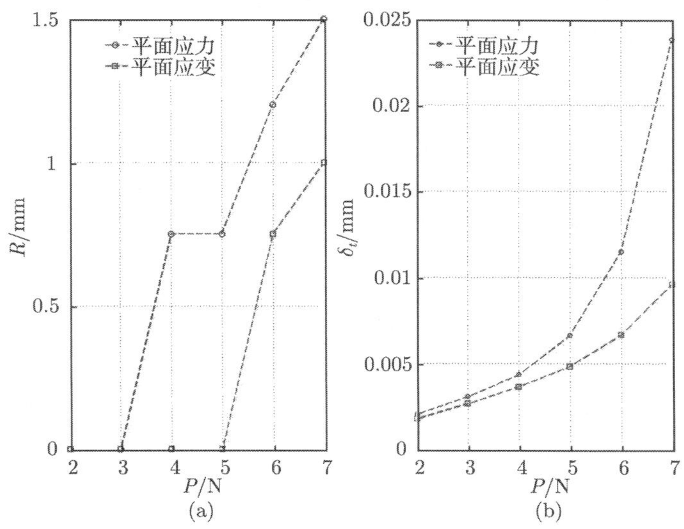

图 8.7.10 三点弯曲试样平面应力和平面应变状态塑性区尺寸与张开位移对比

由图 8.7.10(a) 可见, 平面应力状态比平面应变状态裂纹前缘的塑性区尺寸要大, 这种差距随着载荷的加大变得更加明显, 而且不可忽略. 裂纹尖端张开位移也是平面应力状态要大一些, 但是这种差距与外载荷关系相对来说不是很明显. 图 8.7.10 也易知材料在平面应力状态下更容易达到屈服状态.

8.8　普通材料和泡沫材料的对比研究

对于经典致密材料, 其屈服准则为

$$\sigma_e - \sigma_Y = 0$$

其中 σ_e 为 von Mises 有效应力定义, σ_Y 为材料的屈服强度.

采用连续本构模型时, 金属泡沫材料与之相比较, 唯一的差别就在于对有效应力的定义, 如 TG 模型定义的广义有效应力就是在 von Mises 有效应力基础上做了一定的修正, 加入泡沫材料的影响因子来刻画其可压缩塑性. 本节通过有限元数值计算手段, 考察对比普通材料和泡沫材料三种试样在有裂纹的条件下的力学性能.

采用如下的技术手段: ①保证普通材料和泡沫材料的屈服极限一致; ②设置相同的线性材料属性, 弹性模型和泊松比; ③设置相同的边界条件和载荷.

对比研究试样采用, 裂纹长度 $a = 10\text{mm}$. 通过计算, 所得到的应力场和位移场的形状和泡沫材料的分布基本一致, 主要差异主要体现在, 不同的载荷下塑性区的尺寸以及相对应的张开位移. 图 8.8.1 分别是在平面应力和平面应变条件下的普通材料和泡沫材料裂纹张开位移和塑性区尺寸的对比.

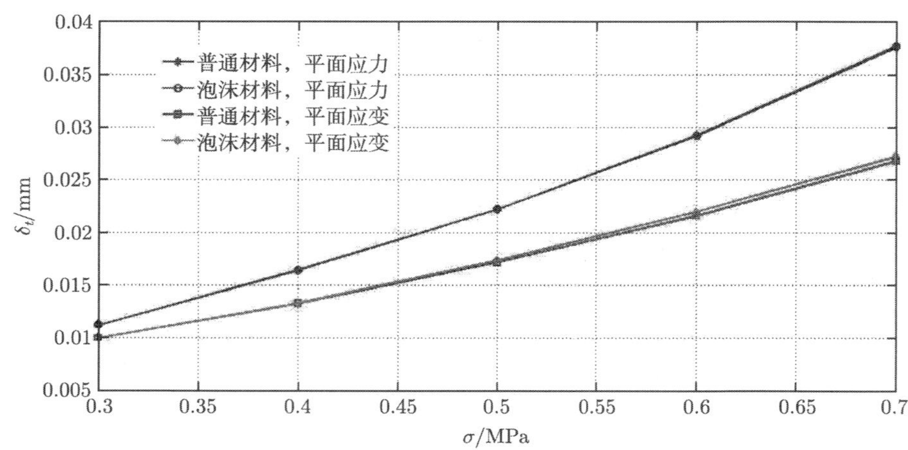

图 8.8.1　单边拉伸试样泡沫材料同普通材料在平面应力和平面应变状态下的张开位移对比

如图 8.8.1～ 图 8.8.3 所示, 由于泡沫材料的相对密度非常小, 在 TG 模型中以它去描写泡沫材料体积可压缩对塑性的影响, 效果就不很显著. 在单边拉伸和紧凑拉伸条件下, 计算结果表明, 泡沫材料与致密材料这两种材料的张开位移之间的差别很小. 在平面应变条件下, 要比平面应力条件下差别大一些, 泡沫材料的张开位移要大于普通材料, 表现出较好的延展性. 对于三点弯曲试样, 泡沫材料与致密材料差别相对明显一些.

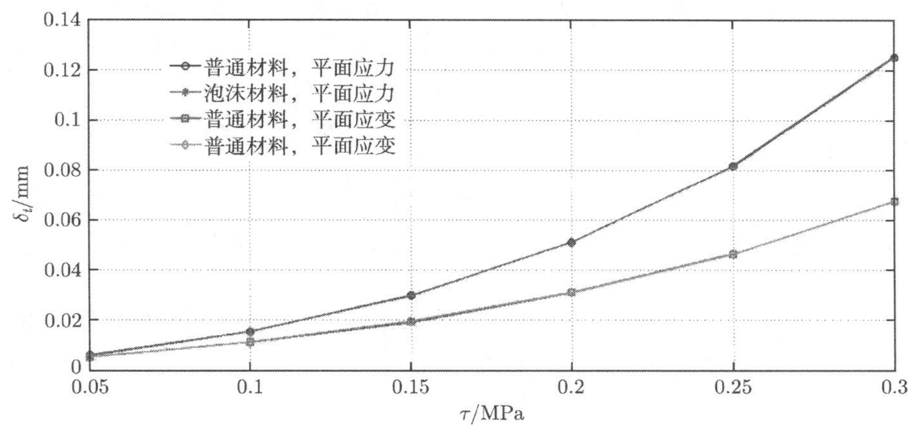

图 8.8.2 紧凑拉伸试样泡沫材料同普通材料在平面应力和平面应变状态下的张开位移对比

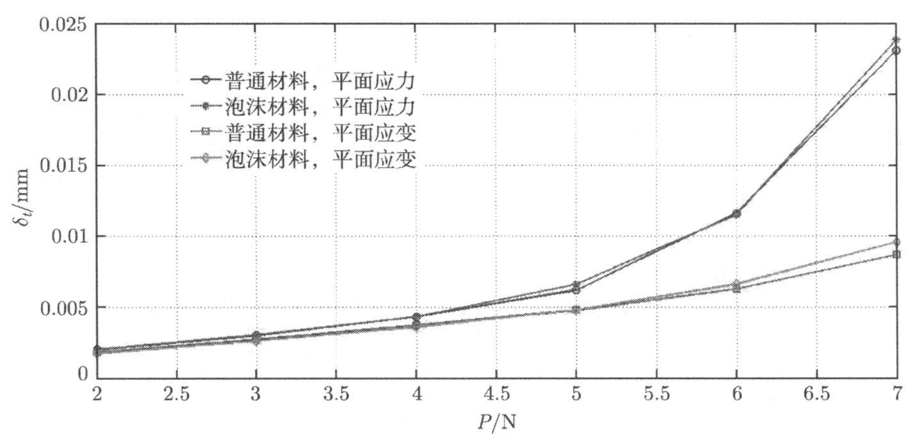

图 8.8.3 三点弯曲试样泡沫材料同普通材料在平面应力和平面应变状态下的张开位移对比

8.5~8.7 节的有限元分析, 采自解凌云的博士学位论文 (金属泡沫材料弹塑性断裂分析. 北京理工大学, 2014).

8.9 结论与讨论

本章对多胞材料的缺陷与断裂理论进行了探索.

多胞固体既有自然界中的材料 (如木材), 又有人工的材料, 它在宏观上就具有明显的不连续性, 但是若追踪单个胞逐一分析, 在现阶段还存在许多困难, 因而有一种发展趋势是把它简化成连续介质, 其不连续性可以通过 ρ^*/ρ_s 或 $E\left(\rho^*/\rho_s\right), \nu\left(\rho^*/\rho_s\right)$ 间接地反映出来. 由于胞的存在, 使其连续塑性模型描述出现了塑性可压缩性, 这点可以通过把 σ_m(或 p) 引入本构关系而得到描述, 本章对此作了初步介绍, 并且讨论了这种情形下某些裂纹问题的求解.

在用有限元分析泡沫材料的弹塑性时, 现有的商业软件并不包括我们讨论的材料模型, 所以不能直接使用, 这里借用商业软件对应于 Drucker-Pragger 模型的有关程序使用. 在金属泡沫材料的连续本构模型中, 只有 TG 模型可以和 Drucker-Pragger 模型对应. 而 TG 模型对泡沫材料的次结构 —— 胞的效应的描写是较弱的一个模型, 因而这里的分析具有很大的局限性.

除去多胞材料, 复合材料是与普通结构材料比较接近的一类新材料, 它们的断裂问题已有许多论著讨论过, 这里不再重复了.

第 9 章　液晶的缺陷与断裂理论探索

液晶的发现很早, 大约在 1888 年, 已经一百多年了. 它在 20 世纪 60 年代, 由于其特殊的光学性质被发现, 在工程上有重要应用, 因而引起的广泛的重视, 得到迅速发展. 1991 年的物理学 Nobel 奖颁发给因为在序参量和液晶研究作出贡献的法国科学家 de Gennes, 推动其研究进一步的发展. 有趣的是, 他的获奖演说不是谈论序参量也不是液晶, 而是 “软物质”, 因为按照他的观点, 液晶是软物质中的一类材料. 第 7 章已经从普遍的原理讨论了软物质, 第 11 章将进一步介绍有关内容.

9.1　液晶和液晶的物理性质

按照现在的观点, 液晶属于软物质, 既不是液体也不是固体, 但是它同时具有液体和固体两者的性质. 从宏观上说, 液晶是液体与固体之间的中间相. 它最明显的特点是具有流动性, 这是它的流体性质之一, 同时它又具有弹性, 这是它的固体性质之一. 看起来, 它是一类比较复杂的结构和材料, 不过按照第 7 章介绍的普遍理论分析, 例如, 按照 Poisson 括号的方法或者 Lie 群的观点去讨论, 液晶不过是那里处理的一个特例, 并不难理解. 当然第 7 章只是一个普遍的介绍, 要解决液晶的实际问题, 还必须从具体液晶结构逐一讨论.

液晶包含许多种类, 例如, 有丝状液晶、层状液晶、柱状液晶等. 每一类又分成许多种, 例如, 层状液晶就分成 A, B, C, D, E, F, G 七种. 本书仅仅介绍层状液晶与柱状液晶的力学, 以及它们的缺陷和断裂理论.

9.2　液晶的广义流体动力学

由于液晶属于软物质, 它既不是液体也不是固体, 但是具有液体和固体两者的性质, 如果要研究其力学性质, 就不能单纯用流体力学或弹性理论去处理. 同时考虑其流体和固体性质的理论, 由苏联物理学家 Landau 和他的学派所发展, 现在被称为广义流体动力学, 在第 7 章已作了初步介绍.

按照这一理论, 液晶遵循质量守恒定律

$$\frac{\partial \rho}{\partial t} = -\mathrm{div}(\rho \boldsymbol{V}) \tag{9.2.1}$$

和动量守恒定律

$$\rho\frac{\partial V_i}{\partial t}=-\rho V_k(\nabla_k V_i)+\nabla_j\left(\sigma_{ij}+\sigma'_{ij}\right) \tag{9.2.2}$$

熵守恒定律

$$\frac{\partial s}{\partial t}=-\mathrm{div}\left(sV_i+\frac{q_i}{T}\right) \tag{9.2.3}$$

以及位移场的耗散方程

$$\frac{\partial u_i(r,t)}{\partial t}=-V_j\nabla_j u_i-\Gamma_u\frac{\partial\sigma_{ij}}{\partial x_j}+V_i \tag{9.2.4}$$

其中 (9.2.4) 右端 Γ_u 代表位移场的耗散系数. 下面讨论中方程 (9.2.3) 将不引用.

从物质结构的角度去分析, 可以说液晶是声子场 $\boldsymbol{u}$ 和流体声子场 V 及其相互作用的一类物质. 它只是第 7 章讨论的一个特例.

9.3　A 类层状液晶

液晶包括许多种类. 这里先介绍层状液晶, 它包括七大类, 本节仅介绍 A 类层状液晶. 这类结构由液晶分子成层排列而成, 每层位于 $x-y$ 平面内, 厚度很小. 法国液晶学派和美国的液晶学派都给出过详细的研究. 就其力学性能来讲, 研究并未完结.

从层状液晶的 Landau-Ginzburg-de Gennes 变形的自由能得到

$$F_d=F-F_0(T)=\frac{1}{2}(A/\rho_0)(\rho-\rho_0)^2+C(\rho-\rho_0)\frac{\partial u}{\partial z}+\frac{1}{2}B\rho_0\frac{\partial^2 u}{\partial z^2}+\frac{1}{2}K_1\left(\nabla^2 u\right)^2$$

$$=\frac{1}{2}\rho_0 B'\frac{\partial^2 u}{\partial z^2}+\frac{1}{2}K_1\left(\nabla^2 u\right)^2$$

$$\nabla^2=\frac{\partial^2}{\partial x^2}+\frac{\partial^2}{\partial y^2},\quad \rho-\rho_0=-\rho_0 m\frac{\partial u}{\partial z},\quad m=\rho_0\frac{C}{A},\quad B'=B-\frac{C^2}{A}$$

其中 $\rho_0 B'$ 与 K_1 分别是 Young 模量和张开模量 (前者描写体变形, 后者描写曲率变化引起的变形), 另外两个描写曲率变化引起的变形的模量, 即翘曲模量 $K_2=0$ 和弯曲模量 $K_3=0$.

由上述弹性变形自由能, 同时考虑流体应力, 我们得到

$$(\sigma_{ij})^{\mathrm{total}}=\sigma'_{ij}+\sigma_{ij}$$

其中 σ'_{ij} 代表流体应力分量, σ_{ij} 代表弹性应力分量, 前者为

$$\sigma'_{ij}=2\eta\dot{\xi}_{ij},\quad \dot{\xi}_{ij}=\frac{1}{2}\left(\frac{\partial V_i}{\partial x_j}+\frac{\partial V_j}{\partial x_i}\right) \tag{9.3.1}$$

后者为

$$\begin{cases} \sigma_{xx} = \sigma_{yy} = K_1 \nabla^2 \dfrac{\partial u}{\partial z} \\ \sigma_{zz} = \rho_0 B' \dfrac{\partial u}{\partial z} \\ \sigma_{zx} = \sigma_{xz} = -K_1 \nabla^2 \dfrac{\partial u}{\partial x} \\ \sigma_{zy} = \sigma_{yz} = -K_1 \nabla^2 \dfrac{\partial u}{\partial y} \\ \sigma_{xy} = \sigma_{yx} = 0 \end{cases} \tag{9.3.2}$$

而 $u = u_z$ 代表液晶的层状面上的法向位移.

利用这些应力表达式和 9.2 节给出的基本方程可以得到层状液晶的运动方程.

9.4 A 类层状液晶的位错

A 类层状液晶在液晶中不算是复杂的, 其螺型位错也不算是特别复杂的缺陷问题, 但是它的研究存在许多困难. 按照著者的理解, 困难集中在数学物理上.

先考虑最终控制方程. 由 7.4 节的普遍方程, 对 A 类类层状液晶, 我们有

$$\frac{\partial V}{\partial z} = 0, \quad \sigma_{zz} = \rho_0 B' \frac{\partial u}{\partial z}$$

$$\rho_0 \frac{\partial V}{\partial t} = \rho_0 B' \frac{\partial^2 u}{\partial z^2} - K_1 \nabla^2 \nabla^2 u - \eta \nabla^2 V$$

$$\frac{\partial u}{\partial t} = V + \Gamma_u \nabla^2 \nabla^2 u$$

在定常情形, 对时间的导数为零, 同时现在的问题也与 z 无关, 上式大大简化. 首先第一个方程自动满足. 然后第二与第三个方程联立, 又因为 $\eta \Gamma_u$ 很小, 上式最终化成一个单独的方程

$$\nabla^2 \nabla^2 u = 0 \tag{9.4.1}$$

我们知道, 这个 $u = u_z$ 的平衡方程在弹性问题中是反平面问题的控制方程 (而速度 $V = V_z$ 没有出现), 在普通弹性中该方程是二阶的, 有一个边界条件. 现在反平面问题的物理性质, 并未变化, 可是方程却是四阶的. 它的边界条件怎么提? 许多权威专著, 例如, de Gennes①, Landau 与 Lifshitz ②都不清楚.

① de Gennes P G, Prost J. The Physics of Liquid Crystals. London: Clarendon, 1993.

② Landau L D, Lifshitz E M. Theory of Elasticity. 3rd ed. Oxford: Pergamon, 1986.

由于 Landau 是 1962 年诺贝尔物理学奖获得者, de Gennes 是 1991 年 Nobel 物理学奖获得者, 大家都不会怀疑他们的专著的结果的正确性. 其实, 他们的上述名著上关于螺型位错的解是错误的. 例如, 他们取螺型位错的解为

$$u=\frac{b\theta}{2\pi} \tag{9.4.2}$$

按照这个解, 位错的应变场存在, 而应力场全为零!

有些人也已发现了其中存在问题, 也想去解决, 但是没有抓住问题的实质, 兜了许多的大圈子, 似乎计算很复杂, 问题仍未解决. 这个难题可以称为 de Gennes-Kleman-Pershan 佯谬.

范天佑和李显方①经过仔细分析, 克服了这个佯谬. 他们发现, Kleman 和 Pershan 等的错误, 是因为他们对数学物理的基本常识缺乏了解.

很明显, 控制方程 (9.4.1) 是一个四阶偏微分方程, 而解 (9.4.2) 是二阶偏微分方程的边值问题的解 (见 1.10 节的介绍). Kleman 和 Pershan 等把二阶偏微分方程的边值问题的解当作四阶偏微分方程边值问题的解, 肯定错误. 因为这两者不仅方程不同, 边界条件也不同.

范天佑和李显方的解是

$$u=\frac{b}{2\pi}\left[F+D_1 r\sin\theta+F_1 r\cos\theta\right]\theta \tag{9.4.3}$$

其中

$$F=1,\quad F_1=0 \tag{9.4.4}$$

然而 D_1 不能直接确定. 让我们由解 (9.4.3), 条件 (9.4.4) 得到应力场如下:

$$\left\{\begin{aligned}\sigma_{zx}&=\frac{b}{2\pi}\frac{2K_1D_1\left(x^2-y^2\right)}{\left(x^2+y^2\right)^2}\\ \sigma_{zy}&=\frac{b}{2\pi}\frac{4K_1D_1yx}{\left(x^2+y^2\right)^2}\end{aligned}\right.$$

进而可以把位错能量 U 计算出来. 如果位错稳定, 那么能量 U 必须取极值, 即

$$\frac{\partial U}{\partial D_1}=0 \tag{9.4.5}$$

这是问题的补充定解条件, 或称为自然边界条件, 这正是 Kleman 和 Pershan 等所不懂的地方. 他们只知道位错条件, 而四阶偏微分方程必须有两个边界条件, 他们不知道, 这是他们犯错误的数学根源!

① Fan T Y, Li X F. The stress field of screw dislocation in smectic A liquid crystals and mistakes of classical solution. Chin Phys B, 2014, 23(4): 046012.

由条件 (9.4.5) 得到

$$D_1 = \frac{-\frac{8}{3}\pi\alpha}{(R_0+r_0)\left(\frac{\pi}{4}\alpha\beta+\frac{b^2K_1}{8\pi}\right)\ln\frac{R_0}{r_0}+\frac{\pi}{320}\alpha\gamma(R_0-r_0)} \tag{9.4.6}$$

其中

$$\begin{cases} \alpha=\left(\frac{b}{2\pi}\right)^4\rho_0 B' \\ \beta=2+\frac{32\pi^2}{3} \\ \gamma=75-160\pi^2+256\pi^4 \end{cases} \tag{9.4.7}$$

最后我们得到能量的具体表达, 它由三部分组成: 由曲率引起的张开的能量、由 Cauchy 应变引起的能量和由位错核的能量如下:

$$\begin{cases} U_1=\iint\limits_A \frac{1}{2}K_1\left(\nabla^2 u\right)^2 \mathrm{d}x\mathrm{d}y \\ U_2=\iint\limits_A \frac{1}{2}\rho_0 B'\left[\left(\frac{\partial u}{\partial x}\right)^2+\left(\frac{\partial u}{\partial y}\right)^2\right]^2 \mathrm{d}x\mathrm{d}y \\ U_3=\frac{1}{2}\iint\limits_\Omega \left(\sigma_{zx}\frac{\partial u}{\partial x}+\sigma_{zy}\frac{\partial u}{\partial y}\right)\mathrm{d}x\mathrm{d}y \\ \quad=\frac{1}{2}\int_{r_0}^{R_0}\int_0^{2\pi} r\left(\sigma_{zx}\frac{\partial u}{\partial x}+\sigma_{zy}\frac{\partial u}{\partial y}\right)\mathrm{d}r\mathrm{d}\theta \end{cases} \tag{9.4.8}$$

$$U=U_1+U_2+U_3 \tag{9.4.9}$$

计算的结果为

$$\begin{aligned} &U_1=0 \\ &U_2=\frac{\pi}{8}\left(\frac{b}{2\pi}\right)^4\rho_0 B'\left[\frac{1}{r_0^2}-\frac{1}{R_0^2}\right]+\frac{\pi}{8}\left(\frac{b}{2\pi}\right)^4\rho_0 B' D_1^2\left[2+\frac{32\pi^2}{3}\right]\ln\frac{R_0}{r_0} \\ &\qquad+\frac{D_1}{240}\frac{\pi}{8}\left(\frac{b}{2\pi}\right)^4\rho_0 B'\left[\frac{5120}{R_0+r_0}+3D_1\left(75-160\pi^2+256\pi^4\right)\right]\left(R_0^2-r_0^2\right) \\ &U_3=\frac{b^2K_1D_1^2}{16\pi}\ln\frac{R_0}{r_0} \end{aligned} \tag{9.4.10}$$

这个结果完全纠正了流行了 40 年的法国和美国液晶学派的错误. 现在得到的 A 类层状液晶螺型位错的正确解, 也为下面研究 A 类层状液晶的裂纹解奠定了坚实的基础.

9.5　A 类层状液晶的裂纹

Brostow 等 (Brostow W, Cunha A M, Quintanila J, Simoes R. Macromol. Theory Simul., 11 (2002), p.308.) 最早研究聚合物液晶的裂纹形成和扩展的问题, 他们用的是模拟方法, 虽然定量的结果不详, 对我们仍有启发.

考虑到液晶中的裂纹, 应该是塑性裂纹, 应该作塑性分析. 然而, 迄今液晶的塑性理论尚未建立. 为克服这一困难, 用位错研究液晶的塑性裂纹是一条可行的路子.

研究如图 9.5.1 所示的III型裂纹的位错群模型.

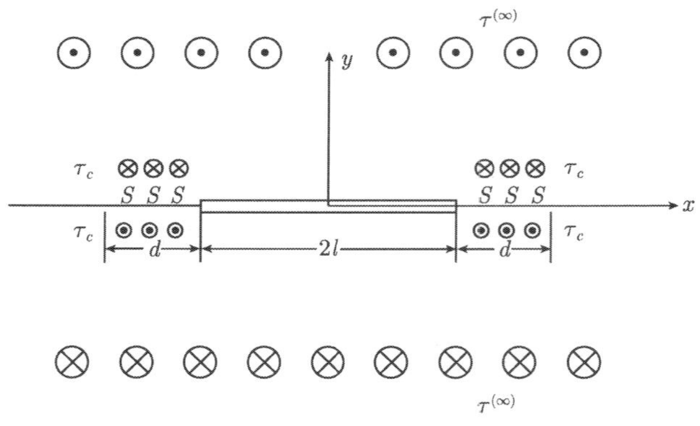

图 9.5.1　塑性裂纹的位错群模型和外加应力与内聚力

这里 A 类层状液晶的层与 xy–平面平行, 长度为 $2l$ 裂纹位错群沿 x–方向, 在远处受均匀剪应力 $\sigma_{yz} = \tau^{(\infty)}$ 作用, 单个螺型位错的 Burgers 矢量为 $\boldsymbol{b} = (0, 0, b)$. 在裂纹的顶端, 存在一个位错塞集群, 也称为滑移位错群, 长度为 d, 不过其数值暂时未知. 在这个区域, 即 $y = 0, l \leqslant |x| \leqslant l + d$, 存在一个反向的剪切应力 τ_c 它的数值代表材料宏观塑性屈服极限. 换句话说, 位错塞集区也就是裂纹顶端的塑性区.

经过上述模型的简化处理后, 非线性问题已经线性化. 对于线性问题, 叠加原理适用. 应用叠加原理, 不妨把远处的外加压力移去, 把它等价地作用在裂纹面上 (见第 1 章, 我们多次使用这一等价处理方法). 因而如图 9.5.1 所示的问题, 可以用

下列边界条件描写

$$\begin{cases} (x^2+y^2)^{1/2}\to\infty: & \sigma_{ij}=0 \\ y=0, \quad |x|<l: & \sigma_{yz}=-\tau^{(\infty)} \\ y=0, \quad l<|x|<l+d: & \sigma_{yz}=-\tau^{(\infty)}+\tau_c \end{cases} \tag{9.5.1}$$

控制方程 (9.4.1) 在边界条件 (9.5.1) 下的解与下列奇异积分方程

$$\int_L \frac{f(\xi)\mathrm{d}\xi}{\xi-x}=\frac{\tau(x)}{F}, \quad F=\frac{b}{2\pi}K_1D_1 \tag{9.5.2}$$

的解等价, 其中 $f(\xi)$ 是位错密度函数, ξ 是位错源点的坐标, x 是实轴上场点的坐标, L 是区间 $(-(l+d),l+d)$, 而 $\tau(x)$ 是 $y=0,l\leqslant|x|\leqslant l+d$ 处的剪应力的分布函数, 即

$$\tau(x)=\begin{cases} -\tau^{(\infty)}, & |x|<l \\ -\tau^{(\infty)}+\tau_c, & l<|x|<l+d \end{cases} \tag{9.5.3}$$

又常数 F 与 D_1 为

$$F=\frac{b}{2\pi}K_1D_1, \quad D_1=\frac{-\dfrac{8}{3}\pi\alpha}{(R_0+r_0)\left(\dfrac{\pi}{4}\alpha\beta+\dfrac{b^2K_1}{8\pi}\right)\ln\dfrac{R_0}{r_0}+\dfrac{\pi}{320}\alpha\gamma\,(R_0-r_0)} \tag{9.5.4}$$

其中

$$\begin{cases} \alpha=\left(\dfrac{b}{2\pi}\right)^4\rho_0B' \\ \beta=2+\dfrac{32\pi^2}{3} \\ \gamma=75-160\pi^2+256\pi^4 \end{cases} \tag{9.5.5}$$

奇异积分方程 (9.5.2) 的解为

$$\begin{aligned} f(x)=&-\frac{1}{\pi^2(b/\pi)K_1D_1}\sqrt{\frac{x+(l+d)}{x-(l+d)}}\int_L\sqrt{\frac{\xi-(l+d)}{\xi+(L+d)}}\tau(\xi)\frac{\mathrm{d}\xi}{\xi-x} \\ =&-\frac{1}{\pi^2(b/\pi)K_1D_1}\sqrt{\frac{x+(l+d)}{x-(l+d)}}\left\{\mathrm{i}\left[2\tau_c\arccos\left(\frac{l}{l+d}\right)-\tau^{(\infty)}\pi\right]\right\} \\ &+\frac{\tau_c}{\pi^2(b/\pi)K_1D_1}\left[\operatorname{arccos}h\left|\frac{(l+d)^2-lx}{(l+d)(l-x)}\right|-\operatorname{arccos}h\left|\frac{(l+d)^2+lx}{(l+d)(l+x)}\right|\right] \end{aligned} \tag{9.5.6}$$

这里 $\mathrm{i}=\sqrt{-1}$, 并且 A 由方程 (9.5.4) 定义. 考虑到位错密度 $f(x)$ 为实函数, 那么方程 (9.5.6) 右端第一项虚数 i 的乘子必须等于零, 即

$$2\tau_c \arccos\left(\frac{l}{l+d}\right)-\tau^{(\infty)}\pi=0$$

这导致

$$d=l\left[\sec\left(\frac{\pi\tau^{(\infty)}}{2\tau_c}\right)-1\right] \tag{9.5.7}$$

因而裂纹顶端塑性区的尺寸被确定. 由解 (9.5.6) 可以计算出位错的数目 $N(x)$:

$$N(x)=\int_0^x f(\xi)\mathrm{d}\xi \tag{9.5.8}$$

因而得到 $N(l+d)$ 与 $N(l)$, 最后得到位错运动的总量

$$\delta=b[N(l+d)-N(l)]=\frac{2bl\tau_c}{\pi^2F}\left(\ln\frac{l+d}{l}\right)=\frac{2bl\tau_c}{\pi^2F}\ln\sec\left(\frac{\pi\tau^{(\infty)}}{2\tau_c}\right) \tag{9.5.9}$$

它代表裂纹顶端撕开位移, 是描写裂纹力学/热力学状态的重要参量.

人们可以解决下列判据

$$\delta=\delta_c \tag{9.5.10}$$

去分析液晶材料中的裂纹会不会扩展, 其中 δ_c 为液晶材料的断裂韧性.

9.6　同介观现象的联系

按照 de Gennes 的理论, 公式 (9.5.9) 中的临界应力为

$$\tau_c\sim\frac{\pi\gamma_0^2}{a_0k_BT\ln(v_0/v_1)} \tag{9.6.1}$$

其中

$$\gamma_0\approx\frac{1}{2}\sqrt{K_1B}a_0^2/\eta,\quad \eta\sim\sqrt{\frac{K_1}{B}},\quad v_0=10^{33}\mathrm{s}^{-1}\mathrm{cm}^{-3},\quad v_1=1\mathrm{s}^{-1}\mathrm{cm}^{-3} \tag{9.6.2}$$

a_0 为层状液晶的层厚, 大约与 Burgers 矢量的尺寸相当, k_B 为 Boltzmann 常数, T 为热力学温度, v_0 和 v_1 为涨落频率.

在这些数据中, 除了代表宏观的模量 K_1, B 之外, a_0 为层状液晶的层厚, 即液晶的一个结构尺寸, k_B 为刻画分子热运动的物理量, 频率 v_0 和 v_1 为描写涨落的物理量, 它们属于刻画介观运动的物理量. 裂纹的性态主要是宏观的, 但是宏观性质又由介观运动决定. 以上结果就是一个很具体的说明. 更进一步的了解, 可以去阅读上面提到的 de Gennes 的专著.

以上两节的工作由 Fan T Y, Tang Z Y 的论文 A model of crack based on dislocations in sectic A liquid crystals, Chin. Phys. B, 2014, 20(10), 106103.

9.7　B 类层状液晶的求解公式

层状液晶一共有七类, 上面介绍的仅仅是其中的一类. 现在考虑 B 类层状液晶的裂纹, 假设 $x-y$ 平面代表液晶层所在平面, z 轴是这个面的法线方向, 那么按照 9.2 节介绍的普遍方程, B 类层状液晶弹性–流体动力学 (或广义流体动力学) 方程为

$$
\begin{aligned}
&\frac{\partial V_x}{\partial x}+\frac{\partial V_y}{\partial y}+\frac{\partial V_z}{\partial z}=0\\
&\rho\frac{\partial V_x}{\partial t}=-\frac{\partial p}{\partial x}+\eta\nabla^2 V_x+\left(C_{11}\frac{\partial^2}{\partial x^2}+C_{66}\frac{\partial^2}{\partial y^2}+C_{44}\frac{\partial^2}{\partial z^2}\right)u_x\\
&\qquad+(C_{11}-C_{66})\frac{\partial^2 u_y}{\partial x\partial y}+(C_{13}+C_{44})\frac{\partial^2 u_z}{\partial x\partial z}\\
&\rho\frac{\partial V_y}{\partial t}=-\frac{\partial p}{\partial y}+\eta\nabla^2 V_y+(C_{11}-C_{66})\frac{\partial^2 u_x}{\partial x\partial y}+\left(C_{66}\frac{\partial^2}{\partial x^2}+C_{11}\frac{\partial^2}{\partial y^2}+C_{44}\frac{\partial^2}{\partial z^2}\right)u_y\\
&\qquad+(C_{13}+C_{44})\frac{\partial^2 u_z}{\partial y\partial z}\\
&\rho\frac{\partial V_z}{\partial t}=-\frac{\partial p}{\partial z}+\eta\nabla^2 V_z+(C_{13}+C_{44})\left(\frac{\partial^2 u_x}{\partial x\partial z}+\frac{\partial^2 u_y}{\partial y\partial z}\right)\\
&\qquad+\left(C_{44}\frac{\partial^2}{\partial x^2}+C_{44}\frac{\partial^2}{\partial y^2}+C_{33}\frac{\partial^2}{\partial z^2}\right)u_z\\
&\frac{\partial u_x}{\partial t}=V_x+\varGamma_u\left[\left(C_{11}\frac{\partial^2}{\partial x^2}+C_{66}\frac{\partial^2}{\partial y^2}+C_{44}\frac{\partial^2}{\partial z^2}\right)u_x\right.\\
&\qquad\left.+(C_{11}-C_{66})\frac{\partial^2 u_y}{\partial x\partial y}+(C_{13}+C_{44})\frac{\partial^2 u_z}{\partial x\partial z}\right]\\
&\frac{\partial u_y}{\partial t}=V_y+\varGamma_u\left[(C_{11}-C_{66})\frac{\partial^2 u_x}{\partial x\partial y}+\left(C_{66}\frac{\partial^2}{\partial x^2}+C_{11}\frac{\partial^2}{\partial y^2}+C_{44}\frac{\partial^2}{\partial z^2}\right)u_y\right.\\
&\qquad\left.+(C_{13}+C_{44})\frac{\partial^2 u_z}{\partial y\partial z}\right]\\
&\frac{\partial u_z}{\partial t}=V_z+\varGamma_u\left[(C_{13}+C_{44})\left(\frac{\partial^2 u_x}{\partial x\partial z}+\frac{\partial^2 u_y}{\partial y\partial z}\right)\right.\\
&\qquad\left.+\left(C_{44}\frac{\partial^2}{\partial x^2}+C_{44}\frac{\partial^2}{\partial y^2}+C_{33}\frac{\partial^2}{\partial z^2}\right)u_z\right]
\end{aligned}
\tag{9.7.1}
$$

其中 C_{ij} 为弹性常数, u_i 为位移分量, V_i 为速度分量, p 为流体压力, η 为流体黏性系数, Γ_u 为声子耗散系数. 很显然, 这种弹性–流体动力学或广义流体动力学很难解析求解. 第 11 章用数值方法求解, 那里的方法对现在的问题也是适合的, 当然相当复杂. 为了避免重复, 这里不展开讨论.

在裂纹问题中, 流体的效应比较小. 在忽略流体效应后, 方程 (9.7.1) 化简为

$$\left(C_{11}\frac{\partial^2}{\partial x^2}+C_{66}\frac{\partial^2}{\partial y^2}+C_{44}\frac{\partial^2}{\partial z^2}\right)u_x+(C_{11}-C_{66})\frac{\partial^2 u_y}{\partial x\partial y}+(C_{13}+C_{44})\frac{\partial^2 u_z}{\partial x\partial z}=0$$

$$(C_{11}-C_{66})\frac{\partial^2 u_x}{\partial x\partial y}+\left(C_{66}\frac{\partial^2}{\partial x^2}+C_{11}\frac{\partial^2}{\partial y^2}+C_{44}\frac{\partial^2}{\partial z^2}\right)u_y+(C_{13}+C_{44})\frac{\partial^2 u_z}{\partial y\partial z}=0$$

$$(C_{13}+C_{44})\left(\frac{\partial^2 u_x}{\partial x\partial z}+\frac{\partial^2 u_y}{\partial y\partial z}\right)+\left(C_{44}\frac{\partial^2}{\partial x^2}+C_{44}\frac{\partial^2}{\partial y^2}+C_{33}\frac{\partial^2}{\partial z^2}\right)u_z=0 \tag{9.7.2}$$

引进位移势函数如下

$$u_x=\frac{\partial}{\partial x}(F_1+F_2)-\frac{\partial F_3}{\partial y},\quad u_y=\frac{\partial}{\partial y}(F_1+F_2)+\frac{\partial F_3}{\partial x}$$
$$u_z=\frac{\partial}{\partial z}(m_1F_1+m_2F_2) \tag{9.7.3}$$

如果

$$\nabla_i^2 F_i=0\quad (i=1,2,3) \tag{9.7.4}$$

其中

$$\nabla_i^2=\frac{\partial^2}{\partial x^2}+\frac{\partial^2}{\partial y^2}+\gamma_i^2\frac{\partial^2}{\partial z^2}\quad (i=1,2,3) \tag{9.7.5}$$

并且 m_i 和 γ_i 由下式表达

$$\frac{C_{44}+(C_{13}+C_{44})m_i}{C_{11}}=\frac{C_{33}m_i}{C_{13}+C_{44}+C_{44}m_i}=\gamma_i^2,\quad i=1,2,\quad \frac{C_{44}}{C_{66}}=\gamma_3^2 \tag{9.7.6}$$

那么方程 (9.7.2) 将自动满足. 这样, 把求解方程 (9.7.2) 的问题转化成求解方程 (9.7.4) 的问题, 后者是广义调和方程组, 比较容易求解. 当方程 (9.7.4) 求解出来之后, 所有位移由 F_1, F_2 和 F_3 通过方程 (9.7.3) 可以得到, 再通过应变–位移关系

$$\varepsilon_{ij}=\frac{1}{2}\left(\frac{\partial \boldsymbol{u}_i}{\partial \boldsymbol{x}_j}+\frac{\partial \boldsymbol{u}_j}{\partial \boldsymbol{x}_i}\right) \tag{9.7.7}$$

和 B 类层状液晶的广义 Hooke 定律

$$\sigma_{ij}=\boldsymbol{C}_{ijkl}\varepsilon_{kl} \tag{9.7.8}$$

进而得到应力表达式, 它们分别为

$$
\begin{aligned}
\sigma_{xx} &= \left[C_{11}\frac{\partial^2}{\partial x^2}+(C_{11}-2C_{66})\frac{\partial^2}{\partial y^2}\right](F_1+F_2+F_3)-2C_{66}\frac{\partial^2 F_3}{\partial x\partial y}\\
&\quad +C_{13}\frac{\partial^2}{\partial z^2}(m_1F_1+m_2F_2)\\
\sigma_{yy} &= \left[(C_{11}-2C_{66})\frac{\partial^2}{\partial x^2}+C_{11}\frac{\partial^2}{\partial y^2}\right](F_1+F_2)+2C_{66}\frac{\partial^2 F_3}{\partial x\partial y}\\
&\quad +C_{13}\frac{\partial^2}{\partial z^2}(m_1F_1+m_2F_2+m_3F_3)\\
\sigma_{zz} &= -C_{13}\frac{\partial^2}{\partial z^2}(\gamma_1^2F_1+\gamma_2^2F_2)+C_{33}\frac{\partial^2}{\partial z^2}(m_1F_1+m_2F_2)\\
\sigma_{xy} &= \sigma_{yx}=2C_{66}\frac{\partial^2}{\partial x\partial y}(F_1+F_2)+C_{66}\left(\frac{\partial^2}{\partial x^2}-\frac{\partial^2}{\partial y^2}\right)F_3\\
\sigma_{yz} &= \sigma_{zy}=C_{44}\frac{\partial^2}{\partial y\partial z}[(m_1+1)F_1+(m_2+1)F_2]+C_{44}\frac{\partial^2 F_3}{\partial x\partial z}\\
\sigma_{zx} &= \sigma_{xz}=C_{44}\frac{\partial^2}{\partial x\partial z}[(m_1+1)F_1+(m_2+1)F_2]-C_{44}\frac{\partial^2 F_3}{\partial y\partial z}
\end{aligned}
\tag{9.7.9}
$$

9.8　B 类层状液晶的三维椭圆盘状裂纹和解

由 9.7 节的求解公式出发, 可以求解一些裂纹问题. 这里考虑一个椭圆盘状裂纹, 具有长半轴、短半轴 a, b, 在裂纹面上作用均布压力 p, 裂纹面所占的区域记为 Ω (图 9.8.1), 如果仅仅考虑半空间, 我们有如下边界条件

$$
\begin{aligned}
&\sqrt{x^2+y^2+z^2}\to\infty:\sigma_{ij}=0\\
&z=0,(x,y)\in\Omega:\sigma_{zz}=-p,\sigma_{xz}=\sigma_{yz}=0\\
&z=0,(x,y)\notin\Omega:\sigma_{xz}=\sigma_{yz}=0,u_z=0
\end{aligned}
\tag{9.8.1}
$$

现在的裂纹问题归结为在边界条件 (9.8.1) 下求解调和方程组 (9.7.4). 不妨取

$$
u_z=m_1\frac{\partial F_1}{\partial z},\quad F_2=F_3=0 \tag{9.8.2}
$$

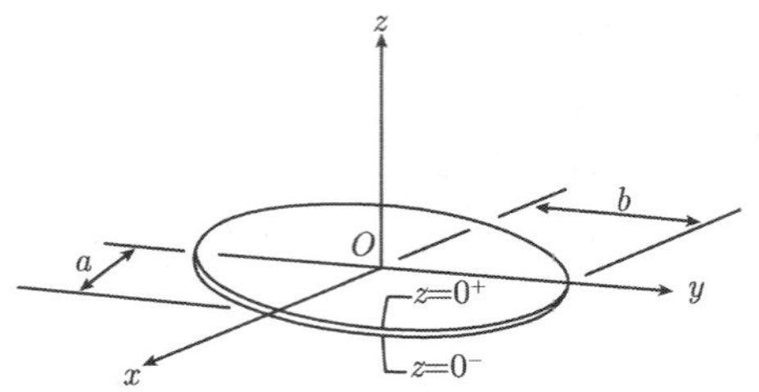

图 9.8.1　层状液晶中的椭圆盘状裂纹

那么应力分量化简为

$$\sigma_{zz}=-C_{13}\gamma_1^2\frac{\partial^2 F_1}{\partial \boldsymbol{z}^2}$$

$$\sigma_{xz}=C_{44}(1+m_1)\frac{\partial^2 F_1}{\partial x\partial z}$$

$$\sigma_{yz}=C_{44}(1+m_1)\frac{\partial^2 F_1}{\partial y\partial z} \tag{9.8.3}$$

边值问题 (9.7.4) 和 (9.8.1) 可以化成下列边值问题

$$\nabla_1^2 F_1=0$$

$$\nabla_1^2=\frac{\partial^2}{\partial x^2}+\frac{\partial^2}{\partial y^2}+\gamma_1^2\frac{\partial^2}{\partial z^2} \tag{9.8.4}$$

和

$$\begin{cases}\dfrac{\partial^2 F_1}{\partial \boldsymbol{z}^2}=\dfrac{p}{C_{13}\gamma_1^2}, & \boldsymbol{z}=0,\quad (x,y)\in\Omega\\[2ex] \dfrac{\partial F_1}{\partial \boldsymbol{z}}=0, & \boldsymbol{z}=0,\quad (x,y)\notin\Omega\end{cases} \tag{9.8.5}$$

求解, 后者是一个 Lamb 问题, 已经有解为

$$F_1(x,y,z)=\frac{\boldsymbol{A}}{2}\int_\xi^\infty\left[\frac{x^2}{a^2+\boldsymbol{s}}+\frac{y^2}{a^2+\boldsymbol{s}}+\frac{z^2}{s}-1\right]\frac{\mathrm{d}\boldsymbol{s}}{\sqrt{\boldsymbol{Q}(\boldsymbol{s})}} \tag{9.8.6}$$

其中

$$Q(s)=s(s+a^2)(\boldsymbol{s}+b^2),\quad A=-\frac{ab^2p}{4C_{13}\gamma_1^2E(k)} \tag{9.8.7}$$

而 $E(k)$ 是第二类完全椭圆积分, 它的模为

$$k^2=(a^2+b^2)/a^2 \tag{9.8.8}$$

从数学上考虑, 问题已经得解.

进而我们可以得到应力公式, 例如

$$\sigma_{zz}(x,y,0)=\frac{p}{E(k)}\left\{\frac{ab^2}{\sqrt{Q(\xi)}}-\left[E(u)-\frac{\mathrm{sn}u\mathrm{cn}u}{\mathrm{dn}u}\right]\right\},\quad (x,y)\notin \varOmega \tag{9.8.9}$$

其中 $u, \mathrm{cn}u, \mathrm{sn}u, \mathrm{sn}^{-2}u$ 等为 Jacobi 椭圆函数, 见附录五. 由应力公式可以计算得到应力强度因子等.

9.9 柱状液晶及其缺陷

上面讨论层状液晶的缺陷问题时, 忽略了流体效应, 因而问题大大简化. 这时我们只要引进一个新的流体动力学量, 即方向矢量或指向矢量 $\boldsymbol{n}=(\boldsymbol{n}_x,\boldsymbol{n}_y,\boldsymbol{n}_z)$, 把该体系的自由能密度写出来, 可以得到有关的基本方程. 这种自由能包括如下三部分:

$$U=F=F_e+F_c+F_{ec} \tag{9.9.1}$$

其中

$$F_e=\frac{1}{2}C_{ijkl}\varepsilon_{ij}\varepsilon_{kl} \tag{9.9.2}$$

是通常的弹性变形能密度, 又称为体变形能密度, 或 Cauchy 变形能密度, 而

$$F_c=\frac{1}{2}K_1(\mathrm{div}(\boldsymbol{n}))^2+\frac{1}{2}K_2(\boldsymbol{n}\cdot\mathrm{rot}\boldsymbol{n}))^2+\frac{1}{2}K_3(\boldsymbol{n}\times\mathrm{rot}\boldsymbol{n}))^2 \tag{9.9.3}$$

称为 Frank 能密度, 由曲率确定, 显然它源于指向矢, K_1, K_2, K_3 为张开、翘曲和弯曲模量. 另外

$$F_{ec}=\text{由 Cauchy 变形和 Frank 变形耦合的能量密度} \tag{9.9.4}$$

在大多情形下, F_{ec} 可以忽略.

丝状液晶, 只含 Frank 能密度.

层状液晶线性近似下有

$$\boldsymbol{n}_x\approx\frac{\partial \boldsymbol{u}_z}{\partial x},\quad \boldsymbol{n}_y\approx\frac{\partial \boldsymbol{u}_z}{\partial y},\quad \boldsymbol{n}_z\approx 1 \tag{9.9.5}$$

前面讨论的层状液晶的方程可以从方程 (9.9.1)~(9.9.3) 和方程 (9.9.5) 得到 (利用能量极小原理), 如果我们不想去学习第 7 章普遍理论.

而对于柱状液晶, 线性近似下有

$$\boldsymbol{n}_x\approx\frac{\partial \boldsymbol{u}_x}{\partial z},\quad \boldsymbol{n}_y\approx\frac{\partial \boldsymbol{u}_y}{\partial z},\quad \boldsymbol{n}_z\approx 1 \tag{9.9.6}$$

这里取 z 轴代表柱轴方向. 单轴柱状液晶的自由能密度为

$$F=\frac{B}{2}\left(\frac{\partial \boldsymbol{u}_x}{\partial x}+\frac{\partial \boldsymbol{u}_y}{\partial y}\right)^2+\frac{C}{2}\left[\left(\frac{\partial \boldsymbol{u}_x}{\partial x}-\frac{\partial \boldsymbol{u}_y}{\partial y}\right)^2+\left(\frac{\partial \boldsymbol{u}_x}{\partial y}-\frac{\partial \boldsymbol{u}_y}{\partial x}\right)^2\right]$$
$$+\frac{K_3}{2}\left[\left(\frac{\partial^2 \boldsymbol{u}_x}{\partial z^2}\right)^2+\left(\frac{\partial^2 \boldsymbol{u}_y}{\partial z^2}\right)^2\right]$$

双轴柱状液晶的自由能密度为

$$F=\frac{B}{2}\left(\frac{\partial \boldsymbol{u}_x}{\partial x}\right)^2+\frac{C}{2}\left[\left(\frac{\partial \boldsymbol{u}_y}{\partial y}\right)^2\right]+\frac{D}{2}\left(\frac{\partial \boldsymbol{u}_y}{\partial x}+\frac{\partial \boldsymbol{u}_x}{\partial x}\right)^2+E\left(\frac{\partial \boldsymbol{u}_x}{\partial x}\frac{\partial \boldsymbol{u}_y}{\partial y}\right)^2$$
$$+K\left(\frac{\partial^2 \boldsymbol{u}_x}{\partial z^2}\right)^2+K'\left(\frac{\partial^2 \boldsymbol{u}_y}{\partial z^2}\right)^2$$

作为应用, 我们考虑柱状液晶的位错问题和解.

柱状液晶的位错有三种情形: (a) 纵向刃型位错, (b) 横向刃型位错, (c) 螺型位错, 如图 9.9.1 所示.

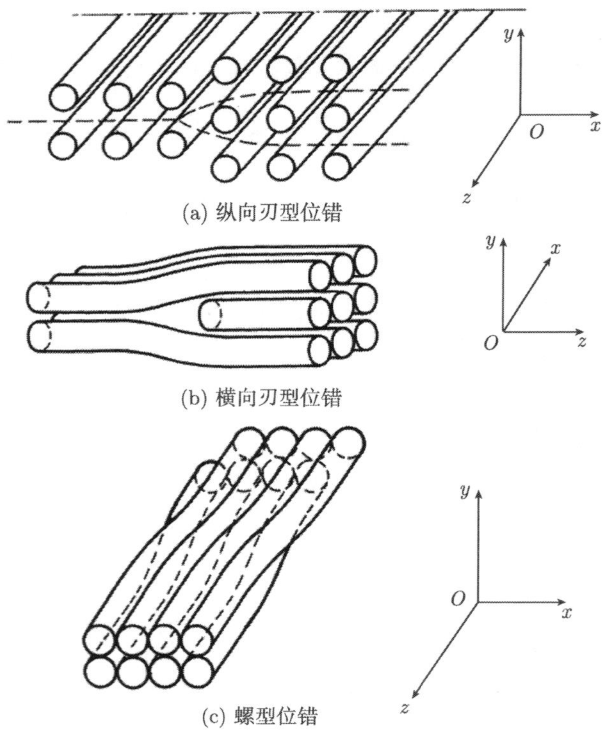

图 9.9.1　柱状液晶的位错

1. **纵向刃型位错**

假设位错沿 z 轴, Burgers 矢量为 $\boldsymbol{b}=(0,b,0)$, 自然 $\partial/\partial z=0$. 在这种情形, 曲率对变形无贡献, 平衡方程为

$$2B_2\frac{\partial}{\partial x}\left(\frac{\partial u_x}{\partial x}+\frac{\partial u_y}{\partial y}\right)+(B_2-B_1)\frac{\partial}{\partial y}\left(\frac{\partial u_y}{\partial x}-\frac{\partial u_x}{\partial y}\right)=0$$

$$2B_1\frac{\partial}{\partial y}\left(\frac{\partial u_x}{\partial x}+\frac{\partial u_y}{\partial y}\right)+(B_2-B_1)\frac{\partial}{\partial x}\left(\frac{\partial u_x}{\partial y}-\frac{\partial u_y}{\partial x}\right)=0$$

这是一个经典弹性的平面问题, 位错问题的解为

$$u_x=\frac{bB_1}{\pi(B_1-B_2)}\ln\frac{r}{a}+\frac{b(B_1+B_2)}{2\pi(B_1-B_2)}\frac{y^2}{r^2}$$

$$u_y=\frac{bB_1}{2\pi}\theta-\frac{b(B_1+B_2)}{2\pi(B_1-B_2)}\frac{xy}{r^2}$$

其中 a 为位错芯尺寸, $B_1=\lambda+2\mu$, $B_2=\lambda$, $v=\dfrac{B_2}{B_1+B_2}$.

2. **横向刃型位错**

假设位错沿 x 轴, Burgers 矢量为 $\boldsymbol{b}=(0,b,0)$, 自然 $\partial/\partial x=0$. 在这种情形, 平衡方程为

$$B_1\frac{\partial^2 u_y}{\partial y^2}=K_1\frac{\partial^4 u_y}{\partial y^2\partial z^2}+K_3\frac{\partial^4 u_y}{\partial z^4}$$

位错的解为

$$u_y(y,z)=\frac{b}{4}+\frac{b}{2\pi}\frac{L_{11}}{L_{31}}\arctan\frac{z}{y}$$

其中 $L_{11}=\left(\dfrac{K_1}{B_1}\right)^{1/2}, L_{31}=\left(\dfrac{K_3}{B_1}\right)^{1/2}$.

我们对柱状液晶的裂纹问题求解过, 解中出现矛盾, 所以这里不介绍.

9.10 边界条件与方程的相容, 边值问题的适定性

第 7 章虽然讨论了包括液晶在内的软物质的普遍的物理学理论, 并且根据该理论, 可以得到包括某些液晶在内的基本方程, 但是方程的求解却遇到许多困难. 困难并不只是来自方程本身, 而是方程与边界条件的匹配问题. 这个问题困扰了 A 类层状液晶的螺型位错问题 40 年, 在 9.4 节中已经作了详细讨论. 方程 (9.4.1) 并不复杂, 在第 1 章就出现过, 对它的求解作了充分的介绍. 第 1 章得到那么多的精确解, 原因是那里的边界条件与方程相容, 或者说, 该方程的边值问题是适定的, 所以

可解, 并且解正确. 方程 (9.4.1) 是一个四阶偏微分方程, 必须有两个边界条件, 如果这两个条件给的正确, 边值问题的提法才是适定的, 才有可能得到正确的解. 与第 1 章不同, 这里方程 (9.4.1) 描写的不是平面变形问题, 而是反平面变形, 这时它的显式的边界条件只有一个, 按照数学物理偏微分方程的理论, 必须补充一个边界条件, 边值问题才是适定的, 才可能得到有物理意义的解. 我们只在 9.4 节中针对螺型位错克服了这一困难, 计算很复杂, 把偏微分方程和变分法相结合, 才得到问题的解. 在这个正确的位错解的基础上才可能对 9.5 节的裂纹问题进行求解. 但是层状液晶的其他裂纹解还存在问题 (虽然得到了数学解, 但是解中含有矛盾), 所以这里未介绍.

上述问题不仅在层状液晶中存在, 在不同类别的其他液晶中都存在, 有的液晶连基本方程尚未很好建立, 边值问题的适定性还没有得到系统的研究, 所以我们没有再继续介绍其他不同类别的液晶的解. 如果上述涉及数学物理的问题不解决, 那么液晶的理论的发展将会遇到巨大的困难.

9.11 液晶缺陷的应力奇异性

单单从 A 类层状液晶的位错和裂纹看, 就知道液晶缺陷的应力奇异性比较复杂. 从公式 (9.3.2) 可以发现, 对裂纹问题, 应力分量 $\sigma_{xz},\sigma_{yz},\sigma_{zz}$ 的奇异性如果为 $r^{-1/2}$ 阶, 那么应力分量 σ_{xx},σ_{yy} 奇异性为 $r^{-3/2}$ 阶. 对位错问题, 应力分量 $\sigma_{xz},\sigma_{yz},\sigma_{zz}$ 的奇异性如果为 r^{-1} 阶, 那么应力分量 σ_{xx},σ_{yy} 奇异性为 r^{-2} 阶. 对其他类别的液晶, 也存在类似的现象. 这给液晶的位错和裂纹以及断裂问题的研究带来若干挑战. 这些问题并没有得到充分研究.

第 10 章　固体准晶材料缺陷与断裂理论

第 1 章 ~ 第 6 章所有的讨论都是针对结构材料 (或工程材料) 作出的. 这种材料中的一类是晶体. 但那里的讨论中几乎未涉及材料内部的结构, 除了材料常数之外, 它们几乎都是一样的, 因而比较易于研究. 第 1 章 ~ 第 6 章所述内容可以看作工程材料的断裂理论或经典断裂理论.

非传统材料的理论和缺陷与断裂问题已从第 7 章开始进行介绍, 本章讨论固体准晶材料的有关问题. 继固体准晶发现之后, 软物质准晶也发现了, 后者的问题将在第 11 章讨论.

准晶的发现, 突破了把固体划分为晶体与非晶体的传统观念, 是凝聚态物理学与材料科学的一个重大进展. 准晶还导致了一种新的对称性 —— 准周期对称性的发现, 这一发现在人类认识史上具有重要意义.

现在大量性能稳定的大单晶准晶体不断从不同的合金系 (从铝合金到钛合金系) 中研制出来, 它们质轻、硬度高、强度高, 适宜在中温下工作, 具有应用前景, 有可能成为一种新的结构材料. 但是由于这种材料比较脆, 研究其缺陷与断裂问题很有意义.

液晶与传统材料的区别, 在于它同时具有固体与流体的性质, 可以说出现了一些新的情况, 不过从第 7 章根据物质结构和凝聚态物理学方法论的普遍原理来看, 例如, 从 Poisson 括号方法或 Lie 群的观点去讨论, 液晶只是一个特例, 似乎并不复杂. 第 9 章已经把第 7 章的普遍理论针对液晶做了具体处理. 与液晶不同, 固体准晶的特殊问题在于它有两个位移场, 因而出现了两个应变场和两个应力场, 而且这两种不同的场出现在不同的空间里, 如何处理? 这比液晶提出的挑战更大. 根据第 7 章凝聚态物理学方法论的普遍原理来看, 例如, 从 Poisson 括号方法或 Lie 群的观点去讨论固体准晶也只是一个特例, 似乎也不复杂. 自然仅仅有普遍原理是不够的, 要解决实际问题, 必须对各个准晶系逐一分析.

本章既利用第 7 章的普遍原理, 又以最通俗的方式对上述问题作一概述, 更详细的分析, 可以从相关文献①中查到.

顺便提一下, 著名物理学家、Nobel 奖获得者杨振宁教授 1986 年就指出准晶的发现具有重要的意义, 深入发展对准晶的研究也具有总要意义, 详见杨振宁《读书、研究再十年》(三联书店, 香港, 1992).

---

① 范天佑. 固体与软物质准晶数学弹性及相关理论及应用. 北京: 北京理工大学出版社, 2014.

10.1 晶体与准晶体

液晶是通过与纯固体或纯流体对比而显现其独特之处的. 准晶可以通过与普通晶体对比, 帮助我们方便认识两者的关联与区别.

晶体的最大特点是具有周期结构. 组成晶体的粒子 (原子、离子或分子) 在空间规则排列. 这种排列呈现无限的周期重复. 由此重复的单元成为晶胞. 两个晶胞对应点的物理性质完全相同, 这种性质称为晶体的平移对称性. 晶体还存在取向对称性. 围绕晶胞中任一点的一个轴旋转, 当转角为 $2\pi/1, 2\pi/2, 2\pi/3, 2\pi/4$ 以及 $2\pi/6$ 或这些角的整数倍时, 总可以复原, 这一性质称为晶体的取向对称性. 对理想晶体而言, 这种平移对称性与取向对称性是长程有效的, 所以晶体是长程有序的. 注意在上述的 $2\pi/n$ 中的 n 代表对称轴旋转次数, $n = 1, 2, 3, 4, 6$. 在晶体中未发现 $n = 5$ 或 $n > 6$ 的情形, 这是因为取向对称性受到平移对称性的制约, 若 $n = 5$ 或 $n > 6$, 则破坏了平移对称性, 因而不成其为晶体, 为说明这一点, 图 10.1.1 给出了一个例子.

图 10.1.1 五重对称性在晶体中不可能存在

非晶体则不具有以上对称性质, 其粒子排列是长程无序的, 但某些非晶体 (如玻璃体) 在原子尺度的范围内其粒子排列有序, 称为短程有序.

在 1984 年之前, 人们认为固体结构要么长程有序, 属于晶体, 要么长程无序, 属于非晶体. 1984 年前后, 中外科学家发现 Al-Mn①合金, Ni-V②合金具有 $n = 5$ 的结构, 这引起科技界的极大关注. 图 10.1.2 给出了准晶中五重对称性的衍射图形及其立体结构.

---

① Shechtman D, et al. Metallic phase with long-range orientational and no translaticnal symmetry. Phys. Rev. Lett., 1984, 53: 1951~1953.

② Zhang Z, Ye H Q, Kuo K H. A new icosahedral phase with $m\bar{3}, \bar{5}$ symmetry. Phil. Mag. A, 1985, 53: L49~L52.

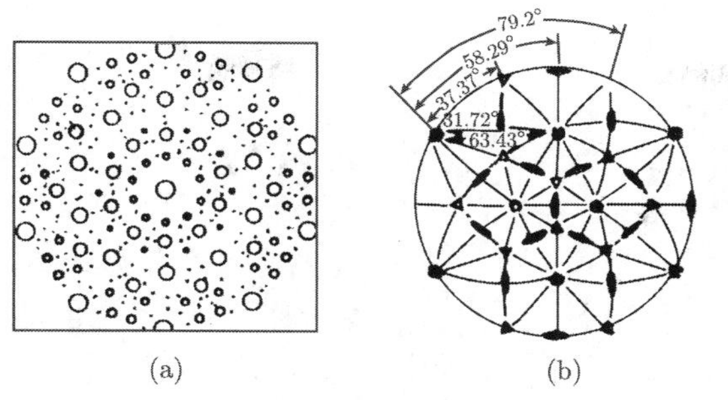

图 10.1.2 五重对称性的衍射图形和二十面体准晶立体图

自然界中的雪花、某些矿物的规则结构, 显示了其晶体性质, 这是从外表就能观察到的. 但是晶体内部结构更深入的规则性是由 X 射线的衍射图形揭示出来的. 这种衍射图形是二维的, 它同晶体在三维空间的结构有一定的对应关系. 不同的衍射图形揭示了不同类型的晶体结构. 在物理学中, 晶体结构用三个指标 (Miller 指标)(h,k,l) 描写, 其衍射图谱也可以用这三个指标去识别.

准晶体也是通过衍射图形发现和识别的. 由于它的衍射图形与晶体的衍射图形的本质上的不同才被区分开来, 并且被认定为准晶的. 但是用上述三个指标不能描述它的衍射图形, 而必须使用六个指标 $(n_1,n_2,n_3,n_4,n_5,n_6)$ 才能描写. 这暗示要引进高维空间的概念.

晶体由一种晶胞在空间无限重复排列而成. 因而具有周期平移对称性和某些取向对称性. 准晶体是由两种不同的菱面体在空间无缝隙、不重叠地拼砌而成, 因而它不具有周期平移对称性而具有准周期平移对称性, 同时具有晶体学上所不允许的取向对称性, 迄今发现的固体准晶的旋转对称性的次数 $n=5,8,10,12$. 图 10.1.3 就是这种拼砌的一个示意图. 有意义的是, 近来在软物质中发现了 $n=12,18$ 的准晶.

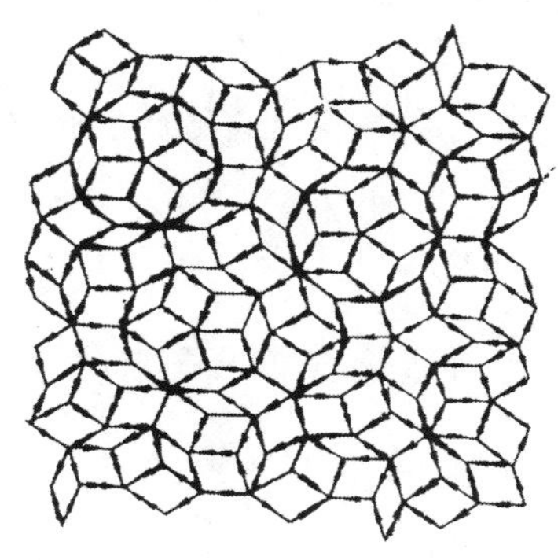

图 10.1.3 具有五重对称性的平面拼砌 (作为准晶晶格的示意图)

准晶与晶体在结构上的不同, 不仅导致两者衍射图形不同 (因而反映了其对称性质不同), 也导致两者的弹性不同.

晶体的弹性在长波长近似下可以用位移 $\boldsymbol{u}\,(u_x, u_y, u_z)$ 作出发点去描写, 这同普通弹性理论中的概念类似. 在物理学上给它一个专用名词 —— 声子场, 因为它代表晶体中的质点振动对平衡位置的偏离. 这种振动在晶体中的传播称为晶格波, 是一种声波. 晶格波的运动可以量子化, 其量子称为声子. 这便是声子场名词的由来. 从连续介质角度考虑, $\boldsymbol{u}$ 就是本书前面所一再研究过的位移场, 其梯度代表晶胞体积与形状的改变.

准晶的位移除了声子场 $\boldsymbol{u}$ 之外, 还有另一个场 $\boldsymbol{w}\,(w_x, w_y, w_z)$, 称为相位子场. 相位子场的出现, 同准晶的特殊结构有关. 由于准晶结构需要用六个指标去描写, 这就等于引用了六维空间. 这个高维空间的一个子空间为物理空间, 又称为平行空间, 它是三维的, 位移场 $\boldsymbol{u}\,(u_x, u_y, u_z)$ 在这个空间中, 它的梯度描写晶胞体积和形状的改变. 与物理空间相补的一个子空间, 称为垂直空间. 位移场 $\boldsymbol{w}\,(w_x, w_y, w_z)$ 在垂直空间中, 它的梯度描写晶胞中原子的局部重排. 虽然晶体中也有原子局部重排, 但区别不出来, 在准晶中就可以观察得到.

不寻常的相位子场的出现, 在物理学上把它解释作为无公度相的一种结果 (因为准晶属于一种无公度相); 在力学上, 导致两种应变场 ε_{ij}(由 u_i 引起) 和 w_{ij}(由 w_i 引起) 的存在, 因而准晶的弹性力学同经典弹性力学很不相同. 对这种新的材料和新的力学体系, 它的缺陷问题和断裂理论该如何研究? 本书著者及其小组对此作过调研, 发现裂纹问题前面尚无人研究过, 本小组对这些问题的研究, 具有很大的探索性.

10.2 固体准晶弹性理论框架

准晶弹性的物理框架已由物理学家构筑. 由于篇幅的限制, 这里仅作简明扼要的介绍.

由声子位移场 $\boldsymbol{u}\,(u_x, u_y, u_z)$, 我们得到普通应变张量

$$\varepsilon_{ij} = \frac{1}{2}\left(\frac{\partial u_i}{\partial x_j} + \frac{\partial u_j}{\partial x_i}\right) \tag{10.2.1}$$

由相位子位移场 $\boldsymbol{w}\,(w_x, w_y, w_z)$ 得到相应的应变张量 (除去立方准晶系之外):

$$w_{ij} = \frac{\partial w_i}{\partial x_j} \tag{10.2.2}$$

对立方准晶系, 相位子应变张量与张量 (10.2.2) 不同, 后面将会介绍.

第 7 章已经指出运动方程很复杂, 原则上要引用广义流体动力学才能讨论. 这里不考虑黏性与耗散, 只考虑静力学平衡, 有

$$\begin{cases} \dfrac{\partial \sigma_{ij}}{\partial x_j} + f_i = 0 \\ \dfrac{\partial H_{ij}}{\partial x_j} + g_i = 0 \end{cases} \tag{10.2.3}$$

这里 σ_{ij} 是与 ε_{ij} 是相对应的应力张量, H_{ij} 是与 w_{ij} 相对应的应力张量, f_i 是体积力, g_i 是广义体积力.

广义 Hooke 定律仍然成立, 但比经典的复杂, 即

$$\begin{cases} \sigma_{ij} = C_{ijkl}\varepsilon_{kl} + R_{ijkl}w_{kl} \\ H_{ij} = K_{ijkl}w_{kl} + R_{klij}\varepsilon_{kl} \end{cases} \tag{10.2.4}$$

其中 C_{ijkl} 为声子场弹性常数, K_{ijkl} 为相位子场弹性常数, R_{ijkl} 为声子–相位子耦合场弹性常数. 针对不同的准晶系, 它们互不相同.

应力边界条件为

$$\sigma_{ij}n_j = T_i, \quad H_{ij}n_j = h_i, \quad x_i \in \varGamma_t \tag{10.2.5}$$

其中 n_j 为边界 $\varGamma$ 上微元的外法线单位矢量, T_i 为面力, h_i 为广义面力, $\varGamma_t$ 为给定面力的边界.

位移边界条件为

$$u_i = U_i, \quad w_i = W_i, \quad x_i \in \varGamma_u \tag{10.2.6}$$

其中 U_i 与 W_i 为 $\varGamma_u$ 上给定的函数, $\varGamma_u$ 为给定位移的边界. $\varGamma_t + \varGamma_u = \varGamma$ 为准晶的全部边界.

初始条件为

$$\begin{cases} u_i(x_j,0) = a_i(x_j), & \dot{u}(x_j,t)\big|_{t=0} = c_i(x_j) \\ w_i(x_j,0) = b_i(x_j), & \dot{w}(x_j,t)\big|_{t=0} = d_i(x_j) \end{cases} \tag{10.2.7}$$

其中 $a_i(x_j), \cdots, d_i(x_j)$ 已知, 但仅仅是坐标的函数.

如果仅在一个方向上相位子位移分量 $w_i \neq 0$, 该类准晶称为一维准晶, 一维固体准晶中又分若干子类, 根据点群分类, 共 31 个点群, 全部为晶体学点群; 如果在两个方向上 $w_i \neq 0$ 此类准晶称为二维准晶, 迄今发现的二维固体准晶中有五次对称、八次对称、十次对称和十二次对称四类准晶 (软物质准晶中有十八次对称准晶), 每一类中又有若干子类, 根据点群分类, 共 57 个点群, 其中包括 31 个为晶体

学点群, 26 个非晶体学点群; 如果在三个方向上 $w_i \neq 0$ 则为三维准晶, 迄今发现的有二十面体准晶与立方准晶两类三维准晶, 共 60 个点群, 其中包括 32 个晶体学点群, 28 个非晶体学点群. 广义 Hooke 定律中所含全部非零弹性常数由准晶的对称性和群表示理论所确定. 所以群论对研究准晶极为重要. 在附录五中将介绍群论知识.

一维固体准晶弹性具有 22 个场变量, 相应的场方程也是 22 个; 二维固体准晶弹性具有 29 个场变量, 相应的场方程也是 29 个; 二十面体准晶弹性具有 36 个场变量, 相应的场方程也是 36 个, 立方准晶的场变量与场方程均为 30 个. 不同准晶系的弹性常数很不一致. 加上绝大部分准晶系的应变张量与应力张量是非对称张量, 以及声子场与相位子场相互耦合, 所以准晶弹性问题的求解比经典弹性 (包括晶体弹性) 求解困难得多.

10.3　准晶的二维裂纹问题

准晶的裂纹问题如何研究? 首先要把以上基本关系化简, 然后引进裂纹边界条件.

10.3.1　一维六方准晶的二维裂纹问题

一维六方准晶弹性是所有准晶弹性问题中最简单的情形, 我们从这里开始讨论.

假设 z 方向是原子准周期排列方向, xy 平面是源自周期排列方向, 在这种情况非零的位移分量为

$$u_x, \quad u_y, \quad u_z, \quad w_z \tag{10.3.1}$$

同时, $w_x = w_y = 0$.

在上述情形下, 广义 Hooke 定律为

$$\left\{\begin{array}{l}
\sigma_{xx} = C_{11}\varepsilon_{xx} + C_{12}\varepsilon_{yy} + C_{13}\varepsilon_{zz} + R_1 w_{zz} \\
\sigma_{yy} = C_{12}\varepsilon_{xx} + C_{11}\varepsilon_{yy} + C_{13}\varepsilon_{zz} + R_1 w_{zz} \\
\sigma_{zz} = C_{13}\varepsilon_{xx} + C_{13}\varepsilon_{yy} + C_{33}\varepsilon_{zz} + R_2 w_{zz} \\
\sigma_{yz} = \sigma_{zy} = 2C_{44}\varepsilon_{yz} + R_3 w_{zy} \\
\sigma_{zx} = \sigma_{xz} = 2C_{44}\varepsilon_{zx} + R_3 w_{zx} \\
\sigma_{xy} = \sigma_{yx} = 2C_{66}\varepsilon_{xy} \\
H_{zz} = R_1(\varepsilon_{xx} + \varepsilon_{yy}) + R_2\varepsilon_{zz} + K_1 w_{zz} \\
H_{zx} = 2R_3\varepsilon_{zx} + K_2 w_{zx} \\
H_{zy} = 2R_3\varepsilon_{yz} + K_2 w_{zy}
\end{array}\right. \tag{10.3.2}$$

其余的 $H_{ij}=0$, 这里 C_{ij},K_i 与 R_i 为声子、相位子与声子–相位子耦合弹性常数(由于这里问题相对简单, 它们由四阶张量的四个下标分别化简成两个与一个), 另外

$$\varepsilon_{ij}=\frac{1}{2}\left(\frac{\partial u_i}{\partial x_j}+\frac{\partial u_j}{\partial x_i}\right),\quad w_{ij}=\frac{\partial w_i}{\partial x_j} \tag{10.3.3}$$

若一穿透性裂纹穿透 z 方向, 同时外应力不随 z 变化, 则

$$\frac{\partial}{\partial z}=0 \tag{10.3.4}$$

把方程 (10.3.3) 代入方程 (10.3.2) 再代入平衡方程 (10.2.3), 略去体积力和惯性力, 并且在条件 (10.3.4) 下, 我们得到

$$\nabla^2 u_z=0,\quad \nabla^2 w_z=0 \tag{10.3.5}$$

以及

$$\nabla^2\nabla^2\varPhi=0\quad\left(\sigma_{xx}=\frac{\partial^2\varPhi}{\partial y^2},\sigma_{yy}=\frac{\partial^2\varPhi}{\partial x^2},\sigma_{xy}=-\frac{\partial^2\varPhi}{\partial x\partial y}\right) \tag{10.3.6}$$

其中 ∇^2 为二维 Laplace 算子, 方程 (10.3.6) 为纯声子场平面弹性问题, (10.3.5) 为声子–相位子耦合的弹性问题. 由于前者与相位子无关, 可以不去考虑, 后一问题才与原子的准周期排列有关, 正是我们所感兴趣的. 基本方程的化简为研究裂纹问题开辟了道路.

若所说的穿透性裂纹是一 Griffith 裂纹, 又假设裂纹面上受均匀剪应力作用, 即有如下边界条件:

$$\begin{cases}\sqrt{x^2+y^2}\to\infty:\sigma_{xz}=\sigma_{yz}=H_{zx}=H_{zy}=0\\ y=0,|x|<a:\sigma_{yz}=-\tau_1,H_{zy}=-\tau_2\end{cases} \tag{10.3.7}$$

用复变函数或 Fourier 积分变换方法均得到

$$\begin{cases}\sigma_{zx}-\mathrm{i}\sigma_{zy}=\mathrm{i}\tau_1\left(1-\dfrac{1}{\sqrt{t^2-a^2}}\right)\\ H_{zx}-\mathrm{i}H_{zy}=\mathrm{i}\tau_2\left(1-\dfrac{1}{\sqrt{t^2-a^2}}\right)\end{cases} \tag{10.3.8}$$

其中 $t=x+\mathrm{i}y,\mathrm{i}=\sqrt{-1}$.

不难发现相位子应力场在裂纹顶端附近具有与声子应力场相同的奇异性. 记 $K_{\mathrm{III}}^{||}$ 与 $K_{\mathrm{III}}^{\perp}$ 代表物理空间 (平行空间) 与补空间 (垂直空间) 中的III型应力强度因子, 则

$$\begin{cases}K_{\mathrm{III}}^{||}=\lim\limits_{x\to a^+}\sqrt{2\pi(x-a)}\sigma_{yz}(x,0)=\sqrt{\pi a}\tau_1\\ K_{\mathrm{III}}^{\perp}=\lim\limits_{x\to a^+}\sqrt{2\pi(x-a)}H_{zy}(x,0)=\sqrt{\pi a}\tau_2\end{cases} \tag{10.3.9}$$

由于相应的位移场可以容易计算出来, 所以裂纹应变能为

$$\begin{aligned} W_{\mathrm{III}} &= 2\int_0^a (\sigma_{zy} \oplus H_{zy})(u_z \oplus w_z)\,\mathrm{d}x \\ &= \frac{K_2\tau_1^2 + C_{44}\tau_2^2 - 2R\tau_1\tau_2}{C_{44}K_2 - R_3^2}\pi a^2 \end{aligned} \tag{10.3.10}$$

其中符号 $\oplus$ 代表直接和, 相应的裂纹能量释放率为

$$\begin{aligned} G_{\mathrm{III}} &= \frac{1}{2}\frac{\partial W_{\mathrm{III}}}{\partial a} \\ &= \frac{K_2 {K_{\mathrm{III}}^{||}}^2 + C_{44}{K_{\mathrm{III}}^{\perp}}^2 - 2R_3 K_{\mathrm{III}}^{||}K_{\mathrm{III}}^{\perp}}{C_{44}K_2 - R_3^2} \end{aligned} \tag{10.3.11}$$

若 $\tau_2 = 0$, 则

$$G_{\mathrm{III}} = \frac{K_2 {K_{\mathrm{III}}^{||}}^2}{C_{44}K_2 - R_3^2} \tag{10.3.12}$$

若 $\tau_2 = 0, R_3 = 0$, 则还原为经典解

$$G_{\mathrm{III}} = \frac{{K_{\mathrm{III}}^{||}}^2}{C_{44}} \tag{10.3.13}$$

其他构型的穿透性裂纹的解也可以类似求得①.

10.3.2 二维十二次对称、五次对称、十次对称与八次对称准晶的二维裂纹问题

二维准晶弹性比一维准晶弹性复杂得多, 下面对三种不同的二维准晶 —— 十二次对称、十次对称和八次对称准晶弹性及其裂纹问题进行讨论.

假设 z 方向为准晶中原子的周期排列, xy 为原子准周期排列平面, 则位移分量为

$$u_x, u_y, u_z, w_x, w_y \tag{10.3.14}$$

而 $w_z = 0$.

进而假设一裂纹穿透 z 方向, 并且外应力分布不随 z 变化, 则条件 (8.3.4) 在这里也成立.

条件 (10.3.14) 与 (10.3.4) 使二维准晶的基本方程大大简化. 对于十二次对称二维准晶, 我们得到

$$\nabla^2\nabla^2 F = 0, \quad \nabla^2\nabla^2 G = 0, \quad \nabla^2 u_z = 0 \tag{10.3.15}$$

① 范天佑. 固体与软物质准晶数学弹性及相关理论及应用. 北京: 北京理工大学出版社, 2014.

其中 $F(x,y)$ 与 $G(x,y)$ 为位移函数, ∇^2 为二维 Laplace 算子, 详见前面所引的著作 (P76 页脚注①).

对于点群 5m 与 10mm 二维准晶, 在上述条件下有

$$\nabla^2\nabla^2\nabla^2\nabla^2 F=0, \quad \nabla^2 u_z=0 \tag{10.3.16}$$

其中 $F(x,y)$ 为位移函数或应力函数, 详见上面所引著作. 对于点群 5m 与 10mm 五次与十次对称准晶, 在引进位移函数 $F(x,y)$ 之后, 也能得到与方程 (10.3.16) 相同的最终控制方程，但引进应力函数却未能化成那么简单的形式.

八次对称准晶, 其中一个子类, 即点群 8mm 八次对称准晶在上面条件下, 化成

$$\begin{cases} \left(\nabla^2\nabla^2\nabla^2\nabla^2-4\varepsilon\nabla^2\nabla^2\Lambda^2\Lambda^2+4\varepsilon\Lambda^2\Lambda^2\Lambda^2\Lambda^2\right)F=0 \\ \nabla^2 u_z=0 \end{cases} \tag{10.3.17}$$

其中 $F(x,y)$ 为位移函数, 并且

$$\begin{cases} \nabla^2=\dfrac{\partial}{\partial x^2}+\dfrac{\partial}{\partial y^2}, \Lambda^2=\dfrac{\partial}{\partial x^2}-\dfrac{\partial}{\partial y^2} \\ \varepsilon=\dfrac{R^2(L+M)(K_2+K_3)}{\left[M(K_1+K_2+K_3)-R^2\right]\left[(L+2M)K_1-R^2\right]} \\ L=C_{12}, M=(C_{11}-C_{12})/2=C_{66} \end{cases} \tag{10.3.18}$$

C_{ij} 代表声子场弹性常数, K_i 代表相位子场弹性常数, R 代表声子–相位子耦合弹性常数.

方程 (10.3.15)~(10.3.17) 都可以用 Fourier 变换求解.

十二次对称准晶的二维裂纹问题, 由方程 (10.3.15) 控制, 比较简单 (因为这类准晶的声子场与相位子场不耦合), 我们不去讨论它的求解问题.

对十次对称 (这里仅讨论点群 10mm) 准晶中的 Griffith 裂纹在边界条件

$$\begin{cases} \sqrt{x^2+y^2}\to\infty: \sigma_{yy}=p, \text{其他}\sigma_{ij}\text{及}H_{ij}=0 \\ y=0, |x|<a: \sigma_{yy}=\sigma_{xy}=0, H_{yy}=H_{yx}=0 \end{cases} \tag{10.3.19}$$

下用 Fourier 变换和对偶积分方程求解方程 (10.3.16), 我们得到

$$K_{\mathrm{I}}^{||}=\sqrt{\pi a}p \tag{10.3.20}$$

相应的能量释放率为

$$G_{\mathrm{I}}=\frac{1}{4}\left(\frac{1}{L+M}+\frac{K_1}{MK_1-R^2}\right)\left(K_{\mathrm{I}}^{||}\right)^2 \tag{10.3.21}$$

L 与 M 的意义与 (10.3.18) 中所定义的一致.

对于点群 8mm 八次对称准晶, 在边界条件 (10.3.19) 下求解方程 (10.3.17), 类似地得到应力强度因子由 (10.3.20) 表达, 但其裂纹能量释放率极其复杂 (因为它含有一系列的行列式), 这里不详细介绍, 读者可以参考相关文献①②.

10.3.3 三维二十面体准晶的二维裂纹问题

二十面体准晶是固体准晶中最重要的一类, 它为三维准晶, 即在三个方向, 原子排列均为准周期排列. 场变量和场方程均为 36 个, 由于场变量和场方程数量大, 求解困难.

由于我国科学工作者的努力, 二十面体准晶弹性和缺陷问题的求解取得巨大进展. 其中二十面体准晶平面弹性、位错和裂纹问题的研究成果最为突出.

二十面体准晶弹性的最终控制方程为

$$\begin{aligned}
&\mu\nabla^2u_x+(\lambda+\mu)\frac{\partial}{\partial x}\nabla\cdot u\\
&+R\left(\frac{\partial^2 w_x}{\partial x^2}+2\frac{\partial^2 w_x}{\partial x\partial z}-\frac{\partial^2 w_x}{\partial y^2}+2\frac{\partial^2 w_y}{\partial x\partial y}-2\frac{\partial^2 w_y}{\partial y\partial z}+2\frac{\partial^2 w_z}{\partial x\partial z}\right)=0\\
&\mu\nabla^2u_y+(\lambda+\mu)\frac{\partial}{\partial y}\nabla\cdot u\\
&+R\left(-2\frac{\partial^2 w_x}{\partial x\partial y}-2\frac{\partial^2 w_x}{\partial y\partial z}+\frac{\partial^2 w_y}{\partial x^2}-2\frac{\partial^2 w_y}{\partial x\partial z}-\frac{\partial^2 w_y}{\partial y^2}+2\frac{\partial^2 w_z}{\partial y\partial z}\right)=0\\
&\mu\nabla^2u_z+(\lambda+\mu)\frac{\partial}{\partial z}\nabla\cdot u\\
&+R\left(\frac{\partial^2 w_x}{\partial x^2}-\frac{\partial^2 w_x}{\partial y^2}-2\frac{\partial^2 w_y}{\partial x\partial y}+\frac{\partial^2 w_z}{\partial x^2}+\frac{\partial^2 w_z}{\partial y^2}-2\frac{\partial^2 w_z}{\partial z^2}\right)=0\\
&K_1\nabla^2w_x+K_2\left(2\frac{\partial^2 w_x}{\partial x\partial z}-\frac{\partial^2 w_x}{\partial z^2}+2\frac{\partial^2 w_y}{\partial y\partial z}+\frac{\partial^2 w_z}{\partial x^2}-\frac{\partial^2 w_z}{\partial y^2}\right)\\
&+R\left(\frac{\partial^2 u_x}{\partial x^2}-\frac{\partial^2 u_x}{\partial y^2}+2\frac{\partial^2 u_x}{\partial x\partial z}-2\frac{\partial^2 u_y}{\partial x\partial y}-2\frac{\partial^2 u_y}{\partial y\partial z}+\frac{\partial^2 u_z}{\partial x^2}-\frac{\partial^2 u_z}{\partial y^2}\right)=0\\
&K_1\nabla^2w_y+K_2\left(2\frac{\partial^2 w_x}{\partial y\partial z}-2\frac{\partial^2 w_y}{\partial x\partial z}-2\frac{\partial^2 w_z}{\partial x\partial y}-\frac{\partial^2 w_y}{\partial z^2}\right)\\
&+R\left(2\frac{\partial^2 u_x}{\partial x\partial y}-2\frac{\partial^2 u_x}{\partial y\partial z}+\frac{\partial^2 u_y}{\partial x^2}-\frac{\partial^2 u_y}{\partial y^2}-2\frac{\partial^2 u_y}{\partial x\partial z}-2\frac{\partial^2 u_z}{\partial x\partial y}\right)=0
\end{aligned}$$

① Li X F, Fan T Y. New method for solving elasticity problems of some planarquasi–crystalsandsolutions. Chin. Phys Lett., 1998. 15: 278~280.

② Zhou W M, Fan T Y. Plane elasticity and crack problem of a two–dimensional octagonal quasicrystal. Chinese Physics, 2001, 10: 743~747.

$$(K_1-K_2)\nabla^2 w_z+K_2\left(\frac{\partial^2 w_x}{\partial x^2}-\frac{\partial^2 w_x}{\partial y^2}-2\frac{\partial^2 w_y}{\partial x\partial y}+2\frac{\partial^2 w_z}{\partial z^2}\right)$$
$$+R\left(2\frac{\partial^2 u_x}{\partial x\partial z}+2\frac{\partial^2 u_y}{\partial y\partial z}+\frac{\partial^2 u_z}{\partial x^2}+\frac{\partial^2 u_z}{\partial y^2}-2\frac{\partial^2 u_z}{\partial z^2}\right)=0 \qquad (10.3.22)$$

其中 $\nabla^2=\frac{\partial^2}{\partial x^2}+\frac{\partial^2}{\partial y^2}+\frac{\partial^2}{\partial z^2}$, $\nabla\cdot u=\frac{\partial u_x}{\partial x}+\frac{\partial u_y}{\partial y}+\frac{\partial u_z}{\partial z}$.

方程组 (10.3.22) 很难直接求解. 范天佑等假设

$$\frac{\partial}{\partial z}=0 \qquad (10.3.23)$$

即问题在物理与几何和五重旋转对称轴无关时, 基本方程组化成一个六重调和方程

$$\nabla^2\nabla^2\nabla^2\nabla^2\nabla^2\nabla^2 F=0,\quad \nabla^2 u_z=0,\quad \nabla^2 w_z=0 \qquad (10.3.24)$$

去求解, 问题大大简化, 其中函数 $F(x,y)$ 代表位移势或应力势. 范天佑等发展了求解方程 (10.3.24) 的复分析或 Fourier 分析方法得到一系列位错与裂纹问题的分析解.

例如, 用复分析方法我们把方程 (10.3.24) 的解表示成复变 $z=x+\mathrm{i}y$ 的六个解析函数如下式所示:

$$F(x,y)=\mathrm{Re}[f_1(z)+\bar{z}f_2(z)+\bar{z}^2f_3(z)+\bar{z}^3f_4(z)+\bar{z}^4f_5(z)+\bar{z}^5f_6(z)] \qquad (10.3.25)$$

对椭圆缺口, 用 Cauchy 积分与保角映射

$$z=\omega(\zeta)=R_0\left(\frac{1}{\zeta}+m\zeta\right) \qquad (10.3.26)$$

将 z 平面上椭圆外部区域变换到 ξ 平面上的单位圆 γ 内部, 其中

$$R_0=(a+b)/2,\quad m=(a-b)/(a+b)$$

得到问题在映射平面上的解

$$\Phi_2(\zeta)=\frac{R_0}{2c_2c_3R}\frac{\mathrm{i}p\zeta(\zeta^2+m)(m^3\zeta^2+1)}{(m\zeta^2-1)^3}$$
$$+\frac{(2K_2-K_1)R_0}{2c_2c_3C_{11}}\frac{pm\zeta^3(\zeta^2+m)[m^2\zeta^6-(m^3+4m)\zeta^4+(2m^4+4m^2+5)\zeta^2+m]}{(m\zeta^2-1)^5}$$

$$\Phi_3(\zeta)=\frac{R_0}{4c_2c_3R}\frac{\mathrm{i}p\zeta(m^2+1)}{(m\zeta^2-1)}-\frac{(2K_2-K_1)R_0}{12c_2c_3C_{11}}\frac{pm\zeta^3(\zeta^2+m)(m\zeta^2-m^2-2)}{(m\zeta^2-1)^3}$$

$$
\begin{aligned}
&\Phi_4(\zeta)=-\frac{R_0}{12c_2c_3R}\mathrm{i}pm\zeta-\frac{(2K_2-K_1)R_0}{2c_2c_3C_{11}}\frac{pm\zeta(\zeta^2+m)}{(m\zeta^2-1)}\\
&\Phi_5(\zeta)=-\frac{(2K_2-K_1)R_0}{48c_2c_3C_{11}}pm\zeta,\quad \Phi_1(\zeta)=\Phi_6(\zeta)=0
\end{aligned}
\tag{10.3.27}
$$

其中 $\Phi_j(\zeta)(j=1,2,\cdots,6)$ 是由 $f_j(z)(j=1,2,\cdots,6)$ 的相关导数在保角映射下得来的, $c_j(j=1,2,\cdots,11)$ 为材料常数, 详见范天佑关于准晶弹性的书的英文版 (2010) 或中文版 (2014). 得到这些复解析函数, 因而问题完全得解. 在椭圆短半轴趋于零时, 就得到 Griffith 裂纹的解、位移和应力均完全确定, 可以得到应力强度因子和裂纹张开位移. 这是对 Muskhelishvili 复分析的重大发展, 也充分显示了复分析的强有力和优美.

用 Fourier 分析得到裂纹与位错的解已在 1.10 节和 1.11 节进行了介绍.

10.4 准晶的三维裂纹问题

所有的准晶弹性均为三维问题, 前面由于考虑穿透性裂纹问题, 三维弹性可以化成二维弹性处理, 现在考虑三维裂纹问题, 则必须求解准晶弹性的三维问题, 难度很大, 我们只针对某些准晶系统得到了精确解. 这里介绍一维六方准晶和三维立方准晶的二维裂纹问题及其精确解.

10.4.1 一维六方准晶的三维裂纹问题

同二维裂纹问题一样, 准晶的三维裂纹问题关键仍在基本方程的化简, 只有这样, 问题才有可能求解. 下面先从基本方程化简开始讨论.

一维六方准晶弹性的广义 Hooke 定律为

$$
\left\{
\begin{aligned}
&\sigma_{xx}=C_{11}\varepsilon_{xx}+(C_{12}-2C_{66})\,\varepsilon_{yy}+C_{13}\varepsilon_{zz}+R_1w_{zz}\\
&\sigma_{yy}=(C_{12}-2C_{66})\,\varepsilon_{xx}+C_{11}\varepsilon_{yy}+C_{13}\varepsilon_{zz}+R_1w_{zz}\\
&\sigma_{zz}=C_{13}\varepsilon_{xx}+C_{13}\varepsilon_{yy}+C_{33}\varepsilon_{zz}+R_2w_{zz}\\
&\sigma_{yz}=\sigma_{zy}=2C_{44}\varepsilon_{yz}+R_3w_{zy}\\
&\sigma_{zx}=\sigma_{xz}=2C_{44}\varepsilon_{zx}+R_3w_{zx}\\
&\sigma_{xy}=\sigma_{yx}=2C_{66}\varepsilon_{xy}\\
&H_{zz}=K_1w_{zz}+R_1\left(\varepsilon_{xx}+\varepsilon_{yy}\right)+R_2\varepsilon_{zz}\\
&H_{zx}=K_2w_{zx}+2R_3\varepsilon_{zx}\\
&H_{zy}=K_2w_{zy}+2R_3\varepsilon_{yz}
\end{aligned}
\right.
\tag{10.4.1}
$$

其中

$$
\varepsilon_{ij}=\frac{1}{2}\left(\frac{\partial u_i}{\partial x_j}+\frac{\partial u_j}{\partial x_i}\right),\quad w_{ij}=\frac{\partial w_i}{\partial x_j}
\tag{10.4.2}
$$

代表变形几何关系.

在略去体积力与惯性力时, 运动方程变成平衡方程, 这里为

$$\left\{\begin{array}{l}\dfrac{\partial\sigma_{xx}}{\partial x}+\dfrac{\partial\sigma_{xy}}{\partial y}+\dfrac{\partial\sigma_{xz}}{\partial z}=0\\[2mm]\dfrac{\partial\sigma_{yx}}{\partial x}+\dfrac{\partial\sigma_{yy}}{\partial y}+\dfrac{\partial\sigma_{yz}}{\partial z}=0\\[2mm]\dfrac{\partial\sigma_{zx}}{\partial x}+\dfrac{\partial\sigma_{zy}}{\partial y}+\dfrac{\partial\sigma_{zz}}{\partial z}=0\\[2mm]\dfrac{\partial H_{zx}}{\partial x}+\dfrac{\partial H_{zy}}{\partial y}+\dfrac{\partial H_{zz}}{\partial z}=0\end{array}\right. \tag{10.4.3}$$

方程组 (10.4.3) 不仅比经典各向同性弹性三维问题复杂得多, 也比宏观各向同性弹性三维问题复杂得多, 怎样把它们化简以利求解, 是第一个问题.

把方程 (10.4.2) 代入方程 (10.4.1) 再代入方程 (10.4.3), 得到以位移 u_x,u_y,u_z 和 w_z 表示的平衡方程. 若引进四个位移函数 F_1,F_2,F_3 和 F_4 如下

$$\left\{\begin{array}{l}u_x=\dfrac{\partial}{\partial x}(F_1+F_2+F_3)-\dfrac{\partial F_4}{\partial y}\\[2mm]u_y=\dfrac{\partial}{\partial y}(F_1+F_2+F_3)+\dfrac{\partial F_4}{\partial x}\\[2mm]u_z=\dfrac{\partial}{\partial z}(m_1F_1+m_2F_2+m_3F_3)\\[2mm]w_z=\dfrac{\partial}{\partial z}(l_1F_1+l_2F_2+l_3F_3)\end{array}\right. \tag{10.4.4}$$

只要 $F_i\,(i=1,2,3,4)$ 满足下列调和方程:

$$\left(\frac{\partial^2}{\partial x^2}+\frac{\partial^2}{\partial y^2}+\gamma_i^2\frac{\partial^2}{\partial z^2}\right)F_i=0\quad(i=1,2,3,4) \tag{10.4.5}$$

则以位移分量表示的平衡方程自动满足, 其中

$$m_i=\frac{a_1\gamma_i^4+b_1\gamma_i^2}{A\gamma_i^4+B\gamma_i^2+C}\quad(i=1,2,3) \tag{10.4.6}$$

$$l_i=\frac{a_2\gamma_i^4+b_2\gamma_i^2}{A\gamma_i^4+B\gamma_i^2+C}\quad(i=1,2,3) \tag{10.4.7}$$

$\gamma_i^2\,(i=1,2,3)$ 是方程

$$\begin{aligned}&AC_{11}\gamma^6+\left[BC_{11}-AC_{44}-a_1\left(C_{13}+C_{44}\right)-a_2\left(R_1+R_3\right)\right]\gamma^4\\&+\left[CC_{11}-BC_{44}-b_1\left(C_{13}+C_{44}\right)-b_2\left(R_1+R_3\right)\right]\gamma^2-CC_{44}=0\end{aligned} \tag{10.4.8}$$

的三个根, 而

$$\gamma_4^2 = C_{44}/C_{66} \tag{10.4.9}$$

其中

$$\begin{cases} a_1 = K_2(C_{12}+C_{44}) - R_3(R_1+R_2) \\ b_1 = R_2(R_1+R_3) - K_1(C_{13}+C_{44}) \\ a_2 = C_{44}(R_1+R_3) - R_1(C_{13}+C_{44}) \\ b_2 = R_2(C_{13}+C_{44}) - C_{33}(R_1+R_3) \end{cases} \tag{10.4.10}$$

$$\begin{cases} A = R_{33}^2 - K_2C_{44} \\ B = K_2C_{33} + K_1C_{44} - 2R_1R_2 \\ C = R_2^2 - K_1C_{33} \end{cases} \tag{10.4.11}$$

考虑一维六方准晶材料中含有一圆盘状裂纹, 在裂纹面上受应力 $\sigma_{zz} = -p$, $H_{zz} = -q$ 作用, 而在远处不受力, 即边界条件为 (考虑上半空间):

$$\begin{cases} \sqrt{r^2+z^2} \to \infty : \sigma_{ij} \to 0, H_{ij} \to 0 \\ z = 0, 0 < r < a : \sigma_{zz} = -p, H_{zz} = -q \\ z = 0, r > a : u_z = w_z = 0 \\ z = 0, r > 0 : \sigma_{zr} = \sigma_{z\theta} = 0 \end{cases} \tag{10.4.12}$$

把以上计算转换到圆柱坐标 (r,θ,z) 中, 并且使用 Hankel 变换, 则方程组 (10.4.6) 在边界条件 (10.4.12) 下的解可以得到. 由这个解得到应力强度因子

$$\begin{cases} K_{\mathrm{I}}^{\|} = \lim\limits_{r\to a}\sqrt{2\pi(r-a)}\sigma_{zz}(r,\theta,0) = \dfrac{2}{\pi}\sqrt{\pi a}p \\ K_{\mathrm{I}}^{\perp} = \lim\limits_{r\to a}\sqrt{2\pi(r-a)}H_{zz}(r,\theta,0) = \dfrac{2}{\pi}\sqrt{\pi a}q \end{cases} \tag{10.4.13}$$

以上工作在相关文献①中已给出, 也可以参考相关文献②.

10.4.2　三维立方准晶的轴对称三维裂纹问题

立方准晶是一种特殊的准晶, 与其他准晶弹性不同, 它的相位子应变张量是对称的, 即声子场与相位子场具有相同的不可约表示这时声子场应变张量仍然记为

$$\varepsilon_{ij} = \frac{1}{2}\left(\frac{\partial u_i}{\partial x_j} + \frac{\partial u_j}{\partial x_i}\right)$$

① Peng Y Z, Fan T Y. Elastic theory of 1D-quasiperiodic stacking of 2D crystals. Phys. J. Condens. Matter, 2000, 12: 9381～9387.

② Peng Y Z, Fan T Y. Crack and indentation problems of one-dimensional hexagonal quasicrystals. The European Physical Journal B, 2001, 21: 39～46.

而相位子场的应变张量记为

$$E_{ij}=\frac{1}{2}\left(\frac{\partial w_i}{\partial x_j}+\frac{\partial w_j}{\partial x_i}\right) \tag{10.4.14}$$

由于立方准晶是三维准晶, 其场变量数目过大 (30 个), 场方程很复杂, 很难求解, 但由于张量 (10.4.14) 为对称张量, 与它对应的应力张量 H_{ij} 也是对称的. 这样, 声子、相位子及声子–相位子耦合场均为对称的, 我们可以研究其中一种特殊情形, 即轴对称变形场. 在此种情形, 应变张量的分量为

$$\left\{\begin{array}{l}\varepsilon_{rr}=\dfrac{\partial u_r}{\partial r},\quad \varepsilon_{\theta\theta}=\dfrac{u_r}{r},\quad \varepsilon_{zz}=\dfrac{\partial u_z}{\partial z}\\ \varepsilon_{rz}=\varepsilon_{zr}=\dfrac{1}{2}\left(\dfrac{\partial u_r}{\partial z}+\dfrac{\partial u_z}{\partial r}\right)\\ E_{rr}=\dfrac{\partial w_r}{\partial r},\quad E_{\theta\theta}=\dfrac{w_r}{r},\quad E_{zz}=\dfrac{\partial w_z}{\partial z}\\ E_{rz}=E_{zr}=\dfrac{1}{2}\left(\dfrac{\partial w_r}{\partial z}+\dfrac{\partial w_z}{\partial r}\right)\end{array}\right. \tag{10.4.15}$$

由于 $u_\theta=w_\theta=0$, 其他应变分量等于零.

相应的平衡方程为

$$\left\{\begin{array}{l}\dfrac{\partial\sigma_{rr}}{\partial r}+\dfrac{\partial\sigma_{rz}}{\partial z}+\dfrac{\sigma_{rr}-\sigma_{\theta\theta}}{r}=0\\ \dfrac{\partial\sigma_{zr}}{\partial r}+\dfrac{\partial\sigma_{zz}}{\partial z}+\dfrac{\sigma_{zr}}{r}=0\\ \dfrac{\partial H_{rr}}{\partial r}+\dfrac{\partial H_{rz}}{\partial z}+\dfrac{H_{rr}-H_{\theta\theta}}{r}=0\\ \dfrac{\partial H_{zr}}{\partial r}+\dfrac{\partial H_{zz}}{\partial z}+\dfrac{H_{zr}}{r}=0\end{array}\right. \tag{10.4.16}$$

在这种情形下其广义 Hooke 定律为

$$\left\{\begin{array}{l}\sigma_{rr}=C_{11}\varepsilon_{rr}+C_{12}\left(\varepsilon_{zz}+\varepsilon_{\theta\theta}\right)+R_{11}E_{rr}+R_{12}\left(E_{\theta\theta}+E_{zz}\right)\\ \sigma_{\theta\theta}=C_{11}\varepsilon_{\theta\theta}+C_{12}\left(\varepsilon_{rr}+\varepsilon_{zz}\right)+R_{11}E_{\theta\theta}+R_{12}\left(E_{rr}+E_{zz}\right)\\ \sigma_{zz}=C_{11}\varepsilon_{zz}+C_{12}\left(\varepsilon_{rr}+\varepsilon_{\theta\theta}\right)+R_{11}E_{rr}+R_{12}\left(E_{rr}+E_{\theta\theta}\right)\\ \sigma_{zr}=\sigma_{rz}=2C_{44}\varepsilon_{rz}+2R_{44}E_{rz}\\ H_{rr}=K_{11}E_{rr}+K_{12}\left(E_{zz}+E_{\theta\theta}\right)+R_{11}\varepsilon_{rr}+R_{12}\left(\varepsilon_{zz}+\varepsilon_{\theta\theta}\right)\\ H_{\theta\theta}=K_{11}E_{\theta\theta}+K_{12}\left(E_{rr}+E_{zz}\right)+R_{11}\varepsilon_{\theta\theta}+R_{12}\left(\varepsilon_{rr}+\varepsilon_{zz}\right)\\ H_{zz}=K_{11}E_{zz}+K_{12}\left(E_{rr}+E_{\theta\theta}\right)+R_{11}\varepsilon_{zz}+R_{12}\left(\varepsilon_{rr}+\varepsilon_{\theta\theta}\right)\\ H_{zr}=H_{rz}=2K_{44}E_{rz}+2R_{44}\varepsilon_{rz}\end{array}\right. \tag{10.4.17}$$

把方程 (10.4.15) 代入方程 (10.4.17), 再代入方程 (10.4.16) 得到以位移 u_r, u_z, w_r 与 w_z 表示的最终平衡方程. 若把 u_r, u_z, w_r 与 w_z 用一个位移函数 $F(r,z)$ 表达, 即

$$\left\{\begin{array}{l} u_r = -\dfrac{\partial^2}{\partial r \partial z}\left[A_1\left(\dfrac{\partial^2}{\partial r^2}+\dfrac{1}{r}\dfrac{\partial}{\partial r}\right)^2 - A_2\left(\dfrac{\partial^2}{\partial r^2}+\dfrac{1}{r}\dfrac{\partial}{\partial r}\right)\dfrac{\partial^2}{\partial z^2}+A_3\dfrac{\partial^4}{\partial z^4}\right]F \\ u_z = -\left[B_1\left(\dfrac{\partial^2}{\partial r^2}+\dfrac{1}{r}\dfrac{\partial}{\partial r}\right)^3 - B_2\left(\dfrac{\partial^2}{\partial r^2}+\dfrac{1}{r}\dfrac{\partial}{\partial r}\right)\dfrac{\partial^2}{\partial z^2}+B_3\left(\dfrac{\partial^2}{\partial r^2}+\dfrac{1}{r}\dfrac{\partial}{\partial r}\right)\dfrac{\partial^4}{\partial z^4}-B_4\dfrac{\partial^6}{\partial z^6}\right]F \\ w_r = -\dfrac{\partial^2}{\partial r \partial z}\left[C_1\left(\dfrac{\partial^2}{\partial r^2}+\dfrac{1}{r}\dfrac{\partial}{\partial r}\right)^2 - C_2\left(\dfrac{\partial^2}{\partial r^2}+\dfrac{1}{r}\dfrac{\partial}{\partial r}\right)\dfrac{\partial^2}{\partial z^2}+C_3\dfrac{\partial^4}{\partial z^4}\right]F \\ w_z = -\left[D_1\left(\dfrac{\partial^2}{\partial r^2}+\dfrac{1}{r}\dfrac{\partial}{\partial r}\right)^3 - D_2\left(\dfrac{\partial^2}{\partial r^2}+\dfrac{1}{r}\dfrac{\partial}{\partial r}\right)\dfrac{\partial^2}{\partial z^2}+D_3\left(\dfrac{\partial^2}{\partial r^2}+\dfrac{1}{r}\dfrac{\partial}{\partial r}\right)\dfrac{\partial^4}{\partial z^4}-D_4\dfrac{\partial^6}{\partial z^6}\right]F \end{array}\right. \tag{10.4.18}$$

其中 $A_1, A_2, \cdots, D_3, D_4$ 均为常数 (由材料常数 $C_{11}, C_{12}, \cdots, R_{44}$ 组成), 则上述最终平衡方程化成下述八阶偏微分方程:

$$\left[\frac{\partial^8}{\partial z^8} - b\left(\frac{\partial^2}{\partial r^2}+\frac{1}{r}\frac{\partial}{\partial r}\right)\frac{\partial^6}{\partial z^6} + c\left(\frac{\partial^2}{\partial r^2}+\frac{1}{r}\frac{\partial}{\partial r}\right)^2\frac{\partial^4}{\partial z^4}\right.$$

$$\left. -d\left(\frac{\partial^2}{\partial r^2}+\frac{1}{r}\frac{\partial}{\partial r}\right)^3\frac{\partial^2}{\partial z^2} + e\left(\frac{\partial^2}{\partial r^2}+\frac{1}{r}\frac{\partial}{\partial r}\right)^4\right]F = 0 \tag{10.4.19}$$

其中 b, c, d 与 e 均为常数 (由弹性常数 $C_{11}, C_{12}, \cdots, R_{44}$ 组成). 由于 $A_1, A_2, \cdots, D_3, D_4$ 和 b, c, d 与 e 都很冗长, 这里不再列出.

考虑立方准晶在轴对称变形情形下, 含一圆盘状裂纹, 并且假设它在裂纹表面上受均匀内压作用, 即有如下边界条件:

$$\left\{\begin{array}{l} \sqrt{r^2+z^2} \to \infty:\ \sigma_{ij}=0,\ H_{ij}=0 \\ z=0, 0<r<a,\ \sigma_{zz}=-p_0, \sigma_{rz}=0;\ H_{zz}=H_{rz}=0 \\ z=0, r>a:\ \sigma_{rz}=0,\ u_z=0,\ H_{rz}=0,\ w_z=0 \end{array}\right. \tag{10.4.20}$$

对方程 (10.4.19) 作零阶 Hankel 变换, 即

$$\overline{F}(\xi, z) = \int_0^\infty rF(r,z)\,\mathrm{J}_0(\xi r)\,\mathrm{d}r \tag{10.4.21}$$

方程 (10.4.19) 化成常微分方程

$$\left[\frac{\mathrm{d}^8}{\mathrm{d}z^8} + b\xi^2\frac{\mathrm{d}^6}{\mathrm{d}z^6} + c\xi^4\frac{\mathrm{d}^4}{\mathrm{d}z^4} + d\xi^6\frac{\mathrm{d}^2}{\mathrm{d}z^2} + e\xi^8\right]\overline{F} = 0 \tag{10.4.22}$$

其中 b, c, d 与 e 即方程 (10.4.19) 中的常数.

方程 (10.2.22) 有 8 个特征根 λ_i, 这里不妨假定 $\lambda_i \neq \lambda_j\ (i \neq j)$, 并且 $\lambda_i > 0$(除去 λ_i 为纯虚数的情形无物理意义外, 其他情形可以类似地进行讨论).

经过适当的计算, 我们得到声子场应力强度因子:

$$K_{\mathrm{I}}^{||} = \lim_{r \to a} \sqrt{2\pi (r-a)}\sigma_{zz}(r,0) = \frac{2}{\pi}\sqrt{\pi a}p_0 \tag{10.4.23}$$

其形式十分简洁. 而裂纹应变能为

$$W_{\mathrm{I}} = \int_0^a 2\pi r \sigma_{zz}(r,0)\, u_z(r,0)\,\mathrm{d}r = M p_0^2 a^3 \tag{10.4.24}$$

其中 M 是一个与材料常数有关的量, 由于其表达式十分冗长, 这里不予列出. 由方程 (10.4.24), 得到裂纹能量释放率

$$G_{\mathrm{I}} = \frac{1}{2\pi a}\frac{\partial W_{\mathrm{I}}}{\partial a} = \frac{3M}{8}\left(K_{\mathrm{I}}^{||}\right)^2 \tag{10.4.25}$$

这一工作相关文献 ①给出.

准晶三维裂纹问题还有其他一些解, 由于计算都很冗长, 这里不再介绍了.

10.5 准晶位错与裂纹动力学问题

固体准晶弹性动力学很复杂, 而且争论很大. 采取广义流体动力学是一个可能的途径. 我们把第 7 章的固体准晶广义流体动力学作了一些简化, 例如, 对二维十次对称准晶 (图 10.5.1) 取下列弹性流体–动力学方程组

$$\begin{aligned}
\frac{\partial^2 u_x}{\partial t^2} &= c_1^2\frac{\partial^2 u_x}{\partial x^2} + (c_1^2 - c_2^2)\frac{\partial^2 u_y}{\partial x \partial y} + c_2^2\frac{\partial^2 u_x}{\partial y^2} + c_3^2\left(\frac{\partial^2 w_x}{\partial x^2} + 2\frac{\partial^2 w_y}{\partial x \partial y} - \frac{\partial^2 w_x}{\partial y^2}\right)\\
\frac{\partial^2 u_y}{\partial t^2} &= c_2^2\frac{\partial^2 u_y}{\partial x^2} + (c_1^2 - c_2^2)\frac{\partial^2 u_x}{\partial x \partial y} + c_1^2\frac{\partial^2 u_y}{\partial y^2} + c_3^2\left(\frac{\partial^2 w_y}{\partial x^2} - 2\frac{\partial^2 w_x}{\partial x \partial y} - \frac{\partial^2 w_y}{\partial y^2}\right)\\
\frac{\partial w_x}{\partial t} &= d_1^2(\frac{\partial^2 w_x}{\partial x^2} + \frac{\partial^2 w_x}{\partial y^2}) + d_2^2\left(\frac{\partial^2 u_x}{\partial x^2} - 2\frac{\partial^2 u_y}{\partial x \partial y} - \frac{\partial^2 u_x}{\partial y^2}\right)\\
\frac{\partial w_y}{\partial t} &= d_1^2\left(\frac{\partial^2 w_y}{\partial x^2} + \frac{\partial^2 w_y}{\partial y^2}\right) + d_2^2\left(\frac{\partial^2 u_y}{\partial x^2} + 2\frac{\partial^2 u_x}{\partial x \partial y} - \frac{\partial^2 u_y}{\partial y^2}\right)
\end{aligned} \tag{10.5.1}$$

① Messerschmidt U. Dislocation Dynamics during Plastic Deformation. Heidelberg: Springer-Verlag, 2010.

其中

$$c_1 = \sqrt{\frac{L+2M}{\rho}}, \quad c_2 = \sqrt{\frac{M}{\rho}}, \quad c_3 = \sqrt{\frac{R}{\rho}}, \quad d_1 = \sqrt{\frac{K_1}{\kappa}},$$
$$d_2 = \sqrt{\frac{R}{\kappa}}, \quad d_3 = \sqrt{\frac{K_2}{\kappa}}, \quad \kappa = \frac{1}{\Gamma_w} \tag{10.5.2}$$

注意 c_1, c_2 和 c_3 具有弹性波速的物理意义, 而 d_1^2, d_2^2 和 d_3^2 不代表波速, 而是扩散系数. 用有限差分法, 计算动态裂纹试样.

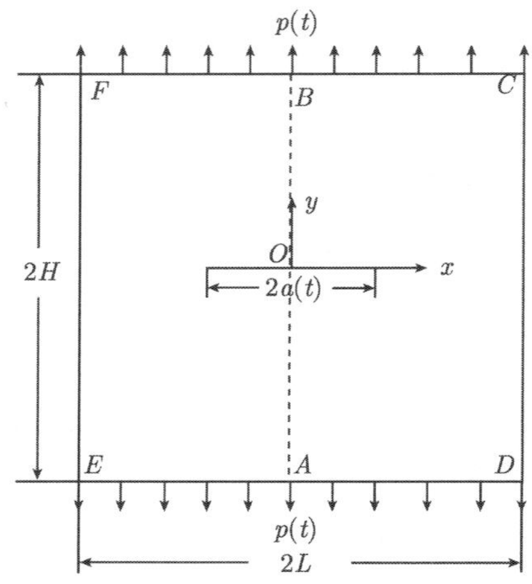

图 10.5.1　十次对称准晶受冲击试样

得到动态应力强度因子的数值结果如图 10.5.2 所示, 其中包括与晶体结果的对比.

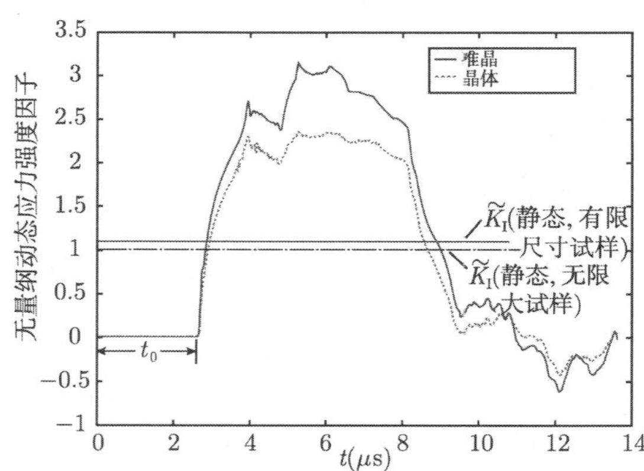

图 10.5.2　无量纲动态应力强度因子 (DSIF) 随时间的变化

对三维二十面体准晶, 从下列方程出发

$$
\begin{aligned}
\frac{\partial^2 u_x}{\partial t^2}+\theta\frac{\partial u_x}{\partial t}=&c_1^2\frac{\partial^2 u_x}{\partial x^2}+(c_1^2-c_2^2)\frac{\partial^2 u_y}{\partial x\partial y}+c_2^2\frac{\partial^2 u_x}{\partial y^2}\\
&+c_3^2\left(\frac{\partial^2 w_x}{\partial x^2}+2\frac{\partial^2 w_y}{\partial x\partial y}-\frac{\partial^2 w_x}{\partial y^2}\right)\\
\frac{\partial^2 u_y}{\partial t^2}+\theta\frac{\partial u_y}{\partial t}=&c_2^2\frac{\partial^2 u_y}{\partial x^2}+(c_1^2-c_2^2)\frac{\partial^2 u_x}{\partial x\partial y}+c_1^2\frac{\partial^2 u_y}{\partial y^2}\\
&+c_3^2\left(\frac{\partial^2 w_y}{\partial x^2}-2\frac{\partial^2 w_x}{\partial x\partial y}-\frac{\partial^2 w_y}{\partial y^2}\right)\\
\frac{\partial^2 u_z}{\partial t^2}+\theta\frac{\partial u_z}{\partial t}=&c_2^2\left(\frac{\partial^2}{\partial x^2}+\frac{\partial^2}{\partial y^2}\right)u_z\\
&+c_3^2\left(\frac{\partial^2 w_x}{\partial x^2}-\frac{\partial^2 w_x}{\partial y^2}-2\frac{\partial^2 w_y}{\partial x\partial y}+\frac{\partial^2 w_z}{\partial x^2}+\frac{\partial^2 w_z}{\partial y^2}\right)\\
\frac{\partial w_x}{\partial t}+\theta w_x=&d_1\left(\frac{\partial^2}{\partial x^2}+\frac{\partial^2}{\partial y^2}\right)w_x+d_2\left(\frac{\partial^2}{\partial x^2}-\frac{\partial^2}{\partial y^2}\right)w_z\\
&+d_3\left(\frac{\partial^2 u_x}{\partial x^2}-2\frac{\partial^2 u_y}{\partial x\partial y}-\frac{\partial^2 u_x}{\partial y^2}+\frac{\partial^2 u_z}{\partial x^2}-\frac{\partial^2 u_z}{\partial y^2}\right)\\
\frac{\partial w_y}{\partial t}+\theta w_y=&d_1\left(\frac{\partial^2}{\partial x^2}+\frac{\partial^2}{\partial y^2}\right)w_y-d_2\frac{\partial^2 w_z}{\partial x\partial y}\\
&+d_3\left(\frac{\partial^2 u_y}{\partial x^2}+2\frac{\partial^2 u_x}{\partial x\partial y}-\frac{\partial^2 u_y}{\partial y^2}-2\frac{\partial^2 u_z}{\partial x\partial y}\right)\\
\frac{\partial w_z}{\partial t}+\theta w_z=&(d_1-d_2)\left(\frac{\partial^2}{\partial x^2}+\frac{\partial^2}{\partial y^2}\right)w_z\\
&+d_2\left(\frac{\partial^2 w_x}{\partial x^2}-\frac{\partial^2 w_x}{\partial y^2}-2\frac{\partial^2 w_y}{\partial x\partial y}\right)+d_3\left(\frac{\partial^2}{\partial x^2}+\frac{\partial^2}{\partial y^2}\right)u_z
\end{aligned}
\tag{10.5.3}
$$

其中

$$
c_1=\sqrt{\frac{\lambda+2\mu}{\rho}},\quad c_2=\sqrt{\frac{\mu}{\rho}},\quad c_3=\sqrt{\frac{R}{\rho}},\quad d_1=\frac{K_1}{\kappa},
$$

$$
d_2=\frac{K_2}{\kappa},\quad d_3=\frac{R}{\kappa},\quad \kappa=\frac{1}{\Gamma_w}
\tag{10.5.4}
$$

c_1,c_2 和 c_3 为波速, 而 d_1,d_2 和 d_3 为扩散系数, θ 为人工阻力系数, 仅仅为数值模拟的需要而引进. 计算试样与图 10.5.1 相同, 裂纹起始扩展的无量纲动态应力强度

因子 $K_{\mathrm{I}}(t)/\sqrt{\pi a}p$ 与图 10.5.2 相类似, 我们同时得到裂纹快速传播的无量纲动态应力强度因子 $K_{\mathrm{I}}(t)/\sqrt{\pi a}p$, 如图 10.5.3 所示.

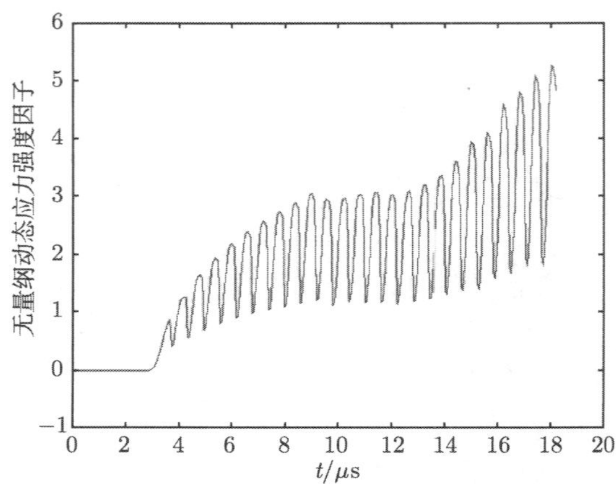

图 10.5.3 二十面体准晶快速传播裂纹的无量纲动态应力强度因子随时间的变化

本小组在这方面开创了一些工作, 例如, 见范天佑的两本著作中的详细讨论

10.6 准晶非线性断裂研究若干结果

固体准晶在常温和低温下很脆, 但是在高温下戏剧性地呈现极好的塑性. 其本质是位错的运动所导致. 有关准晶位错的研究见 Messerschmidt① 的专著. 关于固体准晶塑性变形的宏观实验结果还很少, 所以准晶的塑性本构方程根本未能建立, 其宏观塑性理论的基础自然也不具备. 在这种条件下如何去定量研究准晶塑性变形和裂纹理论, 是一个巨大的难题. 范天佑和他的学生受经典 Eshelby 理论, BCS 理论和 Dugdale-Barenblatt 理论的启发, 利用他们小组的准晶位错和准晶弹性复分析研究成果的基础上, 发展了广义 Eshelby 理论, 广义 BCS 模型和广义 Dugdale-Barenblatt 模型, 得到了一系列准晶非线性断裂理论的结果.

例如, 对点群 5m 和 10mm 十次对称准晶, 裂纹顶端塑性区尺寸为

$$d = a\left[\sec\left(\frac{\pi p}{2\sigma_c}\right) - 1\right] \tag{10.6.1}$$

对点群 5m 和 10mm 准晶裂纹顶端张开位移为

$$\delta_I = \frac{2\sigma_c a}{\pi}\left[\frac{1}{L+M} + \frac{K_1}{MK_1 - R^2}\right]\left[\ln\sec\left(\frac{\pi p}{2\sigma_c}\right)\right] \tag{10.6.2}$$

① Messerschmidt U. Dislocation Dynamics during Plastic Deformation. Heidelberg: Springer-Verlag, 2010.

其中 $L=C_{12}, M=(C_{11}-C_{12})/2$ 为声子弹性常数, K_1 为相位子弹性常数, R 为声子–相位子耦合弹性常数.

又例如, 对二十面体准晶, 其裂纹得到张开位移为, 见范天佑①

$$\delta_I=\lim_{x\to l}2u_y(x,0)=\lim_{\varphi\to\varphi_2}2u_y(x,0)=2\left(\frac{1}{\lambda+\mu}+\frac{c_4}{c_2}\right)\cdot\frac{\sigma_s a}{\pi}\cdot\ln\sec\left(\frac{\pi}{2}\frac{p}{\sigma_s}\right) \quad (10.6.3)$$

其中

$$c_2=\mu(K_1-K_2)-R^2-\frac{(\mu K_2-R^2)^2}{\mu K_1-2R^2},\quad c_4=c_1R+\frac{1}{2}c_2\left(K_1+\frac{\mu K_1-2R^2}{\lambda+\mu}\right) \quad (10.6.4)$$

这里 $c_1=\dfrac{R(2K_2-K_1)(\mu K_1+\mu K_2-3R^2)}{2(\mu K_1-2R^2)}$.

无量纲裂纹顶端张开位移随无量纲外加应力的变化由图10.6.1描绘. 从图 10.6.1 中可见, 准晶的解与普通结构材料的解之间的差别还是相当明显的.

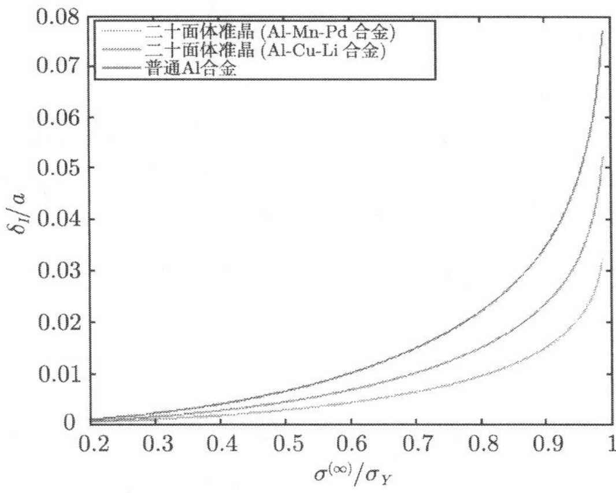

图 10.6.1　无量纲裂纹顶端张开位移随无量纲外加应力的变化以及对比

10.7 固体准晶断裂理论

本章讨论了若干固体准晶系的线性弹性, 动态弹性和非线性裂纹问题的精确分析解. 从准晶系看, 我们所讨论的涉及一维、二维与三维准晶, 从构型看, 涉及二维与三维裂纹, 以及 I 型与III型裂纹 (II 型的我们也得到其精确解, 这里未罗列), 从运动状态看, 涉及静态与动态. 从材料性态看, 涉及线性和非线性. 针对不同准晶系, 不同构型以及不同运动状态的裂纹问题, 所得分析解具有如下共性.

① 范天佑. 固体与软物质准晶数学弹性与相关理论及应用. 北京：北京理工大学出版社, 2014.

(1) 相位子场应力张量 H_{ij} 与声子场应力张量在裂纹顶端附近, 具有相同的奇异性, 即 $r^{-1/2}\,(r \to 0)$.

(2) 若外加应力 (或裂纹面上所作用的应力) 构成自平衡力系, 则应力强度因子 $K^{\parallel}$ 和 $K^{\perp}$ 与材料常数无关.

(3) 裂纹能量释放率 G 不仅与声子场弹性常数有关, 也与相位子场弹性常数以及声子–相位子耦合弹性常数有关; 与此相联系的, 对动态裂纹, 其裂纹能量释放率与所有波速 (声子场弹性波波速), 相位子场扩散系数以及声子–相位子场耦合弹性常数有关.

(4) 非线性断裂参量, 如裂纹顶端张开位移 δ 与材料常数有关, 同时与准晶材料的塑性屈服极限有关.

根据这些共同特点, 我们建议对准晶材料的线性断裂情形, 可以使用应力强度因子判据

$$K = K_c \tag{10.7.1}$$

或裂纹能量释放率判据

$$G = G_c \tag{10.7.2}$$

并且这两者等价, 其中 K_c 与 G_c 为材料常数, 可以由准晶材料的带裂纹试样测量得到. 测试用的试样可以采用普通工程材料的常用试样. 由于准晶很脆, 也可以用陶瓷等脆性材料的断裂实验的试样.

对非线性断裂情形, 可以用裂纹顶端张开位移判据

$$\delta = \delta_c \tag{10.7.3}$$

其中 δ_c 为材料常数, 可以由准晶材料的带裂纹试样测量得到.

对动态裂纹起始扩展情形, 可以用动态应力强度因子判据

$$K_{\mathrm{I}}(t) = K_{\mathrm{Id}}(\dot{\sigma}) \tag{10.7.4}$$

对动态裂纹快速扩展情形, 可以用动态应力强度因子判据

$$K_{\mathrm{I}}(t) = K_{\mathrm{ID}}(\dot{\mathrm{a}}) \tag{10.7.5}$$

其中 $K_{\mathrm{Id}}(\dot{\sigma})$ 为动态裂纹起始扩展断裂韧性, 为加载速率的函数; $K_{\mathrm{ID}}(\dot{\mathrm{a}})$ 为动态裂纹快速扩展断裂韧性, 为裂纹速率的函数.

第 11 章　软物质准晶缺陷与断裂理论

11.1　软物质概况介绍

第 9 章已经指出, 软物质这个名称是 1991 年法国物理学家 de Gennes 提出来的, 他因为关于序参量和液晶研究的成就获当年 Nobel 物理学奖, 该论文是他在授奖大会上的报告. 有人称 de Gennes 是软物质学科的奠基者, 或软物质学科之父. 但是我们对软物质学科的了解并不多. 目前大家认为软物质包括液晶 (单体液晶和聚合液晶)、聚合物、胶体、泡沫、表面活性剂、乳状液和生物大分子等材料, 它们具有共同特点: 既不属于液体, 也不属于固体, 但是兼有液体和固体两者的特点. 真正从以上特点了解软物质, 并不很容易.

液晶、聚合物、胶体、泡沫、表面活性剂、乳状液和生物大分子等, 除了液晶为化学与物理学共同研究之外, 原来大多属于化学与生物化学的研究对象, 现在也成了物理学研究对象, 被归结为软凝聚态物理学的研究范畴. 但是它又是化学的研究范畴.

从形态上看, 液晶、聚合物、胶体、泡沫、表面活性剂、乳状液和生物大分子等很不相同, 第 9 章已初步提到, 抛开它们的不同, 从物理学包括力学上去探讨, 还是发现它们具有一些共性. 现在人们了解到的软物质同传统材料相比很小, 同时又比原子、分子大得多, 介观尺寸 (介于微观与宏观之间的尺寸, 例如, 10nm 到 100nm 之间) 对它们具有重要性. 为什么? 普通固体材料, 例如晶体, 在物理与化学上, 有一个重要的物理量 —— 熵模量为 $k_{\mathrm{B}}T/L^3$, 其中 k_{B} 为 Boltzmann 常数, T 为热力学温度, $k_{\mathrm{B}}T = 4 \times 10^{-21}\mathrm{J}$ 为分子热运动的能量, L 为特征尺寸, 一般取为原子的尺寸. 这里熵模量为 $10^{10} \sim 10^{11}\mathrm{Pa}$. Pa 是应力的单位, 这里代表单位体积能量的单位, 或能量密度的单位. 对于软物质, 例如, L 为胶体中或液晶中的特征长度, 比原子尺寸大很多, 因而它们的熵模量在 $10^{0} \sim 10^{2}\mathrm{Pa}$ 的数量级, 只是普通固体材料的 10^{10} 分之一. 这是从能量的角度揭示软物质之所以 “软”. 由于这一特点, 量子效应在这里就不重要. 它们为熵所控制. 不需要外力, 或仅有不强的外应力或热涨落对它们都有重要影响. 软物质的尺寸同宏观物体相比虽然很小, 不过它们的性质很难直接由其原子或分子组成去预言和解释. 为熵所控制的本质, 使它们自组织或自组装成一种介观结构, 这种结构尺寸比单个原子或分子大得多. 介观尺寸上的相互作用和性质决定了其宏观性能. 以上特点几乎对所有软物质都有意义, 这就是它们在物理学上的一种共性. 由于我们这里主要为讨论软物质准晶的力学和少量热力学内容服务, 一般不去涉及它们更深层次的物理性质, 可以仅限于讨论其力学和热力学特性, 也就是只想了解它们在力学和热力学上的共性, 仅仅从宏观角度考虑就可以.

与上面提到的它们在物理上的共性一样, 软物质在力学上也表现出若干共性. de Gennes 指出, 软物质至少有两大特点：具有流动性和复杂性. 流动性表示它们具有液体的特点, 说明它们不会是一般的固体. 但是它的黏性系数很大, 例如, 液晶的黏性系数比水的黏性系数大两个数量级, 比黏性很大的原油的黏性系数都大出一个数量级以上. 但是其他的软物质的材料常数与这些数据的值可以相差很大. 例如, 有一类软物质溶液, $\eta = 0.001\text{Pa}\cdot\text{s}$ 是液晶的黏性系数的 1/100, 与水的黏性系数相同. 复杂性, 说明它们具有一定的内部结构, 例如, 具有各向异性、弹性, 能够承受剪切应力的作用, 能传播横波, 因而它们不是简单的流体. 但是它的弹性模量同一般结构材料比又很小, 例如, 比钢的弹性模量小四个数量级. 以上这些特点也许就是它们在力学上的共性. 由于它的黏性很大, 尺寸又小, 一般地, 流动速度很小, 可以用小 Reynolds 数去概括其流动特点.

软物质一个明显的特点是在外应力或热涨落的影响下极易发生变形. 通俗地说, 它是一种敏感材料. 现在它作为一种结构材料、功能材料和包装材料, 已有很多应用. 为了应用, 研究其力学性能是很重要的. 由于热应力或热涨落易于使它变形, 考虑其弹性是很自然的问题.

讲到弹性, 自然涉及位移 (由 $\boldsymbol{u} = (u_x, u_y, u_z)$ 描写) 和变形, 这是我们较熟悉的, 一般用应变张量 ε_{ij} 和应力张量 σ_{ij} 去描写与弹性变形相关的平衡与运动规律. 讲到流动性, 自然会涉及压力 p 和速度 $V = (V_x, V_y, V_z)$, 同流动性有关的运动规律, 可以用变形速度张量 $\dot{\xi}_{ij}$ 和流体应力张量 σ'_{ij} 去描写.

有了这些基本物理量, 大大方便了对软物质运动的描写. 但是这还是属于运动学方面的问题, 更深层次的是动力学 (或称动理学) 方面的问题.

软物质运动的动理学问题建模, 一要依赖实验结果, 二要依据物理学的若干普遍原理, 包括以第 7 章介绍的那些原理和方法为基础去探索.

根据著者所知现在国际上出版了四部软物质专著: 其中有的在本章会提到, 例如, M. Kleman 的专著 (Soft Matter Physics: An Introduction, Springer, 2003; Witten T A. Pincus P A, Structured Fluids: Polymers, Colloids, Surfactants. New York: Oxford University Press, 2004; Motiv M. Sensitive Matter: Foams, Gels, Liquid Crystals and Other Materials, Harvard University Press, 2010 和 Israelachvili N J. Intermolecular and Surface Forces, New York: Academic Press, 2012) 读者也可以参考. 同时读者也会发现, 现在软物质宏观理论尚不成熟, 我们不可能从这些专著中直接引用成套的理论和方程组来解决我们现在的问题, 即软物质准晶问题.

11.2 一类软物质材料的数学模型

11.1 节提到软物质材料有许多种, 内部结构复杂, 而且不同的软物质之间存在很大差异. 怎么研究它们的准晶的力学性能和力学? 这是一个关键问题.

从宏观连续角度考虑, 它具有流动性, 否则它就是固体; 同时它具有弹性, 否则它就是流体. 软物质同时具有流动性和弹性, 它们是一种流体和固体之间的中间相物质, 或者说它们是一种各向异性流体, 或者有结构的流体. 基于这一模型, 我们可以假定其广义的声子应力张量为

$$\sigma_{ij}^{\text{total}} = \sigma_{ij} + \sigma'_{ij} \tag{11.2.1}$$

其中 $\sigma_{ij}^{\text{total}}$ 代表总应力张量, σ_{ij} 代表声子弹性应力张量, σ'_{ij} 代表流体应力张量 (也可以说是流体声子应力张量, 按照 Landau 学派的观点, 流体声波就是一种声子, 即流体声子).

关系式 (11.2.1) 在液晶研究中, 早就被引用. 液晶是软物质中的一类, 参考它的一些成果, 又不局限于它, 提出这里的数学模型, 有可能描写软物质准晶. 从软物质准晶的特点看, 它们具有十二次旋转对称性或十八次旋转对称性, 由这些对称性主导, 可以不引进液晶中的指向矢 (或方向矢), 不考虑曲率的效应. 同时本构关系也和液晶不同. 但是液晶的质量守恒、动量守恒以及某些耗散定则可以借鉴, 液晶和胶体中的某些材料常数可以借用. 这当然有待检验.

液晶的弹性模量 $E = 10^8\text{erg/cm}^3 = 10^7\text{Pa} = 10\text{MPa}$, 黏性系数 $\eta = 0.1\text{Pa}\cdot\text{s}$, 见 de Gennes 的著作, 对于研究某些软物质时具有极为重要的参考价值. 但是其他软物质的材料常数与这些数据的值可以相差很大. 例如, 有一类软物质溶液, $\eta = 0.001\text{Pa}\cdot\text{s}$(见 Witten 的软物质专著), 比液晶的黏性系数小 100 倍, 与水的黏性系数相同. 另外, 一类胶体 $E = 10^8\text{erg/cm}^3 = 10^7\text{Pa} = 10\text{MPa}$, 单向拉伸屈服极限 $\sigma_Y = 4.47\text{MPa}$, Poisson 比 $\nu = 0.49$, 下面计算中可以借用这些数据作为一般软物质的基本数据. 由于它的弹性模量比普通工程 (结构) 材料小 3~4 个数量级, 软物质与普通固体很不相同. 它的黏性系数 $\eta = 0.1\text{Pa}\cdot\text{s}$ 比水的黏性系数大 100 倍, 比黏性很大的原油的 $\eta = 0.0072\text{Pa}\cdot\text{s}$ 还大 14 倍, 可以发现液晶是大黏性物质, 与普通流体也很不相同, 与其他软物质的差别也很大. 我们从它的 Reynolds 数 (Re)=$\rho Ul/\eta$ 出发, 可以初步估计它的流动速度. 例如, 假设特征尺寸 $l = (0.1-1)\text{cm}$, $\eta = (1-0.1)\text{Poise} = (0.1-0.01)\text{Pa}\cdot\text{s}$, 密度 $\rho = 1.5\text{g/cm}^3$, 又如果 Re=0.1 (小 Reynolds 数), 那么特征速度 $U = 6.7-0.067(\text{mm/s}) = 0.0067-0.000067(\text{m/s})$, 或者更小. 在液晶中出现过在这种范围内的流动速度.

有些软物质内部有化学反应, 有的 (例如, 溶液和胶体) 还具有电学效应等, 这

里都不考虑. 因而我们采用的是一种不考虑内部机制的唯象模型. 按照这一模型, 从质量守恒、动量守恒、能量守恒和有关耗散规律, 有可能建立这一类软物质运动方程. 这可以说, 属于软物质的一种数学理论. 其材料常数为密度、黏性系数、弹性模量、声子耗散系数, 所以这种材料与普通流体不同, 也与普通固体不同.

上面提到的一本软物质的专著, Israelachvili N J Intermolecular and Surface Forces. New York: Academic Press, 2012, 专门讨论某些软物质的原子和分子间的相互作用力及其影响, 读者有兴趣可以去读一读, 不过我们这里不涉及这些问题.

11.3 一类软物质的弹性 — 流体 — 动力学

我们不讨论一般的软物质, 这里只限于考虑与软物质准晶有关的软物质, 因而是一类很特殊的软物质. 这类软物质的动力学方程, 第 7 章已经从普遍原理进行了介绍, 原则上可以由质量守恒定律、动量守恒定律和能量守恒定律和有关耗散规律得到.

质量守恒定律为

$$\frac{\partial \rho}{\partial t}+\operatorname{div}(\rho \mathrm{V})=0 \tag{11.3.1}$$

这里 ρ 代表软物质质量密度. 动量守恒定律为

$$\rho \frac{\partial V_i}{\partial t}+\rho V_k \frac{\partial V_i}{\partial x_k}=\frac{\partial}{\partial x_j}\left(\sigma_{ij}+\sigma_{ij}^{\prime}\right) \tag{11.3.2}$$

这可以看成普通流体的 Navier-Stokes 方程的推广, 由第 7 章的 Landau 广义流体动力学得出. 能量守恒定律在不存在耗散的情形下, 为

$$\frac{\partial s}{\partial t}+\operatorname{div}(s \mathrm{V})=0 \tag{11.3.3}$$

其中 s 代表熵. 今后我们不考虑方程 (11.3.3).

但是以上三组方程尚不足以描写软物质宏观动力学模型, 必须补充其他方程.

现在需要补充的方程, 属于一种耗散运动方程, 它超出了寻常的守恒方程, 为一般读者所不熟悉. 我们先把它列出来, 即

$$\frac{\partial u_i}{\partial t}+V_k \frac{\partial u_i}{\partial x_k}-\Gamma_u \frac{\partial \sigma_{ij}}{\partial x_j}-V_i=0 \tag{11.3.4}$$

其中 Γ_u 称为声子耗散运动系数. 此方程的详细推导要用到凝聚态物理的 Poisson 括号, 广义 Langevin 方程, 广义“流体动力学”(“Hydrodynamic”) 等内容, 见第 7 章.

由方程 (11.3.1), (11.3.2) 和 (11.3.4)(一般方程 (11.3.3) 不使用), 运动方程有 7 个方程, 而场变量为 19 个, 方程组尚不封闭. 为此需要给出具体的本构关系. 最简

单的为下列关系

$$\begin{aligned}\sigma_{ij} &= C_{ijkl}\varepsilon_{kl} \\ \sigma'_{ij} &= -p\delta_{ij} + \eta\dot{\xi}_{ij}\end{aligned} \tag{11.3.5}$$

和变形几何方程

$$\begin{aligned}\varepsilon_{ij} &= \frac{1}{2}\left(\frac{\partial u_i}{\partial x_j} + \frac{\partial u_j}{\partial x_i}\right) \\ \dot{\xi}_{ij} &= \frac{1}{2}\left(\frac{\partial V_i}{\partial x_j} + \frac{\partial V_j}{\partial x_i}\right)\end{aligned} \tag{11.3.6}$$

很显然, (11.3.5) 的第一个关系为各向异性线性广义 Hooke 定律, 其第二个关系为不可压缩黏性线性广义 Newton 定律.

现在方程 (11.3.1), (11.3.2),(11.3.4)~(11.3.6) 一共有 31 个方程, 但是场变量一共为 32 个, 即位移分量 u_i 3 个, 速度分量 V_i 3 个, 应变分量 ε_{ij} 6 个, 变形速度分量 $\dot{\xi}_{ij}$ 6 个, 弹性应力分量 σ_{ij} 6 个, 流体应力分量 σ'_{ij} 包括压力 p 7 个, 密度 ρ 1 个. 方程组仍然不封闭.

为了使方程组封闭, 需要给出一个密度与压力的关系, 即

$$p = f(\rho) \tag{11.3.7}$$

或等价地

$$\rho = g(p) \tag*{(11.3.7)$'$}$$

这样, 我们一共有 32 个场变量和 32 个场方程.

如果为纯弹性, 那么方程 (11.3.4) 中的声子耗散运动系数 $\Gamma_u = 0$ 同时取非线性项为零, 那么

$$\frac{\partial u_i}{\partial t} = V_i$$

代入方程 (11.3.2), 同时忽略非线性项和流体应力, 那么得到

$$\rho\frac{\partial^2 u_i}{\partial t^2} = \frac{\partial \sigma_{ij}}{\partial x_j}$$

问题就还原为经典弹性动力学问题.

类似地, 在方程 (11.3.2) 中忽略弹性应力, 那么问题就还原为纯流体动力学问题.

11.4 简化情形——不可压缩假定

以上 32 个场变量和 32 个场方程是很难求解的. 为了求解, 以便得到软物质中有关的位移、速度、应力 (包括压力) 分布的信息, 必须对上述方程进行简化.

像普通流体那样, 可以假设软物质不可压缩. 由于不可压缩, 则质量密度为常数, 即

$$\rho = \text{const} \tag{11.4.1}$$

这样, 基本场变量为位移 $u = (u_x, u_y, u_z)$, 速度 $V = (V_x, V_y, V_z)$ 及弹性和流体应力 σ_{ij} 与 σ'_{ij}, 运动方程为

$$\left\{\begin{array}{l} \rho \dfrac{\partial V_i}{\partial t} + \rho V_k \dfrac{\partial V_i}{\partial x_k} = \dfrac{\partial}{\partial x_j}(\sigma_{ij} + \sigma'_{ij}) \\ \dfrac{\partial V_j}{\partial x_j} = 0 \\ \dfrac{\partial u_i}{\partial t} + V(\nabla u_i) - \varGamma_u \dfrac{\partial \sigma_{ij}}{\partial x_j} - V_i = 0 \end{array}\right. \tag{11.4.2}$$

由于速度的数值比较小, 方程中的非线性项可以忽略, 方程大大简化, 即

$$\left\{\begin{array}{l} \rho \dfrac{\partial V_i}{\partial t} = \dfrac{\partial}{\partial x_j}(\sigma_{ij} + \sigma'_{ij}) \\ \dfrac{\partial V_j}{\partial x_j} = 0 \\ \dfrac{\partial u_i}{\partial t} - \varGamma_u \dfrac{\partial \sigma_{ij}}{\partial x_j} - V_i = 0 \end{array}\right. \tag{11.4.3}$$

为了在软物质准晶中的应用, 目前发现的软物质准晶只有十二次对称和十八次对称的, 声子弹性本构方程中的 C_{ijkl} 与六方晶系弹性常数相同, 也就是独立的非零弹性常数为 5 个, 列写如下:

$$\begin{array}{l} C_{1111} = C_{2222} = C_{11} \\ C_{1122} = C_{12} \\ C_{1212} = C_{1111} - C_{1122} = C_{11} - C_{12} = 2C_{66} \end{array}$$

这表明 C_{66} 不是独立的, 其他独立的非零元素为

$$\begin{array}{l} C_{2323} = C_{3131} = C_{44} \\ C_{1133} = C_{2233} = C_{13} \\ C_{3333} = C_{33} \end{array}$$

它们列于表 11.4.1.

表 11.4.1 六方对称的软物质弹性常数 (C_{ijkl})

	11	22	33	23	31	12
11	C_{11}	C_{12}	C_{13}	0	0	0
22	C_{12}	C_{11}	C_{13}	0	0	0
33	C_{13}	C_{13}	C_{33}	0	0	0
23	0	0	0	C_{44}	0	0
31	0	0	0	0	C_{66}	0
12	0	0	0	0	0	C_{66}

迄今发现的软物质准晶都是二维的, 若我们进一步假设现在讨论的软物质为二维的, 即

$$\frac{\partial}{\partial z}=0,\quad u_z=0,\quad V_z=0 \tag{11.4.4}$$

同时把本构关系代入, 那么方程 (19.4.2) 化简为

$$\left\{\begin{array}{l}\rho\dfrac{\partial V_x}{\partial t}=-\dfrac{\partial p}{\partial x}+\eta\nabla^2V_x+M\nabla^2u_x+(L+M)\dfrac{\partial}{\partial x}\nabla\cdot u\\ \rho\dfrac{\partial V_y}{\partial t}=-\dfrac{\partial p}{\partial y}+\eta\nabla^2V_y+M\nabla^2u_y+(L+M)\dfrac{\partial}{\partial y}\nabla\cdot u\\ \dfrac{\partial V_x}{\partial x}+\dfrac{\partial V_y}{\partial y}=0\\ \dfrac{\partial u_x}{\partial t}=V_x+\varGamma_u\left[M\nabla^2u_x+(L+M)\dfrac{\partial}{\partial x}\nabla\cdot u\right]\\ \dfrac{\partial u_y}{\partial t}=V_y+\varGamma_u\left[M\nabla^2u_y+(L+M)\dfrac{\partial}{\partial y}\nabla\cdot u\right]\\ \nabla\cdot u=\dfrac{\partial u_x}{\partial x}+\dfrac{\partial u_y}{\partial y},\ L=C_{12},\ M=(C_{11}-C_{12})/2\end{array}\right. \tag{11.4.5}$$

这样终态场变量减少为 u_x, u_y, V_x, V_y, p 共 5 个, 场方程也是 5 个, 而且是线性的.

11.5 软物质流体动力学 —— 改进的模型

考虑到 11.4 节的模型存在物理上的严重缺陷, 应该考虑可压缩性, 在线性近似和二维近似下, 则终态控制方程为

$$\left\{\begin{array}{l}\rho\dfrac{\partial V_x}{\partial t}=-\dfrac{\partial p}{\partial x}+\eta\nabla^2V_x+\left(\zeta+\dfrac{\eta}{3}\right)\dfrac{\partial}{\partial x}\nabla\cdot V+M\nabla^2u_x+(L+M)\dfrac{\partial}{\partial x}\nabla\cdot u\\ \rho\dfrac{\partial V_y}{\partial t}=-\dfrac{\partial p}{\partial y}+\eta\nabla^2V_y+\left(\zeta+\dfrac{\eta}{3}\right)\dfrac{\partial}{\partial y}\nabla\cdot V+M\nabla^2u_y+(L+M)\dfrac{\partial}{\partial y}\nabla\cdot u\\ \dfrac{\partial\rho}{\partial t}+\nabla\cdot(\rho V)=0\\ \dfrac{\partial u_x}{\partial t}=V_x+\varGamma_u\left[M\nabla^2u_x+(L+M)\dfrac{\partial}{\partial x}\nabla\cdot u\right]\\ \dfrac{\partial u_y}{\partial t}=V_y+\varGamma_u\left[M\nabla^2u_y+(L+M)\dfrac{\partial}{\partial y}\nabla\cdot u\right]\\ p=f(\rho)\\ \nabla\cdot u=\dfrac{\partial u_x}{\partial x}+\dfrac{\partial u_y}{\partial y},\nabla\cdot V=\dfrac{\partial V_x}{\partial x}+\dfrac{\partial V_y}{\partial y},L=C_{12},M=(C_{11}-C_{12})/2\end{array}\right. \tag{11.5.1}$$

这样终态场变量减少为 $u_x, u_y, V_x, V_y, \rho, p$ 共 6 个, 场方程也是 6 个, 但是为非线性的.

11.6　软物质中声音的传播

对二维软物质存在波速

$$c_1 = \sqrt{\frac{L+2M}{\rho}}, \qquad c_2 = \sqrt{\frac{M}{\rho}} \tag{11.6.1}$$

它们是固体的弹性波波速, 第一个是纵波波速, 第二个是横波波速. 同时还存在

$$c_3 = \sqrt{\left(\frac{\partial p}{\partial \rho}\right)_s} \tag{11.6.2}$$

式 (11.6.2) 是流体的波速 (声速, 为纵波). 二维物质体系存在三个声速, 说明它既不是固体, 也不是流体, 属于兼有固体与流体性质的中间相物质 —— 软物质. 软物质的流体波速, 现在还没有见到实际测量的结果. 它的大小同弹性波速大小的关系, 估计随不同种类的软物质而异, 有待实验给出.

11.7　边界条件和边值问题的可解性讨论

一个真正的数学物理理论, 除了基本方程之外, 必须提供相应的边界条件, 而且边界条件要和基本方程协调, 使基本方程的边值问题在数学上适定, 才可以求解. 此问题在第 16 章中就曾经提出过. 此类问题甚至可以追溯到液晶理论、晶体的理论和经典流体, 那里也出现过基本方程与边界条件不协调的情形, 导致一些著名的解, 其实是荒谬的, 而且长期未能解决! 因为那里也是广义流体动力学 (Generalized hydrodynamics) 问题, 而边值问题有待进一步讨论. 现在的软物质广义流体动力学, 边界条件有如下三种情形:

(1) 纯位移和速度边值问题:

在给定位移和速度的边界部分 $S_{u,V}$ 给定 $\bar{u}_i, \bar{V}_i$ 边, 它们是边界上给定的函数;

(2) 纯应力边值问题:

在给定应力的边界部分 S_σ, 给定表面应力 T_i, 而且 $S \equiv S_{\text{total}} = S_{u,V} + S_\sigma$;

(3) 混合边值问题:

在边界上同时给出一部分应力边界条件和一部分位移和速度的边界条件.

边界条件与方程匹配, 问题适定、才可以求解. 有时, 即使方程与边界条件匹配, 边值问题是适定的, 也不一定有解, 在经典流体动力学中, 有些边值问题是适定

的, 仍然无解 (得到的解析解不满足全部边界条件). 例如, Stokes 绕流, 三维问题能得到非常好的近似解析解 (也有人称为精确解), 而二维问题无解, 这就是著名的 Stokes 佯谬.

11.8　十二次和十八次对称软物质准晶

从 2004 年起陆续报道在多种软物质中发现了十二次对称准晶, 这是迄今发现次数最多的一类软物质准晶, 研究它意义重大 (图 11.8.1～ 图 11.8.3).

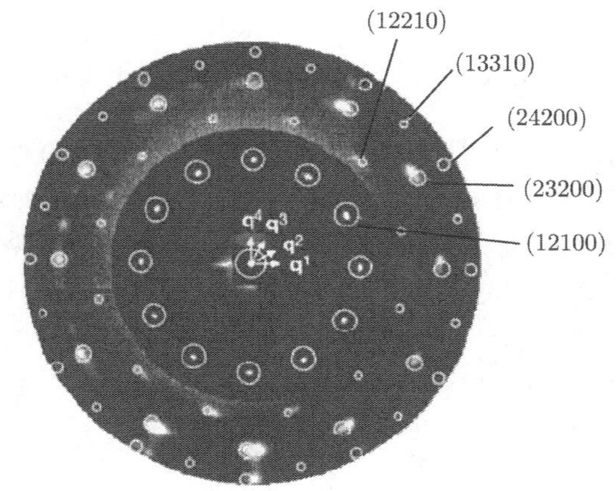

图 11.8.1　十二次对称软物质准晶的电子衍射图像

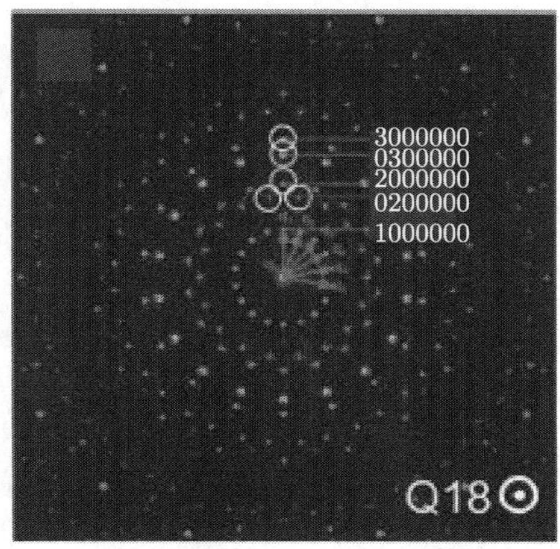

图 11.8.2　十八次对称准晶的电子衍射图像

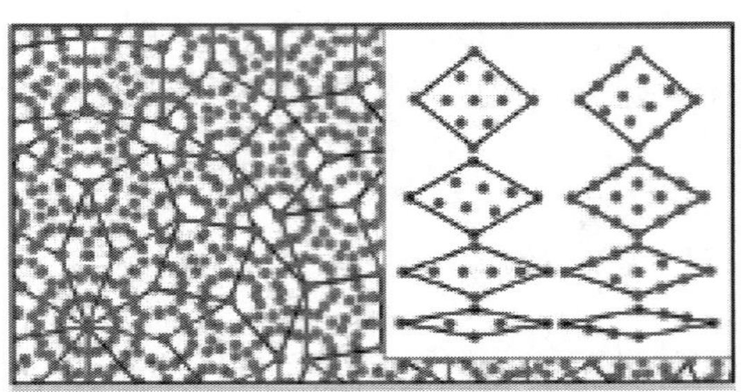

图 11.8.3　十八次对称准晶的 Penrose 拼砌

11.9　十二次和十八次对称软物质准晶的位错

11.1~11.8 节对软物质和软物质准晶作了初步介绍, 现在来讨论其位错问题.

从软物质广义流体动力学的角度讨论软物质准晶的位错的理论的工作, 目前还很少. 作为近似, 忽略流体效应, 可以得到十二次和十八次对称准晶的位错位移场还应力场, 对研究软物质准晶仍然有意义.

考虑有一直位错穿透十二次对称的方向, 也就是位错沿 z 方向, 那么位错存在引起的声子位移场和相位子位移场为

十二次对称准晶位错的声子场解为

$$\begin{aligned}
u_x =& \frac{b_1^{\perp}}{2\pi}\left(\arctan\frac{y}{x}+\frac{L+M}{L+2M}\frac{xy}{r^2}\right)\\
&+\frac{b_2^{\perp}}{2\pi}\left(\frac{M}{L+2M}\ln\frac{r}{r_0}+\frac{L+M}{L+2M}\frac{y^2}{r^2}\right)\\
u_y =& -\frac{b_1^{\perp}}{2\pi}\left(\frac{M}{L+2M}\ln\frac{r}{r_0}+\frac{L+M}{L+2M}\frac{x^2}{r^2}\right)\\
&+\frac{b_2^{\perp}}{2\pi}\left(\arctan\frac{y}{x}-\frac{L+M}{L+2M}\frac{xy}{r^2}\right)\\
u_z =& 0.
\end{aligned} \tag{11.9.1}$$

其中 $L=C_{12}, M=(C_{11}-C_{12})/2$ 声子弹性常数, $b_1^{\perp}, b_2^{\perp}$ 是声子 Burgers 矢量第分量. 而相位子场的解为

$$\begin{aligned}
w_x =& \frac{b_1^{\perp}}{2\pi}\left(\arctan\frac{y}{x}-\frac{(K_1+K_2)(K_2+K_3)}{2K_1(K_1+K_2+K_3)}\frac{xy}{r^2}\right)\\
&+\frac{b_2^{\perp}}{4\pi}\left(-\frac{K_2(K_1+K_2+K_3)-K_1K_3}{K_1(K_1+K_2+K_3)}\ln\frac{r}{r_0}+\frac{(K_1+K_2)(K_2+K_3)}{K_1(K_1+K_2+K_3)}\frac{y^2}{r^2}\right)
\end{aligned}$$

$$w_y = \frac{b_1^{\perp}}{4\pi}\left(\frac{K_2(K_1+K_2+K_3)-K_1K_3}{K_1(K_1+K_2+K_3)}\ln\frac{r}{r_0} - \frac{(K_1+K_2)(K_2+K_3)}{K_1(K_1+K_2+K_3)}\frac{x^2}{r^2}\right) + \frac{b_2^{\perp}}{2\pi}\left(\arctan\frac{y}{x} + \frac{(K_1+K_2)(K_2+K_3)}{2K_1(K_1+K_2+K_3)}\frac{xy}{r^2}\right) \tag{11.9.2}$$

其中 K_1, K_2, K_3 是相位子弹性常数, $b_1^{\perp}, b_2^{\perp}$ 是相位子 Burgers 矢量的分量. 它们的详细推导可以见范天佑关于准晶的书.

十八次对称软物质准晶的位错的声子位移场的解与解 (11.9.1) 相同, 它有两个相位子场, 它们的解如下:

$$v_x(x,y) = \frac{b_{11}^{\perp}}{2\pi}\arctan\left(\frac{y}{x}\right) \tag{11.9.3}$$

$$v_y(x,y) = \frac{b_{11}^{\perp}}{4\pi}\ln\left(\frac{r^2}{r_0^2}\right) \tag{11.9.4}$$

$$w_x(x,y) = \frac{b_{21}^{\perp}}{2\pi}\arctan\left(\frac{y}{x}\right) \tag{11.9.5}$$

$$w_y(x_1,x_2) = -\frac{b_{21}^{\perp}}{4\pi}\ln\left(\frac{r^2}{r_0^2}\right) \tag{11.9.6}$$

其中 $b_{11}^{\perp}, b_{12}^{\perp}, b_{21}^{\perp}, b_{22}^{\perp}$ 分别为第一与第二相位子 Burgers 矢量的分量. 这一工作由李显方等所作, 已在 Phys. Lett. A 于 2013 年发表.

考虑流体效应的位错解由范天佑、李显方得到, 将在 Philosophical Magazine Letters 发表.

11.10　十二次对称软物质准晶的裂纹

这里从广义流体动力学的角度出发给出十二次对称软物质准晶的裂纹的详细讨论.

它的广义流体动力学方程为

$$\frac{\partial\rho}{\partial t} + \mathrm{div}(\rho V) = 0 \tag{11.10.1}$$

$$\rho\frac{\partial V_i}{\partial t} + \rho V_k\frac{\partial V_i}{\partial x_k} = \frac{\partial}{\partial x_j}\left(\sigma_{ij} + \sigma'_{ij}\right) \tag{11.10.2}$$

$$\frac{\partial u_i}{\partial t} + V_k\frac{\partial u_i}{\partial x_k} - \Gamma_u\frac{\partial\sigma_{ij}}{\partial x_j} - V_i = 0 \tag{11.10.3}$$

$$\frac{\partial w_i}{\partial t} + V_k\frac{\partial w_i}{\partial x_k} - \Gamma_w\frac{\partial H_{ij}}{\partial x_j} = 0 \tag{11.10.4}$$

$$p = f(\rho) \tag{11.10.5}$$

它们的物理意义上面都已介绍过.

考虑下面的试样 (图 11.10.1).

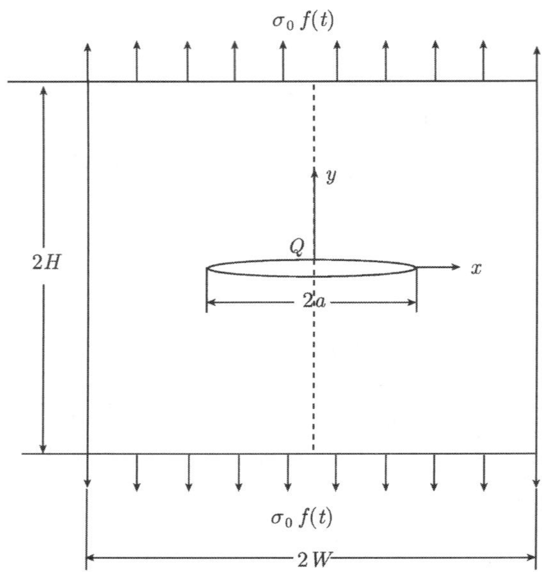

图 11.10.1 十二次对称软物质准晶受冲击拉伸的裂纹试样

这是二维试样, 在不可压缩假定下, 方程可以化简为

$$\rho\frac{\partial V_x}{\partial t}+\rho\left(V_x\frac{\partial V_x}{\partial x}+V_y\frac{\partial V_x}{\partial y}\right)=-\frac{\partial p}{\partial x}+\eta\nabla^2V_x+M\nabla^2u_x+(L+M)\frac{\partial}{\partial x}\nabla\cdot u$$

$$\rho\frac{\partial V_y}{\partial t}+\rho\left(V_x\frac{\partial V_y}{\partial x}+V_y\frac{\partial V_y}{\partial y}\right)=-\frac{\partial p}{\partial y}+\eta\nabla^2V_y+M\nabla^2u_y+(L+M)\frac{\partial}{\partial y}\nabla\cdot u$$

$$\frac{\partial V_x}{\partial x}+\frac{\partial V_y}{\partial y}=0$$

$$\frac{\partial u_x}{\partial t}+\left(V_x\frac{\partial u_x}{\partial x}+V_y\frac{\partial u_x}{\partial y}\right)=V_x+\Gamma_u\left[M\nabla^2u_x+(L+M)\frac{\partial}{\partial x}\nabla\cdot u\right]$$

$$\frac{\partial u_y}{\partial t}+\left(V_x\frac{\partial u_y}{\partial x}+V_y\frac{\partial u_y}{\partial y}\right)=V_y+\Gamma_u\left[M\nabla^2u_y+(L+M)\frac{\partial}{\partial y}\nabla\cdot u\right]$$

$$\frac{\partial w_x}{\partial t}+\left(V_x\frac{\partial w_x}{\partial x}+V_y\frac{\partial w_x}{\partial y}\right)=\Gamma_w\left[K_1\nabla^2w_x+(K_2+K_3)\frac{\partial}{\partial y}\left(\frac{\partial w_x}{\partial y}+\frac{\partial w_y}{\partial x}\right)\right]$$

$$\frac{\partial w_y}{\partial t}+\left(V_x\frac{\partial w_y}{\partial x}+V_y\frac{\partial w_y}{\partial y}\right)=\Gamma_w\left[K_1\nabla^2 w_x+(K_2+K_3)\frac{\partial}{\partial x}\left(\frac{\partial w_x}{\partial y}+\frac{\partial w_y}{\partial x}\right)\right]$$

$$\nabla\cdot u=\frac{\partial u_x}{\partial x}+\frac{\partial u_y}{\partial y} \tag{11.10.6}$$

初始条件和边界条件为

$$t=0: V_x=V_y=0,\quad u_x=u_y=0,\quad w_x=w_y=0,\quad p=0 \tag{11.10.7}$$

$$\begin{aligned}&y=\pm H, |x|<L: V_x=V_y=0, \sigma_{yy}=\sigma_0 f(t), \sigma_{yx}=0, H_{yy}=H_{yx}=0, p=0\\&x=\pm L, |y|<H: V_x=V_y=0, \sigma_{xx}=\sigma_{xy}=0, H_{xx}=H_{xy}=0, p=0\\&y=0, |x|<a: V_x=V_y=0, \sigma_{yy}=\sigma_{yx}=0, H_{yy}=H_{yx}=0, p=0\end{aligned} \tag{11.10.8}$$

其中 σ_0 为具有应力量纲的常数, $f(t)$ 为加载函数, 假设 $f(t)=H(t), H(t)$ 为 Heaviside 函数.

计算中取 $2H$=0.01m, $2W$=0.01m, σ_0=0.01MPa, $\rho=1.5\times10^3\text{kg/m}^3$, η=0.1Pa·s, L=10MPa, M=4MPa, K_1=0.5L, K_2=−0.1L, K_3=0.05L, $\Gamma_u=4.8\times10^{-17}\text{m}^{-3}\cdot\text{s/kg}$, $\Gamma_w=4.8\times10^{-19}\text{m}^{-3}\cdot\text{s/kg}$.

这一工作由孙俊君、范天佑、唐志毅、成惠用有限差分法所作, 尚未发表. 部分计算结果由图 11.10.2~11.10.7 所表示, 分别为声子、流体声子、动态应力强度因子及流体应力随时间的变化. 其中动态应力强度因子为

$$K_{\text{I}}(t)=\lim_{x\to a^+}\sqrt{\pi(x-a)}\sigma_{yy}(x,0,t) \tag{11.10.9}$$

无量纲化为 $K_{\text{I}}(t)/K_{\text{I}}^S$, 其中 $K_{\text{I}}^S\approx\dfrac{2}{\sqrt{\pi}}\sqrt{\dfrac{2W}{\pi a}\tan\dfrac{\pi a}{2W}}\sqrt{\pi a}\sigma_0$.

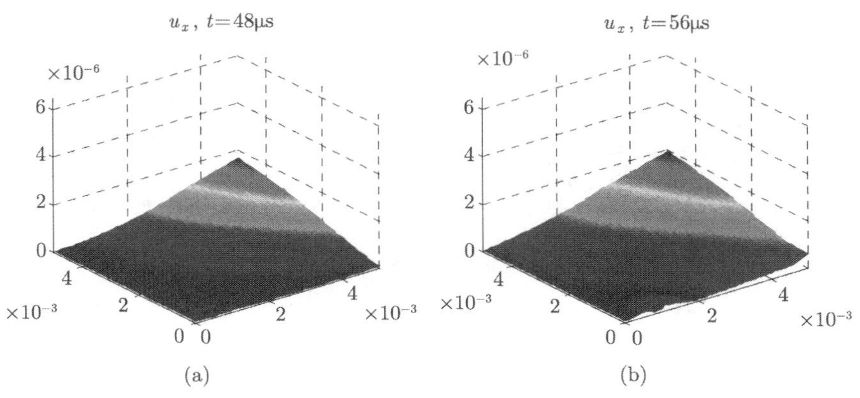

(a) (b)

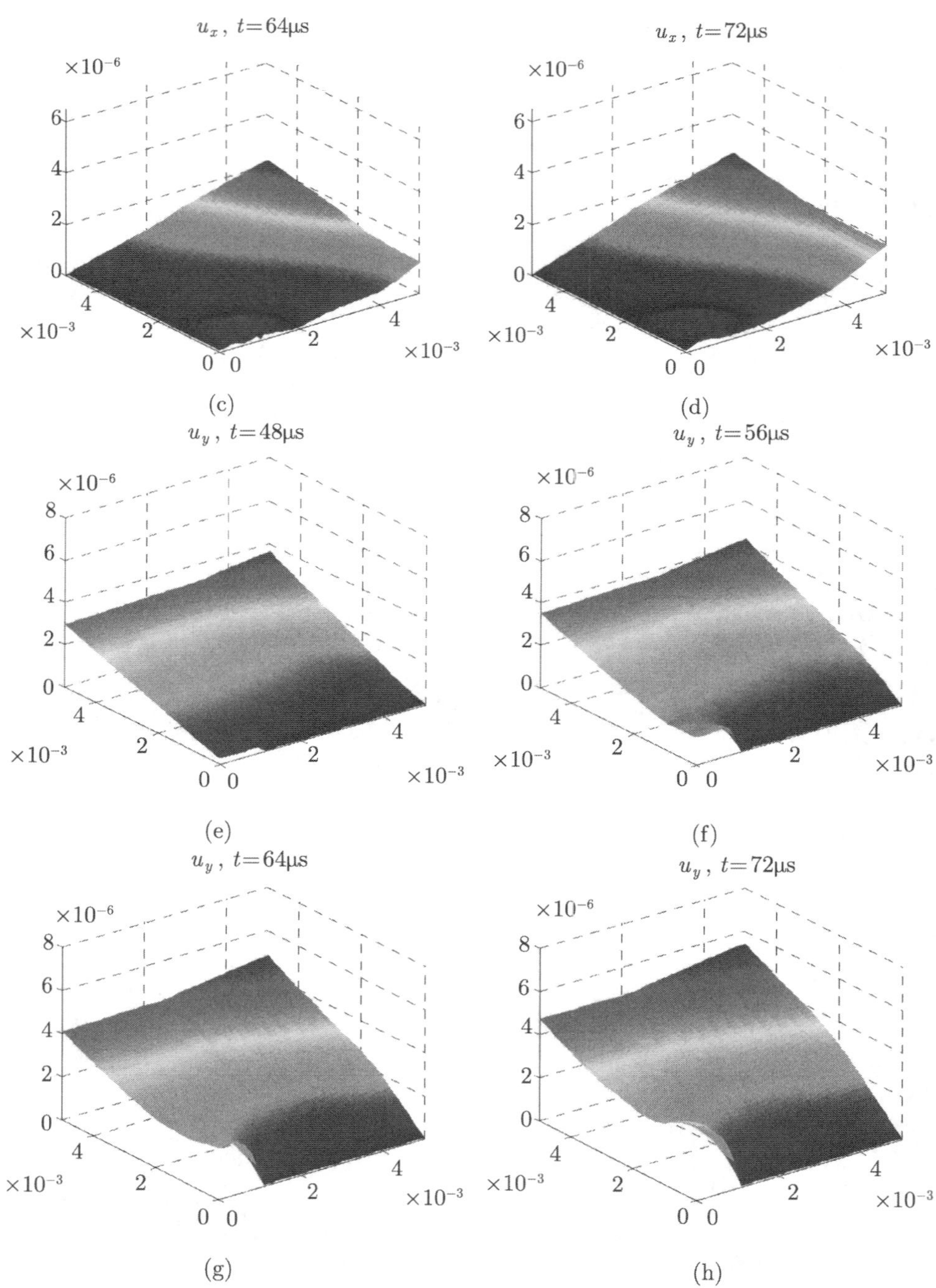

图 11.10.2　声子位移场随时间的变化

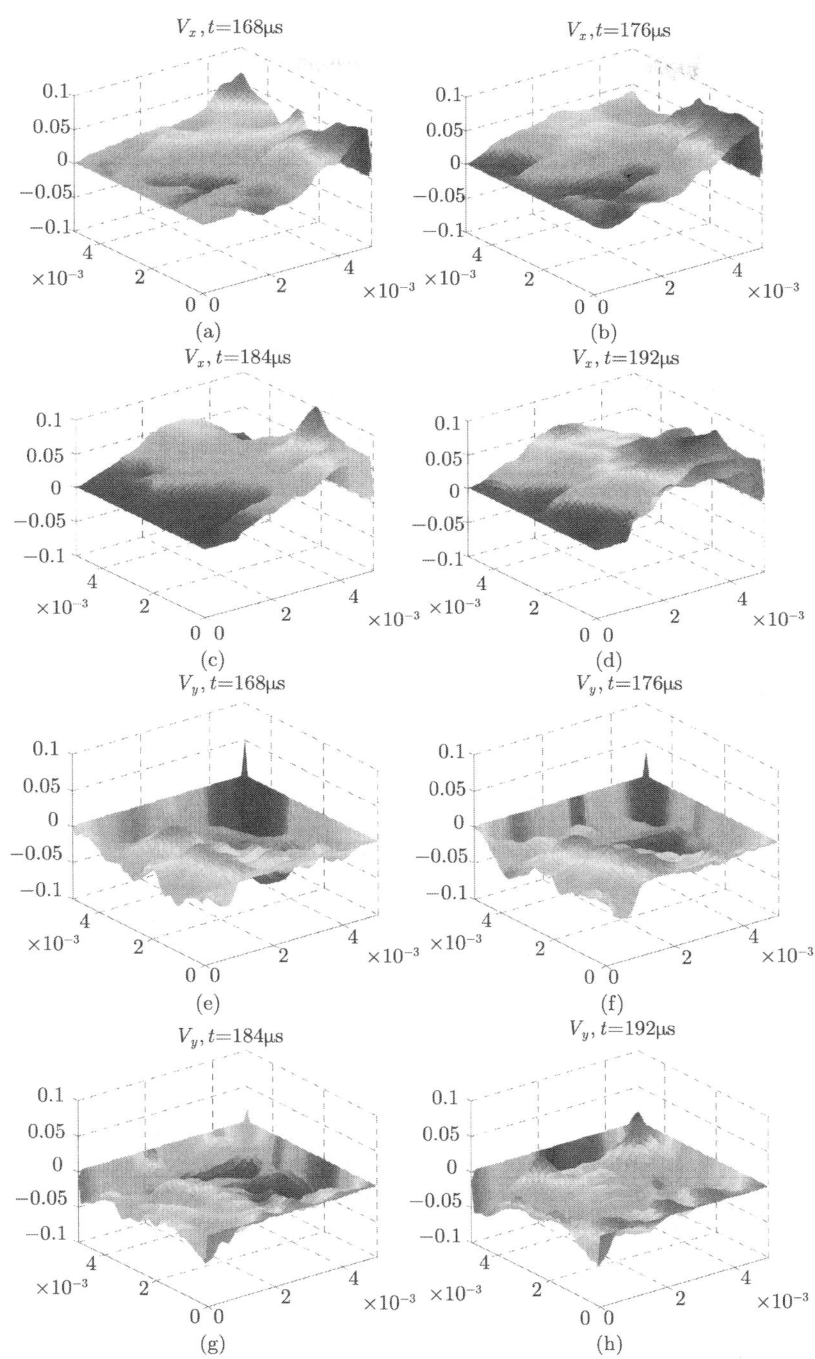

图 11.10.3　流体声子随时间的变化

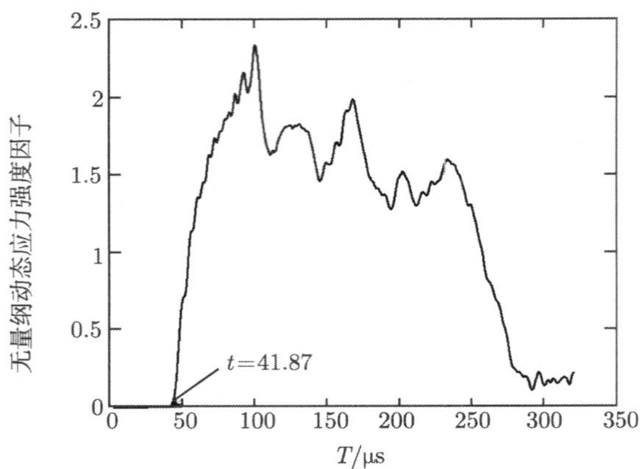

图 11.10.4　无量纲动态应力强度因子随时间的变化

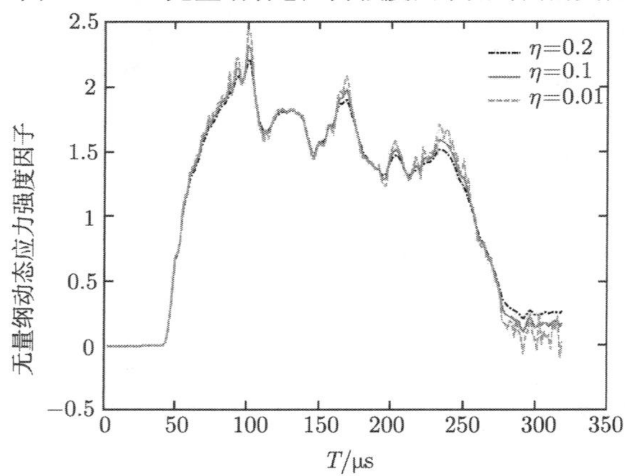

图 11.10.5　无量纲动态应力强度因子随时间的变化, 流体黏性的效应

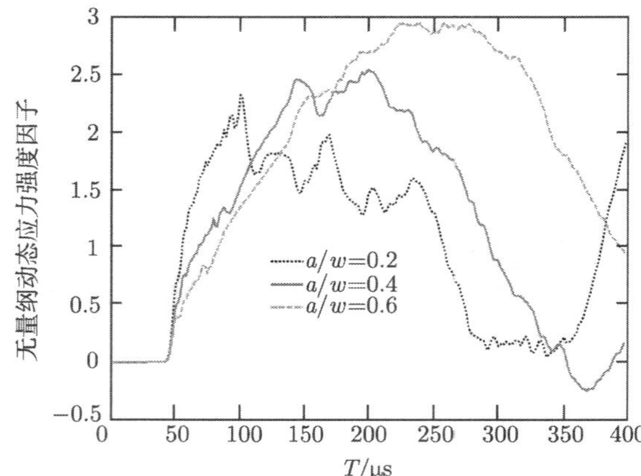

图 11.10.6　无量纲动态应力强度因子随时间的变化, 裂纹尺寸的效应

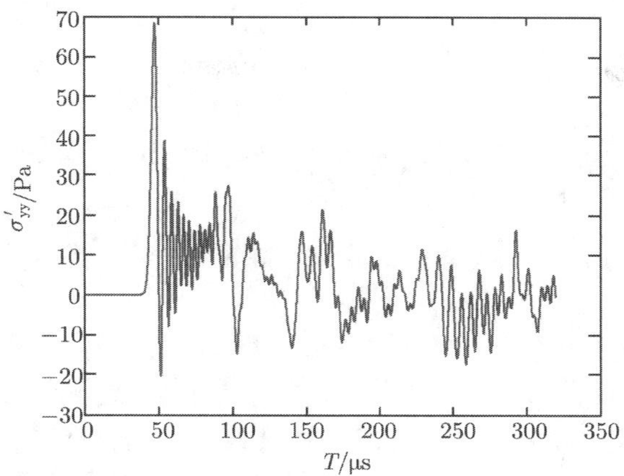

图 11.10.7 流体应力随时间的变化

计算表明流体声子与声子相互作用比相位子的效应重要. 流体声子对软物质准晶中波的传播和动态应力强度因子有显著的影响.

所有的软物质 (包括液晶和聚合物) 都可以这样分析计算, 但是如果一一介绍, 篇幅太大, 所以我们只对软物质准晶介绍了这种计算. 有限差分的细节 (包括稳定性问题) 未能详细介绍. 我们的计算, 用迭代法, 迭代直至 8 万步, 仍然稳定, 看来我们自己编写的计算机数值程序的稳定性非常好.

第 12 章　聚合物的缺陷与断裂研究简介

聚合物又称为高分子聚合物, 或简称为高聚物, 属于软物质, 是一种十分重要的材料.

聚合物本身就是一个十分复杂的系统, 包含不同层次的结构, 可以按聚合物分子、聚合物熔体、聚合物溶液和聚合物材料 (又称为聚合物共混体) 分别讨论, 它们表现出纷繁复杂的性质. 根据现有结果, 聚合物分子和聚合物溶液, 可以用 de Gennes 的标度理论 (scaling theory) 进行描述, 聚合物分子、聚合物熔体和聚合物溶液还可以用粗粒化方法 (coarse graining method) 描述, 因而可以比较好地去揭示它们的软物质介观层面的物理与化学特性. 不过那些描述同本章的聚合物缺陷和断裂的论题显得远了一些. 我们不得不放弃这些内容. 这里只讨论在工程中使用的聚合物材料 (或聚合物共混体). 这些材料的缺陷与断裂研究发展得很早, 只比金属材料的缺陷与断裂的研究的起步稍微晚一点. 在宏观理论方面, 几乎借用金属材料断裂理论的原理与方法. 按照这一思路去讨论, 高聚物的软物质介观层面的特性又未能充分揭示出来. 既能揭示高聚物的软物质特性, 又能定量描写其断裂行为的理论, 目前尚未出现. 我们在本章的附录中提出希望, 描述高聚物的软物质特性的广义流体动力学的设想, 并采用了某些 “粗粒化” 思想 (不过这种粗粒化仅仅在热力学平均的意义上与上面所说的粗粒化具有相近的含义, 但是两者又存在很大的不同). 由该思路发展下去, 有可能得到类似第 9 章和第 11 章那样的定量描述.

12.1　聚合物的结构

聚合物属于软物质, 也许是软物质中结构最复杂的一类材料. 这里不去专门研究它的结构, 但是为了下面的讨论, 不得不先简单介绍一下它的有关结构.

最简单的聚合物, 即聚乙烯, 可以看作由每个碳原子各连接两个氢原子组成的一个长链. 一般的聚合物是由两种或多种简单化合物结构单元结合而成. 这些结构单元的数目, 称为聚合度 (degree of polymerization). 对工程中使用的聚合物材料, 聚合度可以达到 $10^3 \sim 10^5$.

聚合物的结构可以分为化学结构与物理结构两种.

化学结构包含一次结构与二次结构. 前者描写高分子的链节类型, 链节的连接方式等近程关系, 包括组成构型 (configuration), 后者相当于化学结构的远程关系, 高分子链在空间存在的各种形式, 也称为构象 (conformation). 这些化学结构对材料的力学性能有重要影响, 例如, 组成聚合物的高分子的分子量越大, 材料的拉伸强度越高, 如图 12.1.1 所示.

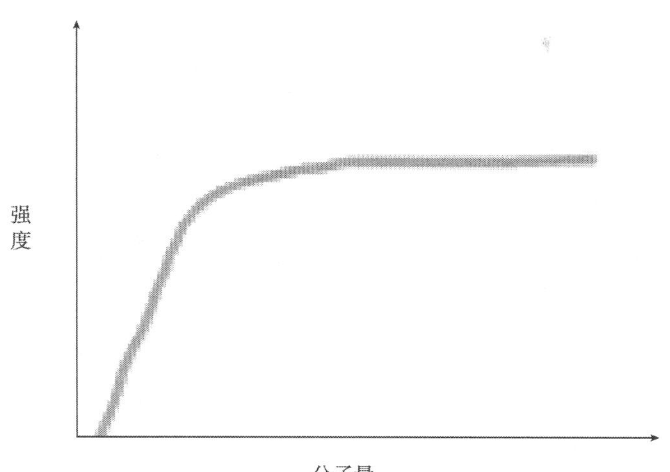

图 12.1.1 分子量大小对材料拉伸强度的影响

又例如, 二次结构中的基端与杂化可以形成弱键, 易引发断裂. 这里不打算进行更详细的讨论.

聚合物的性能受其物理结构的影响, 其中包括晶态与非晶态结构. 简单地讲, 晶态程度高, 材料的模量高、强度高, 晶态程度差或非晶态则材料的模量低、强度低, 12.2 节将进行介绍.

12.2 材料的变形特征

上面简单地提到物理结构对力学性能有重要影响.

在晶态结构中结晶都是由分子链先折叠成晶片 (晶片的特征尺寸为纳米) 而开始的. 链方向垂直晶面的称为折叠链晶片聚合物, 链方向平行晶面的称为伸直链晶片聚合物. 其折叠方式, 可能是很规则的, 也可能是无规则的, 或者呈中间状态的近邻松散环折叠. 在形成宏观尺寸的结晶物时, 有单晶、孪晶、枝晶、球晶、片晶、串晶、柱晶、纤维状结晶等形式和普通晶体与准晶体等相. 这些晶粒的尺寸影响聚合物的强度, 例如, 晶球 (晶球的特征尺寸为微米) 大小, 对聚合物拉伸强度和延展性有很明显的影响, 如图 12.2.1 所示.

晶态结构聚合物材料一般不是百分之百的结晶体, 按照结晶的程度大小, 称为晶态聚合物的结晶度. 结晶度是影响聚合物力学性能的最重要的因素之一. 图 12.2.2

揭示了结晶度对聚合物力学性能的影响.

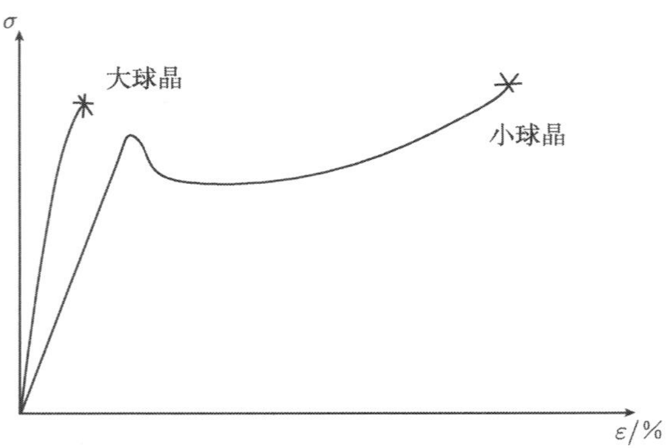

图 12.2.1　晶球大小对聚合物拉伸强度的影响

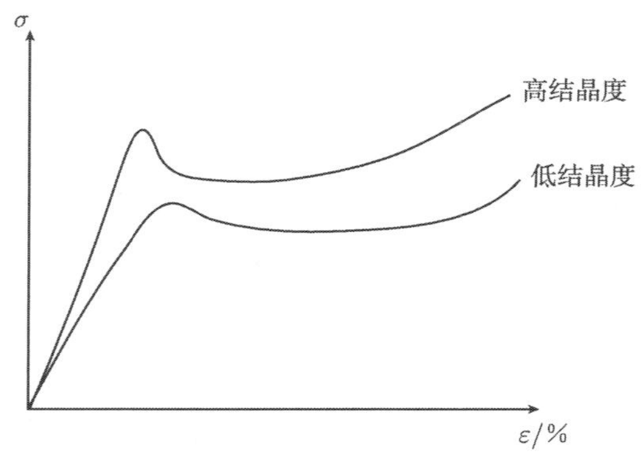

图 12.2.2　结晶度对聚合物拉伸应力–应变曲线的影响

非晶聚合物的结构更难于研究. Flory 认为非晶聚合物是完全的无序结构. 而 Yeh 等主张存在小范围近程的折叠链樱状胶束模型. 非晶聚合物的强度和韧性比晶态聚合物的强度和韧性要低.

聚合物材料由于结构复杂, 现在还没有很成熟的数学理论描写它的变形与运动. de Gennes 提出标度理论, 很有意义, 这里不讨论这一理论, 只对宏观工程描述方法作一简单讨论.

聚合物材料与普通工程材料相比, 变形时对温度和时间更加敏感. 由于它是一种软物质, 同时兼有固体与流体两者的性态. 反映在固体方面, 它具有弹性; 反映在流体方面, 它具有流动性和黏性, 过去一般的论著把这些性质称为黏弹性. 黏弹性理论是一门重要的学科, 用它描写聚合物, 在工程中常常采纳. 有一种线性黏弹性模型 (又称为 Maxwell 模型), 认为材料的应变率由弹性应变率和流体应变率线

性叠加而成. 也就是

$$\frac{\mathrm{d}\varepsilon}{\mathrm{d}t}=\frac{\sigma'}{\eta}+\frac{1}{E}\frac{\mathrm{d}\sigma}{\mathrm{d}t} \tag{12.2.1}$$

其中方程 (12.2.1) 右端第一项代表流体的变形应变率 (它服从 Newton 本构定律), 第二项代表固体体的变形应变率 (它服从 Hooke 本构定律). 但是, 对于聚合物材料, 在一般情形下

$$\begin{aligned} E&=E(\varepsilon,T,t)\\ \eta&=\eta\left(\dot{\varepsilon},T,t\right) \end{aligned} \tag{12.2.2}$$

即弹性模量是应变、温度和时间的函数, 黏性系数是变形速率、温度和时间的函数. 这里不去进一步讨论黏弹性理论. 我们希望用 Landau 的广义流体动力学去描写聚合物的变形与运动, 至少可以近似地描写它的变形与运动. 为此提出一个近似模型, 但是它们很不成熟, 放到本章的附录中去讨论.

12.3 聚合物材料缺陷与静态断裂研究

聚合物材料的结构与前面各章讨论的材料都不同, 其缺陷的特征也与前面所讨论过的不同. 聚合物中有一种最具特殊性的缺陷称为银纹, 是中间分子链断裂而形成的, 如图 12.3.1 所示的最上面的图的示意. 如图 12.3.1 所示的中间的图示意银纹的扩展, 而最下面的图的示意银纹的扩展形成宏观裂纹. 这种现象称为银纹化. 银纹化与高聚物的脆性断裂有关.

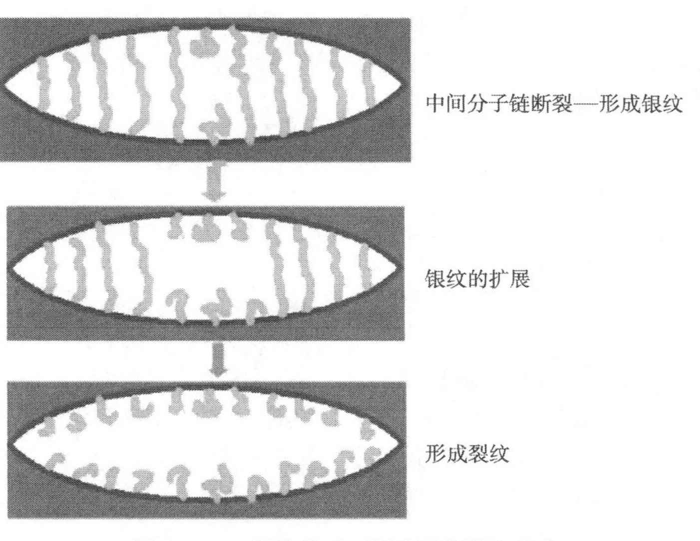

图 12.3.1 银纹生成, 扩展导致裂纹形成

从宏观的角度, 对聚合物的裂纹和断裂的研究有很长的历史了.

高聚物的理论强度可以借用理想晶体的理论强度公式 (见 (13.2.4)), 即 $\sigma_{\mathrm{th}} \sim E/10$, 进行粗略估计, 其中, E 为弹性模量. 而高聚物的实际强度 σ_{real} 比这个理论强度低很多, 见表 12.3.1.

表 12.3.1　高聚物的理论强度与实际强度

材料	E/MPa	σ_{th}/MPa	σ_{real}/MPa
PMMA(聚甲基丙烯酸甲酯) (非晶态)	3000	300	50
HDPE(高密度聚乙烯) (结晶态)	2000	200	20
环氧树脂	3500	350	70
尼龙纤维	6000	600	500

由表 12.3.1 可见, 高聚物的实际强度与理论强度的差别很大, 虽然比金属与合金的实际强度与理论强度的差别要小. 说明这类材料对缺陷是敏感的.

与金属和合金相类似, 用 Griffith 理论讨论高聚物时, 可以有断裂应力公式

$$\sigma_c = \begin{cases} \sqrt{\dfrac{2E\gamma}{\pi\left(1-\nu^2\right)a}} & \text{(平面应变状态)} \\ \sqrt{\dfrac{2E\gamma}{\pi a}} & \text{(平面应力状态)} \end{cases} \tag{12.3.1}$$

其中 2γ 代表高聚物的表面能, 在物理上与 van der Waals 键能相当, van der Waals 键比较弱. 聚合物断裂与分子链的共价键破裂更密切, 这时用代表特征化学键能 G_0 描写, 比用 van der Waals 键能更有意义一些. Orowan 对 Griffith 理论的修正, 建议抗断裂阻力为 $(2\gamma+G_c)$, 这里 G_c 相当于单位面积上的塑性功, 它比 2γ 和 G_0 大几个数量级. 有关材料的这些常数见表 12.3.2 所列.

表 12.3.2　高聚物的抗断裂阻力

材料	$2\gamma/\mathrm{J\cdot m^{-2}}$	$G_0/\mathrm{J\cdot m^{-2}}$	$G_c/\mathrm{J\cdot m^{-2}}$
PMMA(非晶态)	0.078	0.5	500
交联橡胶	0.072	40	13000

Griffith-Orowan 理论的发展, 进化为现代断裂力学. 相继出现适用于金属与合金的线性弹性断裂力学和非线性断裂力学, 也可以说是 Griffith-Orowan 理论向工程应用化方向发展的产物. 高聚物若不考虑其流体效应和黏弹性效应, 而把它当作等价弹性体近似处理, 那么可以近似用线性弹性断裂力学作为分析其断裂问题的一个基础. 这时, 采用应力强度因子断裂判据

$$K_{\mathrm{I}} = K_{\mathrm{Ic}} \tag{12.3.2}$$

或者能量释放率判据

$$G_{\mathrm{I}} = G_{\mathrm{Ic}} \tag{12.3.3}$$

现在测量得到的高聚物的材料断裂韧性的常数, 见表 12.3.3.

表 12.3.3 某些高聚物的断裂韧性值

材料	E/GPa	G_{Ic}/kJ · m^{-2}	K_{Ic}/MPam$^{-1/2}$
PMMA(非晶态)	2.5	0.5	1.1
PS(聚苯乙烯)	3.0	0.4	1.1
EP(环氧树脂)	2.8	0.1	0.5
橡胶增韧 EP	2.4	2.0	2.2

对比在第 2 章所列的金属与合金材料的断裂韧性值, 发现这些高聚物的断裂韧性值低得很多.

高聚物若不考虑其流体效应, 不考虑黏弹性效应, 而把它当作等价弹塑性体近似处理, 那么可以近似用非线性 (即弹塑性) 断裂力学作为分析其断裂问题的一个基础. 这时, 采用裂纹张开位移断裂判据或 J 积分断裂判据, 例如,

$$J_{\mathrm{I}} = J_{\mathrm{Ic}} \tag{12.3.4}$$

现在测量得到的高聚物的材料非线性断裂韧性的常数, 见表 12.3.4.

表 12.3.4 某些高聚物的断裂韧性值

材料	E/GPa	σ_Y/MPa	J_{Ic}/kJm^{-2}
PVC(聚氯乙烯)	3.5	60	1.7
橡胶增韧 PVC	2.8	50	3.0
HDPE(高密度聚乙烯)	1.85	27	0.78

在作非线性断裂分析时, 还要考虑裂纹顶端的塑性区大小. Irwin 对金属材料裂纹顶端小范围塑性变形时塑性区尺寸的近似估计, 对平面应力情形, 为

$$R = \frac{1}{\pi}\left(\frac{K_{\mathrm{I}}}{\sigma_s}\right)^2 \tag{12.3.5}$$

对平面应变情形, 为

$$R = (1-2\nu)^2 \frac{1}{\pi}\left(\frac{K_{\mathrm{I}}}{\sigma_s}\right)^2 \tag{12.3.6}$$

或者

$$R = \frac{1}{2\sqrt{2}\pi}\left(\frac{K_{\mathrm{I}}}{\sigma_s}\right)^2 \tag{12.3.7}$$

见第 2 章的详细讨论.

如果用 Dugdale 模型, 对平面应力情形, 有

$$R = a\left[\sec\left(\frac{\pi\sigma^{(\infty)}}{2\sigma_s}\right) - 1\right] \tag{12.3.8}$$

而平面应变情形, 原则上不存在 Dugdale 模型和解, 见第 4 章的详细讨论.

高聚物的脆性–韧性断裂模式的转变也是一个重要课题. 在绪论中就指出, 脆性断裂面上拉应力起主导作用, 裂纹起重要作用, 在这里银纹化起重要作用. 而韧性断裂, 断裂面上剪切应力起主导作用, 剪切应力引起的塑性流动起重要作用. 不妨粗略地说, 高聚物的脆性–韧性断裂模式的转变是银纹化与塑性流动的互相竞争的结果. 这明显地反映了材料内部结构的决定性意义. 此外, 与外部因素, 包括试样尺寸和外加应力等有关. 试样厚度和外加应力往往决定了裂纹顶端的平面应变状态和平面应力状态, 前者导致脆性断裂, 后者导致韧性断裂. 高聚物的脆性–韧性断裂模式的转变在一定程度上可以说是裂纹顶端的平面应变状态和平面应力状态竞争的结果.

如果用黏弹性材料模型作聚合物断裂力学分析, 先对控制方程和边界条件作关于时间变量的 Laplace 变换, 消去时间, 在 Laplace 变换域中, 问题化成与线性弹性材料断裂力学相类似的问题进行求解. 这一步并无原则性的困难, 但是也没有增加太多新的内涵. 不过, 由 Laplace 变换域中的解回到物理时间–空间, 要进行 Laplace 变换的逆变换 (或称为求 Laplace 变换的反演), 存在原则性的困难. 因为解析的方法基本上无效, 而数值的方法存在内在的不稳定性. 在上述分析能够完成的情形下, 可以揭示应力强度因子和能量释放率为基本物理量的时间效应, 当然比上面所说完全引用普通断裂力学的方法前进了一步.

我们建议可以采用其他的方法论, 例如, 采用本章附录的方法, 有可能既考虑了高聚物的软物质流体效应, 又较深入地揭示聚合物缺陷和断裂问题的实质.

12.4 高聚物动态断裂研究

高聚物在冲击载荷作用下或裂纹发生快速扩张的断裂问题, 为动态断裂问题, 非常重要, 可以用断裂动力学方法分析.

12.4.1 冲击载荷作用下的稳定裂纹

高聚物受冲击载荷作用是经常发生的现象. 冲击载荷会使裂纹的应力强度因子值加大, 加速裂纹扩展. 对某些材料, 冲击载荷还会使材料的断裂韧性值减小. 这些结果导致材料比在静态条件下容易断裂.

首先, 我们来看看冲击载荷对材料断裂性能的影响. 冲击载荷作用在高聚物的表面, 这种作用以波的形式传播到物体内部. 由于聚合物内部结构复杂, 这些波也

很复杂. 除了弹性纵波与横波, 还有流体纵波, 这些波之间会相互作用, 它们还与聚合物内部的缺陷相互作用. 经过这些作用后, 一部分波反射到物体表面, 由表面再反射或折射到物体内部等. 现在用实验方法和数值计算方法, 可以进行这种分析.

在动态断裂分析中, 最常用的冲击三点弯曲试样如图 12.4.1 所示. 其中, 图 (a) 代表落锤刚与试样接触, 设 $t=0$, 这时试样尚未变形, 落锤与试样、试样与支座都接触. 图 (b) 描写 $t \geqslant 0.5\tau$ 的时刻, 试样开始变形, 落锤与试样仍然接触, 但是试样与支座脱离接触. 图 (c) 描写 $t \approx \tau$ 的时刻, 试样进一步变形, 落锤与试样、试样与支座都脱离接触. 图 (d) 描写时刻 $t \approx 1.25\tau$, 这时, 落锤与试样、试样与支座都重新接触. 如此下去, 接触和失去接触, 直到时刻 $t \approx 3\tau$. 这里 τ 代表试样的固有振动周期. 这表明, 我们的实验目的是揭示材料对时间的响应, 但是实验装置对时间的响应也耦合进来, 如果不把这两者区分开来, 我们就很难真正认识材料的动态响应. 所以假如人们以为仅仅把外加载荷作为时间的函数代入静态三点弯曲试样的应力强度因子的公式中, 就能得到冲击三点弯曲试样的动态应力强度因子, 那就大错特错.

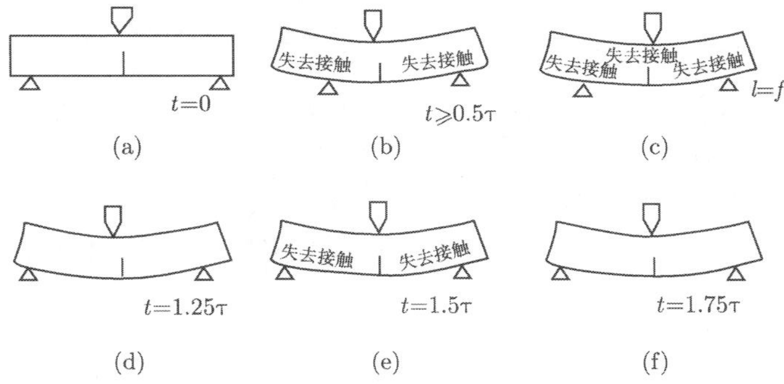

图 12.4.1　冲击三点弯曲试样: 落锤与式样、试样与支座接触和失去接触

上面提到的试样的固有振动周期, 怎么计算? 严格的分析, 必须用非线性方法, 见本章的附录. 为了简单起见, 近似用弹性分析去给出一个估计如下, 即

$$\tau = \frac{1.68}{c_0}\sqrt{SWBCE} \tag{12.4.1}$$

其中 S 为试样的跨度, W 为试样的宽度, B 为试样的厚度, C 为试样的柔度, E 为试样材料的弹性模量, ρ 为试样材料的质量密度, 而 $c_0=\sqrt{E/\rho}$ 为试样材料的声速 (近似把材料当作一维弹性杆处理).

注意到实验中希望测量的材料的时间效应, 但是它和实验装置对对时间的响应会耦合起来, 需要把它们区分开来, 才有可能真正揭示材料的时间效应. 一般地, τ

值都很小, 因为这是一个快速过程, 需要精密的测量仪器. 图 12.4.2 是一种这类装置, 用光学记录, 通过焦散斑与力学量的关系, 进行计算.

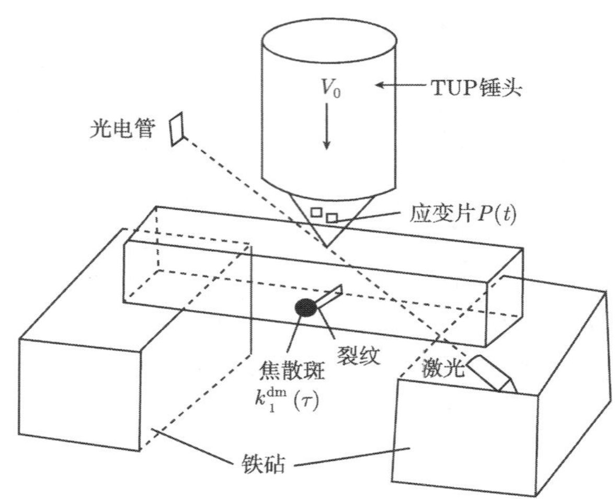

图 12.4.2　冲击三点弯曲试样的测量 (包括光学) 装置

下面是对环氧树脂 Araldat 材料做成的试样 (图 12.4.3) 测量的结果. 所测量试样的几何特征和具体尺寸有表 12.4.1 列出测量的结果包括落锤力 (P_H) 随时间变化的函数关系, 支座反力 (P_A) 随时间变化的函数关系, 动态应力强度因子随时间变化的函数关系以及支座位移 (S_A) 随时间变化的函数关系, 如图 12.4.4~ 图 12.4.8 所示.

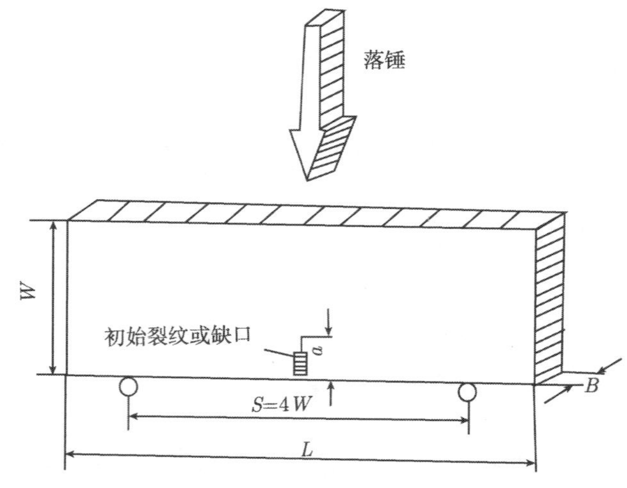

图 12.4.3　环氧树脂试样的结构与尺寸

表 12.4.1 所测量的各试样的材料与几何参数

试样		A	B	C	D	E
试样特征		紧凑	窄	细	裂纹长	长度大
试样高度		150	100	75	100	100
试样长度	L/mm	412	412	412	408	550
	L/S	1.03	1.03	1.03	1.02	1.38
试样跨度	S/mm	400	400	400	400	400
	S/W	2.7	4	5.3	4	4
裂纹尺寸	a/mm	45	30	22.5	50	30
	a/W	0.3	0.3	0.3	0.5	0.3
试样厚度	B/mm	10	10	10	10	10
材料		环氧胶粘剂	环氧胶粘剂	环氧胶粘剂	环氧胶粘剂	环氧胶粘剂

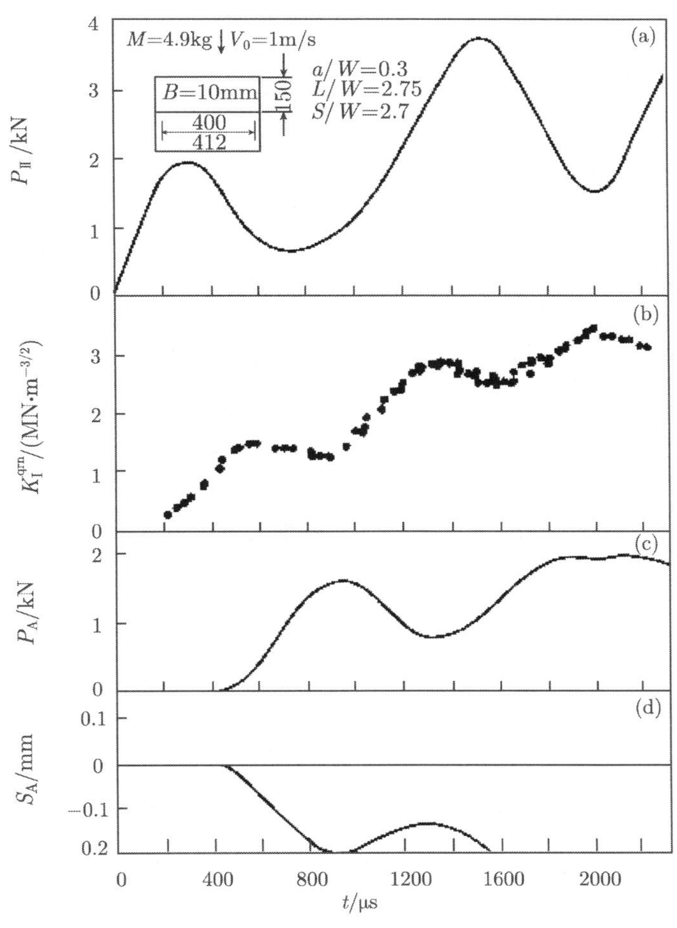

图 12.4.4 试样 A 的载荷、动态应力强度因子、支座反力和位移

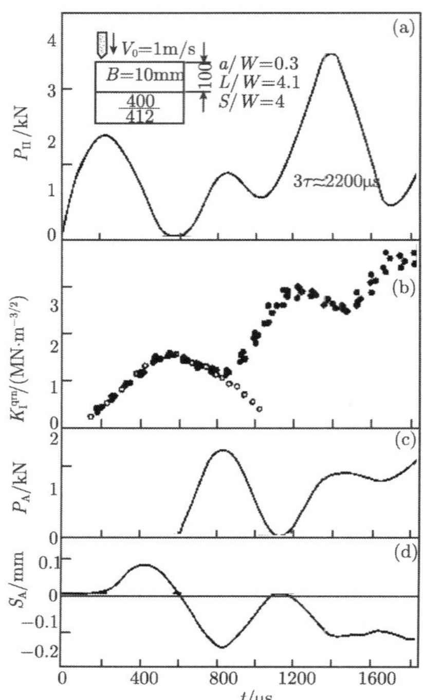

图 12.4.5 试样 B 的载荷、动态应力强度因子、支座反力和位移

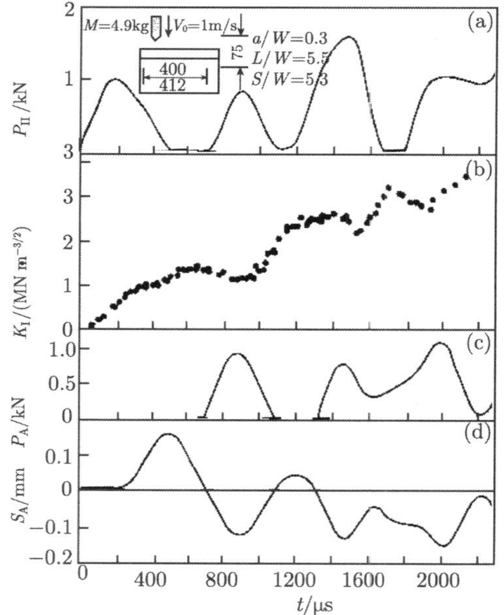

图 12.4.6 试样 C 的载荷、动态应力强度因子、支座反力和位移

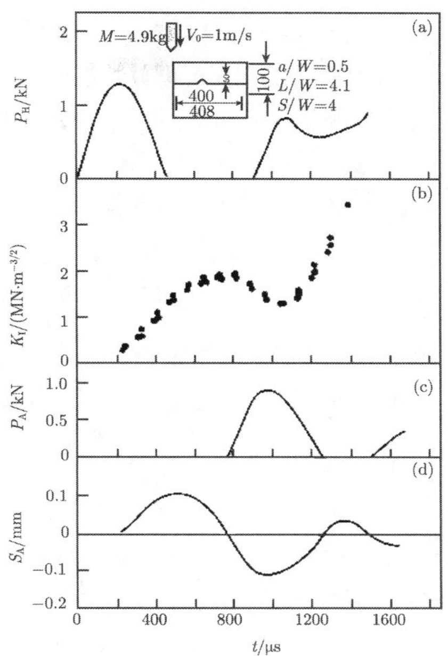

图 12.4.7 试样 D 的载荷、动态应力强度因子、支座反力和位移

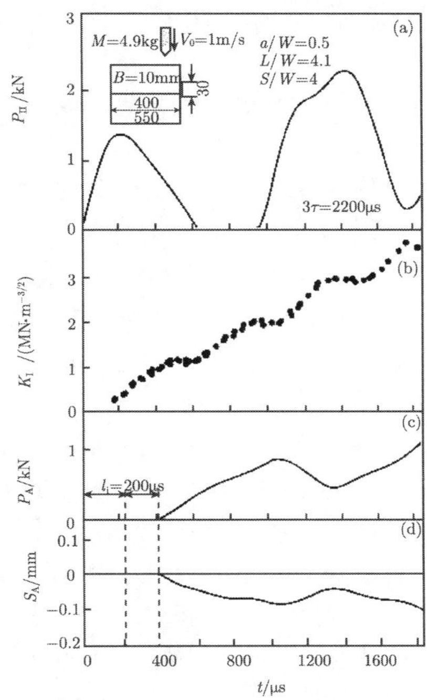

图 12.4.8 试样 E 的载荷、动态应力强度因子、支座反力和位移

这些测量由德国 Freiburg 的 Fraunhoffer 材料力学研究所作出.

我们不难发现, 试样几何、载荷的时间函数对动态应力强度因子影响很大. 同时, 高聚物的动态响应与金属材料的动态响应也互不相同 (这里没有列出金属材料的测量结果).

如果我们有了动态应力强度因子 $K_{\mathrm{I}}(t)$ 的数据, 又有动态断裂韧性 $K_{\mathrm{Id}}(\dot{\sigma})$ 的测量结果, 那么采用判据

$$K_{\mathrm{I}}(t) = K_{\mathrm{Id}}(\dot{\sigma}) \tag{12.4.2}$$

就可以帮助我们确定结构的安全性能, 即裂纹会不会发生快速扩展. 对高聚物, 不同材料的不同试样的动态应力强度因子 $K_{\mathrm{I}}(t)$ 的数据动态和断裂韧性 $K_{\mathrm{Id}}(\dot{\sigma})$ 的测量结果都不够充分.

12.4.2　裂纹快速扩张

上面的讨论是针对冲击载荷下的稳定裂纹问题. 如果裂纹发生了快速扩展, 讨论比上面的问题要困难得多. 这时断裂判据为

$$K_{\mathrm{I}}(t) = K_{\mathrm{ID}}(V) \tag{12.4.3}$$

5.5 节的讨论可以借鉴. 高聚物的裂纹快速扩展问题尚未得到很好研究.

12.5　高聚物的老化与失效问题

高分子聚合物由于银纹化导致裂纹成核和扩展是材料失效的一种方式, 另外, 高聚物在光照、高能辐照、温度、氧气、化学介质等作用下, 会引起材料的物理和化学性能, 包括力学性能的改变, 最终失去使用价值, 这种现象称为高聚物老化.

高聚物中的聚氨酯胶黏剂和硅橡胶是武器系统中应用最典型的两种性能优异的材料, 被广泛地应用于航天航空、核工业、兵器等领域. 在使用过程中这些材料面临辐照和热的老化作用, 材料失效会危及整个系统的正常运行. 因此探索它们老化的机理, 提出抗老化的途径和措施, 是十分有意义的研究课题.

辐照和热作用是导致聚氨酯胶黏剂和硅橡胶老化的外因, 外因要通过改变其内部物理和化学结构才能起作用. 聚氨酯胶黏剂是基料分子结构中含有氨基甲酸酯基 (NHCOO) 或异氰酸酯基 (NCO) 的胶黏剂. 聚氨酯大分子主链是由玻璃化转变温度低于室温的柔性链段 (简称为软段) 和玻璃化转变温度高于室温的刚性链段 (简称为硬段) 嵌段而成的. 因为硬段极性很强, 相互间吸引力很很大, 容易聚集在一起, 形成很多微区, 分布于软段中, 这种现象称为微相分离. 从化学成分上看, 聚氨酯软段由低聚物多元醇组成, 硬段由多异氰酸酯和扩链剂组成.

辐照使聚氨酯软段发生分解, 往往使硬段发生裂解和交联效应, 会使材料的力学性能发生变化. 例如, 随着辐照程度的增加, 弹性模量先减小后增大, 表明裂解和交联效应共存.

氨酯热老化的机理非常复杂. 在热空气老化下, 聚氨酯的弹性模量老化后增加. 热空气中的水分子可以破坏聚合物分子之间的氢键, 使聚合物增塑, 同时引起力学强度及其他物理性能下降. 水还可以引发高分子链水解断裂, 引起聚合物化学降解, 使力学性能降低.

上述老化机理的讨论是定性的, 但是已经同高分子链断裂联系起来, 如果从这里出发, 进一步探索, 有可能得到半定量的结果. 这正是研究者所期盼的.

关于硅橡胶的老化机理就不再讨论了.

12.6 附录一: 高浓度、大黏性聚合物溶液广义流体动力学

前面指出用黏弹性宏观模型, 有一定便利之处, 但是聚合物的软物质物理特性并没有得到揭示. 要揭示这些特性, 可不可以用 Landau 广义流体动力学去描写? 现在尚未从文献上见到这方面的报道. 我们建议不妨进行这一尝试. 第 11 章的分析可供参考.

从质量守恒、动量守恒、能量守恒定律和耗散定则, 可以建立高密度、大黏性聚合物溶液的运动方程如下.

质量守恒定律为

$$\frac{\partial \rho}{\partial t}+\operatorname{div}(\rho V)=0 \tag{12.6.1}$$

这里 ρ 代表聚合物溶液质量密度. 动量守恒定律为

$$\rho\frac{\partial V_i}{\partial t}+\rho V_k\frac{\partial V_i}{\partial x_k}=\frac{\partial}{\partial x_j}\left(\sigma_{ij}+\sigma'_{ij}\right) \tag{12.6.2}$$

这可以看成普通流体的 Navier-Stokes 方程的推广, 能量守恒定律在不存在耗散的情形下为

$$\frac{\partial s}{\partial t}+\operatorname{div}(sV)=0 \tag{12.6.3}$$

其中 s 代表熵. 今后我们不考虑方程 (12.5.3).

但是以上方程 (12.6.1)~(12.6.3) 尚不足以描写作为软物质的聚合物宏观动力学模型, 必须补充其他方程.

现在需要补充的方程, 属于一种耗散运动方程, 它超出了寻常的守恒定律, 为一般读者所不熟悉. 我们先把它列出来, 即

$$\frac{\partial u_i}{\partial t}+V_k\frac{\partial u_i}{\partial x_k}-\Gamma_u\frac{\partial \sigma_{ij}}{\partial x_j}-V_i=0 \tag{12.6.4}$$

其中 Γ_u 称为耗散运动系数. 方程 (12.6.4) 的得到可以参考第 7 章、第 9 章和第 11 章相关的讨论.

由方程 (12.7.1),(12.7.2) 和 (12.7.4)(一般方程 (12.7.3) 不使用), 运动方程有 7 个方程, 而场变量为 19 个, 方程组尚不封闭.

为此需要给出具体的本构关系. 最简单的近似为下列关系

$$\begin{cases} \sigma_{ij} = C_{ijkl}\varepsilon_{kl} \\ \sigma'_{ij} = -p\delta_{ij} + \eta\dot{\xi}_{ij} \end{cases} \tag{12.6.5}$$

和小变形几何方程

$$\begin{cases} \varepsilon_{ij} = \dfrac{1}{2}\left(\dfrac{\partial u_i}{\partial x_j} + \dfrac{\partial u_j}{\partial x_i}\right) \\ \dot{\xi}_{ij} = \dfrac{1}{2}\left(\dfrac{\partial V_i}{\partial x_j} + \dfrac{\partial V_j}{\partial x_i}\right) \end{cases} \tag{12.6.6}$$

其中

$$\begin{aligned} &C_{ijkl} = C_{ijkl}(\varepsilon_{mn}, T, t) \\ &\eta = \eta\left(\dot{\xi}_{ij}, T, t\right) \end{aligned}$$

即材料模量是应力张量、变形速度张量、温度和时间的函数. 对不同的聚合物 (晶体、非晶体、玻璃态、橡胶、塑料等), 它们互不相同.

现在 (12.7.1), (12.7.2), (12.7.4)～(12.7.6) 一共有 31 个方程, 但是场变量一共为 32 个, 即位移分量 u_i 3 个、速度分量 V_i 3 个、应变分量 ε_{ij} 6 个、变形速度分量 $\dot{\xi}_{ij}$ 6 个、弹性应力分量 σ_{ij} 6 个、流体应力分量 σ'_{ij} 包括压力 p 7 个、密度 ρ 1 个. 方程组仍然不封闭.

为了使方程组封闭, 需要给出一个密度与压力的关系, 即

$$p = f(\rho) \tag{12.6.7}$$

或等价地

$$\rho = g(p) \tag{12.6.8}$$

这样, 我们一共有 32 个场变量和 32 个场方程.

12.7　附录二: 聚合物共混体的变形与运动

在这种情形, 由质量守恒、动量守恒定律和耗散定则, 也可以建立其运动方程, 与上面不同, 压力不作为独立场变量出现, 因而有质量守恒定律为

$$\frac{\partial \rho}{\partial t} + \mathrm{div}(\rho V) = 0 \tag{12.7.1}$$

这里 ρ 代表软物质质量密度. 动量守恒定律为

$$\rho\frac{\partial V_i}{\partial t}+\rho V_k\frac{\partial V_i}{\partial x_k}=\frac{\partial}{\partial x_j}\left(\sigma_{ij}+\sigma'_{ij}\right) \tag{12.7.2}$$

这可以看成普通流体的 Navier-Stokes 方程的推广, 能量守恒定律在不存在耗散的情形下, 为

$$\frac{\partial s}{\partial t}+\operatorname{div}(sV)=0 \tag{12.7.3}$$

其中 s 代表熵. 今后我们不考虑方程 (12.7.3).

但是以上三组方程尚不足以描写软物质宏观动力学模型. 必须补充其他方程.

现在需要补充的方程, 属于一种耗散运动方程, 它超出了寻常的守恒方程, 为一般读者所不熟悉. 我们先把它列出来, 即

$$\frac{\partial u_i}{\partial t}+V_k\frac{\partial u_i}{\partial x_k}-\Gamma_u\frac{\partial \sigma_{ij}}{\partial x_j}-V_i=0 \tag{12.7.4}$$

其中 Γ_u 称为耗散运动系数. 此方程的由来可以参考第 7 章、第 9 章和第 11 章的有关讨论.

由方程 (12.7.1),(12.7.2) 和 (12.7.4)(一般方程 (12.7.3) 不使用), 运动方程有 7 个方程, 而场变量为 19 个, 方程组尚不封闭.

为此需要给出具体的本构关系. 最简单的为下列关系

$$\begin{aligned}\sigma_{ij}&=C_{ijkl}\varepsilon_{kl}\\ \sigma'_{ij}&=\eta_{ijkl}\dot{\xi}_{kl}\end{aligned} \tag{12.7.5}$$

和小变形几何方程

$$\begin{aligned}\varepsilon_{ij}&=\frac{1}{2}\left(\frac{\partial u_i}{\partial x_j}+\frac{\partial u_j}{\partial x_i}\right)\\ \dot{\xi}_{ij}&=\frac{1}{2}\left(\frac{\partial V_i}{\partial x_j}+\frac{\partial V_j}{\partial x_i}\right)\end{aligned} \tag{12.7.6}$$

其中

$$\begin{aligned}C_{ijkl}&=C_{ijkl}(\varepsilon_{mn},T,t)\\ \eta_{ijkl}&=\eta_{ijkl}\left(\dot{\xi}_{mn},T,t\right)\end{aligned}$$

即材料模量是应力张量、变形速度张量、温度和时间的函数. 对不同的聚合物 (晶体、非晶体、橡胶、塑料等), 它们互不相同.

现在方程 (12.7.1),(12.7.2),(12.7.4), (12.7.5) 和 (12.7.6) 一共有 31 个方程, 场变量一共也为 31 个, 即位移分量 u_i 3 个、速度分量 V_i 3 个、应变分量 ε_{ij} 6 个、变形速度分量 $\dot{\xi}_{ij}$ 6 个、弹性应力分量 σ_{ij} 6 个、流体应力分量 σ'_{ij} 6 个、密度 ρ 1 个. 方程组封闭.

这些方程组的求解, 与第 11 章介绍的类似. 因为聚合物与软物质准晶都属于软物质, 它们的广义流体动力学在方法论上存在相似之处. 为了避免重复, 具体求解细节读者可以参考第 11 章, 这里就不再介绍了.

这两个附录的材料可以通过第 7 章去了解, 那里给出了有关参考文献.

本章参考了殷敬华和莫志深的《现代高分子物理》(科学出版社, 2001), 范天佑的《断裂动力学 —— 原理与应用》(北京理工大学出版社, 2006) 和北京科技大学博士论文"高分子老化表征新方法及聚氨酯和硅橡胶老化机理研究"(2014).

高分子聚合物在复杂状态下的力学性能的测量是一个难题. 近来用粗粒化方法, 通过模拟得到, 可以参考: Padding J T, Briels W J. Coarse-graining molecular dynamics simulations of polymer melts in transient and steady shear flow. J Chem Phys, 2003, 118(22): 10276～10286; Chakrabarty A, Cagin T. Coarse grain modeling of polyimide copolymers. Polymers, 2010, 51: 2786～2794.

第 13 章　材料分离机制的多层次、多尺度研究

由前面的讨论我们知道, 缺陷与断裂理论是研究缺陷演化规律的学科, 它是一门宏观的、唯象的和半经验的理论, 研究方法基本上是连续介质力学的方法, 所处理的位错尺寸在 10^{-7} mm, 裂纹尺寸变化范围很大, 对工程结构中的裂纹, 尺寸在 10^{-1}mm 以上. 在研究裂纹的扩展时, 在裂纹顶端前方有一个断裂过程区, 其范围在百微米到一微米数量级, 即 $10^{-1} \sim 10^{-3}$mm. 在这种尺度, 牛顿力学仍然是适用的①. 不同材料和在不同的环境下裂纹扩展的机理, 往往各不相同, 有时并不表现为连续介质的运动方式, 而是离散原子的运动方式 (例如, 位错发射), 但后者在一定范围内仍可用连续力学方法去处理 (在 13.5 节讨论).

现阶段断裂理论只能处理预先存在一条主裂纹情形下裂纹的扩展问题, 它不能处理裂纹成核问题, 也不能处理微小裂纹成核之后如何演化成一条主裂纹的问题. 这些问题要用物理学的方法, 可以参考哈宽富的专著②.

这里我们以学习性的方式对材料分离机制作一些探索讨论, 它未必能解决断裂问题.

13.1　晶体原子间相互作用力

固体力学主要研究工程材料 (或结构材料) 的变形规律, 而不管材料的内部结构. 由于我们希望借助物理学的方法去更深入地了解断裂现象的本质, 不得不涉及材料的内部结构. 固体物理学主要研究晶体. 晶体按其结合力的性质, 分成离子晶体、原子晶体和分子晶体. 晶体中质点 (离子、原子、分子) 间的结合力, 又称为键, 例如, 离子晶体的结合力称为离子键, 原子晶体的结合力为共价键, 分子晶体的结合力成为 van der Waals 键. 晶体结合力的破坏, 可以说就是上述键的断裂.

晶体结合力 (键) 的研究, 要用到量子力学理论与方法, 9.7 节将讨论有关计算, 这里只给一些结果. 为了简单起见, 从离子晶体开始讨论.

人们比较熟悉的岩盐 (NaCl) 就是一种离子晶体, 图 13.1.1 是它的晶体结构, 其中金属元素 Na 放出最外层电子而形成正离子 Na^+, 用小球代表, 而非金属元素 Cl 吸收前者放出的电子而变成满壳层的负离子 Cl^-, 用大球代表.

---

① 曾谨言. 量子力学. 北京: 科学出版社, 1986.

② 哈宽富. 断裂物理基础. 北京: 科学出版社, 2000.

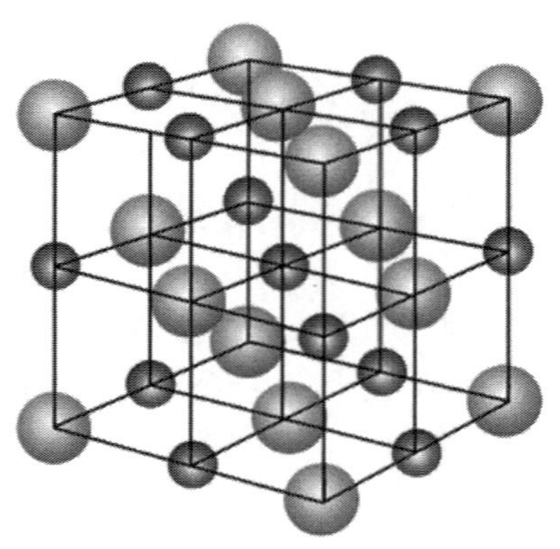

图 13.1.1　岩盐 NaCl 的晶体结构

正、负离子的 Coulomb 引力而使它们靠近. 但当它们靠近到一定程度时, 根据 Pauli 不相容原理 (同一量子状态下, 不可能存在两个相同状态的电子), 两个闭合壳层的电子云 (电子云是一种形象的说法, 其实是指描写电子状态的 Schroedinger 波函数, 详见后面介绍) 因重叠而产生排斥力. 当吸引力与排斥力相等时, 就形成了稳定的离子键.

为了简单起见, 进而假设每个离子的电荷分布均为球对称. 离子之间虽也有 van der Waals 力相互作用, 但较小, 这里把它略去.

先考虑两个离子之间的相互作用能. 按照 Coulomb 定律, 一对正、负离子之间相互作用吸引势能为

$$u(r) = -\frac{z_1 z_2 e^2}{r} \tag{13.1.1}$$

而相互吸引力为

$$f(r) = -\frac{z_1 z_2 e^2}{r^2} \tag{13.1.2}$$

其中 z_1 与 z_2 为两离子的价数, 可以为正数或负数, r 为它们质心的距离.

当一对离子相互靠近到一定距离时, 排斥力将上升. 假设排斥能具有形式

$$u(r) = \frac{b}{r^n} \tag{13.1.3}$$

这里 b 与 n 为常数, 必须由实验确定.

由式 (13.1.1) 与式 (13.1.3) 得到一对离子间相互作用势能为

$$u(r) = -\frac{z_1 z_2 e^2}{r} + \frac{b}{r^n} \tag{13.1.4}$$

而这一对离子之间相互作用力为

$$f(r) = -\frac{\mathrm{d}u}{\mathrm{d}r} = -\frac{z_1 z_2 e^2}{r^2} + \frac{nb}{r^{n+1}} \tag{13.1.5}$$

设晶体由 N 个离子组成, 第 i 个离子质心到第 j 个离子质心之间的距离为 r_{ij}, 则整块晶体的结合能为

$$U=\frac{1}{2}\sum_{i}^{N}\sum_{j}^{N}u(r_{ij})\ (i\neq j) \tag{13.1.6}$$

式 (13.1.6) 可以近似的表示成

$$U=\frac{1}{2}N\sum_{j\neq 1}^{N}u(r_{1j}) \tag{13.1.7}$$

把 (13.1.4) 代入式 (13.1.7), 得到

$$U=\frac{1}{2}N\sum_{j\neq 1}^{N}\left(\pm\frac{z_1z_je^2}{r_{1j}}-\frac{b}{r_{1j}^n}\right) \tag{13.1.8}$$

括号中的第一项前正负号由离子的电荷号而定.

设 r 为离子间的最小距离, 则 r_{1j} 可以简化成

$$r_{1j}=a_jr$$

a_j 由晶体的几何结构确定. 这样, 我们有

$$U=-\frac{1}{2}N\left\{\frac{z_1e^2}{r}\sum_{j\neq 1}^{N}\left(\pm\frac{z_j}{a_j}\right)-\frac{1}{r^n}\sum_{j\neq 1}^{N}\left(\frac{b}{a_j^n}\right)\right\}$$

记

$$\sum_{j=1}^{N}\frac{b}{a_j^n}=B \tag{13.1.9}$$

对于只有两种离子的情形, 进而令

$$z_1\sum_{j=1}^{N}\left(\pm\frac{z_j}{a_j}\right)=az_1z_2 \tag{13.1.10}$$

其中

$$\alpha=\sum_{j\neq 1}^{N}\pm\frac{1}{a_j} \tag{13.1.11}$$

称为 Madelung 常数, 由晶体结构而定, 例如, 对于 NaCl, $\alpha=1.75$. 这样

$$U=-\frac{1}{2}N\left\{\frac{az_1z_2e^2}{r}-\frac{B}{r^n}\right\} \tag{13.1.12}$$

离子晶体结合能表达式 (13.1.12) 可以推广到一般情形①

$$U=-\frac{A'}{r^m}+\frac{B'}{r^n} \tag{13.1.13}$$

其中 A', B', m, n 为待定常数, 由晶体结构而定. 式 (13.1.13) 称为 Lennard-Jones 势②, 这是在量子力学创立之前提出来的.

上述结合势能是在粒子对的势能基础上发展起来的, 称为对势又称为双体势. 对势有许多种. 除了上面介绍的幂函数形式的对势之外, 还有指数函数形式的, 例如, Born-Mayer 势

$$U=A\exp[-\rho(r-r_0)/r_0]$$

其中 A 与 ρ 是待定常数, r_0 是最近邻粒子之间的平衡位置.

对势比较简单, 在模拟计算中也取得了一定的成绩 (见 13.2 节). 但是, 晶体是多种粒子组成的, 多种粒子之间的相互作用不能仅仅用一个参量 r 表示, 而需要考虑多体效应. 为了描写多体效应, 提出了多体势, 自然它们仍然是经验性的, 其中含有若干待定常数, 称经验多体势. 它们在用于模拟金属与合金的力学性能与物理性能方面取得较好效果.

无论是对势或多体势, 都需要用实验数据去拟合其中的一些待定常数, 而原子尺度上的准确实验数据不多 (因为这种实验的难度很大, 难以开展), 使这些作用势的研究发展具有相当程度的困难.

在量子力学基础上发展起来的密度泛函理论可成功地处理量子多体问题, 它把确定复杂的、多电子 Schroedinger 波函数的问题转化成同电子密度 $\rho(r)$ 相关的计算问题, 使计算大为简化. 实际计算中结合使用离散变分方法可以通过高速电子计算机去实现③. 量子力学的这种理论与方法在晶体的原子相互作用势的研究中成为一个新的有力工具, 是前述对势和多体势的发展.

13.2 解理断裂的半定量分析 —— 理想晶体的强度

在绪论中提到解理断裂机制. 它最初在矿物 (例如, 云母、岩盐等) 中发现, 沿一个密堆晶面破裂为二. 后来在由于某些原因不易产生塑性变形的金属 (例如, 只有一个滑移系的 Z_n, 在低温下的 $\alpha-\mathrm{Fe}$ 等) 中也发现解理断裂.

① 苟清泉. 固体物理简明教程. 北京: 人民教育出版社, 1979.

② Jones J E. On the determination of molecular fields Ⅱ. From the equation of state of a gas. Proc. Roy. Soc. Landon A, 1924, 106: 463~477.

③ 肖慎修, 王崇愚, 陈天朗. 密度泛函理论的离散变分方法在化学与材料物理中的应用. 北京: 科学出版社, 1998.

解理断裂是脆性破坏，它同位错有无关系，后面再讨论. 前人已用原子间结合力的简单模型对它作了定性分析. 这种分析对我们很有启发.

晶体由原子 (或离子、分子) 规则排列而成. 原子重心排列的骨架称为晶格. 晶格上原子之间存在相互作用力, 13.1 节已经作了介绍. 图 13.2.1(a) 给出了晶格上相邻原子间相互作用的势能曲线. 上面也已指出, 势能与相互作用力存在简单的关系 (即 $f=-\partial U/\partial r$), 因而由这种关系可以得到原子间相互作用力随原子间距变化的规律, 如图 13.2.1(b) 所示. 对应于平衡原子间距, 势能取其最小值.

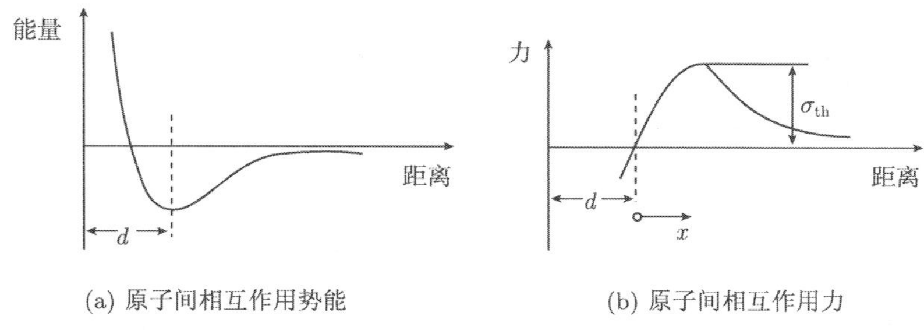

(a) 原子间相互作用势能　　(b) 原子间相互作用力

图 13.2.1　原子间相互作用势能与相互作用力

如图 13.2.2 中所示原子间相互作用力与原子间距关系曲线的一段可以用正弦函数曲线近似描写.

表示原子间相互作用应力的 x 的正弦函数可以写成

$$\sigma=\sigma_{\mathrm{th}}\sin\frac{2\pi x}{\lambda} \tag{13.2.1}$$

其中 λ 代表一个长度, 但暂时未知, σ_{th} 代表理论断裂应力, 现在它也是未知的.

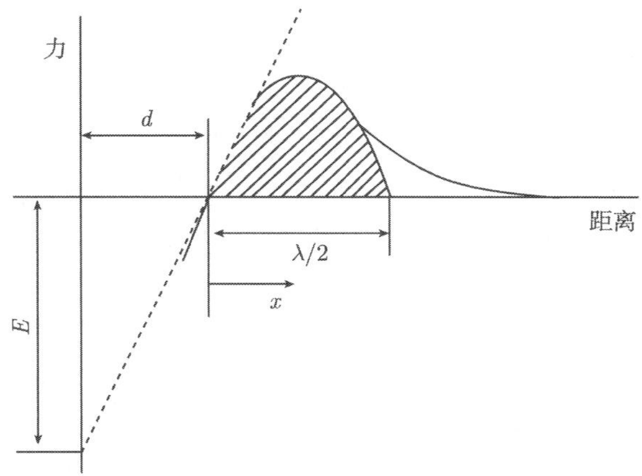

图 13.2.2　原子间相互作用力的近似描写

图 13.2.2 中阴影的部分代表使原子分离所需做的功 (单位长度上的功), 即

$$\int_0^{\lambda/2} \sigma(x)\mathrm{d}x = \int_0^{\lambda/2} \sigma_{\mathrm{th}} \sin\frac{2\pi x}{\lambda}\mathrm{d}x = \frac{\lambda\sigma_{\mathrm{th}}}{\pi} \tag{13.2.2}$$

式中 λ 与 σ_{th} 均未知. 为了确定它们, 首先假设全部的功转化成用于分离原子而形成的表面的表面能. 设单位面积的表面能为 γ, 考虑到有两个表面, 因而

$$\frac{\lambda\sigma_{\mathrm{th}}}{\pi} = 2\gamma \tag{13.2.3}$$

为了确定 λ 与 σ_{th}, 我们还需要寻找另外的条件.

在式 (13.2.1) 中, x 是一个很小的量, 这样 $\sin(2\pi x/\lambda) \approx 2\pi x/\lambda$, 所以

$$\sigma \approx \sigma_{\mathrm{th}}\frac{2\pi x}{\lambda} \tag{13.2.1$'$}$$

(这关系对应于图 13.2.2 中曲线上升的线性部分). 另外, Hooke 定律应该成立, 即

$$\sigma = E\frac{x}{d} \tag{13.2.4}$$

这里 E 代表材料的拉伸弹性模量, d 代表平衡位置的相邻原子间距. 把 (13.2.4) 代入 (13.2.1′), 得到

$$\sigma_{\mathrm{th}} = \frac{E\lambda}{2\pi d} \tag{13.2.5}$$

比较式 (13.2.3) 与式 (13.2.5), 最后得到上述简化模型下的理论断裂强度

$$\sigma_{\mathrm{th}} = \sqrt{\frac{E\gamma}{d}} \tag{13.2.6}$$

其中 E, γ 和 d 均为材料常数, 已知. 对于金属和陶瓷, $\gamma \sim 10^3\,\mathrm{erg/cm^2} = 10^{-3}\mathrm{kgfcm/cm^2} = 10^{-2}\mathrm{Ncm/cm^2}$, $E \sim 10^7\mathrm{N/cm^2}$, $d \sim 2.5\times10^{-8}\mathrm{cm}$. 把这些数据代入式 (13.2.6), 得到

$$\sigma_{\mathrm{th}} \sim 2.0\times10^6\mathrm{N/cm^2}$$

可见 $\sigma_{\mathrm{th}} \sim E/5$, 同时 $\lambda \sim 10^{-8}\mathrm{cm}$. 以上计算比较粗糙. 比较精确的计算得出 $\sigma_{\mathrm{th}} \sim E/80$. 然而由实验测量得到的材料实际断裂强度比理论强度小 2~4 个数量级. 自然, 上述分析本质上讲是定性的.

对理论强度与实际强度之间的巨大差别, 科学家很早就作了各种分析, 也作了许多实验研究, 例如, 著名固体物理学家、苏联科学院院士Иоф фе 取一岩盐棒, 于其下端作用一小载荷, 使其不致断裂, 并且把它浸入温水中, 岩盐就在温水中溶解. 当表层溶解时, 表层上的损伤跟着消失, 而新的损伤还来不及形成, 因为溶解是在不停地进行的. 逐渐溶解的时候, 棒变得越来越细, 最后在载荷拉伸下断裂. 测量

得到的断裂应力为 $\sigma = 160\text{kgf/mm}^2$. 而岩盐的理论断裂强度 $\sigma_{\text{th}} = 200\text{kgf/mm}^2$, 可见 A.Ф.Иоф фе 的实验值同 σ_{th} 十分接近. 而岩盐的一般试样测得的断裂应力 $\sigma = 0.5\text{kgf/mm}^2$, 它是 σ_{th} 的 1/400①.

其他材料, 如金属 Sn 和 Fe, 制成髪丝粗细的试样的, 称为晶鬚, 很接近单晶体尺寸, 作拉伸, 测得断裂强度为 $E/25 - E/80$, 表明由极细的试样测得断裂强度可以接近理论断裂强度.

为什么极细的试样能测得与理论强度相近的强度值呢?A.Ф.Иоф фе 的解释之一是, 这种试样表面的缺陷很少. 另一种可能的解释是, 由于试样尺寸小, 接近单晶体, 没有多晶体中的晶粒间界. 晶粒间界, 又称为晶界, 也是一种缺陷, 它也削弱材料的强度. 由于试样小, 其内部如果存在位错, 则数量较少; 如果存在裂纹, 则尺寸较小, 因而比较接近完整晶体, 这也是它的强度较高的原因. 这些解释是后人补充的.

尽管对 A.Ф.Иоф фе 和其他研究者用极细试样测得很高强度值的深入原因还可以继续探索, 但无疑, 材料内部的结构缺陷 (如晶界、位错等) 等微缺陷以及在工艺和使用过程中产生的宏观缺陷如裂纹, 对强度的影响是显著的.

在绪论中列举了影响材料性能的各种内因与外因, 裂纹作为一种宏观缺陷, 其影响尤为显著, 我们在绪论中已用经典 Griffith 裂纹时, 其临界应力为

$$\sigma_c \sim \sqrt{\frac{E\gamma}{a}}$$

如果允许我们将上式与式 (13.2.6) 相比较, 那么比较的结果为

$$\frac{\sigma_c}{\sigma_{\text{th}}} \sim \sqrt{\frac{d}{a}} \tag{13.2.7}$$

一般情形下, $d \sim 10^{-8}\text{cm}$, $a \sim 0.1\text{mm}{\sim}1\text{cm}$, 所以 σ_{th} 比 σ_c 大 2~4 个数量级是可能的. 看来 Griffith 理论对这一问题作了较好的解释.

当然, Griffith 理论是针对宏观裂纹计算的, 而式 (13.2.6) 是针对晶格尺寸计算时, 两者能否直接对比, 是问题的关键! 若不能作这种对比, 则式 (13.2.7) 就没有意义了.

Griffith 理论揭示了材料实际强度与理想晶体的理论强度在数量级上存在着巨大差别, 重要原因之一是存在宏观缺陷. 除了宏观缺陷, 还有材料结构缺陷, 例如, 位错、晶界等. 位错的存在使晶体在远远低于临界剪应力的情形下发生塑性变形. 最初 Taylor, Polanyi 与 Orowan 于 1934 年分别独立地提出位错存在的设想. 位错存在的实验观察直到 1956 年才由电子显微镜首次作出. 位错是一种线缺陷, 位错

① 富利施等. 普通物理学, 第一册. 北京: 高等教育出版社, 1955.

线的粗细在 10^{-8}cm 数量级. 位错很容易滑移, 若这种滑移受阻就会萌生裂纹. 位错与裂纹的关系后面将讨论.

13.3 离子晶体断裂的半定量近似分析

13.1 节中关于原子间相互作用势的讨论是近似的. 13.2 节把这一近似用于研究理想晶体强度, 其近似性更大. 苏联 Cherepanov①设想过量子力学计算上述问题的可能性, 但他立即指出, 求解在实际上是不可能的, 因而他未能作任何量子力学计算. 他只得提出一个简化模型, 仍基于原子间相互作用势, 用一些粗略的近似去进行计算.

针对离子晶体 (例如, NaCl), 设其原子间相互作用势为

$$U(r) = -\frac{\alpha_M e^2}{r} + \frac{6a}{r^3} \tag{13.3.1}$$

其中第一项代表 Na^+ 与 Cl^- 离子的静电相互作用 Coulomb 势能, α_M 即式 (13.1.11) 所给 Madelung 常数 =1.75, e 为电子电荷, r 为两相邻离子之间的距离; 第二项为排斥势, a 为待定常数, 系数 6 是因为一个离子有 6 个近邻异性离子而加上的.

Cherepanov 用一些近似, 估算

$$\begin{cases} a = \dfrac{\alpha_M e^2 r_0^{s-1}}{6s} \\ s = 1 + \dfrac{18kr_0^4}{\alpha_M e^2} \end{cases} \tag{13.3.2}$$

其中 r_0 由下式解出

$$\alpha_M e^2 r_0^{s-1} = 6sa \tag{13.3.3}$$

而 k 为

$$k = \frac{1}{18r_0}\left(\frac{\mathrm{d}^2U}{\mathrm{d}r^2}\right)_{r=r_0} \tag{13.3.4}$$

如图 13.1.1 所示岩盐, 单位面积上所受静应力 σ_0 时外力所做的功 $3\sigma(Nr^3)^{2/3}$ $N^{1/3}\mathrm{d}r$ 应该等于体积 Nr^3 中晶格的总能量 $\frac{1}{2}N\mathrm{d}r(\mathrm{d}U/\mathrm{d}r)$. 由此得到

$$\sigma = \frac{1}{6r^2}\frac{\mathrm{d}U}{\mathrm{d}r} \tag{13.3.5}$$

又假设 $\sigma = \sigma(r)$ 具有如图 13.3.1 所示的形式, 所以 $\sigma_{\max}$ 应该发生在 $\mathrm{d}\sigma/\mathrm{d}r = 0$ 的 $r = r_*$ 处.

① Cherepanov G P. Mechanics of Brittle Fracture. New York: McGraw–Hill, 1979.

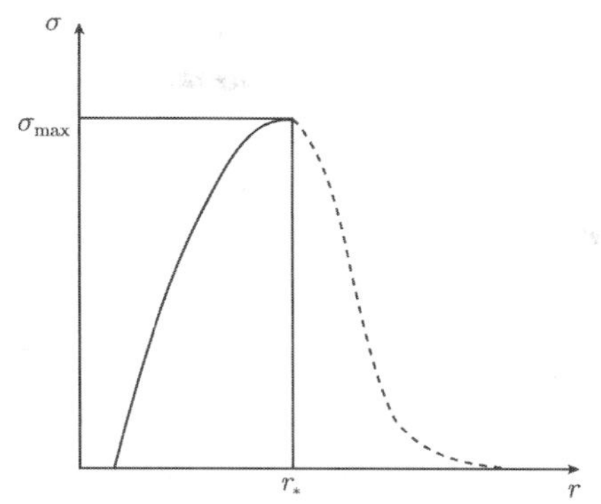

图 13.3.1 晶体中应力 σ 随距离 r 的分布

由式 (13.3.1), (13.3.2) 和 (13.3.5) 得到

$$r_* = r_0 \left(\frac{s+3}{4}\right)^{1/(s-1)} \tag{13.3.6}$$

$$\sigma_{\max} = \frac{s-1}{s+3}\frac{\alpha_M e^2}{6r_*^4} \tag{13.3.7}$$

对于岩盐 NaCl, 有如下数据:

$$\begin{cases} r_0 = 2.8 \times 10^{-8}\text{cm}, \ k = 3 \times 10^5 \text{kg/cm}^2 \\ s = 9.4 \end{cases} \tag{13.3.8}$$

所以

$$\sigma_{\max} = 420\text{kgf/mm}^2 \tag{13.3.9}$$

这个 $\sigma_{\max}$ 相当于 NaCl 离子键断裂应力.

9.2 节介绍苏联 A.Ф. Иоф фе 用极精细的实验测得

$$\sigma_c = 160\text{kgf/mm}^2$$

可见上述计算同实验结果在数量级上已经一致, 但仍然有很大出入.

首先由于势函数 (13.3.1) 是近似的, 计算中又用了许多近似, 结果 (13.3.9) 的精度很难讲. 其次它是考虑了一种离子与周围其他异性离子的相互作用, 也许 (13.3.9) 并不能描写一块材料的性能, 即它未必能代表材料临界断裂应力.

13.4 体心立方体 (bcc-Fe) I 型裂纹的分子动力学模拟

13.3 节试图用相互作用势对裂纹起始扩展的临界应力作深层次的分析. 为了使分析进行下去, 作了许多简化. 其计算结果的精度是值得怀疑的. 另一条途径是分子动力学模拟. 现在有的研究者用分子动力学模拟结合连续介质力学模型, 有一定可行性, 并且有可能得到一些新的结果. 下面就此作一概要介绍.

13.4.1　离散原子——连续介质模型和计算步骤

近年来, 把离散原子与连续介质相结合起来, 对位错和裂纹进行多尺度、多层次分析, 是一种发展趋势, 这样把材料的晶体结构、原子间结合力等因素同连续介质力学得到的结果在一定程度上相联系起来, 有助于深化对材料变形与断裂现象的认识.

目前国内外研究者采取如图 13.4.1 所示计算模型, 它把带裂纹材料分成三个区：在裂纹顶端附近为离散原子区, 最多原子数可以达到一亿 (国内的工作由于受计算机条件的限制, 原子数仅十万到几十万个), 由分子动力学模拟计算. 外部为连续介质区, 用连续力学计算. 在这两个区之间有一个由少数几层原子组成的过渡区.

在连续介质区, 裂纹的力学状态由应力强度因子表征, 同应力强度因子相联系的应力场与位移场的信息经过过渡区传递给离散原子区.

过渡区是离散原子区的外边界, 同时又是连续介质区的有机组成部分. 该区中的计算点既可以看成原子, 同时又是连续介质中有限元分析的节点. 这样过渡区的厚度至少必须等于离散原子区模拟时所用原子间相互作用时的截断距离. 对于体心立方 (bcc) 晶体, 如果用 Finnis-Sinclair 势, 其截断距离为第二近邻, 这种情形下, 过渡区的厚度必须大于两层原子尺寸.

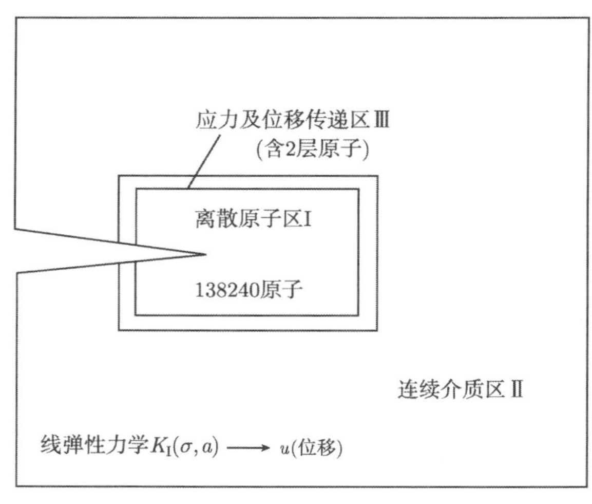

图 13.4.1　裂纹扩展的离散原子 —— 连续介质模型

离散原子区, 本质上讲, 仍然是宏观的, 因为它以 Newton 力学为基础, 即用

$$\boldsymbol{F}=m\boldsymbol{a}$$

计算原子的运动, 只是这个力 $\boldsymbol{F}$ 由原子间相互作用势 U 得到, 即 $\boldsymbol{F}=-\nabla U$, 此势能可以由多种方法得到, 不一定用量子力学方法得到.

U 已包括了晶体结构或原子尺度上的某些信息. 但是这些相互作用势是由完整晶体构造出来的, 现在把它们用于带宏观尺寸的裂纹晶体, 这是一个极大的近似.

粗线条的计算步骤如下.

由线性断裂力学, 得到由应力强度因子 K_1 控制的位移场的主项, 例如 (如果假设材料为各向同性)

$$\left\{\begin{matrix} u_x \\ u_y \end{matrix}\right\}=\frac{K_1}{2E}\sqrt{\frac{r_1}{2\pi}}\left\{\begin{matrix} (1+\nu)\left[(2\kappa-1)\cos\dfrac{\theta_1}{2}-\cos\dfrac{3\theta_1}{2}\right] \\ (1+\nu)\left[(2\kappa-1)\sin\dfrac{\theta_1}{2}-\sin\dfrac{3\theta_1}{2}\right] \end{matrix}\right\}$$

$$\nu=\begin{cases} 3-4\nu & (\text{平面应变}) \\ (3-\upsilon)/(1+\nu) & (\text{平面应力}) \end{cases}$$

用这些量描写初始裂纹状态, 当然也可以用各向异性弹性断裂力学所得的 u_x, u_y, 以便刻画晶体的各向异性.

此信息经过渡区传递给离散原子区. 该区内部运动状态由分子动力学模拟去描写, 但在边界上与过渡区的位移相协调 (离散原子区与连续介质区位移在过渡区相等), 这样得到该区的初始状态. 本质上讲, 分子动力学描写的是宏观状态, 但属于离散原子的行为. 每次加载后, 用分子动力学进行弛豫, 达到平衡状态.

当达到初始弛豫之后, 通过增加 K_1 值进行加载 (例如, $K_1=\sqrt{\pi a}p$ 是加大 $\sqrt{\pi a}p$ 值), 由上述位移公式通过过渡区, 给离散原子区的原子以位移, 计算裂纹顶端原子的运动, 观察裂纹的生长. 经过试验, 载荷每次增加的值为 $0.1K_{1\text{C}}$, 比较适宜. 计算表明, 这时边界区的位移将被控制在 0.5Å之内. 每次加载对原子的弛豫的时间步分别为 200 步, 300 步, 400 步, 600 步或 800 步不等, 每个时间步长为 5×10^{-15}s(10^{-15}s= 飞秒). 以 bcc-Fe 中单边裂纹为例, 如图 13.4.2 所示.

裂纹面为 {100} 晶面, 裂纹前缘法线沿 X' 方向. 为了实现平面应变状态, [100] 方向 (Z' 方向) 采用周期性边界条件. 计算中假设原子区在 X' 方向铺设 180 层原子, 在 Y' 方向铺设 256 层原子, 在 Z' 方向含 6 层原子, 这样离散原子区总共 138240 个原子. 初始裂纹具有 18 层原子长度, 为 X' 方向物体长度的 1/10, 约 37Å.

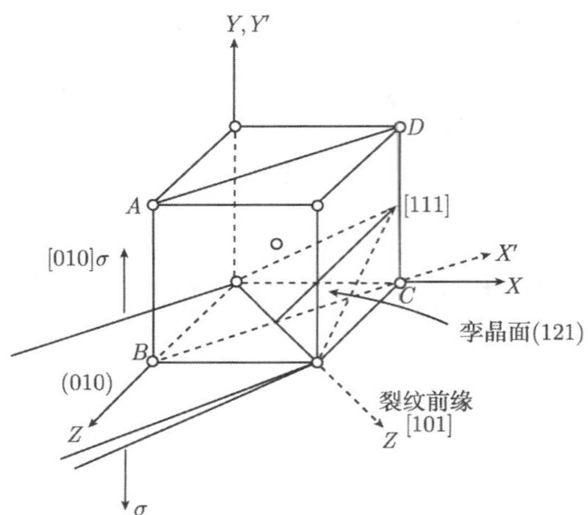

图 13.4.2　bcc-Fe 晶体中晶面 {100}(011) 单边裂纹

13.4.2　模拟的若干结果

下面介绍郭雅芳①得到的一些结果.

1. 不同取向对裂纹起始扩展的影响

设裂纹起始扩展时, 应力强度因子的值 $K_1 > K_{\mathrm{IC}}$, 记 $K^+ \equiv K_1/K_{\mathrm{IC}} > 1$. 裂纹闭合 (或止裂) 时 $K_1/K_{\mathrm{IC}} < 1$, 记 $K^- \equiv K_1/K_{\mathrm{IC}} < 1$, 且这两个值与裂纹取向有关.

裂纹取向为 {010}(101) 时在绝对温度 5K 下, $K^+ = 1.11$, 同一取向的裂纹, 在同一温度下 $K^- = 0.89$. 看来两者有出入, 但出入不大, 说明线性断裂力学判据 $K_1 = K_{\mathrm{IC}}$ 基本上正确.

在相同温度下裂纹取向为{010}(100) 时, K^+=2.00, 取向为{010}(001)时 K^+=1.52, 取向为 {010}(110) 时, $K^+ = 1.20$. 显然不同晶面和不同结晶学方向的裂纹其裂纹起始扩展很不相同.

2. 不同温度对裂纹扩展的影响和裂纹发射位错

该文献发现温度较低时, 裂纹扩展为脆性解理型, 到 200K 时. 仍如此, 如图 14.4.3(a) 所示.

① 郭雅芳. 铁中裂纹动力学研究及缺陷声子谱. 钢铁研究院博士论文, 2001.

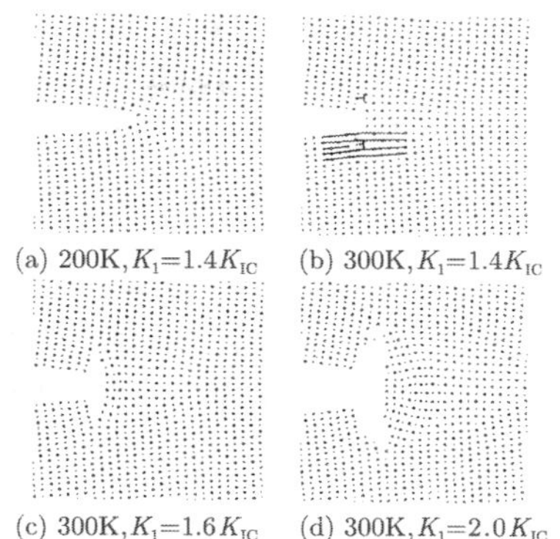

图 13.4.3 温度对裂纹扩展的影响以及裂纹顶端发射位错

当温度达到 300K 时, 出现钝化与分叉, 裂纹扩展不再是解理型的, 如图 13.4.3(b) 所示. 图 13.4.3 还表明, 在垂直于裂纹面的方向, 即 (010) 方向, 裂纹顶端发射两个刃型位错, 裂纹开始钝化. 随后, 当外载荷增加时, 裂纹分支先沿 (010) 方向扩展, 然后转到 (111) 方向, 并且在这两个方向交替扩展, 导致裂纹顶端区域的塑性变形. 这些结果与前人实验观测和数值模拟结果①②相一致, 该文所得材料韧–脆转变温度为 200–300K, 与实验所得 250K 一致③.

裂纹发射位错问题, 13.5 节将详细讨论.

3. 裂纹顶端原子结合强度变化及原子键断裂的电子结构分析

上面还用量子力学中的密度泛函理论和离散变分方法计算了裂纹顶端原子的差分电荷密度. 计算中所用一单边裂纹试样的裂纹顶端原子标号如图 13.4.4 所示.

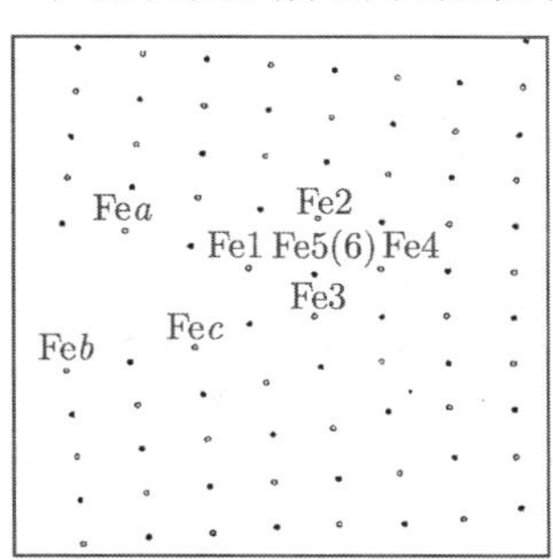

图 13.4.4 电子结构计算区域原子标号示意

① B. de Celis, A. S. Argon and S. Yip, Molecular dynamics simulation of crack tip processes in alpha-iron and copper, J. Appl. Phys., Vol. 54, 4864~4875.

② A. Machova, G. E. Beliz and M. Chang, Atomistic simulation of stacking fault formation in bcc iron, Modelling Simul. Mater. Sci. Eng., Vol. 7, 949~974(1999).

③ F. A. Mcclintock and A. S. Argon, Mechanical Behavior of Materials (Chapter 17), Reading Addison Mesley, Massachusetts(1986).

图 13.4.5 为裂纹顶端附近原子在 {101} 平面和 {010} 平面上的差分电荷密度. 从图 13.4.5(a) 可以看到, 由于裂纹的存在, 使得在完整晶体中处于几何对称位置的两个 Fe 原子 (Fe2 与 Fe3) 与裂纹顶端表面原子之间的成键强度发生变化. 裂纹顶端表面原子 1 与原子 2 之间聚积了较多的电荷, 使得这两个原子之间可以形成较强的键, 当裂纹生长时原子为 Fe1—Fe2 的键不易断裂. 而原子 Fe1 与原子 Fe3 之间差分电荷的等值线比较稀疏, 两个原子间相互作用弱. 除此之外, 可以发现, 原子 Fe3 与周围其他 Fe 原子之间也没有形成很强的成键, 因此, 可以预言, 裂纹生长会沿原子 Fe1 与原子 Fe3 连线中点方向进行.

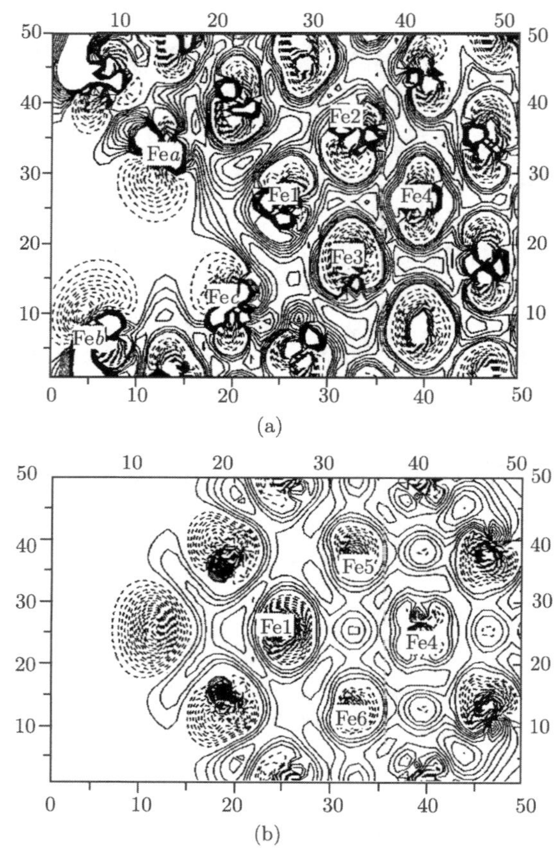

图 13.4.5　裂纹顶端附近原子在 {101} 平面和 {010} 平面上的差分电荷密度

此外, 还可以看到, 处于裂纹表面的原子 Fe*a*, Fe*b* 和 Fe*c* 在裂纹表面几乎不存在电荷的分布, 而在背离裂纹表面的方向上却无一例外地与其最近邻原子有很强的电子云交叠, 而且电子云畸变很大. 这表明, 裂纹表面附近, 原子之间成键要强于无缺陷时情形; 另外 Fe 原子核在面向裂纹处的方向上有很强的极性, 如果在裂纹中渗入一杂质原子, 可以预言, 此杂质原子会与裂纹表面处的 Fe 原子发生相互作用. 这种相互作用与裂纹的取向、类型等因素有关, 它表现为一定的方向性与选择性 (如吸附效应等).

在沿裂纹生长的方向上, 可以看到晶体点阵上的原子之间的电荷分布情形与理想晶体中的情形很相似, 没有明显的电子转移, 成键的强弱之分不是很明显, 电子云也不存在很明显的畸变. 这表明, 缺陷的引入并没有明显地改变裂纹顶端前方的电子结构状况. 而图 13.4.5(b) 表明, 沿裂纹前沿, 体系呈现对称分布, 这与体系在 [101] 方向上的对称性有关.

13.5 裂纹与位错的相互作用

本书绪论中提到裂纹与位错的关系. 除了绪论中指出裂纹成核与位错可能有关之外, 在第 4 章中提到裂纹顶端前方的塑性区, 对晶体材料而言, 那个塑性区可能就是滑移位错群, 即 BCS 位错群. 除了这些之外, 13.4 节提到裂纹顶端可能发射位错, 裂纹顶端附近的位错与裂纹还有其他相互作用. 这些讨论有助于加深我们对材料分离机制的了解.

13.5.1 有关数学工具

有趣的是, 分析裂纹与位错的相互作用, Muskhelishvili 复变函数论方法仍然有用, 尤其 1.6 节与 A2.8 节中介绍的化成 Riemann-Hilbert 问题求解的复势法很有用. 其次是 Eshelby 能量–动量张量和路径守恒积分也很有用, 它在第 4 章中研究弹塑性断裂力学已经详细讨论过, 现在要使用它, 就不生疏了.

Eshelby 在 1956 年创立的路径守恒积分为

$$f_k = -\frac{\partial U}{\partial x_k} = \int_{\Gamma} (W\delta_{jk} - \sigma_{ij} u_{ij,k}) \mathrm{d}\Gamma_j \tag{13.5.1}$$

在二维情形, 它与公式 (4.4.3) 一致. 这里 f_k 可以理解为作用在弹性体内缺陷上的力, 如果定义变形能密度为

$$W = \sigma_{ij}\varepsilon_{ij} \tag{a}$$

另外, 若定义

$$W = \int_0^{\varepsilon_{ij}} \sigma_{ij} \mathrm{d}\varepsilon_{ij} \tag{b}$$

则 σ_{ij} 与 ε_{ij} 之间可以具有更一般的关系 (例如, 非线性弹性或全量塑性关系), 那么 f_k 也可以理解为作用在非线性弹性体或全量塑性体内缺陷上的力. 缺陷的出现,

是物质系统的对称性的一种破缺, 从而导致某种奇异性. 例如, 用线性弹性材料模型, 对线缺陷——位错 (它是一种拓扑缺陷), 在位错芯, 应力具有 r^{-1} 阶的奇异性, 对面缺陷——裂纹 (它是一种度量缺陷), 在裂纹顶端, 应力具有 $r^{-1/2}$ 阶的奇异性, 其中 r 是从位错芯或裂纹顶端量起的矢径. 把力 f_k 理解为作用在缺陷上的力, 自然也可以理解为作用在奇点上的力.

至于 Riemann-Hilbert 问题, 在附录二中相当详尽地讨论过, 下面具体引用时, 再进一步讨论.

13.5.2 反平面问题的位错与裂纹及其相互作用

为了简单起见, 这里仅讨论反平面应变情形.

如第 1 章所说明, 反平面应变问题, 其控制方程为

$$\nabla^2 u_3 = 0 \tag{c}$$

这里 $\nabla^2 = \partial^2/\partial x_1^2 + \partial^2/\partial x_2^2$. 位移 $u_3(x_1, x_2)$ 是任一解析函数 $\phi(z)$ 的实部或虚部, 不妨取

$$u_3(x_1, x_2) = \frac{2}{\mu}\mathrm{Im}\phi(z), \quad z = x_1 + \mathrm{i}x_2$$

为了让 $\phi(z)$ 既可以描写裂纹问题, 又可以描写位错问题, 下面给出的 $\phi(z)$ 可能与第 1 章专门描写裂纹时的情形, 在具体形式上会有差异. 在其他记号上, 也可以与第 1、2 章和附录二有所不同.

这里记

$$\sigma(z) = \sigma_{31} + \mathrm{i}\sigma_{32} = 2\phi'(z) \tag{d}$$

或者

$$\begin{aligned}\sigma_{r3} &= \sigma_{31}\cos\theta + \sigma_{32}\sin\theta = \mathrm{Im}(\sigma\mathrm{e}^{\mathrm{i}\theta})\\ \sigma_{\theta 3} &= -\sigma_{31}\sin\theta + \sigma_{32}\cos\theta = \mathrm{Re}(\sigma\mathrm{e}^{\mathrm{i}\theta})\end{aligned} \tag{e}$$

在坐标原点有一螺型位错, 可以取

$$\phi(z) = \frac{\mu b}{4\pi}\ln z \tag{13.5.2}$$

b 在这里代表一个复数, 其实部代表一个位错, 其虚部代表一个 “线力” 的强度. Reb 由 $\phi(x)$ 在 $z=0$ 处的多值性给出, 即

$$\mathrm{Re}b = \frac{2}{\mathrm{i}\mu}\Delta\phi = \frac{2}{\mathrm{i}\mu}\int_r \phi\mathrm{d}z$$

r 在这里代表一个绕原点的回路. 线力强度也可用类似方式求得.

关于裂纹问题, 我们已很熟悉它们的解. 例如, 对于半无限裂纹

$$\phi'(z) = k_{\mathrm{III}}/2\sqrt{2\pi z}$$

详见 A2.5.2 小节, 这里略去了其中的非奇异项. 对于 Griffith 裂纹, 用普通的复势法, 在不计一个常数因子的情形下, 有

$$\phi(z) = \mathrm{i}A\left(z - \sqrt{z^2 - a^2}\right), \quad \phi'(z) = \mathrm{i}A\left(1 - \frac{z}{\sqrt{z^2 - a^2}}\right)$$

其中 A 为一常数, 或者用 Riemann–Hilbert 问题解, 有

$$\phi'(z) = \frac{1}{2\pi\sqrt{z^2 - a^2}}\int_{-a}^{a}\frac{F(t)\sqrt{a^2 - t^2}}{t - z}\mathrm{d}t \tag{13.5.3}$$

这里 $\sigma_{32}^{+} = \sigma_{32}^{-} = -F(t)$(见 A2.7 节). 如果把坐标原点取在 Griffith 裂纹的一个端点, 例如, 右端点, 变量 $z = x_1 + \mathrm{i}x_2$ 也从这点计算, 则在裂纹顶端附近, $\phi'(z) \sim 1/\sqrt{z}$, 同半无限裂纹的 $\phi'(z)$ 的表达式, 在渐近形式上一样.

13.5.3 裂纹顶端发射位错

设有一半无限裂纹, 位于 x_1 轴上 $(-\infty, 0)$ 处, 穿透 x_3 轴. 又在 z_0 处存在一个螺型位错, 位错线沿 x_3 轴.

这个位错与裂纹的相互作用以函数 $\phi'(z)$ 去描写. 它应该包括两部分, 一部分为无限大介质中的螺型位错的解, 记为 ${\phi'}_0(z)$, 另一部分为位错激发的场并且在裂纹面上满足该处的边界条件的势函数 ${\phi'}_1(z)$.

由式 (13.5.2) 有

$$\phi'_0(z) = \frac{\mu b}{4\pi(z - z_0)} \tag{13.5.2$'$}$$

因为现在位错不在原点, 而在 z_0 处, 此函数导致裂纹面上出现某种应力. 现在需要使 ${\phi'}_1(z)$ 产生的应力, 保证与 ${\phi'}_0(z)$ 产生的应力合起来使裂纹面上的无应力条件

$$\sigma_{ij}n_j = 0$$

得到满足.

${\phi'}_1(z)$ 的确可由公式 (13.5.3) 去实现. 用 $x_1 = -\infty$ 代替 $x_1 = -a$, 用 $x_1 = 0$ 代替 $x_1 = a$, 又 $F(t) = -\mathrm{Re}{\phi'}_0(t)$, 那么

$${\phi'}_1(z) = \frac{1}{\pi\sqrt{z}}\int_{-\infty}^{0}\frac{\sqrt{t}\mathrm{Re}\phi'_0(t)}{t - z}\mathrm{d}t \tag{13.5.4}$$

这样得到

$$2\phi'(z) = \sigma = \frac{\mu}{4\pi\sqrt{z}}\left[\frac{b}{\sqrt{z} - \sqrt{z_0}} - \frac{b}{\sqrt{z} - \sqrt{\bar{z}_0}}\right] + \frac{K_{\mathrm{III}}}{\sqrt{2\pi z}} \tag{13.5.5}$$

$\bar{z}_0$ 代表 z_0 的复共轭.

所得结果表明, 裂纹顶端附近应力场的奇异性仍然属于 $1/\sqrt{z}$ 阶 (即 $1/\sqrt{r}$ 阶), 只是强度的大小与 $K_{\rm III}$ 不同. 因而有

$$\begin{cases} \sigma_{z\to 0} = k_{\rm III}/\sqrt{2\pi z} \\ k_{\rm III} = K_{\rm III} - \dfrac{\mu}{2}\left(\dfrac{b}{\sqrt{2\pi z_0}} + \dfrac{b}{\sqrt{2\pi \bar{z}_0}}\right) \end{cases} \tag{13.5.6}$$

这里 $k_{\rm III}$ 为有效应力强度因子, $K_{\rm III}$ 为外力应力强度因子.

从物理上看, Burgers 矢量为正的位错的效应是削弱裂纹的 K 场, 从而起屏蔽作用; 而 Burgers 矢量为负的位错, 加强裂纹的 K 场, 从而起反屏蔽作用. 此点最初为 I. H. Lin 等所研究, 国内的著作可以参考杨顺华与丁棣华 ①的书.

平面应变情形的位错与裂纹的相互作用, 计算比较复杂些, 但原理上相同, 结果也相类似, 所以这里不再介绍.

把以上结果代入 Eshelby 积分 (13.5.1) 可以得到一个位于 z_0、Burgers 矢量为 b 的位错同一条裂纹相互作用力的表达式. 当位错于实轴上时, 有

$$f = \frac{bK_{\rm III}}{\sqrt{2\pi x}} - \frac{\mu b^2}{4\pi x} \tag{13.5.7}$$

式 (13.5.7) 中的第二项, 用位错理论的术语, 称为自像力 (image force). 而式 (13.5.6) 可以化成

$$K_{\rm III} = k_{\rm III} + \frac{\mu b}{\sqrt{2\pi x}} \tag{13.5.8}$$

Ohr②指出位错在晶体内运动, 需要克服晶格摩擦力 $b\sigma_f$, 则发射出来的位错的运动方程为

$$\frac{bK_{\rm III}}{\sqrt{2\pi x}} - \frac{\mu b^2}{4\pi x} = b\sigma_f \tag{13.5.9}$$

方程 (13.5.9) 有两个根

$$\begin{cases} \sqrt{x_0} = \dfrac{K_{\rm III} - \sqrt{K_{\rm III}^2 - 2\mu b\sigma_f}}{\sqrt{8\pi}\sigma_f} \\ \sqrt{x_1} = \dfrac{K_{\rm III} + \sqrt{K_{\rm III}^2 - 2\mu b\sigma_f}}{\sqrt{8\pi}\sigma_f} \end{cases} \tag{13.5.10}$$

根据最初提出裂纹顶端发射位错的 Rice 与 Thomson(见 Phil. Mag., Vol.29 (1974), p.73) 的建议, 发射条件应该要求

$$x_0 \leqslant r_c, \quad \sigma_s \geqslant \sigma_f \tag{13.5.11}$$

① 杨顺华, 丁棣华. 晶体位错理论基础. 北京: 科学出版社, 1998.

② Ohr S M. An electron miroscope studyof cracktip diformation and its impact on the dislocation theory of fracture. Mat Sci Eng, 1985, 172: 1~35.

这里 r_c 为位错芯尺寸, σ_s 为材料屈服极限, 对于多晶体, σ_f 可以取为材料的剪切屈服极限.

把条件 (13.5.10) 代回 (13.5.7) 就得到裂纹顶端发射位错的条件

$$K_{\text{IIIe}} = \frac{\mu b}{\sqrt{8\pi r_c}} + \sqrt{2\pi r_c}\sigma_f \tag{13.5.12}$$

这里 K_{IIIe} 中的下标 "e" 代表发射 (emission) 位错的意义.
若

$$K_{\text{III}} > K_{\text{IIIe}} \tag{13.5.13}$$

则裂纹顶端发射位错.

对于晶体而言, 若理想弹性断裂韧性记为 K_{IIIC}, 又

$$K_{\text{IIIe}} < K_{\text{IIIC}} \tag{13.5.14}$$

意味着裂纹顶端的组态为发射位错, 相反地, 若

$$K_{\text{IIIe}} > K_{\text{III}C} \tag{13.5.15}$$

裂纹顶端的组态为解理断裂.

13.5.4 无位错区

在第 4 章中已经详细讨论过 Dugdale 模型. 若用连续分布位错模型, 即 BCS 模型去分析裂纹前缘的塑性区, 就是位错分布区. 但是 Ohr 等通过在 Al, Cu, Mo, W 和不锈钢薄膜作透射电镜观测, 发现在裂纹顶端和与之相联系的塑性区之间存在一个无位错的弹性区 (dislocation free zone, 记 DFZ). 这里与连续介质非线性断裂力学相矛盾. 但是用上面讨论的裂纹顶端发射位错的机理来理解这一点, 似乎又不太困难.

判据 (13.5.14) 与 (13.5.15) 是鉴别解理断裂或发射位错的条件. 对于发射位错还要求

$$K_{\text{IIIe}} < K_{\text{III}} < K_{\text{IIIC}} \tag{13.5.16}$$

这里 K_{IIIe} 与 K_{IIIC} 上面已经介绍了其物理意义, K_{III} 前面也已指出代表局部应力强度因子. 上式说明, 只有局部应力强度因子大于临界应力强度因子 K_{IIIe}, 又小于理想断裂韧性 K_{IIIC} 才能发射位错. 这样在裂纹顶端与塑性区之间存在一个无位错区就是可能的, 其示意图由图 13.5.1 给出. 图 13.5.1 中尺寸 a 代表裂纹尺寸, 裂纹面上作用面外剪切, 代表III型裂纹, 尺寸 e 代表裂纹与无位错区尺寸总和, 即弹性区尺寸, l 代表弹性区与塑性区尺寸的总和, 塑性区上用位错标志 (因为按金属物理, 位错即为塑性变形).

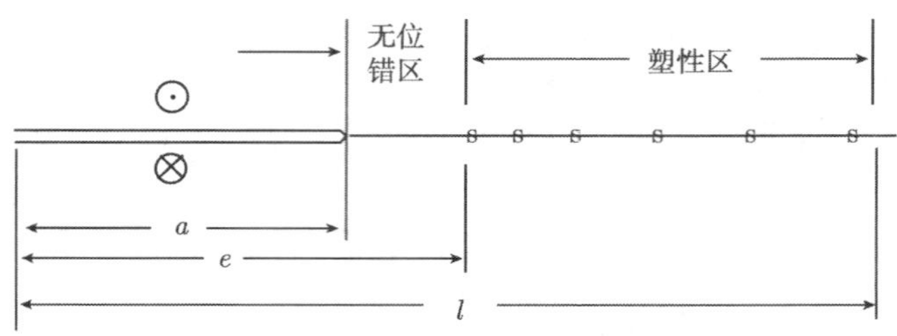

图 13.5.1 裂纹顶端的无错区示意

无位错区尺寸 (宽度) 取决于外应力 σ_a, 晶格摩擦应力 σ_f 和已经发射的位错的数目 N. 若 $k_{\rm III}=0$, 所发射的位错数目达到最大值 $N_{\max}$, 这时无位错区不存在, 而可以用 BCS(或 Dugdale) 模型描述.

根据上面陈述的位错对裂纹的屏蔽与反屏蔽作用, 大致存在三种情形: ①裂纹顶端不发射位错, $N=0$, 当然没有塑性区, 也不存在屏蔽与否的效应, 可以视无位错区为无限大, 这时 $k_{\rm III}=K_{\rm III}$, 此为弹性裂纹; ②裂纹顶端发射最多位错, $N=N_{\max}=\dfrac{4a\sigma_s}{\pi b\mu}\ln\left(\dfrac{l}{a}\right)$(这点可以由 BCS 模型计算出来, 这里略去), 塑性区从裂纹顶端开始, 而无位错区不存在, 造成完全屏蔽, 此即 Dugdale-BCS 裂纹, 为塑性裂纹; ③裂纹顶端发射一定数量的位错, 在裂纹顶端与塑性区之间存在一定大小的无位错区, 屏蔽是部分的, $k_{\rm III}<K_{\rm III}$, 无位错区的大小与 N, 外加应力 σ_a 和晶格性质 σ_f 有关.

本节用本书各章与附录提供的函数论知识和裂纹解, 第 4 章中介绍的 Dugdale-BCS 模型以及 Eshelby 能量 — 动量张量和路径守恒积分和简单的位错知识, 初步地且定量地讨论了位错与裂纹的相互作用. 我国学者龙期威、赖祖涵和戴树和等在这方面很有建树, 由于本书著者在这方面了解甚少, 不去详细介绍.

13.6 微裂纹演化成一条主裂纹的非平衡统计力学分析

前面曾指出, 连续介质力学并不能分析裂纹成核. 刚成核的微裂纹很小, 由它演化到尺寸在 10^{-1}mm 左右的宏观裂纹, 是一个十分复杂的过程, 能不能用连续介质力学去分析, 迄今尚无定论, 至少这方面的结果还没见到. 刑修三[①]用统计力学(尤其是非平衡统计力学) 作了许多分析. 他认为, 刚成核的微裂纹, 无论大小、方向等均属于随机的, 数量较多, 可以用统计力学的方法去分析. 像处理其他统计对象一样, 这时关心的不是单个样品的行为, 而是该统计系统的密度分布函数. 他认为微裂纹密度分布函数 $N=N(a,t)$, 即它是微裂纹尺寸 a 和时间 t 的函数. 在最简

① 邢修三. 固体断裂非平衡统计理论. 自然科学进展,2000, 10:289~299.

单的情形下, $N(a,t)$ 满足下列演化方程:

$$\frac{\partial N(a,t)}{\partial t}=q(t)\delta(a-a_0)-\frac{\partial}{\partial a}\left[\dot{a}(a,t)N(a,t)\right] \tag{13.6.1}$$

其中 $q(t)$ 为单位时间内裂纹的成核率, $\delta(a-a_0)$ 为 Dirac 函数, $\dot{a}$ 为微裂纹长大速率.

方程满足初始条件

$$N(a,0)=0 \tag{13.6.2}$$

和边界条件

$$N(\infty,t)=0 \tag{13.6.3}$$

要使方程 (13.6.1) 在初始条件 (13.6.2) 与边界条件 (13.6.3) 下求解, 首先必须给出 $q(t)$ 与 $\dot{a}(a,t)$.

为了得到 $q(t)$ 与 $\dot{a}(a,t)$ 必须给出适当的裂纹成核机理和裂纹长大机理. 对裂纹成核, 他使用 Stroh 位错塞积的裂纹成核机理 (见本书上册). 对裂纹长大, 他利用现有普通 (即连续介质) 断裂力学中的若干结果, 得到一个快速扩展裂纹的动能 T 与势能 U, 令 $(T+U)$ 守恒, 即 $\mathrm{d}(T+U)/\mathrm{d}t=0$, 得到 $\ddot{a}$, $\dot{a}$ 与 a 满足的一个常微分方程, 建议以它作为微裂纹长大的动态方程.

由以上模型和方程得到 $q(t)$ 与 $\dot{a}(a,t)$ 之后代入式 (13.6.1), 求解密度分布函数满足的扩散 (或热传导) 方程, 解出 $N(a,t)$. 有了 $N(a,t)$, 可以进一步得到若干同材料断裂现象有关的物理量, 包括断裂韧性在内. 他得到的断裂韧性 K_{IC} 含有位错的 Burgers 矢量和位错滑移长度 L, 对晶体断裂韧性的实质有进一步了解. 用上述方法, 他与他的学生还作了其他大量研究, 读者可以参考他最新的总结性论文和其他有关论文.

13.7 基于一维链模型的键断裂的量子力学分析

前面已从不同层次、不同尺度的观点对材料分离机制作了初步讨论, 用了连续力学、位错理论、分子动力学模拟和统计力学方法, 采用了多种简化和近似模型. 现在试图用量子力学方法作一点分析, 目的在于探索其可行性而不在于得到什么令人鼓舞的结果, 因为在现阶段还不可能有过大的期望值.

晶格上有许多原子 (或离子、分子), 原子中又有原子核与外层电子. 对这样一个多体量子系统, 只有写出它的 Hamilton 量, 才能建立起相应的 Schroedinger 方程. 为此, 先要分析原子核与原子核, 原子核与电子以及电子之间的相互作用. 一般来说, 这些相互作用有: ①各原子核之间的静电相互作用; ②各电子与原子核之间的静电相互作用; ③各电子之间的静电相互作用; ④电子自旋与轨道 (指电子绕核运动) 之间的磁相互作用；⑤各电子自旋磁矩的相互作用；⑥电子轨道和自旋磁矩与核磁矩之间的相互作用；⑦原子核的有限大小及非球对称的核电荷分布对电子与原子核静电相互作用的影响, 等等.

在以上七种相互作用中, 其中④到⑦的作用比①到③的作用要弱得多, 可以忽略不计. 这样仅需考虑①到③的相互作用的效应, 而 Hamilton 量可以近似写成

$$H=-\sum_i\frac{1}{2}\nabla_i^2-\sum_{\mathrm{I}}\frac{1}{2M_{\mathrm{I}}}\nabla_{\mathrm{I}}^2+\sum_{i<j}\frac{1}{|\boldsymbol{r}_i-\boldsymbol{r}_j|} +\sum_{I<j}\frac{Z_{\mathrm{I}}Z_J}{|\boldsymbol{R}_{\mathrm{I}}-\boldsymbol{R}_J|}-\sum_{\mathrm{I},i}\frac{Z_{\mathrm{I}}}{|\boldsymbol{R}_{\mathrm{I}}-r_i|} \tag{13.7.1}$$

公式 (13.7.1) 中, 小写的下标代表电子, 小写的 $\boldsymbol{r}_i$ 代表电子的矢径, 大写的下标代表原子核, 大写的 $\boldsymbol{R}_{\mathrm{I}}$ 代表原子核的矢径, M_{I} 代表第 I 个原子核的质量, 因而 (13.7.1) 中第一、二项分别代表电子和原子核的动能, 第三、四和五项分别代表电子之间、原子核之间和原子核与电子之间的静电相互作用势能, Z_{I} 代表原子序数. 定态 Schroedinger 方程为

$$H\psi=E\psi \tag{13.7.2}$$

H 即上述 Hamilton 能量算子, 由式 (13.7.1) 给出, ψ 为物质波波函数 (亦即定态 Schroedinger 函数), E 为该系统的能量. 公式 (13.7.2) 中采用了所谓原子单位制, 即长度单位 $=a_0=\dfrac{h^2}{mc^2}$=Bohr 半径 $=0.529\times10^{-8}$cm, 能量单位 =Hartree=$\dfrac{me}{h^2}=$ 27.21eV, 电荷单位 $=e=$ 电子的电荷, 质量单位 $=m=$ 电子的质量, eV 代表电子伏特.

式 (13.7.2) 中波函数 $\psi=\psi(r,\boldsymbol{R})$ 为电子坐标矢径 $\boldsymbol{r}$ 与原子核坐标矢径 $\boldsymbol{R}$ 的函数, 这里 $\boldsymbol{r}$ 与 $\boldsymbol{R}$ 们分别代表这些矢量的集合.

考虑到原子核的质量比电子质量大 $10^3\sim10^5$ 倍, 因而原子 (或离子、分子) 中电子运动速度比原子核大很多. 原子核运动可以忽略不计, 因而可以近似地认为原子核固定不动. 根据这一考虑, Born 与 Oppenheimer 建议把核运动与电子运动分离开来, 此为 Born-Oppenheimer 近似. 按照这一近似, 则该函数可以分解, 即

$$\psi(r,R)=\varPhi_e(r)\varPhi_n(R) \tag{13.7.3}$$

其中 $\varPhi_e(r)$ 代表电子的波函数, $\varPhi_n(R)$ 代表原子核的波函数.

把 (13.7.3) 代入 (13.7.2) 并且忽略原子核与电子之间的耦合项 (即略去 $\nabla_{\mathrm{I}}\varPhi_e$ 和 $\nabla_I^2\varPhi_e$), 因而得到原子核的近似波动方程

$$\left[-\sum_{\mathrm{I}}\frac{1}{2M_{\mathrm{I}}}\nabla_{\mathrm{I}}^2+E_e(R)\right]\varPhi_n=E\varPhi_n \tag{13.7.4}$$

和电子的近似波动方程

$$\left[-\sum_i \frac{1}{2}\nabla_i^2+\sum_{i<j}\frac{1}{|\boldsymbol{r}_i-\boldsymbol{r}_j|}-\sum_{I,i}\frac{1}{|\boldsymbol{R}_I-\boldsymbol{r}_i|}+\sum_{I<J}\frac{1}{|\boldsymbol{R}_I-\boldsymbol{R}_J|}\right]\varPhi_e=E_e(\boldsymbol{R})\varPhi_e \quad (13.7.5)$$

其中 E 为整个系统的总能量已如上述, $E_e(\boldsymbol{R})$ 为电子能量.

对于实际晶体, 由于原子核与电子的数量太大, 上述方程实际是难以解析求解的. 下面的计算, 采用简单模型, 即

(1) 只计算两个最相邻的原子核及其外层电子的相互作用, 例如, NaCl 晶体, 仅计算相邻的 Na 原子核及其外层电子与 Cl 原子核及其外层电子的相互作用.

(2) 其 Hamilton 量仅包含这些粒子的动能及静电相互作用势能.

(3) 计算出两最邻近原子 (例如, 最邻近原子 Na 与 Cl) 的能量①E.

(4) 计算出这两原子之间相互作用力② $\boldsymbol{F}=-\mathrm{d}E/\mathrm{d}r$.

(5) 设这个力 $\boldsymbol{F}$ 作用的面积为这两个邻近原子间距 a 的平方.

(6) 因而这两原子之间相互作用应力 $\sigma=\boldsymbol{F}/a^2$, 这个应力值相当于晶体的键强度, 此即临界断裂应力.

Wang 等①论文用此模型, 针对岩盐 NaCl 离子晶体作了量子力学计算, 计算中使用我国邓从豪院士发展的超球坐标法求解以上方程组. 由于 Na 有 11 个外层电子, Cl 有 17 个外层电子, 求解方程 (13.7.5) 需计算 8862 个 27 重积分, 最后化简成计算 434 个 27 重积分. 计算时手算与计算机算相结合.

以上模型虽然简单, 但未再引入其他假定, 而且也不用前几节所用的势函数法, 而是直接求解 Schroedinger 方程, 所得结果也是解析的. 从某种意义上讲, 这是实在的量子力学解析求解.

所得临界断裂应力②

$$\sigma_c=313.60\mathrm{kgf/mm^2}$$

比 Cherepanov 临界断裂应力 $\sigma_m=420\mathrm{kgf/mm^2}$ 更接近Иоф фе的实验值 $\sigma_c=160\mathrm{kgf/mm^2}$.

由于计算过于复杂与冗长, 这里不再一一介绍. 但本模型仅仅相当一个一维链的晶体模型, 其缺点是明显的, 因为岩盐中一个 Na^+ 周围有 6 个 Cl^-, 一个 Cl^- 周围有 6 个 Na^+, 如果严格计算, 应该计算 7 个原子核和 83 个电子 (或 113 个电子) 之间的相互作用, 这样大的工作量, 用手算是无法实现的.

---

① Wang W X, Fan T Y. Possible fracture stress based on an atomic model for a complete crystal. 2000, 未发表工作.

② 这里所指的能量, 是指能量的平均值, 力也是指平均值, 这是量子力学的通用做法.

13.8 非奇异断裂理论

前面有关的讨论都是基于裂纹顶端应力和/或应变为无限大的模式展开的. 这种无限大又称为奇异性, 所以现阶段的断裂力学是建立在奇异性理论基础上的.

在裂纹顶端出现应力集中或应变集中, 不难理解. 但在自然界和工程实践中, 从来无人测出无限大的应力或应变. 这表明, 奇异性理论是一种数学抽象的结果. 奇异性问题不仅在裂纹问题中出现, 在接触问题中也出现, 并且有人作了详细分析, 例如, G. M. L. Gladwell 的《经典弹性理论中的接触问题》(范天佑译, 北京理工大学出版社). 奇异性理论是缺乏物理真实性的理论, 但人们却不能舍弃它. 刚才所引的专著就从正反两个方面分析了奇异性的理论的缘由. 奇异性问题不仅在固体力学中存在, 在力学和应用数学的其他分支也大量存在. 原苏联著名数学力学家 Arnold 于 1988 年在 Grenoble 第 17 次国际理论及应用力学大会的开幕式的大会报告中, 就系统地分析了数学力学中奇异性与分叉点的理论, 值得我们仔细去研究.

奇异性问题不仅在应用数学和力学中存在, 在物理学的各个领域也大量存在, 例如, 见冯端《凝聚态物理学新论》的讨论 (上海科学技术出版社). 此专著的作者从自然界中的对称性和对称破缺的观点去讨论奇异性. 建议有兴趣的读者去阅读.

这里虽然只限于讨论裂纹问题的奇异性, 但这种奇异性与其他的奇异性有某种联系, 这是其一. 另外, 在下面分析裂纹的奇异性时, 我们的见解可能存在某些片面性, 所以我们向读者介绍了一些有关奇异性的论文与著作, 供大家参考. 读者读了这些论著, 可以避免受我们的观点的局限性影响.

同时我们可以看到, 奇异性问题涉及人们对自然现象和工程问题的物质观 (例如, 材料的本构模型和缺陷的几何模型等) 以及所采用的方法, 因而是一个涉及面十分宽广并且复杂的问题, 这里没有可能详细展开讨论. 下面即使局限在裂纹的奇异性讨论, 也是十分初步的.

实际上奇异性同前面所涉及的物质结构也有关系, 这就太难把讨论展开下去. 这里仅仅局限于与裂纹几何有关的问题.

13.8.1 真实的裂纹几何

由实验得到裂纹在扩张中的图像如图 13.8.1 所示, 这里仅给出其半个图形. 这一图形具有典型意义, 虽然不见得所有实验观测都得到同样的裂纹构形, 但对于金属材料, 这一构形具有一定的普遍性.

我们把这一真实裂纹在数学上进行简化之后用图 13.8.2 表示, 裂纹中部上、下表面平直, 其间距 $D = 2R$, 裂纹两端由两个半径为 R 的半圆弧组成. 这一模型最初由陈篪提出.

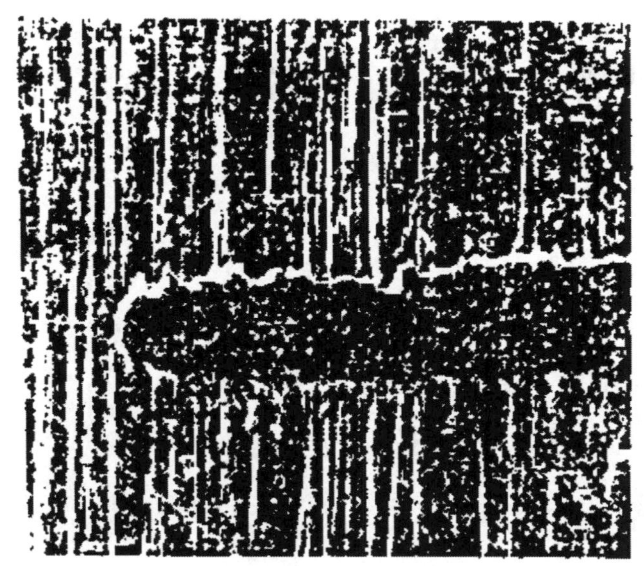

图 13.8.1 阀门钢中裂纹的轮廓

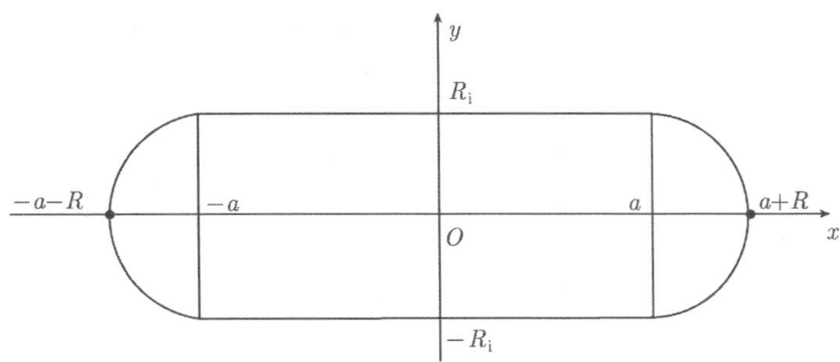

图 13.8.2 真实裂纹模型 (z 平面上)

弹性理论分析

即使是这么简单的一个裂纹模型, 在弹性力学的文献中尚未见到它的理论解. 由于 $D \neq 0$, $R \neq 0$, 在断裂力学中最广泛使用的积分变换–积分方程方法完全失效. 图 13.3.2 中裂纹轮廓线 L 很难用一个表达式写出. 在断裂力学中最精确和最强有力的方法是复变函数法, 这一方法的强有力在于使用保角映射, 但图 13.8.2 到映射平面 (ζ 平面) 上单位圆的准确保角映射难以构造出来. 因此这一问题的求解具有很大的困难. 设带裂纹无限平面在远处受单向拉伸 $\sigma_{yy}^{(\infty)} = p$, 裂纹面自由, 此问题的数学表达如下:

$$\nabla^2\nabla^2 U = 0 \tag{13.8.1}$$

$$\begin{cases} \sqrt{x^2+y^2}\to\infty: \sigma_{yy}=p, \sigma_{xx}=\sigma_{xy}=0 \\ (x,y)\in L: \sigma_{xx}\cos(n,x)+\sigma_{xy}\cos(n,y)=0 \\ \sigma_{xy}\cos(n,x)+\sigma_{yy}\cos(n,y)=0 \end{cases} \tag{13.8.2}$$

其中

$$\sigma_{xx}=\frac{\partial^2 U}{\partial y^2},\quad \sigma_{yy}=\frac{\partial^2 U}{\partial x^2},\quad \sigma_{xy}=-\frac{\partial^2 U}{\partial x\partial y} \tag{13.8.3}$$

$$\nabla^2=\frac{\partial^2}{\partial x^2}+\frac{\partial^2}{\partial y^2}$$

由 Muskhelishvili 复变函数方法

$$U(x,y)=\mathrm{Re}\left[\overline{z}\phi_1(z)+\int\psi_1(z)\,\mathrm{d}z\right] \tag{13.8.4}$$

其中 $z=x+\mathrm{i}y$, $\overline{z}=x-\mathrm{i}y$, $\phi_1(z)$ 与 $\psi_1(z)$ 为 z 的解析函数, 它们可以表达成

$$\begin{cases} \phi_1(z)=\phi_0(z)+\varGamma_z \\ \psi_1(z)=\psi_0(z)+\varGamma'_z \end{cases} \tag{13.8.5}$$

其中 $\phi_0(z)$ 与 $\psi_0(z)$ 是 z 平面上除去 L 之外的区域中的单值解析函数, $\varGamma$ 与 $\varGamma'$ 由 (13.8.2) 中无限远处的边界条件确定为

$$\varGamma=p/4,\quad \varGamma'=p/2 \tag{13.8.6}$$

未知函数 $\phi_1(z)$ 与 $\psi_1(z)$ 可以由 L 上的边界条件确定, 即

$$\phi_1(z)+t\overline{\phi'_1(z)}+\overline{\psi_1(z)}=C_0,\quad t\in L \tag{13.8.7}$$

这里 t 代表在 L 上的 z 值, C_0 为一常数, 由于它不影响应力分布, 可以取为零.

由于边值问题 (13.8.7) 在 z 平面上很难求解, 下面采用近似保角映射①

$$z=\omega(\zeta)=\frac{a}{2}\left(\zeta+\frac{1}{\zeta}\right)+R\left(\frac{\zeta}{6}+\frac{1}{\zeta}-\frac{1}{6}\zeta^3\right) \tag{13.8.8}$$

把如图 13.8.2 所示 z 平面上的区域映成 ζ 平面上单位圆 γ 的内部, 如图 13.8.3 所示. 且把 z 平面钝裂纹的两点 $a+R$, $-a-R$ 分别映照成为 ζ 平面单位圆上的两点 1, -1；单位圆上的另外两点 i, $-$i 分别被映为 $-2R\mathrm{i}/3$ 及 $R\mathrm{i}/3$, 这两点虽不在 z 平面的钝裂纹的水平直线 $y=\pm R\mathrm{i}$ 上, 但相差不大. 因此式 (13.8.8) 代表的映射虽然是近似的, 但精度很高, 而近似造成的误差仅出现在 $z=\pm R\mathrm{i}$ 附近, 由缺陷应力分析的理论和经验所知, $z=\pm R\mathrm{i}$ 处的应力场对缺陷 (裂纹) 扩展几乎无影响. 故可认为这一点近似对后面建立新的断裂模型几乎没有什么影响.

① 杨晓春, 范天佑, 李成岳, 真实裂纹模型与非奇异断裂理论, 第九届全国疲劳断裂会议, 昆明 (1998).

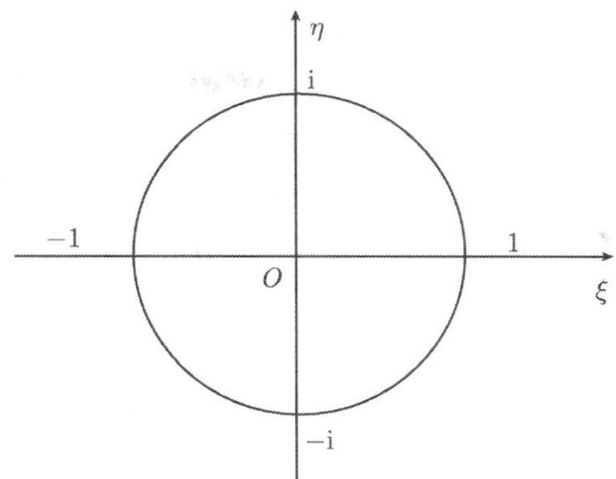

图 13.8.3 映射平面 (ζ 平面上)

在第 1 章与附录二中大量讨论了这类复势法的计算, 因而 $\phi_1(z)=\phi(\zeta)$, $\psi_1(z)=\psi(\zeta)$ 可以得到确定, 应力 σ_{ij} 亦可以计算出来, 这里不再重复. 这样求出的裂纹顶端的应力便不呈现奇异性了.

13.8.2 全量塑性理论分析

钝裂纹的弹性理论分析如上面简单介绍, 陈篪认为更重要的是塑性理论分析. 他本人与潘灏[①]就率先针对材料在幂硬化规律

$$\bar{\varepsilon}_p=\beta(\bar{\sigma})^m \quad \text{或} \quad \bar{\sigma}=\alpha(\bar{\varepsilon}_p)^n, \quad n=1/m \tag{13.8.9}$$

下求解平面应变问题 (其中 $\bar{\sigma}$ 为 von Mises 有效应力, $\bar{\varepsilon}_p$ 为塑性有效应变, α, β, m, n 均为材料常数) 以及针对线性硬化变形规律

$$\overline{\sigma}=\sigma_0+\gamma\bar{\varepsilon}_p \tag{13.8.10}$$

下的求解同一问题作了探讨, 所用裂纹模型如图 13.8.2 所示. 由于这一问题太复杂, 因而边界条件未能得到很好考虑, 分析工作只进行到一定程度.

增量刚塑性理论分析

鉴于求钝裂纹硬化材料解 (即使在全量塑性本构模型下) 遇到的巨大困难, 我们可以从深切口刚塑性平面应变的经典文献中去发现一些有益的启示.

王仁[②]1954 年发表的关于具有半圆形端部的深切口的理想刚塑性分析相当于半无限长钝裂纹解, 所取模型如图 18.8.1 和图 13.8.2 所示裂纹模型是相类似的. 王

① 陈篪, 金属断裂研究文集, 冶金工业出版社, 北京, 1978.

② A. J. Wang (王仁), Plastic flow in a deeply notched bar with semi-circlular root, Quart. Appl. Mach., Vol. 11, 427~438(1954).

仁的这个解是十分著名的工作, 尽管它发表在断裂力学诞生之前, 一些著名断裂力学专家, 例如, J. R. Rice 就曾引用这个解, 并且给予高度评价.

在平面应变理想刚塑性静力学中, 发展了滑移线场 (特征线场) 方法, 可以参考, 由于本书未介绍这种方法, 这里不去详细展开讨论. 这种方法的优点是可以使裂纹 (切口) 边界条件得到满足, 并且可以计算出裂纹顶端的应力.

关于半圆形端部的钝裂纹 (或切口) 试样或结构的应力分析工作, 还有其他的一些工作, 其他类型钝裂纹 (或切口) 的试样或结构的解可以查 G. C. Sin(薛昌明) 主编的 Mechanics of Fracture 第六卷, 这里不再一一列举了.

13.8.3 可能的裂纹扩展判据

恢复裂纹的真实模型, 是陈篪最早提出的. 他的观点, 同国外著名专家 Rice 等的观点是一致的. 13.8.1 节对真实裂纹模型分别就线性弹性、硬化弹塑性和理想刚塑性材料情形下的应力分析作了初步介绍. 由于不论对哪种材料, 这种裂纹的严格解都很难得到, 所以许多计算细节都略去了.

在确定裂纹端部 (例如, 图 13.8.2 中, $y = 0$, $x = a + R$) 的应力分量 σ_{xx}, σ_{yy}, σ_{xy} 之后, 陈篪建议, 对脆性破坏, 采用最大拉应力断裂判据; 对韧性破坏, 采用最大剪应力断裂判据, 这些判据的正确性有充分的实验与实践基础. 同时这些应力中也含有裂纹端部曲率半径和裂纹其他特征尺寸, 应该说这是一种裂纹扩展断裂判据与常规强度判据的统一, 在材料常数的测定上实现了裂纹试样与常规试样的统一, 同时不必使用应力强度因子断裂判据, 从而避免奇异性断裂理论带来的矛盾.

13.9 小 结

针对读者对奇异性断裂理论提出的质疑, 以上各节作了初步讨论.

导致奇异性的原因是多方面的, 以上的讨论仅仅考虑了其中的一个方面, 即数学尖裂纹几何模型. 采用比较符合真实情形的半圆形顶端的钝裂纹 (或切口) 模型, 这样得到的裂纹顶端的应力不呈现奇异性了. 就弹性分析来说, 这一结果的意义还不够大, 因为椭圆孔以及其他应力集中的研究成果也能达到这一点. 而从塑性分析来说, 问题的难度更大, 因为求解中甚至连边界条件都无法处理, 自然很难得到有关结果. 为此, 人们正在考虑建立一种新的正交曲线坐标系, 在这种坐标系中推导基本方程式, 因而使裂纹边界条件易于得到满足. 即使有了应力计算结果, 钝裂纹的曲率半径如何测量? 王仁东① 曾指出, 这可能是一种 “金相断裂力学”, 因为裂纹 (尤其是埋藏裂纹) 顶端曲率半径或许只有用金相方法才能测量出来. 如果金相断裂力学能够发展起来, 相对于连续介质奇异性断裂力学或许是一个进步.

① 王仁东, 断裂力学理论与应用, 化学工业出版社, 北京, 1984.

还有一些读者和研究者认为奇异性的出现, 不仅是数学尖端裂纹几何模型带来的, 更是连续介质模型这种物质观带来的, 有价值的非奇异性断裂理论的建立也许有待一种新的固体力学体系的建立. 这种设想是很好的, 经过大家的努力探索, 也许有一天能实现. 有趣的是, 这一提法同著名的生物力学专家冯元祯最近提出的改造连续力学的观点很一致. 所以继续这一讨论很有意义.

13.10 结论与讨论

本章试图对固体缺陷与断裂现象作更深层次的分析, 分别用了原子间相互作用势方法、位错理论、分子动力学模拟与连续力学相结合的方法、统计力学, 以及量子力学方法进行计算, 都能得到一些结果, 使问题的讨论有所展开. 很显然, 无论哪种分析, 都存在一些矛盾和缺点, 表明现阶段这一领域的研究还处在起步与摸索阶段. 由于此现象太复杂, 处理方法还很不完善, 人们的认识还很初步. 至于软物质缺陷与断裂现象就更复杂, 其深层次的分析这里根本未能涉及.

对材料缺陷与断裂现象的认识与人们采取的缺陷几何模型也有关, 如果想恢复真实的几何模型, 现在的数学工具还不敷应用.

以上简单介绍表明, 缺陷演化理论要成为一门严格的科学, 还有很长的路要走.

13.11 附录: 介观尺度的粗粒化方法

在第 12 章提到介观尺度的粗粒化方法, 因为我们没有开展这方面的工作, 在本章未介绍它. 考虑到这一方法的重要性, 这里简单提一提.

很多软物质的特征尺寸在 10~100nm(纳米), 属于介观尺度, 材料缺陷与断裂的深层次问题也与这种尺度有关. 在这种尺度, 电子结构的效应不重要, 不需要用量子力学分析. 同时, 用 Newton 力学也有困难. 现在还没有介观力学. 人们发展了一种称为粗粒化的方法去研究这种尺度的动力学问题.

用通俗的话讲, 所谓粗粒化, 就是把原子群/分子群化成粗的准质点或珠子, 珠子之间的相互作用用 Lennard-Jones 势, Born 势或其他的势函数近似描写. 这与本章最初几节 (指 13.1~13.4 节) 讨论的相近, 其实可以说是一种改进了的分子动力学方法. 这里的改进用了统计力学, 使讨论比全原子分子动力学方法有效. 建议有兴趣的读者注意它的发展.

第 14 章　应用实例详细讨论

前面各章以及各附录中用了很大篇幅讨论各种缺陷 (包括裂纹) 问题的解及其详细的数学计算, 目的在于探索缺陷演化的规律, 以便能解决实际问题. 缺陷理论若不能解决科学与工程问题, 也许它就不会产生, 也不会发展. 尽管本书著者在解决工程问题方面的工作做得很少, 这里仍然有必要讨论一下有关的应用实例. 国内的不少科学工作者与工程技术人员, 应用缺陷理论与方法解决了不少工程实践问题, 收到很好的效果, 还有不少科学工作者用缺陷理论的方法去研究其他学科 (尤其是地球物理与地震学) 的问题, 也取得较好的成果. 这里用很短的篇幅介绍一下有关结果, 它们比在 3.14 节介绍的应用实例要详尽得多, 对读者或许有参考价值.

14.1　工程中结构断裂强度分析的主要步骤

根据实际工作的经验, 对工程结构进行断裂分析, 需要如下一些步骤:

(1) 用无损检测方法, 或者是验证性试验, 对给定工艺过程下的结构元件, 查明实际裂纹或类裂纹缺陷的分布位置、几何形状、尺寸及受力情况.

(2) 从应力强度因子手册中查 $K(K_{\mathrm{I}}, K_{\mathrm{II}}, K_{\mathrm{III}})$, 或者自行计算.

(3) 选用断裂判据, 例如, 用 $K_{\mathrm{I}} = K_{\mathrm{IC}}$. 若 $K_{\mathrm{I}}, K_{\mathrm{II}}, K_{\mathrm{III}}$ 同时存在, 则需选用复合型断裂判据.

(4) 从材料手册中查有关材料的 K_{IC}, 或者自行测试.

(5) 由断裂判据及相应的材料常数值, 确定临界断裂尺寸 a_{c}, 或者临界应力 p_{c}. 若 $a < a_{\mathrm{c}}$, 或 $p < p_{\mathrm{c}}$, 则裂纹不会扩展.

(6) 当结构处在交变应力下时, 需要利用 Paris-Erdogan 公式

$$\frac{\mathrm{d}a}{\mathrm{d}N} = C(\Delta K)^m, \quad \Delta K = (K_{\mathrm{I}})_{\max} - (K_{\mathrm{I}})_{\min}$$

$K_{\mathrm{I}} = Y\sqrt{\pi a}p$, 或其他疲劳裂纹扩展速率公式, 计算出疲劳寿命

$$N = \int_{a_0}^{a_c} \frac{\mathrm{d}a}{C(\Delta K)^m}$$

其中 a_0 为裂纹初始尺寸, a_c 为临界裂纹尺寸.

(7) 若裂纹在冲击载荷作用下, 则用动态断裂判据

$$K_{\mathrm{I}}(t)=K_{\mathrm{Id}}(\dot{\sigma})$$

若 $K_{\mathrm{Id}}(\dot{\sigma})$ 无实测结果, 不妨取 $K_{\mathrm{Id}}(\dot{\sigma})=K_{\mathrm{IC}}$.

(8) 对于快速扩展的裂纹, 需用动态断裂判据

$$K_{\mathrm{I}}(t)=K_{\mathrm{ID}}(\dot{a})$$

若 $K_{\mathrm{ID}}(\dot{a})$ 无实测结果, 不妨取 $K_{\mathrm{ID}}(\dot{a})=K_{\mathrm{IC}}$.

(9) 根据以上分析, 对选材、设计及改进工艺提出建议.

在做以上分析之前, 最好用材料力学方法 (常规强度分析方法) 对同一结构进行初步分析, 将常规强度分析与断裂强度分析的结果进行对比.

14.2 电站大型锻件的断裂分析

西安交通大学的研究者 ①对电站大型锻件中的缺陷及结构安全性作了全面研究. 考虑某厂生产的一个汽轮发电机转子的材料为 $34CrNi_3Mo$, 其主要尺寸和轴身部分的缺陷及尺寸如图 14.2.1 和表 14.2.1 所示. 轴的转速为 3600 转/分, 材料屈服强度为 σ_s=56kgf/mm^2 ≈560MPa, 其断裂强度分析如下.

表 14.2.1 转子缺陷分布及尺寸

缺陷编号	深度H/mm	轴向厚度 Δl/mm	径向厚度 $(2h)$/mm	长度 $2a$/mm
1	340~350	25	8	14
2	250	70	8	22
3	240	25	8	46
4	240	30	8	33

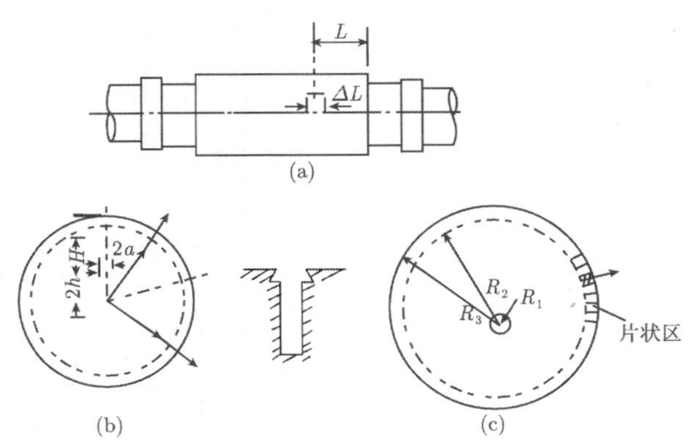

图 14.2.1 某厂汽轮机转子轴身的缺陷分析

①西安交通大学金属材料与强度研究室, 材料力学试验室. 断裂力学在电站大锻件的应用. 第二次全国断裂力学会议, 武汉, 1976.

14.2.1　受力分析

转子的横截面形状如图 14.2.1(c) 所示. 在计算应力时, 采用下述假定:

(1) 转子的嵌线槽根部以外区域作 “片状” 结构处理, 以考虑其离心力对转子中心部分的影响.

(2) “片状” 结构部分的密度均按铜线密度 ρ_1 计算.

(3) 从中心孔到嵌线槽根部作为一个受上述均匀外载荷和自身离心力作用的圆环状截面的轴处理.

(4) 考虑残余应力的影响, 取 $\sigma_{残}=\sigma_s\times 10\%=5.6\text{kgf/mm}^2$, 在上述计算后, 再加上这一数值.

均布外载荷按如下公式计算

$$pR_2\mathrm{d}\theta=\int_{R_2}^{R_3}p_1r\mathrm{d}\theta\mathrm{d}r\omega^2r$$

于是得

$$p=\frac{1}{3}p_1\omega^2(R_3^3-R_2^3)/R_2 \tag{14.2.1}$$

由 p 的作用而引起的应力按厚壁筒公式计算 (见一般材料力学或弹性力学教科书):

$$\sigma_{rr}=\frac{pR_2^2}{R_2^2-R_1^2}\left(1-\frac{R_1^2}{r^2}\right) \tag{14.2.2}$$

$$\sigma_{\theta\theta}=\frac{pR_2^2}{R_2^2-R_1^2}\left(1+\frac{R_1^2}{r^2}\right) \tag{14.2.3}$$

由离心力作用引起的应力计算公式为

$$\sigma_{rr}=\frac{3+V}{8}\rho\omega^2\left(R_2^2+R_1^2-\frac{R_1^2R_2^2}{r^2}-r^2\right) \tag{14.2.4}$$

$$\sigma_{\theta\theta}=\frac{3+V}{8}\rho\omega^2\left(R_2^2+R_1^2+\frac{R_1^2R_2^2}{r^2}-\frac{1+3\nu}{3+\nu}r^2\right) \tag{14.2.5}$$

综合以上公式, 得到

$$\sigma_{rr}=\frac{3+V}{8}\rho\omega^2\left(R_2^2+R_1^2-\frac{R_1^2R_2^2}{r^2}-r^2\right)+\rho_1\omega^2\frac{(R_3^3-R_2^3)}{3(R_2^2-R_1^2)}\left(1-\frac{R_1^2}{r^2}\right) \tag{14.2.6}$$

$$\sigma_{\theta\theta}=\frac{3+V}{8}\rho\omega^2\left(R_2^2+R_1^2+\frac{R_1^2R_2^2}{r^2}-\frac{1+3\nu}{3+\nu}r^2\right)+\rho_1\omega^2\frac{(R_3^3-R_2^3)}{3(R_2^2-R_1^2)}\left(1+\frac{R_1^2}{r^2}\right) \tag{14.2.7}$$

其中

$$V = \frac{\nu}{1-\nu}$$

$\rho = 7.85 \times 10^{-3}/980(\mathrm{kg}-\mathrm{sec}^2/\mathrm{cm}^4)$(钢)

$\rho_1 = 9 \times 10^{-3}/980(\mathrm{kg}-\mathrm{sec}^2/\mathrm{cm}^4)$(钢)

$\omega = \dfrac{2\pi \times 3600}{60} = 3.77 \times 10^2(1/\mathrm{sec})$

$v = 0.3$

$R_1 = 5(\mathrm{cm})$

$R_2 = 28.3(\mathrm{cm})$

$R_3 = 42.6(\mathrm{cm})$

将各缺陷处的半径 r 代入, 即可求得各缺陷处的应力 σ_{rr} 和 $\sigma_{\theta\theta}$, 其值如表 14.2.2 所示.

表 14.2.2 应力强度因子计算结果

缺陷编号	缺陷所在处的半径/mm	$\sigma_{rr}/(\mathrm{kg/mm^2})$	$\sigma_{\theta\theta}/(\mathrm{kg/mm^2})$	K_{I} (按圆盘状裂纹算)/(kg/mm3/2)		按唇形裂纹算 (kg/mm3/2)			$\dfrac{K_{\mathrm{IC}}}{(K_{\mathrm{I}})_{\max}}$
				$K_{\mathrm{I}r}(\sigma=\sigma_{rr})$	$K_{\mathrm{I}}\theta(\sigma=\sigma_{\theta\theta})$	K_{I}	K_{II}	$K^{(\mathrm{T})}$	
1	98	14.6	21.3	58	85	78	8	78.6	2.94
2	193	15.6	18.0	100	115	96.5	4.8	96.6	2.17
3	203	15.5	17.7	83.8	70.5	—	—	—	3
4	203	15.5	17.7	71	77.3	—	—	—	3.24

注: 3, 4 号缺陷因轴向长度小于周长度, 不宜作穿透性裂纹计算

14.2.2 应力强度因子

对于缺陷形状采用两种简化模型, 一种是把缺陷看成穿透性唇形裂纹, 另一种是把缺陷视为三维圆盘状裂纹.

1. 穿透性唇形裂纹的应力强度因子

这里假设列为的取向与径向成 45°, 即 $\Omega = \pi/4$, 由公式 (2.3.26), 知

$$\begin{cases} K_{\mathrm{I}} = \dfrac{\sqrt{\pi a}}{2}(p_1+p_2)\left(1-\dfrac{9a^3}{16}\right) \\ K_{\mathrm{II}} = \dfrac{\sqrt{\pi a}}{2}(p_1+p_2)\left(1-\dfrac{a^3}{2}\right) \end{cases} \tag{14.2.8}$$

其中 $a = h/a$, 并且认为 $p_1 = \sigma_{\theta\theta}$, $p_2 = \sigma_{rr}$.

由于裂纹为复合型受力, 文献采用椭圆律复合型判据 (本书中未介绍), 即

$$\frac{K_{\mathrm{I}}^2}{K_{\mathrm{IC}}^2} + \frac{K_{\mathrm{II}}^2}{K_{\mathrm{II}C}^2} = 1$$

并且取 $K_{\text{II}C} \approx 0.9K_{\text{I}C}$. 据此假定进行折算, 可得出相当应力强度因子 $K^{(r)}$ 为

$$K^{(r)} = \sqrt{K_{\text{I}}^2 + 1.25K_{\text{II}}^2} \tag{14.2.9}$$

2. 圆盘状裂纹应力强度因子

考虑张开型, 由 3.4 节可知

$$K_{\text{I}} = \frac{2}{\pi}\sigma\sqrt{\pi a} \tag{14.2.10}$$

当取 $\sigma = \sigma_{rr}$, 则记 $K_{\text{I}} = K_{\text{I}r}$; 当取 $\sigma = \sigma_{\theta\theta}$, 则记 $K_{\text{I}} = K_{\text{I}\theta}$.

14.2.3 采用判据 $K^{(r)}=K_{\text{I}C}$ 或 $K_{\text{I}} = K_{\text{I}C}$

因为大轴中的缺陷尺寸与大轴的尺寸相比, 一般是十分小的, 其内部裂纹前缘塑性区尺寸比裂纹的长度小得多, 用 K 判据足够精确.

14.2.4 测得材料的 $K_{\text{I}C}$ =250kgf/mm$^{3/2}$

各缺陷应力强度因子计算列于表 10.2.2.

14.2.5 疲劳寿命估计

采用圆盘状裂纹计算公式, 并根据公式 (10.1.2). 得到

$$N = \frac{\pi^{m/2}}{(m-2)\cdot C\cdot 2^{m-1}\cdot(\Delta\sigma)^m}\cdot\left(\frac{1}{a_i^{(m-2)/2}} - \frac{1}{a_c^{(m-2)/2}}\right) \tag{14.2.11}$$

其中

$$a_c = \frac{(\pi K_{\text{I}C})^2}{\pi(2\sigma)^2} \tag{14.2.12}$$

并且测到

$$C = 1.32\times 10^{-9}, \quad m = 2.5$$

通常把启动 — 运行或运行 — 停机作为一个应力循环, $\sigma_{\max} = \sigma, \sigma_{\min} = 0$, 所以 $\Delta\sigma = \sigma$.

根据公式 (10.2.12) 和 (10.2.11) 计算得到的临界裂纹尺寸和寿命如表 10.2.3 所列.

表 14.2.3 σ_C 和 N 的计算结果

缺陷编号	初始裂纹尺寸 a_0/mm	$\Delta\sigma=\sigma$/(kg/mm^2)	临界裂纹尺寸 a_c/mm	$N(10^4$ 次)	$\frac{a_c}{a_i}$
1	12.5	21.3	98.7	6.75	7.9
2	35	18	136	6.33	3.9
3	12.5	17.7	141	10	11.3
4	15	17.7	141	11.9	9.4

由上面的计算, 可知 2 号缺陷最危险:

$$(K_{\rm I})_{\max} = 115\text{kgf/mm}^{3/2}, \quad a_c = 136\text{mm}, \quad N = 6.33 \times 10^3\text{次}$$

14.3 铣床主轴断裂分析

北京第一机床厂制造的 X62W 铣床 326 主轴, 材料为球墨铸铁, 设计允许最大扭矩为 100kgm, 在使用中陆续出现几起断裂事故, 断裂面由拨块槽根部开始与轴线成 $20^\circ \sim 45^\circ$, 试用断裂力学进行分析.

原来该轴用 45 号钢制成, 后来改成用球铁代替, 因而有人怀疑, 事故是由于球铁性能不好而引起的, 经过调查得知, 事故的发生绝大部分是由于使用不当, 致使主轴承受冲击载荷而引起; 而同时在有的断轴断口附近的金相组织发现宏观尺寸的类裂纹缺陷, 因此用断裂力学进行分析评价, 很有必要. 分析工作按以下几步进行.

14.3.1 断裂静力学分析 ①

1. 槽根处的应力分析

主轴的实际受力是三维应力状态, 很复杂, 分析较困难. 这里把它简化成二维问题来处理, 并且假设裂纹体为无限大.

假设裂纹位于图 14.3.1 所示与主轴轴线成 45° 角的 x 轴方向上.

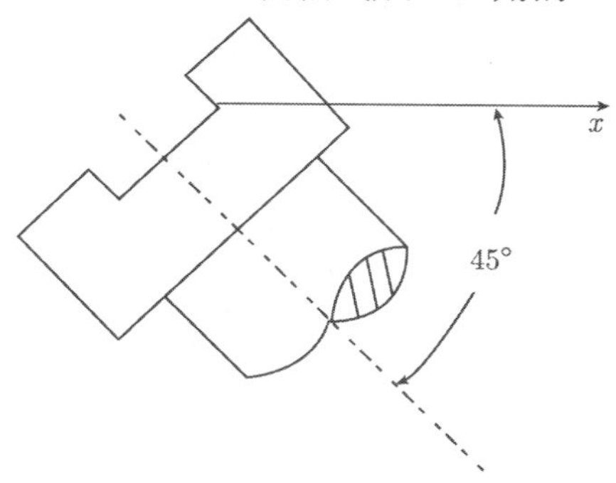

图 14.3.1 铣床主轴示意图

这里应力由两部分组成.

(1) 在稳定范围的工作动载荷谱下, x 轴上的正应力分布根据 Weiss②, 得出缺口根部应力分布的近似公式为

$$\sigma = \sigma_{\max}\left(\frac{\rho_0}{\rho + 4x}\right)^{1/2} \tag{14.3.1}$$

① 北京第一床厂, 铣床研究所. 铣床通讯, No.2(总第 45 号), 1975.

② Weiss V. Fracture. Vol. Ⅱ. Liebowitz ed. H. New York: Academic Press, 1972.

式中 ρ_0 为张角 ω=0 时的缺口半径 (图 14.3.2), $\sigma_{\max}$ 为根部最大应力.

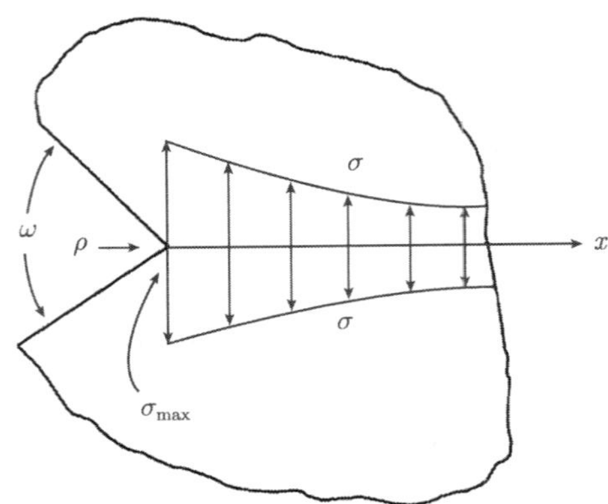

图 14.3.2　缺口应力分布

由于主轴槽根张角 $\omega = \pi/2$, 所以 Neuber① 对 ρ_0 进行修正, 即 $\omega = \pi/2$ 时, 其有效缺口半径 ρ=4ρ_0. 将 ρ 代替式 (10.3.1) 中的 ρ_0, 得到

$$\sigma = \sigma_{\max}\left(\frac{\rho}{\rho + x}\right)^{1/2} \tag{14.3.2}$$

用电测法, 测得当铣床在设计允许最大扭矩为 100kgm^{-1} 下工作时, 主轴外圆离槽根 x=5mm 处的平均交变应力峰值约为 0.8kgf/mm^2.

同时两个主轴槽根缺口半径 ρ 为 0.6~0.8mm.

将 ρ=0.8kg/mm^2 及 σ=0.6mm 代入式 (14.3.2), 求出

$$\sigma = 0.8\left(\frac{0.6}{0.6 + 5}\right)^{1/2} = 2.45\text{kgf/mm}^2 \tag{14.3.3}$$

因而式 (14.3.2) 应为

$$\sigma = 2.45\left(\frac{\rho}{\rho + x}\right)^{1/2} \tag{14.3.4}$$

此即为铣床在 100kgm 扭矩下工作时, 主轴外圆槽根部处 x 轴上正应力分布的近似表达式.

为便于计算, 将 x 轴上从外圆到内孔整个槽厚度上正应力分布视为和外圆上的分布一样, 由于外圆承受的应力最大, 这样处理是偏于安全的, 同时把三维问题简化成二维问题.

(2) x 轴上的残余应力分布

① Neuber H Z. 应力集中. 赵旭生, 译. 北京: 科学出版社, 1958.

主轴热处理的残余应力, 用 X 射线法测得淬火–回火后, 在外圆槽根处 x 轴上 0~6mm, 区域内平均值残余拉应力为 +8~+10kg/mm^2, 并且假定从外圆到内孔整个槽厚度 x 轴上 6mm 深层内残余拉应力分布和外圆上分布一样.

2. 槽根处裂纹尖端应力强度因子 $K_{\rm I}$ 的计算

(1) 残余应力产生的应力强度因子 $K'_{\rm I}$

由于残余应力 σ_0 是均匀分布的, 由手册①查得, 当拨块槽根张角为直角, 即 θ=135° 时 (图 14 3.3)

$$K'_{\rm I}=0.924\sigma_0\sqrt{\pi a}=1.635\sigma_0\sqrt{a} \tag{14.3.5}$$

这里 σ_0=10kgf/mm^2.

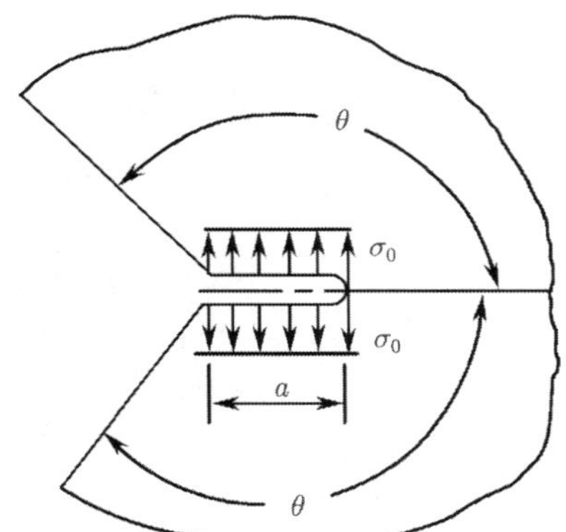

图 14.3.3 均匀分布应力图

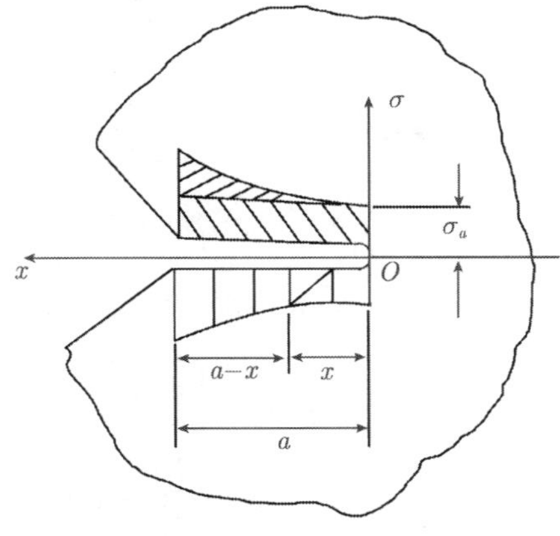

图 14.3.4 非均匀分布应力

① Tada H, Paris P C, Irwin G R. The Stress Anlysis of Cracks Handbook, Del Research Corperation Hellertown. Pennsyania, 1973.

(2) 工作应力产生的应力强度因子 K''_{I}

工作应力不是均匀分布, 故按图 14.3.4 所示阴影线分为上、下两个部分, 分别求其所产生的应力强度因子, 再叠加起来, 以求得 K''_{I}.

下部分为均布载荷, 所以其所产生的应力强度因子与式 (14.3.3) 相仿, 即为

$$1.635\sigma_a\sqrt{a} \tag{14.3.6}$$

上部分①根据脚注以及上面所引用手册①上 θ=135° 的修正因子, 求得其所产生的应力强度因子表达式为

$$0.823\sqrt{\pi a}\int_0^a f\left(\frac{a-x}{a}\right)\frac{\mathrm{d}\sigma}{\mathrm{d}x}\mathrm{d}x = 1.456\sqrt{a}\int_0^a f\left(\frac{a-x}{a}\right)\frac{\mathrm{d}\sigma}{\mathrm{d}x}\mathrm{d}x \tag{14.3.7}$$

其中函数

$$f\left(\frac{a-x}{a}\right)=0.8\left(\frac{a-x}{a}\right)+0.04\left(\frac{a-x}{a}\right)^2+3.62\times 10^{-6}\exp\left\{11.8\left(\frac{a-x}{a}\right)\right\} \tag{14.3.8}$$

由式 (10.3.6) 与式 (10.3.7), 得到

$$K'_{\mathrm{I}} = 1.635\sigma_a\sqrt{a}+1.456\sqrt{a}\cdot\int_0^a f\left(\frac{a-x}{a}\right)\frac{\mathrm{d}\sigma}{\mathrm{d}x}\mathrm{d}x \tag{14.3.9}$$

将式 (10.3.5) 及 ρ=0.6mm 代入式 (10.3.9), 得到

$$K''_{\mathrm{I}} = 1.635\sigma_2\sqrt{a}+1.383\sqrt{a}\cdot\int_0^a f\left(\frac{a-x}{a}\right)(0.6+a-x)^{3/2}\mathrm{d}x \tag{14.3.10}$$

由式 (10.3.5) 和 (10.3.10), 得到

$$K_{\mathrm{I}} = K' + K''_{\mathrm{I}} \tag{14.3.11}$$

当 a=6mm 时, 由式 (10.3.11), 计算得到

$$(K_{\mathrm{I}})_{\max} = 44\mathrm{kgf/mm}^{3/2} \tag{14.3.12}$$

(a >6mm 后, 残余应力为压应力, K_{I} 只能更低, 故不予考虑).

3. 断裂韧性 K_{IC} 测得 (取其下限) 为 70kgf/mm$^{3/2}$

4. 球铁主轴可靠性的评价

因为 $K_{\mathrm{I}} < K_{\mathrm{IC}}$, 裂纹不会失稳扩张, 在设计允许最大载荷作用下, 球铁主轴不会因裂纹导致断裂, 即球铁主轴是可靠的.

---

① Emery A, F. Stress intensity factors for thermal stresses in thick hollow cylinders. J. BaiscEng, 1996, 88: 45~52.

5. 对改进工艺的建议

残余拉应力产生的应力强度因子大大超过工作应力所产生的, 如果能改进工艺以消除残余拉应力, 则更安全.

6. 断轴事故分析

个别主轴断裂, 经查明主要是使用不当, 致使主轴系统在工作时被 "咬住", 突然停止而承受较大冲击载荷. 例如, 北京某厂的断轴, 经计算, 主轴承受的冲击扭矩相当于设计允许最大扭矩的 10 倍. 即使不计残余应力, 这是槽根处最大正应力约为 25.7kgf/mm^2, 如果取 $K_{\rm IC}$ =70~80kgf/mm$^{3/2}$, 槽根处存在 3.5~5mm 裂纹, 主轴即发生脆性断裂. 从断轴断口的观察, 这种尺寸的类裂纹缺陷是存在的, 而在 100kgm 扭矩作用下稳定工作的主轴, 虽有这种尺寸的类裂纹缺陷, 也不会脆断.

14.3.2 断裂动力学分析

以上的分析由原作者 —— 北京第一机床厂的工作者给出, 但问题并没有到此完结, 因为尚未进行断裂动力学分析. 要进行断裂动力学分析, 必须对带裂纹铣床主轴的实际尺寸进行实地考察, 因为原作者把主轴当作无限大无题处理了, 这在动力学情形下是不允许的. 铣床主轴拨块及槽根实际图形与尺寸如图 14.3.5 所示.

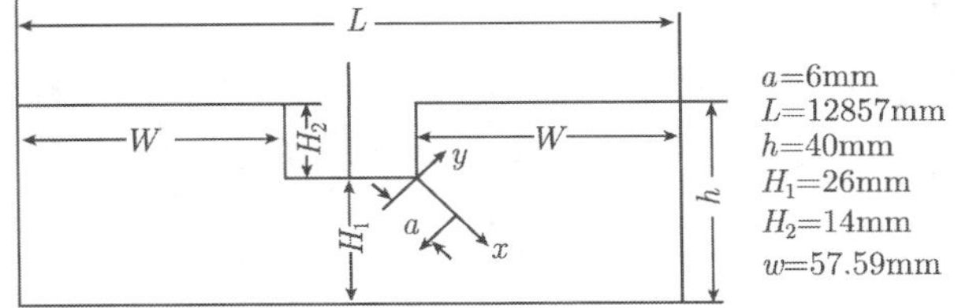

图 14.3.5 北京第一机床厂铣床主轴的实际图形及尺寸

针对这种结果, 本书著者根据原作者的分析, 假设在裂纹面上作用冲击外应力

$$\sigma_{xy} = -\sigma H(t), \quad H(t) = \begin{cases} 0, & t < 0 \\ 1, & t > 0 \end{cases}$$

利用现有的动态应力强度因子手册, 对 $K_{\rm I}(t)$ 作了估计, 其最大值 $(K_{\rm I}(t))_{\max}$ 大约为相应静态应力强度因子的两倍①.

孙竹凤②对上述问题的动态有限元分析的结果, 由图 10.3.6 给出 $(K_{\rm I}(t)_{\max}=1.70K_{\rm I}^{\rm S})$, 同范天佑的分析基本上一致.

① 范天佑. 应用断裂动力学基础. 北京: 北京理工大学出版社, 1993.

② 孙竹凤. 铣床主轴裂纹受冲击载荷作用的有限元分析. 未发表工作, 2002.

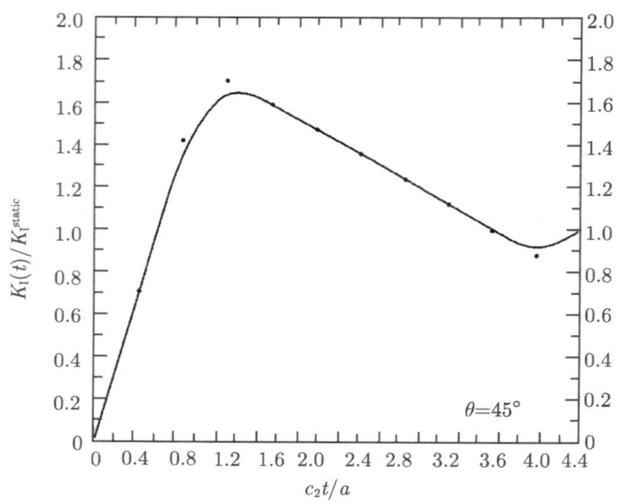

图 14.3.6　铣床主轴裂纹的动态有限元分析结果

我组还测量了球墨铸铁的$K_{\rm Id}(\dot{\sigma})$, 由于数据分散, 所以取 $K_{\rm Id}(\dot{\sigma})=K_{\rm IC}$=70kgf/mm$^{3/2}$.

由于 $(K_{\rm I}(t))_{\max}=1.70\times44kgf/mm^{3/2}$, 所以 $K_{\rm I}(t)>K_{\rm Id}(\dot{\sigma})$, 因而由于使用不当, 导致冲击加载, 铣床主轴断裂发生是可能的.

为保证主轴的工作可靠性, 首先要尽量防止主轴承受冲击载荷, 但由于不可预料的冲击载荷难以完全避免, 就必须通过改进生产工艺来提高球铁的韧性, 尽可能消除主轴槽根处的冶金或工艺类裂纹缺陷.

14.4　长江葛洲坝 2 号船闸人字门拉杆断裂分析

1982 年 3 月 8 日长江葛洲坝 2 号船闸下闸人字门全关后几分钟, 左门顶枢 A 拉杆突然断为两段, 致使左门倾斜, 并且造成长江航运断行 9 天, 损失重大. 对这一断裂事故作一中肯分析是很必要的.

14.4.1　顶枢及杆结构

人字门顶枢由顶枢轴, A, B 拉杆, 调整楔块和拉架等组成, 如图 14.4.1 所示. 在门叶顶部旋转轴处起支撑作用. A 杆的一端通过铜衬套同顶枢铰接, 另一端靠两个斜面用一对楔块同埋入闸墙混凝土中的拉架相连. B 杆连接情况与 A 杆类似. 顶枢旋转中心的位置用这两对楔块调整和固定.

① 陈家伟. 葛洲坝 2 号船闸人字门拉杆断裂原因初步分析. 葛洲坝水电工程学院学报, 1983, 2(9:)57~66.

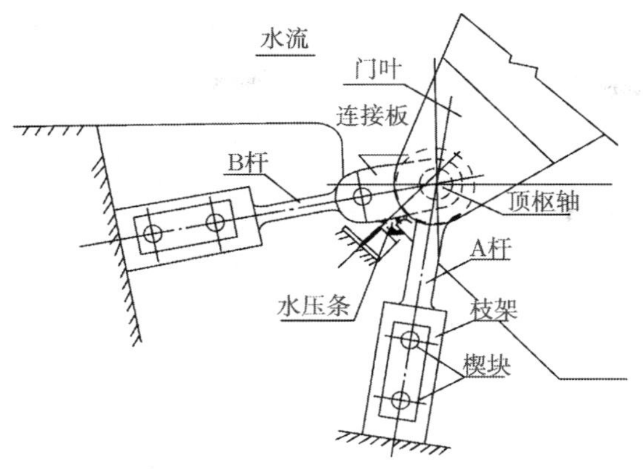

图 14.4.1 顶枢平面图

A 杆的结构如图 14.4.2 所示. 其材料为 45#锻钢, 重 2.01t. 事故端口距顶枢轴孔中心 550mm.

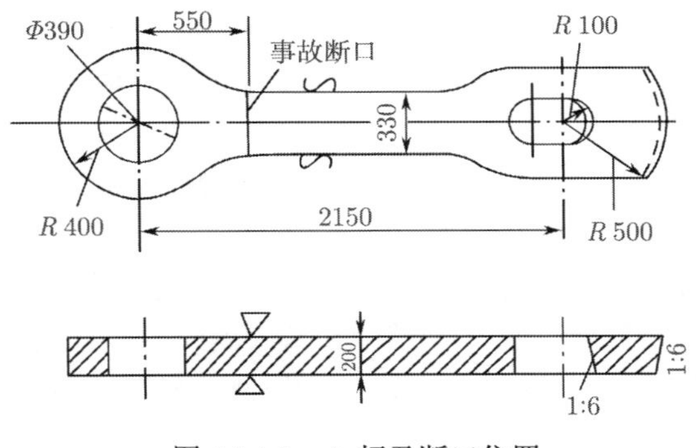

图 14.4.2 A 杆及断口位置

14.4.2 事故原因分析

1. A 杆制造与运行情况

A杆制造时首先在水压机上锻打成 840mm×235mm×310mm 矩形. 锻后经热处理, 然后气割成设计尺寸. 随后缓冷, 焊连接板, 焊前预热, 焊后就地加热至 300℃, 保温 10h 以上缓冷. 两侧面气割后来加工.

事故发生以前, 下闸门共开关 2400 次. 由于全关时 A 杆受拉, 全开时受压, 这样每开关一次, A 杆就承受一次交变载荷. 在近 9 个月运行期间下闸门关门时多次出现响声和振动. 1981 年 7 月 1 日, 第一次出现关门接近到位时突然剧烈跳动并且发生巨响. 后来闸门在将近关终或泄水完毕时, 常发生巨响. 据不完全统计, 从 1981 年 7 月 1 日到 1981 年 10 月 23 日, 发生较大声响和振动 28 次, 特大声响 3 次.

1982 年 1 月 20 日至 1982 年 3 月 8 日发生声响 10 次, 说明在接近全关时, 有振动和冲击加载发生[①].

2. A 杆的材料测试结果

1) 化学成分与力学性能

化学成分由表 14. 4. 1 列出.

表 14.4.1　A 杆材料化学成分

化学成分	C	Si	Mn	P	S
实测值	0.46	0.30	0.59	0.015	0.006
规定值 ($Q/ZB60$——73)	0.42–0.50	0.17–0.37	0.50–0.80	<0.04	<0.045

表 14.4.2　A 杆材料的力学性能

力学性能	σ_b/(kgf/mm^2)	σ_s/ (kgf/mm^2)	δ/%	ψ/%	a_k /kg-m/cm^2	H_b
实测值	59	30.5	26–28	43–48	$\geqslant 1$	167–171
规定值 ($Q/ZB60$——73)	$\geqslant 58$	$\geqslant 29$	$\geqslant 15$	$\geqslant 35$	$\geqslant 2.5$	162–217

由此可见, 材料化学成分与力学性能完全符合国家标准.

2) 金相组织

组织状态不均匀, 有 3 级带状组织, 由铁素体和珠光体组成, 这和一般大截面尺寸锻件相比, 无特殊差异. 但锻件经气割之后, 组织成分发生了很大变化, 含磷量上升, 表面出现莱氏体, 硬化相马氏体以及有害魏氏组织.

3) 断裂力学性能

(1) 室温下的断裂韧性值.

在紧靠事故断口处取 5 英寸紧凑拉伸试样 1 个和三点弯曲试样 6 个, 分别用 $K_{\text{I}C}$ 法和 $J_{\text{I}C}$ 法测定, 5 英寸试样测量结果基本上呈线性弹性断裂, 反映在 P(外载)$-V$(裂纹口张开位移) 曲线上, 基本上没有偏离线性弹性阶段. 在 30° 下测得 $K_{\text{I}C}$=289kgf/mm$^{3/2}$. 两种试样测得的 $K_{\text{I}C}$ 值与一般合格厚断面试样 45 钢的 $K_{\text{I}C}$ 值无显著差别.

(2) 温度对断裂韧性的影响.

考虑 A 杆断裂时环境温度为 10 ℃, 冬天的温度更低, 研究温度对 $K_{\text{I}C}$ 的影响是必要的. 用 4 个三点弯曲试样, 针对 −15 ℃ ~30 ℃内, 测 $K_{\text{I}C}$, 它随温度呈现线性变化, 在 10 ℃时, $K_{\text{I}C}$=200kgf/mm$^{3/2}$.

① 这些原始记录, 尤其是巨响的发生, 表明此结构的破坏同动态断裂有关, 全面的分析应该包括动态断裂分析.

(3) 疲劳裂纹扩展速率.

鉴于 A 杆受交变应力作用, 需要进行疲劳裂纹扩展速率研究.

用前述 Paris-Erdogan 疲劳裂纹扩展速率公式

$$\frac{\mathrm{d}a}{\mathrm{d}N} = A(\Delta k)^m$$

在疲劳裂纹扩展的不同阶段, A 与 m 不同.

原文缺第一阶段的数据. 在第二阶段 (稳定扩展阶段), 测得

$$A = 2.48 \times 10^{-11}, \quad m = 3.40$$

在三阶段 (加速阶段)

$$A = 2.63 \times 10^{-18}, \quad m = 7.05$$

4) 无损探伤

对与断口相连的一大料块进行超声波探伤和表面荧光探伤. 超声波探伤发现 A 杆内部有许多分散缺陷, 大部分缺陷尺寸在当量 $\phi5$ 以下, 个别为 $\phi5 \sim \phi6.5$, 还有个别夹杂区. 荧光探伤表明, 两侧气割面均有长度不等的细裂纹, 裂纹走向大部分沿拉杆厚度方向, 最长达 120mm.

5) 低周疲劳试验

在紧接事故断口处, 取了 4 根 38mm×48mm×240mm 4 点弯曲试样, 加载时使气割表面处于受拉侧, 同拉杆实际受载状况相近. 试验结果表明, 其中 3 根试样在气割表面最大弯曲应力 59kgf/mm^2(等于材料强度极限 σ_b)、应力幅 53.1kgf/mm^2 下, 经 5000 次载荷循环未产生可观察到的宏观裂纹. 但取自拉杆上游的侧面的 4 根试样, 情形则不同. 在相同的加载条件下, 经 5000 次循环加载, 在相当应力 40kgf/mm^2 时, 气割表面产生 4mm 深、15mm 长的角裂纹 (后来打开断口, 发现该处存在初始缺陷), 继续加载至 30000 次循环, 在试样中央断面处出现 6.5mm×19mm 角裂纹, 加载至 32250 次循环时试样中央断裂.

由此可见, 若无初始裂纹源, 拉杆可以承受循环载荷上万次, 但是气割产生的宏观裂纹使得拉杆在循环载荷作用下的疲劳强度降低了.

6) 断口分析

事故断口上游侧有 4mm×75mm 的初始缺陷, 呈现黑锈色, 在初始缺陷前缘存在大约 12mm 的平坦区. 断口上有两个放射状撕裂棱, 从其走向可以判断出拉杆是在拉伸与双向弯曲作用下断裂的.

在断口的不同部位取样用扫描电镜直接观测发现: ①裂纹起源于上游侧 4mm×75mm 锈区, 其端口形貌为塑性断裂, 属于气割引起的裂纹; ②断口表面的沿气割面具有贝壳状花纹, 在原始缺陷前缘有弧形条带并与贝壳状花纹的前沿连接. 这些

特征表明, 断口经历过疲劳裂纹扩展过程; ③裂纹扩展约 12mm(从表面算起) 以后为脆性断裂区, 具有解理断裂特点.

3. A 杆设计应力

按原设计, 顶枢受载来自 (1) 叶门自重 (600t), 门中泥沙淤积, 按门重 10%计, (2) 动水阻力 (80.8t) 和 (3) 风阻力 (8t), 使杆受拉伸与弯曲, 最大设计应力

$$\sigma = \frac{P}{F} + \frac{M}{W} = 907.5\text{kgf/cm}^2$$

(由材料力学计算得到, 细节从略).

4. A 杆应力实测

由实测得到的应力是上述设计计算应力的 3 倍 (细节从略), 它由拉伸应力 1289. 7kgf/mm^2+ 弯曲应力 1220kgf/cm^2+ 振动应力 457. 8kgf/cm^2=2967. 9kgf/cm^2.

14.4.3　A 杆疲劳断裂分析验证

1. 应力强度因子计算

设A杆中的裂纹为半椭圆表面裂纹 (见第 3 章), 并且考虑小范围屈服修正之后

$$K_{\text{I}} = 1.1\sigma\sqrt{\frac{\pi a}{Q}}, \quad Q = \varPhi^2 - 0.212\left(\frac{\sigma}{\sigma_s}\right)^2$$

其中最大工作应力 σ=2967.9kgf/cm^2, 裂纹深度 a=4mm, σ_s=30.5kgf/mm^2, $\varPhi$ 为第二类椭圆积分, $\varPhi$=1.02(因为椭圆长半轴 c=75/2=37.5mm, 短半轴 a=4mm, 查表得到), 所以 Q=0.84. 最后得到

$$K_{\text{I}} = 126\text{kgf/mm}^{3/2} < K_{\text{IC}} = 200\text{kgf/mm}^{3/2}$$

以上结果表明, 即使存在超载和裂纹, 但不会发生静断裂 (即 A 杆中的裂纹不会在静载荷下失稳扩展), 其破坏可能因为循环加载或冲击加载所引起.

2. 临界尺寸和临界应力的推断

令 $K_{\text{I}} = K_{\text{IC}}$, 可以估计 a_{c}

$$a_{\text{c}} = \frac{K_{\text{IC}}^2}{(1.1\sigma_{\max})^2} \cdot \frac{Q}{\pi} = 13.34\text{mm}$$

又

$$K_{\text{I}} = Y\sqrt{\pi a}\sigma, \quad Y = 1.1\sqrt{\frac{\pi}{Q}} = 2.13$$

$\Delta K = (K_{\rm I})_{\max} - (K_{\rm I})_{\min}$, 可以有

$$N = \int \mathrm{d}N = \int_{a_0}^{a_c} \frac{\mathrm{d}a}{A(\Delta K)^m}$$

由于疲劳裂纹扩展三个阶段的 A 与 m 为三组不同的值, 积分应该分成三个不同的阶段计算 (因为在这三个阶段被积函数不同), 这样才能得到合理的 N 值. 但原作者没有这样做, 而只是对第三阶段进行计算, 这实质上等于取消了前两个阶段. 本书著者认为他计算出来的 N 与真实值会相差很大, 而本书著者并未掌握其原始数据, 无法进行补充或改进计算, 所以这里不再介绍该文计算的 N.

由于其 N 的计算有问题, 本书对 A 杆寿命的分析也许值得商榷.

尽管存在以上缺陷, 该工作用断裂力学理论与方法对上述重大工程事故进行仔细分析, 无疑对我们是有启发的. 该文所得临界裂纹尺寸 $a_{\rm c}$=13.34mm, 同时测结果 $a_{\rm c}$=12mm 很接近.

该文指出事故的原因之一是气割工艺使拉杆金相组织恶化, 表面产生许多裂纹, 这些初始裂纹在较大交变载荷作用下, 使裂纹在不长的时间内长大到临界尺寸, 导致疲劳断裂. 事故的另一个原因是实际应力远远超过设计应力.

14.4.4 改进措施与建议

该文建议采取措施降低应力, 例如, 减少摩擦力以降低振动应力, 被采纳后达到良好效益.

为了降低应力, 该文还建议采取一些其他改进的措施.

对拉杆设计, 建议改进气割后的表面加工工艺, 减少可能产生的裂纹.

郭瑞平①对这一问题作了三维有限元动态断裂分析，是对静力学分析和疲劳断裂分析的补充. 更详尽的动态断裂力学分析, 见范天佑的《断裂动力学: 原理与应用》, 北京理工大学出版社, 2006.

14.5 唐山大地震的主震与强余震破裂形态的断裂理论分析

唐山大地震发生在 1976 年 7 月 28 日凌晨. 震中在唐山丰南, 震级 $M7.8$, 主震发生在北东走向 30° 的断层上. 破裂方式为不对称的双侧破裂, 以 2.7 公里/秒平均速度向北东方向传播 70 公里, 向西南方向传播 45 公里. 15 小时以后, 在主破裂面附近, 发生了滦县 $M7.1$ 级强余震, 之后又发生了许多大小余震. 主震与强余震震中分布如图 14.5.1 所示. 此地震平均位错 134mm, 应力降 12bar(现场资料仅 8bar).

① 郭瑞平, 金属多胞材料裂纹扩展问题的解析解和三维断裂动力学的数值分析, 博士论文, 北京理工大学 (2004).

对这一复杂的自然现象, 如何用断裂力学去作分析, 哪怕是初步的分析, 自然是大家所企盼的.

唐山大地震没有前震却有大量余震, 从丰富的余震资料可以反推破裂过程和应力的调整变化, 综合各方面的资料, 确定主震是 NE30° 的破裂面. 15 小时之后离主震不远, 在主震震中东北方向发生 $M7.1$ 级强余震, 其破裂面为 NE25°. 由于它的破裂面与主震破裂面方向近似平行且震中位置相近, 实际上 $M7.1$ 级破裂面与主破裂面的东北部分几乎交接于一体. 从震级大于 5.0 余震震中分布图 (图 14.5.1) 可以看出, 大量余震是发生在主破裂面附近的, 尤其是它们的震中在主破裂面的端部. 这些余震震中在主破裂面的两个端部形成与主破裂面偏离 80° 作用的两个扩展分支 (即图 14.5.1 中 ab 与 cd 两个分支). 除 $M7.1$ 级余震之外, 较强余震基本上发生在两个扩展分支上. 这说明主震发生后, 主破裂面周围及其两端是应力集中部位, 尤其是两端的扩展分支上更为明显.

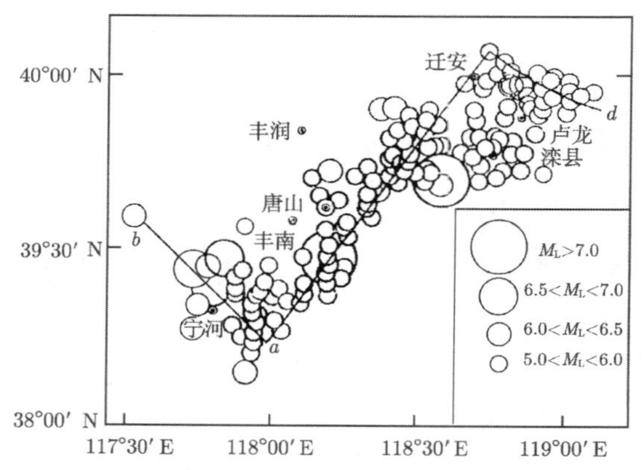

图 14.5.1　唐山大地震及 $M > 5.0$ 的余震震中分布

为了从理论上解释上述现象, 建立相应的力学模型是必要的. 张之立等 ①用断裂理论与方法建立了计算模型, 并且进行具体分析. 现在将其主要结果介绍如下.

一个最简单的模型是, 把断层当作二维裂纹, 即断层穿透了地壳厚度, 并且认为含断层的地壳为一无限大平面, 实际这仍是 Griffith 裂纹模型. 考虑远处双向受压 (图 14.5.2), 假定 $p_1 > p_2 > 0$, 其中 p_1 代表该区域构造应力场的主压应力方向, 已有的裂纹是模拟主破裂 NE30° 的方向. 由应力张量对坐标系的变换关系, 不难得到与裂纹面垂直的正应力 σ 和欲裂纹面平行的剪应力 τ, 即

① 张之立, 李钦祖, 谷继成, 靳雅敏, 刘万芬. 唐山大地震的破裂过程及其力学分析. 地震学报, 1980, 2: 111~129.

$$\sigma = \frac{p_1 + p_2}{2} - \frac{p_1 - p_2}{2}\cos 2\alpha$$
$$\tau = \frac{p_1 - p_2}{2}\sin 2\alpha$$

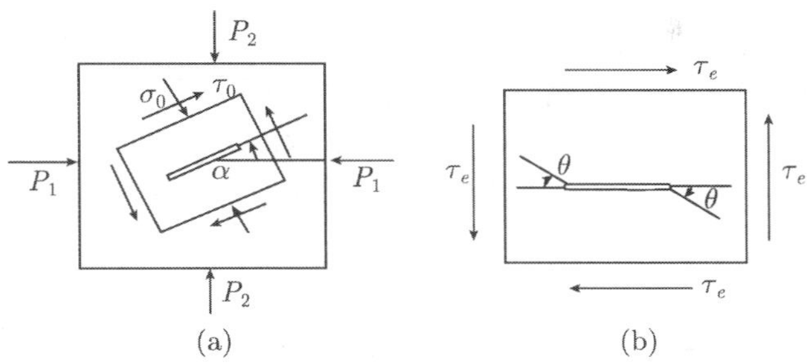

图 14.5.2 模拟主断裂的二维裂纹模型

由于裂纹所受正应力为压应力, 所以 $K_{\mathrm{I}}=0$, 即裂纹为纯 II 型, 如图 14.5.2(b) 所示. 按薛昌明 (G. C. Sih) 裂纹应变能强度因子 ①:

$$S = (a_{11}K_{\mathrm{I}}^2 + 2a_{12}K_{\mathrm{I}}K_{\mathrm{II}} + a_{22}K_{\mathrm{II}}^2)/\pi$$
$$a_{11} = \frac{1}{10\mu}[(3 - 4\nu + \cos\theta)(1 + \cos\theta)]$$
$$a_{12} = \frac{1}{10\mu}[2\sin\theta(\cos\theta - 1 + 2\nu)]$$
$$a_{22} = \frac{1}{10\mu}[4(1-\nu)(1-\cos\theta) + (1+\cos\theta)13\cos\theta]$$

得到

$$S = \frac{1}{16\mu\pi}[4(1-\nu)(1-\cos\theta) + (1+\cos\theta)(3\cos\theta - 1)]K_{\mathrm{II}}^2$$

因为 $K_{\mathrm{I}}=0$. 由薛昌明建议的判据

$$\partial S/\partial\theta = 0$$

可以确定裂纹扩展方向 θ_c, 即得

$$\theta_{\mathrm{c}} = \arccos\left(\frac{1-2\nu}{3}\right)$$

针对岩石, $\nu=0.25$, 所以 $\theta_{\mathrm{c}}=80.5°$. 如图 14.5.1 所示主震后余震的发展方向, ab 扩展分支 $\theta_{\mathrm{c}}=85°$ 左右, cd 扩展分支 $\theta_{\mathrm{c}}=80°$ 左右, 表明观察值与线性断裂力学理论预测十分吻合.

① Sih G C. Mechanics of Fractare. International Noordhoff Publishing, Leyden, 1973.

主震发生后, 大量余震是发生在与主破裂面偏离的扩展分支上的, 该偏离角 θ_c 同线性弹性二维断裂静力学的分析相一致. 而后者是建立在均匀、各向同性弹性基础上的. 由此可以推断, 唐山地震主震后该地区除已发生的主破裂面之外, 就整体而言, 介质是比较均匀的. 换句话说, 唐山地震是发生在一个均为性比较好的脆性介质内, 因而能够积累能量, 发生大震而无前震. 但是更进一步的分析表明, 余震震中东北地区与西南地区相比仍有差别. 从测定的地震参数看, 西南地区的应力降比东北地区低, 从余震空间分布看, 西南扩展分支的偏离角 θ_c 北东扩展分支大, 说明两端介质仍有差别, 向两侧扩展的破裂长度是不等的.

张之立等的论文认为唐山地震主震在震前没有明显的活断层, 在震后也没有找到与地震裂缝方向符合的较大断层. 许多地震工作者认为, 浅源构造性地震沿已有的活动断层的剪切破裂, 这已为较多观测事实所证实. 但张之立等认为, 唐山大地震则不是这样. 他们认为原因有两个: ①当断层受到水平剪应力平行于断层方向作用, 破裂不是沿原有断层方向继续错动, 而是在与原有断层偏离一个角度的另一面扩展, 该角度的大小与介质性质有关, 这时原有断层与地震发生的破坏方向不一致 (当时据本书著者后来与其他地震学家讨论时, 该专家指出, 在唐山地震的位置后来发现了原有断层, 这时距张之立等的论文发表已经 15 年了, 后来的观测发现新的事实是可能的); ②除了上述水平应力所用之外, 还有垂直于断裂面的张应力. 事实上, 唐山地震前在震中区有地壳或上地幔的上升现象, 这与地下物质迁移有关. 这种迁移造成局部地壳受到垂直力与上述水平力的共同作用, 加速了地震发生.

14.6 断层不稳定性以及低应力降现象的断裂理论分析

14.5 节讨论了唐山大地震及其余震破裂形态的断裂力学分析. 应该说绝大部分讨论是定性的. 由于现有断裂理论是针对理想化的简单的材料模型建立的, 而地震发生在极其复杂的地壳介质中, 要想作出定量的又能完好解释观测结果的分析是困难的.

本节提出一些简单模型, 希望能解释地震观测中的一些现象. 例如, 低应力降现象. 14.5 节指出, 唐山大地震, 主震 $M7.8$ 级, 但应力降很小, 分析值为 12bar, 现场值仅 8bar. 这么低的应力降, 而震级那么高, 这怎么解释? 本书从简单模型以及断裂理论及其方法与分析, 得到一些定量结果, 可能具有参考意义.

14.6.1 理论模型

这里仍然采用地震的断层机理, 即预先存在一个断层, 断层在构造应力作用下, 由于能量的积累超过一定程度时, 导致断层错动而发生地震.

①范天佑. 剪切断层不稳定性的数学模拟. 中国科学, E,1996, 26: 202～209.

这里称带断层的地质构造体为断层体. 为分析计算简单, 把断层取为半无限长, 而断层体具有有限高度 $2H$, 如图 14.6.1 所示. 设在断层长度为 a 的一段上作用剪应力 τ, 这一段长度可以模拟有限尺寸实际断层. 由于断层是岩石破裂形成的. 岩石面不光滑, 会有摩擦力 τ_f, 这样作用在断层上总应力为 $(\tau-\tau_f)$.

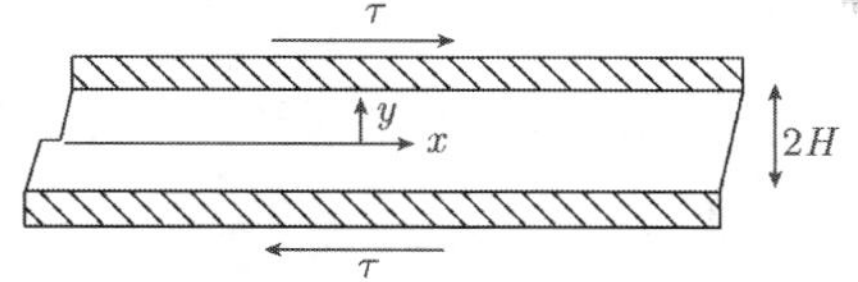

图 14.6.1 走滑断层体的模型

根据观察的结果, 在断层顶端附近存在一个破碎区 (breakdown zone), 其尺寸为 R(暂时未知), 在其上作用反向应力降 τ_b, τ_b 为岩石破碎极限, 是材料常数. 考虑到摩擦力的因素, 反向应力降的总值为 $(\tau_b-\tau_f)$, 如图 14.6.2 所示.

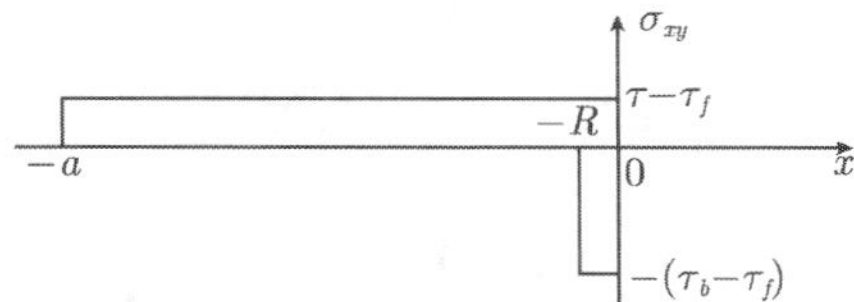

图 14.6.2 断层顶端附近的应力分布

14.6.2 原理和计算

由 1.4 节的分析, 得知在 $y=0$, $-a<x<0$ 处作用压力降 $\sigma_{xy}=-(\tau-\tau_f)$ 所引起的断层起始扩展相当于求双调和方程的如下边值问题:

$$\begin{cases} y=\pm H, -\infty<x<\infty: & \sigma_{yy}=\sigma_{xy}=0 \\ x=\pm\infty, -H<y<H: & \sigma_{xx}=\sigma_{xy}=0 \\ y=\pm 0, -\infty<x<-a: & \sigma_{yy}=\sigma_{xy}=0 \\ y=\pm 0, -a<x<0: & \sigma_{yy}=0, \sigma_{xy}=-(\tau-\tau_f) \end{cases} \tag{14.6.1}$$

可用与那里类似的保角变换得到, II 型应力强度因子为

$$\begin{aligned} K_{\tau-\tau_f}^{\text{static}}=&\frac{\sqrt{2}(\tau-\tau_f)\sqrt{H}}{2\pi} \\ &\times\ln\left(\frac{2\exp(\pi a/H)-1+2\exp(\pi a/H)\sqrt{1-\exp(-\pi a/H)}}{2\exp(\pi a/H)-1-2\exp(\pi a/H)\sqrt{1-\exp(-\pi a/H)}}\right) \end{aligned} \tag{14.6.2}$$

而由应力降 $(\tau_b-\tau_f)$ 所引发的断层起始扩展问题由双调和方程下列边值问题描写

$$\begin{cases} y=\pm H, -\infty<x<\infty: & \sigma_{yy}=\sigma_{xy}=0 \\ x=\pm\infty, -H<y<H: & \sigma_{xx}=\sigma_{xy}=0 \\ y=\pm 0, -\infty<x<-R: & \sigma_{yy}=\sigma_{xy}=0 \\ y=\pm 0, -R<x<0: & \sigma_{yy}=0, \sigma_{xy}=\tau_b-\tau_f \end{cases} \tag{14.6.3}$$

而相应的应力强度因子为

$$K_{\tau_b-\tau_f}^{\text{static}} = \frac{\sqrt{2}-(\tau_b-\tau_f)\sqrt{H}}{2\pi} \times \ln\left(\frac{2\exp(\pi R/H)-1+2\exp(\pi R/H)\sqrt{1-\exp(-\pi R/H)}}{2\exp(\pi R/H)-1-2\exp(\pi R/M)\sqrt{1-\exp(-\pi R/H)}}\right) \tag{14.6.4}$$

鉴于破碎区的应力有限 (见式 (14.6.3)), 在断层顶端不存在应力奇异性, 即

$$K^{\text{static}} = K_{\tau-\tau_f}^{\text{static}} + K_{\tau_b-\tau_f}^{\text{static}} = 0 \tag{14.6.5}$$

把式 (14.6.2) 与式 (14.6.4) 代入式 (14.6.5), 便确定了破碎区尺寸 R:

$$R^{\text{static}} = \frac{\pi}{8}\left(\frac{K_{\tau-\tau_f}^{\text{static}}}{\tau_b-\tau_f}\right)^2 \tag{14.6.6}$$

这里 $K_{\tau-\tau_f}^{\text{static}}$ 由式 (14.6.2) 给出.

在破碎区的末端 $y=0, x=-R$ 处, 断层面的滑移量为

$$u_x(-R,t_0)-u_x(-R,-0) \equiv \delta^{\text{ststic}} = \frac{(K_{\tau-\tau_f}^{\text{static}})^2}{E'(\tau_b-\tau_f)} \tag{14.6.7}$$

其中

$$E' = \begin{cases} E & (\text{平面应力}) \\ E/(1-\nu^2) & (\text{平面应变}) \end{cases} \tag{14.6.8}$$

E 与 ν 为材料的弹性模量与 Poisson 比.

按照断裂理论, 存在一个临界值 δ_c^{static}, 它是一个材料常数, 而

$$\delta^{\text{static}} = \delta_c^{\text{static}} \tag{14.6.9}$$

作为断层不稳定性的一个判据, 由这个判据, 可以确定构造剪应力 τ 的临界值 τ_c. 把结果 (14.6.9) 代入 (14.6.9), 得到

$$\tau_c-\tau_f = \frac{2\pi}{\sqrt{2H}}\sqrt{E(\tau_b-\tau_f)\delta_c^{\text{static}}} \Bigg/ \ln\left(\frac{2\exp(\pi a/H)-1+2\exp(\pi a/H)\sqrt{1-\exp(-\pi a/H)}}{2\exp(\pi a/H)-1-2\exp(\pi a/H)\sqrt{1-\exp(-\pi a/H)}}\right) \tag{14.6.10}$$

当 $\tau > \tau_c$, 则断层的起始扩展将发生.

当 $H/a \to \infty$, 有前面得到 $K_{\tau-\tau_f}^{\text{static}}$ 可以得到

$$(K_{\tau-\tau_f}^{\text{static}})_{H/a\to\infty} = (\tau-\tau_f)\sqrt{8a/\pi} \tag{14.6.11}$$

这和前人所得无限大断裂体的精确解一致. 当 $H/a \to 0$, 由前面所得结果, 还得到

$$(K_{\tau-\tau_f}^{\text{static}})_{H/a\to 0} = \sqrt{a}(\tau - \tau_f)a/\sqrt{H} \tag{14.6.12}$$

这一结果是全新的. 著名科学家 J. R. Rice 在审查著者及其合作者的论文①时, 用 J 积分方法去计算这种情形下的结果, 只能得到

$$\text{const}\cdot(\tau - \tau_f)a/\sqrt{H}$$

其中常数用 J 积分法无法确定, 而由著者的解, 自然而然的到此常数 $=\sqrt{2}$. 以上两个结果从一个侧面验证了著者解的精确性.

把 (14.6.11) 代入 (14.6.9) 的左端, 确定了无限大断层体情形下的 $(\tau_c - \tau_f)$, 把它记为 $(\tau_c - \tau_f)_{H/a\to\infty}$, 则它与 (14.6.10) 的比值

$$(\tau_c - \tau_f)/(\tau_c - \tau_f)_{H/a\to\infty}$$

是无量纲化的临界应力值, 它随断层特征尺寸 a/H 的变化, 刻画了断层体尺寸对断层不确定性的效应, 如图 14.6.3 所示. 它表明, 当 H 较小值, 很小的应力降 $(\tau - \tau_f)$ 即可引起断层起始扩展, 这正好解释了低应力降现象, 它是震源观测经常发现的一个事实.

当断层发生快速传播时, 著者的论文作了断裂动力学分析, 得到临界应力为

$$\tau_c - \tau_f = \frac{2\pi\sqrt{a_1}}{\sqrt{2H}a_2}\sqrt{\frac{1-\nu}{B(V)}E(\tau_b - \tau_f)\delta_c^{\text{dyn}}}$$
$$\Bigg/\ln\left(\frac{2\exp(\pi a/a_1H) - 1 + 2\exp(\pi a/a_1H)\sqrt{1-\exp(-\pi a/a_1H)}}{2\exp(\pi a/a_1H) - 1 - 2\exp(\pi a/a_1H)\sqrt{1-\exp(-\pi a/a_1H)}}\right) \tag{14.6.13}$$

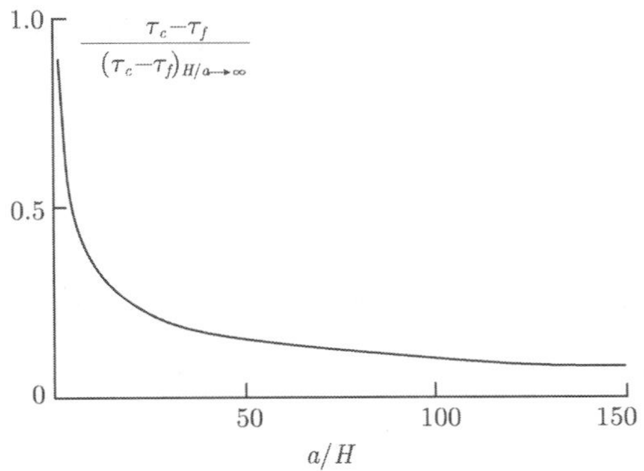

图 14.6.3 断层体的尺寸对断层不稳定性的效应

① Maruyama T, Fan T Y. A breakdown zone model of a fault in a strip. J. Phys. Earth,1993, 41: 21~39.

其中

$$B(V)=\frac{a_2(1-a_2^2)}{4a_1a_2-(1+a_2)^2}\quad (\text{平面应变情形})$$
$$a_1=\sqrt{1-V^2/c_1^2},\quad a_2=\sqrt{1-V^2/c_2^2}$$

V 是断层扩展速率.

将式 (14.6.13) 与式 (14.6.10) 相比较, 即

$$\text{Ratio}=\frac{(\tau_c-\tau_f)^{\text{dyn}}}{(\tau_c-\tau_f)^{\text{static}}}\tag{14.6.14}$$

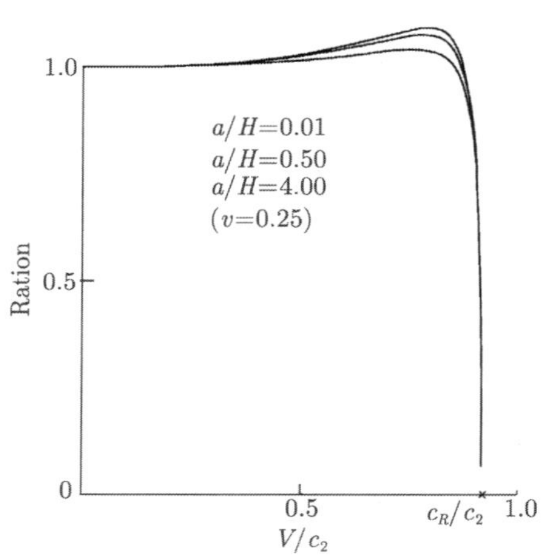

图 14.6.4　断层快速扩展的效应

这是无量纲化的断层快速扩展时的临界剪应力. 若令式 (14.6.14) 中材料常数 $\delta_c^{\text{dyn}}=\delta_c^{\text{static}}$, 由图 14.6.4 给出此临界应力随 V/c_2 变化的曲线. 由图 14.6.4 不难见到, 静力学解极为精确, 在 V/c_2 的很大范围内, 可以代替动力学解, 但是当 $V\to C_R$ 时, 动态临界剪应力值降到很低, 这说明很小的应力降即可引起断层失去稳定性, 进一步说明了低应力降现象.

14.7　断层相互作用和地震之间的触发作用

1966 年 3 月 8 日河北省邢台市郊区发生 7.2 级地震, 李四光教授 ①去灾区实地考察, 回到北京后, 进一步分析, 指出地震有向东北方向——河间地区——发展的趋势. 一年后, 即 1967 年 3 月果然在河间发生了 6.7 级地震. 表明李四光教授长期从事地质力学研究并且用于地震学研究的理论, 具有很大的科学价值. 他还分析华

① 马胜利, 等. 李四光年谱. 北京: 地质出版社, 1990.

北地震具有向唐山和辽东方向发展的趋势, 1975 年 1 月辽东方向发生了 7.5 级地震, 唐山 1976 年 7 月发生了 7.8 级地震. 再次表明了李四光教授理论的预见性.

李四光地质力学理论从地壳运动的观点考察各种地质结构及其相互作用, 地震属于这种相互作用的一个结果. 他还创立了构造体系概念. 对地震现象而言, 断层是构造体系中的一个重要构造单元. 一个断层上发生了地震, 可能对周围断层今后的地震有触发作用. 为了对李四光教授预言邢台 7.2 级地震 (1966 年 3 月) 对河间 6.7 级地震 (1967 年 3 月) 的触发作用进行断裂理论的分析, 我们不妨用如图 14.7.1 所示的简化模型开始讨论.

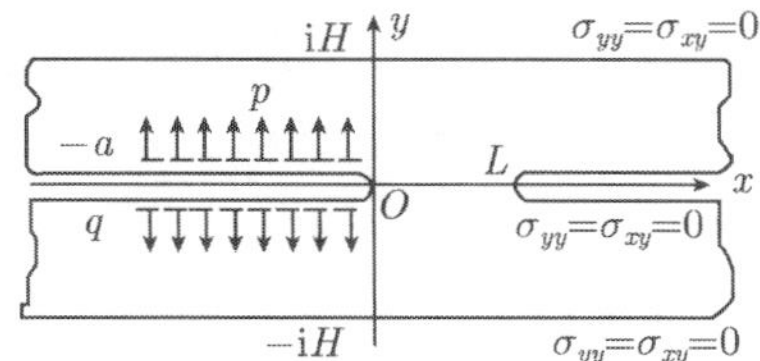

(a) 张力作用, 面内剪切作用(走滑断层)

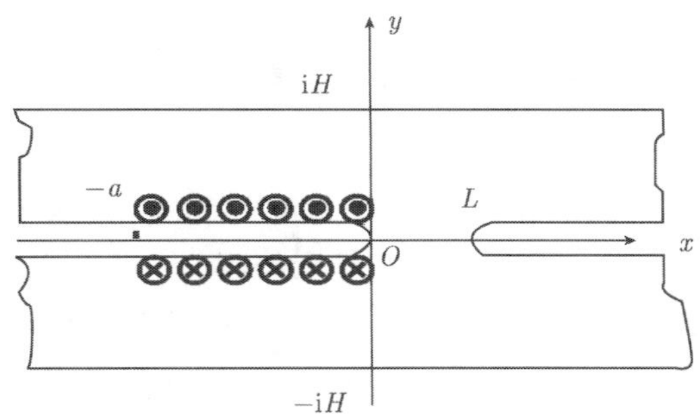

(b) 面外剪切作用(逆冲断层)

图 14.7.1 二共线断层

1. 静力学分析

应力强度因子 $K_{\text{II}}^{(0,0)}$ 代表左断层顶端的力学参量, $K_{\text{II}}^{(L,0)}$ 代表右断层顶端的力学参量

$$K_{\text{II}}^{(0,0)} = \frac{\sqrt{2H}\tau}{\pi\sqrt{1-\gamma}}\left[\ln\frac{1+\sqrt{\alpha}}{1-\sqrt{\alpha}} - \sqrt{\gamma}\ln\frac{1+\sqrt{\gamma\alpha}}{1-\sqrt{\gamma\alpha}}\right] \tag{14.7.1}$$

$$K_{\text{II}}^{(L,0)} = \frac{\sqrt{2H}\tau}{\pi\sqrt{1-\gamma}}\left[\sqrt{\gamma}\ln\frac{1+\sqrt{\alpha}}{1-\sqrt{\alpha}} - \ln\frac{1+\sqrt{\gamma\alpha}}{1-\sqrt{\gamma\alpha}}\right] \tag{14.7.2}$$

断裂判据为

$$K_{\text{II}}^{(L,0)} = K_{\text{IIC}} \tag{14.7.3}$$

其中 $K_{\text{IIC}} \approx K_{\text{IC}} = 2.81\text{MPam}^{1/2}$ 为近似值.

例 1　邢台地震与河间地震.

考虑邢台 $M7.2$ 级地震, 1966 年 3 月 8 日发生, 断层长 $a = 55\text{km}$, 震中 37.5°N, 115.1°E, 应力降 $\tau = 42\text{bar}$, 与河间地震断层的距离为 $L \approx 400\text{km}$, 邢台—河间地块高度 H 大约 300km.

把以上数据代入式 (14.7.2) 与式 (14.7.3) 得到可以触发河间断层发生地震的临界剪应力降为

$$\tau_{\text{c}} = 3.4\text{bar} \tag{14.7.4}$$

因为 $\tau_c = 3.4\text{bar} \leqslant \tau = 42\text{bar}$, 后者为邢台地震的实测剪应力降. 所以邢台地震可以触发河间地震. 事实上, 河间 $M6.7$ 级地震在 1967 年 3 月 2 日发生. 这证明了李四光教授的科学预言.

例 2　唐山地震与滦县地震.

考虑唐山 $M7.8$ 级地震, 1976 年 7 月 28 日发生, 断层长 $a = 115\text{km}$, 震中 38.5°N, 118.7°E, 应力降 $\tau = 8\text{bar}$, 与滦县地震断层的距离为 $L \approx 10\text{km}$, 唐山—滦县地块高度 H 大约 150km.

把以上数据代入式 (14.7.2) 与式 (14.7.3) 得到触发滦县断层发生地震的临界剪应力降为

$$\tau_c = 0.35\text{bar} \tag{14.7.5}$$

因为 $\tau_{\text{c}} = 0.35\text{bar} \leqslant \tau = 8\text{bar}$, 后者为唐山地震的实测剪应力降. 所以唐山地震更容易触发滦县地震. 事实上, 滦县 $M7.1$ 级地震在 1976 年 7 月 29 日发生, 即仅仅在唐山地震发生 15 个小时后就发生了. 再次证明了李四光教授的科学预言.

2. *动力学分析*

动力学分析即认为诱发断层发生地震时, 断层快速传播, 考虑它对被诱发的断层的影响. 这种情形下, 动态应力强度因子为

$$\begin{cases} K_{\text{II}}^{(0,0)}(t) = \dfrac{\sqrt{2H}\tau}{\pi\sqrt{1-\Gamma}}\left[\ln\dfrac{1+\sqrt{A}}{1-\sqrt{A}} - \sqrt{\Gamma}\ln\dfrac{1+\sqrt{\Gamma A}}{1-\sqrt{\Gamma A}}\right] \\ K_{\text{II}}^{(L,0)}(t) = \dfrac{\sqrt{2H}\tau}{\pi\sqrt{1-\Gamma}}\left[\sqrt{\Gamma}\ln\dfrac{1+\sqrt{A}}{1-\sqrt{A}} - \ln\dfrac{1+\sqrt{\Gamma A}}{1-\sqrt{\Gamma A}}\right] \end{cases} \tag{14.7.6}$$

其中 $A = \dfrac{1-\text{e}^{-\pi a/\alpha_1 H}}{1-\text{e}^{-\pi(a+L)/\alpha_1 H}}, \Gamma = \text{e}^{-\pi L/\alpha_1 H}, \alpha_1 = \sqrt{1-V^2/c_1^2}$, V 为断层速度, c_1 为纵波速度. 断裂判据

$$K_{\text{II}}^{(L,0)}(t) = K_{\text{IIC}} \tag{14.7.7}$$

并且近似取 $K_{\text{II}C} \approx K_{\text{I}C} = 2.81\text{MPa} \cdot \text{m}^{-1/2}$.

例 3 邢台地震与河间地震.

这里 $c_1 = 6\text{km/s}, V = 3\text{km/s}$, 其他数据同上, 得到可以触发河间断层发生地震的动态临界剪应力降为

$$\tau_c^{\text{dyn}} = 0.39\text{bar} \tag{14.7.8}$$

显然 $\tau_c^{\text{dyn}} = 0.39\text{bar} \leqslant \tau = 42\text{bar}$. 比静力学情形, 更容易触发河间地震发生.

例 4 唐山地震与滦县地震.

我们有 $c_1 = 3\text{km/s}, V = 2.7\text{km/s}$, 其他数据同上. 计算得到

$$\tau_c^{\text{dyn}} = 0.024\text{bar} \tag{14.7.9}$$

这表明, 按动力学分析, 唐山地震更容易触发滦县地震.

14.8 结论与讨论

本章介绍了断裂理论及其方法的某些应用实例. 在工程的应用中, 有一些实际数据可以作出说明, 但分析是否中肯, 仍请读者审定. 在地震学中的应用和可能的应用, 则纯属探索性的, 不成熟之处恳请读者批评指正.

附录一　固体与软物质弹性、塑性和流体动力学基本关系

结构材料弹性理论是断裂理论的基础之一, 学习断裂理论的读者应该具备它的基本知识. 为了便于读者参考, 这里列出书中所经常引用的弹性理论的基本公式. 详细的内容可以参考徐芝纶教授著《弹性力学》(高等教育出版社, 1987). 结构材料塑性理论比较复杂, 这里只简单地提一下, 同时对金属泡沫材料的体积可压缩塑性也加以介绍. 准晶属于非传統材料, 一般读者对此比较生疏, 这里有必要列举有关基本关系式. 软物质是另一类重要的非传统材料, 其涵盖面宽, 它们涉及固体与流体两方面性质, 也有必要作一些梗概介绍.

A1.1　弹性变形体

固体变形是由于其内部质点发生相对变形而引起的. 在物体内取一个小单元体 (对晶体而言, 取其一个晶胞) 研究, 由于上述相对位移而使该单元体 (或晶胞) 的体积与形状改变, 在一阶近似下, 在直角坐标系 (x,y,z) 中, 它们分别可以表示成

$$\varepsilon_{xx}=\frac{\partial u_x}{\partial x},\quad \varepsilon_{yy}=\frac{\partial u_y}{\partial y},\quad \varepsilon_{zz}=\frac{\partial u_z}{\partial z} \tag{A1.1.1}$$

$$\left\{\begin{aligned} \varepsilon_{yz}=\varepsilon_{zy}&=\frac{1}{2}\left(\frac{\partial u_z}{\partial y}+\frac{\partial u_y}{\partial z}\right)\\ \varepsilon_{zx}=\varepsilon_{xz}&=\frac{1}{2}\left(\frac{\partial u_z}{\partial x}+\frac{\partial u_x}{\partial z}\right)\\ \varepsilon_{xy}=\varepsilon_{yx}&=\frac{1}{2}\left(\frac{\partial u_x}{\partial y}+\frac{\partial u_y}{\partial x}\right)\end{aligned}\right. \tag{A1.1.2}$$

其中 $\boldsymbol{u}(u_x,\, u_y,\, u_z)$ 代表物体一点的位移矢量. 公式 (A1.1.1) 与 (A1.1.2) 分别称为正应变与剪 (切) 应变.

若记 $x_1=x$, $x_2=y$, $x_3=z$, 则以上式 (A1.1.1) 和式 (A1.1.2) 两式可以统一地写成

$$\varepsilon_{ij}=\frac{1}{2}\left(\frac{\partial u_i}{\partial x_j}+\frac{\partial u_j}{\partial x_i}\right)\ (i,j=1,2,3) \tag{A1.1.3}$$

量 ε_{ij} 在坐标变换下具有某些特性而被称为二阶对称张量.

上述应变分量之间存在一定关系, 例如

$$\frac{\partial^2\varepsilon_{xx}}{\partial y^2}+\frac{\partial^2\varepsilon_{yy}}{\partial x^2}=2\frac{\partial^2\varepsilon_{xy}}{\partial x\partial y}$$

其一般形式在书中曾有讨论, 这里就不再介绍了.

这种关系代表了变形的连续性, 又称为变形协调方程, 或 Saint-Venant 方程.

A1.2 弹性体的应力分析

变形前, 弹性体的各部分处于力学上的平衡状态. 如果从其中截取出任一部分体积来看, 则其余部分施于该体积的作用力的合力与合力矩等于零. 由于变形, 从而使物体离开了原来所处的平衡状态, 亦即自其余部分施于所截取的那部分体积上的合力与合力矩不再等于零. 因而物体的这一部分体积上必然产生力, 以使物体恢复平衡. 这种由于变形而出现的内力, 即应力. 应力通过面传递, 它是一种面积力, 在一个具体的小面积上, 此面积力可以分解成一个与此面垂直和一个与此面平行的分量, 前者为正应力 σ, 后者为剪 (切) 应力 τ, 其中 τ 还可以在面内分解成两个互相垂直的分量. 这样, 在一个面上, 应力有三个分量, 一个与该面垂直, 两个在面内. 一个小单元体可以用一个平行六面体代表 (当它的各个边的边长趋于零时, 它就代表一个点). 此六面体由三组互相平行的面组成, 因而一共有 9 个应力分量. 在前面所述直角坐标系里, 它们分别记为

$$\sigma_{xx},\quad \sigma_{yy},\quad \sigma_{zz},\quad \sigma_{yz},\quad \sigma_{zy},\quad \sigma_{zx},\quad \sigma_{xz},\quad \sigma_{xy},\quad \sigma_{yx}$$

其中第一个下标代表应力所在面的法线方向, 第二个下标代表该应力的作用方向.

作用在这个小单元体上的力, 还有体积力 (f_x, f_y, f_z) 以及惯性力 $(\rho\partial^2u_x/\partial t^2, \rho\partial^2u_y/\partial^2u_y, \rho\partial^2u_z/\partial t^2)$, 其中 ρ 代表材料的质量密度. 在这些外力与内力作用下, 小单元体要保持平衡, 合力必须等于零, 由此得到

$$\begin{aligned}
&\frac{\partial\sigma_{xx}}{\partial x}+\frac{\partial\sigma_{yx}}{\partial y}+\frac{\partial\sigma_{zx}}{\partial z}+f_x=\rho\frac{\partial^2u_x}{\partial t^2}\\
&\frac{\partial\sigma_{xy}}{\partial x}+\frac{\partial\sigma_{yy}}{\partial y}+\frac{\partial\sigma_{zy}}{\partial z}+f_y=\rho\frac{\partial^2u_y}{\partial t^2}\\
&\frac{\partial\sigma_{xz}}{\partial x}+\frac{\partial\sigma_{yz}}{\partial y}+\frac{\partial\sigma_{zz}}{\partial z}+f_z=\rho\frac{\partial^2u_z}{\partial t^2}
\end{aligned}\tag{A1.2.1}$$

同时合力矩必须等于零, 由此得到

$$\sigma_{yz}=\sigma_{zy},\quad \sigma_{zx}=\sigma_{xz},\quad \sigma_{xy}=\sigma_{yx}\tag{A1.2.2}$$

其中 $\sigma_{xx}, \sigma_{yy}, \sigma_{zz}$ 代表正应力, $\sigma_{yz}, \cdots, \sigma_{yx}$ 代表剪 (切) 应力. 方程 (A1.2.1) 称为运动 (平衡) 方程, 方程 (A1.2.2) 称为剪应力互等定律.

上述平衡只指在物体内部成立. 这表明在物体内任一点, 有

$$\begin{cases} \dfrac{\partial \sigma_{ij}}{\partial x_j} + f_i = \rho \dfrac{\partial^2 u_i}{\partial t^2} \\ \sigma_{ij} = \sigma_{ji} \end{cases} \tag{A1.2.3}$$

这时, 把下标 i, j=1, 2, 3 的标注略去, 同时方程 (A1.2.3) 第一个方程的左侧第一项代表三项和 (即重复下标代表求和), 这样写起来比较简洁. 方程 (A1.2.3) 代表了方程 (A1.2.1) 与方程 (A1.2.2). 同时, 要指出应力也是一种二阶对称张量.

平衡应该在物体的表面上也成立. 设在物体表面 Γ_1 上取一微面积 $\mathrm{d}A$, 其单位外法线矢量为 $\boldsymbol{n} = (n_x, n_y, n_z)$. $\mathrm{d}A$ 在 x, y, z 方向的投影为

$$\begin{cases} \mathrm{d}A_x = \mathrm{d}A_1 = \mathrm{d}A \cdot u_x = \mathrm{d}A\cos(n, x) \\ \mathrm{d}A_y = \mathrm{d}A_2 = \mathrm{d}A \cdot u_y = \mathrm{d}A\cos(n, y) \\ \mathrm{d}A_z = \mathrm{d}A_3 = \mathrm{d}A \cdot u_z = \mathrm{d}A\cos(n, z) \end{cases} \tag{A1.2.4}$$

这里 $\cos(\boldsymbol{n}, x)$, $\cos(\boldsymbol{n}, y)$, $\cos(\boldsymbol{n}, z)$ 又称为方向余弦; 而作用在其上的外力为 $\boldsymbol{T} = (T_x, T_y, T_z)$. 在面内应力外力作用下, 表面处于平衡, 则有

$$\begin{cases} \sigma_{xx}\mathrm{d}A_x + \sigma_{xy}\mathrm{d}A_y + \sigma_{xz}\mathrm{d}A_z = T_x\mathrm{d}A \\ \sigma_{yx}\mathrm{d}A_x + \sigma_{yy}\mathrm{d}A_y + \sigma_{yz}\mathrm{d}A_z = T_y\mathrm{d}A \\ \sigma_{zx}\mathrm{d}A_x + \sigma_{zy}\mathrm{d}A_y + \sigma_{zz}\mathrm{d}A_z = T_z\mathrm{d}A \end{cases} \tag{A1.2.5}$$

把式 (A1.2.4) 代入式 (A1.2.5) 再利用重复下标代表求和的约定, 式 (A1.2.5) 可以改写成

$$\sigma_{ij} n_j = T_i \tag{A1.2.6}$$

式 (A1.2.6) 在弹性理论中称为应力边界条件, 它具有基本的重要性, 因为不能正确地列写出边界条件, 其后的求解无从谈起.

A1.3 曲线坐标系

在本书正文部分, 使用了直角坐标, 也使用过平面极坐标 (r, θ), 同时还使用过柱坐标 (r, θ, z) 和椭球坐标 (ξ, η, ζ). 后几种坐标称为曲线坐标.

我们看到式 (A1.1.1)~(A1.1.4) 是一种几何变形学, 其形式同坐标系有关. 在曲线坐标中, 它们的形式要比在直角坐标中复杂.

而式 (A1.2.1)~(A1.2.6) 代表一种守恒 (动量和动量矩守恒) 定律. 守恒定律本身并不随坐标系而变化, 但在不同坐标系中最后得到的具体结果, 在形式还有少许差别.

A1.4 应变与应力张量的坐标变换

上面已经提到应变与应力都是二阶对称张量, 每个张量具有 9 个分量, 由于对称, 仅有 6 个独立的分量.

设一个正交坐标系为 $Ox_1x_2x_3$, 另一个正交坐标系为 $Ox'_1x'_2x'_3$. 这两个坐标系的坐标轴 x'_i 与 x_j 之间的夹角的方向余弦记为 $\alpha_{ij}=\cos(x'_i,x'_j)$. 在这两个坐标系中, 应变张量分别记为 ε_{ij} 与 $\varepsilon_{i'j'}$, 则有关系

$$\varepsilon_{k'l'}=\sum_{i=1}^{3}\sum_{j=1}^{3}\varepsilon_{ij}a_{ki}a_{lj}=\varepsilon_{ij}a_{ki}a_{lj} \tag{A1.4.1}$$

这里把求和符号去掉, 因为我们前面已经有了重复下标代表求和约定. 类似地, 对应力张量有

$$\sigma_{k'l'}=\sigma_{ij}a_{ki}a_{lj} \tag{A1.4.2}$$

如果我们能正确地写出不同坐标系中的 α_{ij} 以及熟练地运用以上公式, 可以帮助我们容易地进行一些推导.

A1.5 应力与应变之间的关系

前面的分析用了一些几何学与动力学的基本知识, 但从未涉及材料 (物质) 的性质. 凡涉及材料 (物质) 性质时, 必须以实验方法去观察. 我国古代学者郑玄 (公元 127~200) 就观察到物体当其受力较小时, 变形与外力成正比. 1670 年英国学者 Hooke 再次发现了这一定律. 这一定律应该称为郑玄–Hooke 定律. 以上观察是针对一维物体得到的. 推广到三维有以下广义郑玄–Hooke 定律, 即

$$\begin{cases}\varepsilon_{xx}=\dfrac{1}{E}\left[\sigma_{xx}-\nu(\sigma_{yy}+\sigma_{zz})\right]\\[2ex] \varepsilon_{yy}=\dfrac{1}{E}\left[\sigma_{yy}-\nu(\sigma_{xx}+\sigma_{zz})\right]\\[2ex] \varepsilon_{zz}=\dfrac{1}{E}\left[\sigma_{zz}-\nu(\sigma_{xx}+\sigma_{yy})\right]\\[2ex] \varepsilon_{yz}=\dfrac{\sigma_{yz}}{2\mu},\quad \varepsilon_{zx}=\dfrac{\sigma_{zx}}{2\mu},\quad \varepsilon_{xy}=\dfrac{\sigma_{xy}}{2\mu}\end{cases} \tag{A1.5.1}$$

其中 E 为弹性模量, ν 为 Poisson 比, $\mu = E/2(1+\nu)$ 为剪切模量. 自然, 式 (A1.5.1) 也可以写成

$$\begin{cases} \sigma_{xx} = 2\mu\varepsilon_{xx} + \lambda e \\ \sigma_{yy} = 2\mu\varepsilon_{yy} + \lambda e \\ \sigma_{zz} = 2\mu\varepsilon_{zz} + \lambda e \\ \sigma_{yz} = 2\mu\varepsilon_{yz}, \quad \sigma_{zx} = 2\mu\varepsilon_{zx}, \quad \sigma_{xy} = 2\mu\varepsilon_{xy} \end{cases} \tag{A1.5.2}$$

其中 $e = \varepsilon_{xx} + \varepsilon_{yy} + \varepsilon_{zz}$ 称为体积应变, $\lambda = \nu E/(1+\nu)(1-2\nu)$, λ 与 μ 称为 Lamé系数. 式 (A1.5.2) 可以简写成

$$\sigma_{ij} = 2\mu\varepsilon_{ij} + \lambda e\delta_{ij} \tag{A1.5.3}$$

其中

$$\delta_{ij} = \begin{cases} 1, & i = j \\ 0, & i \neq j \end{cases}$$

为单位张量. 很显然, 上述关系是一种经验规律.

A1.6 弹性力学问题求解途径

A1.1~A1.5 节建立了弹性力学基本方程, 也建立了应力边界条件. 怎么用它们去解决科学研究和生产实践中的问题, 还需要作进一步研究.

我们看到方程组 (A1.1.3), (A1.2.3) 与 (A1.5.3), 共计 15 个未知函数 $u_i, \varepsilon_{ij}, \sigma_{ij}$, 方程式的数目也是 15 个 (运动方程组 3 个、变形几何方程 6 个、应力–应变关系 6 个), 方程式的数目与未知函数数目相等, 因而问题在数学上相容, 可以求解. 针对不同的问题, 可以采取不同的求解途径. 用解析的方法求解, 有以下两条途径.

1. *位移法*

把式 (A1.1.3) 代入式 (A1.5.3) 消除应变, 再代入式 (A1.2.3) 消除应力, 得到以位移表示的平衡方程 (暂且只考虑静力学问题, 忽略惯性项):

$$\frac{E}{2(1+\nu)}\left(\frac{1}{1-2\nu}\frac{\partial e}{\partial x_i} + \nabla^2 u_i\right) = 0 \tag{A1.6.1}$$

方程 (A1.6.1) 在物体内部任何一点成立. 它必须在应力边界条件 (A1.2.6) 和位移边界条件

$$u_x = U_x, \quad u_y = U_y, \quad u_z = U_z \tag{A1.6.2}$$

下求解, 这里 U_x, U_y, U_z 为边界 Γ_u 上给定的位移. $\Gamma_u + \Gamma_t = \Gamma$, Γ_t 在前面已经介绍过. 在它上面给出 $T(T_x, T_y, T_z)$, Γ 代表整个边界. $\Gamma_u = 0$ 的情形, 称为应力边值问题; $\Gamma_t = 0$ 的情形, 称为位移边值问题; $\Gamma_u \neq 0$ 与 $\Gamma_t \neq 0$ 的情形, 称为混合边值问题.

2. *应力法*

应变协调方程 (A1.1.4) 已经消去了位移, 把应力 - 应变关系 (A1.5.1) 代入式 (A1.1.4), 得到以应力表示的变形协调方程:

$$\begin{cases} \nabla^2\sigma_{xx}+\dfrac{1}{1+\nu}\dfrac{\partial^2\sigma}{\partial x^2}=0, \quad \nabla^2\sigma_{yy}+\dfrac{1}{1+\nu}\dfrac{\partial^2\sigma}{\partial y^2}=0 \\ \nabla^2\sigma_{zz}+\dfrac{1}{1+\nu}\dfrac{\partial^2\sigma}{\partial z^2}=0 \\ \nabla^2\sigma_{yz}+\dfrac{1}{1+\nu}\dfrac{\partial^2\sigma}{\partial y\partial z}=0, \quad \nabla^2\sigma_{zx}+\dfrac{1}{1+\nu}\dfrac{\partial^2\sigma}{\partial z\partial x}=0 \\ \nabla^2\sigma_{xy}+\dfrac{1}{1+\nu}\dfrac{\partial^2\sigma}{\partial x\partial y}=0 \end{cases} \tag{A1.6.3}$$

其中 $\sigma=\sigma_{xx}+\sigma_{yy}+\sigma_{zz}$ 代表应力张量的第一不变量.

方程组 (A1.6.3) 与 (A1.2.1) 相应的平衡方程相联立, 在应力边界条件 (A1.2.6) 和 (或) 位移边界条件 (A1.6.2) 下求解. 从形式上看, 在这一求解途径求解的方案中, 未知函数为 6 个 (6 个应力分量), 而方程式数目为 9 个, 似乎不相容, 但在具体求解时, 并未构成困难.

A1.7 全量塑性力学本构关系

郑玄–Hooke 定律研究了材料弹性变形阶段的应力–应变关系. 在韧性材料的晶体中, 由于位错的运动以使材料发生塑性变形, 这种变形是不可逆的. 就一般工程材料 (结构材料) 而言, 虽然未必有位错运动机理, 但也发生塑性变形. 上面已指出塑性变形是不可逆的, 另外, 它的应力与变形的历史有关 (这意味着, 此种情形下, 材料已变成有“记忆性”了). 以上特点表明在塑性变形下, 应力–应变关系具有非线性性质.

根据实验的结果, 提出了几种描写塑性变形的应力–应变关系的学说, 或者更广泛地说, 描写材料本构关系的学说, 因为这时除了应力与应变也有关之外, 还可能与应变速率 $\dot{\varepsilon}(=\mathrm{d}\varepsilon/\mathrm{d}t)$ 有关等. 这里介绍最简单的全量塑性应力–应变关系 (或本构关系).

对某些金属材料, 由于体积应变不影响塑性变形, 并且只考虑加载情形, 提出了下述应力–应变关系

$$
\begin{cases}
\varepsilon_{xx} - \dfrac{1}{3}\varepsilon_{kk} = \dfrac{3\varepsilon_e}{2\sigma_e}\left(\sigma_{xx} - \dfrac{1}{3}\sigma_{kk}\right) \\
\varepsilon_{yy} - \dfrac{1}{3}\varepsilon_{kk} = \dfrac{3\varepsilon_e}{2\sigma_e}\left(\sigma_{yy} - \dfrac{1}{3}\sigma_{kk}\right) \\
\varepsilon_{zz} - \dfrac{1}{3}\varepsilon_{kk} = \dfrac{3\varepsilon_e}{2\sigma_e}\left(\sigma_{zz} - \dfrac{1}{3}\sigma_{kk}\right) \\
\varepsilon_{yz} = \dfrac{3\varepsilon_e}{2\sigma_e}\sigma_{yz} \\
\varepsilon_{zx} = \dfrac{3\varepsilon_e}{2\sigma_e}\sigma_{zx} \\
\varepsilon_{xy} = \dfrac{3\varepsilon_e}{2\sigma_e}\sigma_{xy}
\end{cases}
\tag{A1.7.1}
$$

关系 (A1.7.1) 称为全量理论 (或形变理论) 塑性应力–应变关系, 其中

$$
\begin{aligned}
\sigma_e &= \frac{1}{\sqrt{2}}\left[(\sigma_{xx} - \sigma_{yy})^2 + (\sigma_{yy} - \sigma_{zz})^2 + (\sigma_{zz} - \sigma_{xx})^2 + 6(\sigma_{yz}^2 + \sigma_{zx}^2 + \sigma_{xy}^2)\right]^{1/2} \\
&= \frac{1}{\sqrt{2}}\left[(\sigma_1 - \sigma_2)^2 + (\sigma_2 - \sigma_3)^2 + (\sigma_3 - \sigma_1)^2\right]^{1/2}
\end{aligned}
\tag{A1.7.2}
$$

称为有效应力 (又称为等效应力), σ_1, σ_2 与 σ_3 为主应力, 而

$$
\begin{aligned}
\varepsilon_e &= \frac{\sqrt{2}}{3}\left[(\varepsilon_{xx} - \varepsilon_{yy})^2 + (\varepsilon_{yy} - \varepsilon_{zz})^2 + (\varepsilon_{zz} - \varepsilon_{xx})^2 + 6(\varepsilon_{yz}^2 + \varepsilon_{zx}^2 + \varepsilon_{xy}^2)\right]^{1/2} \\
&= \frac{\sqrt{2}}{3}\left[(\varepsilon_1 - \varepsilon_2)^2 + (\varepsilon_2 - \varepsilon_3)^2 + (\varepsilon_3 - \varepsilon_1)^2\right]^{1/2}
\end{aligned}
\tag{A1.7.3}
$$

称为有效应变 (或等效应变), 其中 ε_1, ε_2 与 ε_3 为主应变.

如果记

$$
s_{ij} = \sigma_{ij} - \frac{1}{3}\sigma_{kk}\delta_{ij} \tag{A1.7.4}
$$

为应力偏量张量, 而

$$
e_{ij} = \varepsilon_{ij} - \frac{1}{3}\varepsilon_{kk}\delta_{ij} \tag{A1.7.5}
$$

为应变偏量张量, 则上述全量塑性本构关系可以写成

$$
e_{ij} = \frac{3\varepsilon_e}{2\sigma_e}s_{ij} \tag{A1.7.1$'$}
$$

而且使用上述记号, 我们有

$$
\sigma_e = \sqrt{\frac{3}{2}s_{ij}s_{ij}} \tag{A1.7.2$'$}
$$

$$\varepsilon_e = \sqrt{\frac{2}{3}e_{ij}e_{ij}} \tag{A1.7.3$'$}$$

以上塑性本构关系还需要假定 σ_e 与 ε_e 之间的确定关系, 即

$$\varepsilon_e = f(\sigma_e) \quad \text{或} \quad \sigma_e = g(\varepsilon_e) \tag{A1.7.6}$$

而这种关系的一般表达式是难以由实验测定得到的, 往往假定有一个单向拉伸 (或纯剪) 实验的结果推广而得到. 例如, 把单向拉伸的 Ramberg-Osgood 经验关系

$$\begin{cases} \varepsilon = \dfrac{1}{E}\sigma, & \text{当}\varepsilon \leqslant \varepsilon_s \\ \varepsilon = a\sigma^n, & \text{当}\varepsilon > \varepsilon_s \end{cases} \tag{A1.7.7}$$

推广到一般情形. 式 (A1.7.7) 中的 ε_s 为材料单向拉伸的屈服应变, 而把相应的屈服应力记为 σ_s, 即

$$\sigma_s = E\varepsilon_s \tag{A1.7.8}$$

在单向拉伸时 $\sigma_e = \sigma, \varepsilon_e = \varepsilon$. 式 (A1.7.7) 中的 α 与 n 为材料常数, 称为硬化系数与硬化指数.

如果把单向拉伸时 ε 与 σ 的关系推广到二维与三维应力状态, 则 (A1.7.1$'$) 可以改写成

$$\varepsilon_{ij} = \varepsilon_{ij}^{(e)} + \varepsilon_{ij}^{(p)} = \frac{1+\nu}{E}\sigma_{ij} - \frac{\nu}{E}\sigma_{kk}\delta_{ij} + \frac{3}{2}a\sigma_e^{n-1}s_{ij} \tag{A1.7.9}$$

或者

$$\varepsilon_{ij} = \varepsilon_{ij}^{(e)} + \varepsilon_{ij}^{(p)} = \frac{1+\nu}{E}s_{ij} + \frac{1-2\nu}{3E}\sigma_{kk}\delta_{ij} + \frac{3}{2}a\sigma_e^{n-1}s_{ij} \tag{A1.7.9$'$}$$

但是这里假定了

$$\varepsilon_{kk} = \varepsilon_{kk}^{(e)} = \frac{1-2\nu}{E}\sigma_{kk} \tag{A1.7.10}$$

即认为体积应变是弹性的, 这一假定与实验符合较好. 显然若 $n=1$, 上述关系还原为 Hooke 定律.

如果假定

$$\sigma_e = \sigma_s \tag{A1.7.11}$$

表示材料的应力状态达到屈服, 则式 (A1.7.1), 或

$$\sqrt{\frac{3}{2}s_{ij}s_{ij}} = \sigma_s \tag{A1.7.11$'$}$$

为 von Mises(初始) 屈服条件.

以上各公式在第 4 章中被多次使用.

A1.8　增量塑性本构关系

以上关系考虑了塑性变形时材料应力–应变关系的非线性, 但它限制系统始终处在加载状态, 因为它并不能描写卸载情形下的应力–应变关系. 为了考虑塑性变形状态, 加载与卸载时材料的不同响应, 则必须引进应变率或应力率概念. 这时本构关系为

$$D_{ij}=\begin{cases}\dfrac{1+\nu}{E}\dot{\sigma}_{ij}-\dfrac{\nu}{E}\dot{\sigma}_{kk}\delta_{ij}, & \text{当}\sigma_{ij}\leqslant 0;\text{或}\dot{\Lambda}\leqslant 0\\ \dfrac{1+\nu}{E}\dot{\sigma}_{ij}-\dfrac{\nu}{E}\dot{\sigma}_{kk}\delta_{ij}+\dot{\Lambda}s_{ij}, & \text{当}\dot{\sigma}_{ij}\geqslant 0;\dot{\Lambda}\geqslant 0\end{cases}\tag{A1.8.1}$$

其中 $\dot{\sigma}_{ij}=\partial_{ij}/\partial t$, $\dot{\sigma}_{kk}=\partial\sigma_{kk}/\partial t$, $D_{ij}=\partial\varepsilon_{ij}/\partial t$ 为应变率张量, $\dot{\Lambda}$ 称为塑性流动因子, 它并没有普遍的表达式, 而必须针对不同的情形 (加载规律), 构造出相应的具体表达式, 我们在第 4 章中针对裂纹扩散问题具体地讨论了它. 同时在塑性静力学和准静态问题中, 时间 t 并不出现, $\partial/\partial t$ 仅仅代表一种变化率.

初始屈服条件仍然与 A1.7 节所讨论的一致.

塑性本构关系的更普遍的讨论, 可以参考 A1.9 节,

塑性理论的平衡方程仍与弹性理论一样, 在小变形条件下, 其变形几何方程也与弹塑性理论一样.

A1.9　可压缩塑性的增量本构关系——金属泡沫材料塑性

由于实验表明金属和高分子多胞/泡沫材料的塑性本构关系中必须涉及平均应力 σ_m 或静水压力 p 的效应, 因而有效应力的概念必须扩充, 为此引进了一个广义有效应力 $\hat{\sigma}$. 材料的屈服面/加载面可以表示成

$$\varPhi=\hat{\sigma}-Y=0\tag{A1.9.1}$$

在式 (A1.9.1) 中, 若

$$Y=\sigma_Y=\text{const}\tag{A1.9.2}$$

其中 σ_Y 代表单轴屈服强度, 则式 (A1.9.1) 为初始屈服面; 相反地, 若

$$Y=Y(h)\tag{A1.9.3}$$

其中 h 是一个描写塑性变形历史的参量, 则 (A1.9.2) 为屈服面/加载面演化方程.

Triantafillou 与 Gibson (以下简记 TG) 建议

$$\hat{\sigma}=\sigma_e+0.03\frac{\rho^*}{\rho_s}\sigma_m\tag{A1.9.4}$$

其中 σ_e 为 von Mises 有效应力

$$\sigma_e = \left(\frac{3}{2}s_{ij}s_{ij}\right)^{1/2} \tag{A1.9.5}$$

s_{ij} 为应力偏量张量, 即

$$s_{ij} = \sigma_{ij} - \frac{1}{3}\sigma_{kk}\delta_{ij} = \sigma_{ij} - \sigma_m\delta_{ij} = \sigma_{ij} + p\delta_{ij} \tag{A1.9.6}$$

σ_{ij} 为应力张量, 而 $\sigma_{kk} = \sigma_{11} + \sigma_{22} + \sigma_{33} = 3\sigma_m = -3p$.

把式 (A1.9.4) 代入式 (A1.9.1), 即得 TG 屈服面/加载面.

Gibson, Ashby, Zhang 与 Triantafillou (GAZT) 提出

$$\hat{\sigma} = \sigma_e + 0.81\frac{\rho^*}{\rho_s}\frac{\sigma_m^2}{\sigma_Y} \tag{A1.9.7}$$

这里广义有效应力与式 (A1.9.4) 相似. 把它代入式 (A1.9.1), 便得 GAZT 屈服面/加载面.

在 GAZT 和 TG 模型提出之后, 多胞材料的连续本构模型还有其他工作, 这里不可能去详细评述.

与以上两种模型不同, 最近的这些研究者并不把相对密度 ρ^*/ρ_s 直接引入广义有效应力 $\hat{\sigma}$ 中, 而是引进一些能刻画塑性可压缩性的新的材料参量, 如塑性 Poisson 比, 由于它们试验中选用的材料不同, 加载方式的不同, 所定义的塑性 Poisson 比不尽相同.

Deshpande 与 Fleck (DF) 定义塑性 Poisson 比为

$$\nu^p = -\frac{\dot{\varepsilon}_{11}^p}{\dot{\varepsilon}_{22}^p} \tag{A1.9.8}$$

由此引出一个能刻画塑性可压缩性的参量 α:

$$\alpha = 3\left(\frac{1/2 - \nu^p}{1 + \nu^p}\right)^{1/2} \tag{A1.9.9}$$

α 的数值为 1~2, DF 认为 α 是 von Mises 有效应力和平均应力比例因子, 这点可以从他们定义的广义有效应力表达式

$$\hat{\sigma} = \left[\frac{1}{1 + (\alpha/3)^2}\left(\sigma_e^2 + \alpha^2\sigma_m^2\right)\right]^{1/2} \tag{A1.9.10}$$

中看出来. 显然, 若 $\nu^p = 1/2$, 则 $\alpha = 0$, 此时为不可压缩塑性.

把式 (A1.9.10) 代入式 (A1.9.1) 即得 DF 屈服面. 以上工作最初是针对金属多胞材料给出的, 后来进一步发现此模型也可以描写高分子多胞材料的屈服现象.

虽然多胞材料的屈服面/加载面的模型或理论还可以列出一些, 由于篇幅的限制, 这里不再一一列举了.

若考虑各向同性硬化, 由流动法则和以上各屈服面/加载面演化方程, 不难得到相应的本构方程, 它们可以统一地写成

$$\dot{\varepsilon}_{ij}=\dot{\varepsilon}_{ij}^{e}+\dot{\varepsilon}_{ij}^{p}=\frac{1+\nu}{E}\dot{\sigma}_{ij}-\frac{\nu}{E}\dot{\sigma}_{kk}\delta_{ij}+\frac{\dot{\hat{\sigma}}}{H(\hat{\sigma})}\frac{\partial\Phi}{\sigma_{ij}} \tag{A1.9.11}$$

这里 $\dot{\varepsilon}_{ij}$ 为应变率, $\dot{\varepsilon}_{ij}^{e}$ 为弹性应变率, $\dot{\varepsilon}_{ij}^{p}$ 为塑性应变率, $\dot{\sigma}_{ij}$ 为应力率, E 与 ν 为弹性模量和弹性 Poisson 比, δ_{ij} 为单位张量, $H(\hat{\sigma})$ 为硬化模量, 可以由一维应力–应变关系近似标定, 即 $H(\hat{\sigma})=\mathrm{d}\sigma/\mathrm{d}\varepsilon^{p}$ 为应力幅值为 $\hat{\sigma}$ 时的硬化模量 (第八章已详细讨论), Φ 由式 (8.8.1) 定义, 针对不同的广义有效应力, $\partial\Phi/\partial\sigma_{ij}$ 可以计算出来, 例如

$$\frac{\partial\Phi}{\partial\sigma_{ij}}=\begin{cases}\dfrac{3}{2}\dfrac{1}{\sigma_e}s_{ij}+0.01\dfrac{\rho^*}{\rho_s}\delta_{ij}, & \text{对TG模型}\\ \dfrac{3}{2}\dfrac{1}{\sigma_e}s_{ij}+0.18\dfrac{\rho^*}{\rho_s}\dfrac{\sigma_m}{\sigma_Y}\delta_{ij}, & \text{对GAZT模型}\\ \dfrac{1}{\left[1+(\alpha/3)^2\right]\hat{\sigma}}\left(\dfrac{3}{2}s_{ij}+3\left(\dfrac{\alpha}{3}\right)^2\sigma_m\delta_{ij}\right), & \text{对DF模型}\end{cases} \tag{A1.9.12}$$

而 $\dot{\hat{\sigma}}$ 的形式也因不同模型而异, 例如

$$\dot{\hat{\sigma}}=\begin{cases}\dot{\sigma}_e+0.03\dfrac{\rho^*}{\rho_s}\sigma_m, & \text{对TG模型}\\ \dfrac{1}{\left[1+(\alpha/3)^2\right]\hat{\sigma}}\left(\sigma_e\dot{\sigma}_e s_{ij}+\alpha^2\sigma_m\dot{\sigma}_m\right), & \text{对DF模型}\end{cases} \tag{A1.9.13}$$

把式 (A1.9.12) 与式 (A1.9.13) 代入式 (A1.9.11) 即得到相应的本构方程的最终形式.

A1.10 弹性动力学与波动

裂纹受冲击载荷作用, 或者裂纹发生快速传播时, 都与应力波相联系, 这时, 运动方程中的惯性力 $\rho(\partial^2u_i/\partial t^2)$ 不能忽略.

把变形几何方程 (A1.1.1), (A1.1.2) 代入广义郑玄–Hooke 定律 (A1.5.2) 再代入运动方程 (A1.2.1) 得到 (略去体积力)

$$\begin{cases} (\lambda+\mu)\dfrac{\partial e}{\partial x}+\mu\nabla^2 u_x=\rho\dfrac{\partial^2 u_x}{\partial t^2} \\ (\lambda+\mu)\dfrac{\partial e}{\partial y}+\mu\nabla^2 u_y=\rho\dfrac{\partial^2 u_y}{\partial t^2} \\ (\lambda+\mu)\dfrac{\partial e}{\partial z}+\mu\nabla^2 u_z=\rho\dfrac{\partial^2 u_z}{\partial t^2} \end{cases} \tag{A1.10.1}$$

其中 $e=\varepsilon_{kk}$ 代表体积应变, $\nabla^2=\partial^2/\partial x^2+\partial^2/\partial y^2+\partial^2/\partial z^2$.

若引进 ϕ 与 $\boldsymbol{\psi}$ 如下:

$$\boldsymbol{u}=\nabla\boldsymbol{\phi}+\nabla\times\boldsymbol{\psi} \tag{A1.10.2}$$

其中 $\nabla=\text{grad}$, $\nabla\times=\text{rot}$ 分别代表梯度与旋度计算, 则方程 (A1.10.1) 化为如下纵波与横波方程

$$\nabla^2\phi=\frac{1}{c_1^2}\frac{\partial^2\phi}{\partial t^2},\quad \nabla^2\boldsymbol{\psi}=\frac{1}{c_2^2}\frac{\partial^2\boldsymbol{\psi}}{\partial t^2} \tag{A1.10.3}$$

其中

$$c_1=\sqrt{\frac{\lambda+2\mu}{\rho}},\quad c_2=\sqrt{\frac{\mu}{\rho}} \tag{A1.10.4}$$

代表弹性纵波与横波波速.

若

$$\boldsymbol{u}=(u_x,u_y,0),\quad \partial/\partial z=0$$

则 $\boldsymbol{\psi}=(0,0,\psi)$

$$u_x=\frac{\partial\phi}{\partial x}+\frac{\partial\psi}{\partial y},\quad u_y=\frac{\partial\phi}{\partial y}-\frac{\partial\psi}{\partial x} \tag{A1.10.5}$$

而式 (A1.10.3) 化为平面弹性动力学方程

$$\nabla_1^2\phi=\frac{1}{c_1^2}\frac{\partial^2\phi}{\partial t^2},\quad \nabla^2\psi=\frac{1}{c_2^2}\frac{\partial^2\psi}{\partial t^2} \tag{A1.10.6}$$

其中 $\nabla_1^2=\partial^2/\partial x^2+\partial^2/\partial y^2$.

若

$$u=(0,0,u_z),\quad \partial/\partial z=0$$

那么直接由方程 (A1.10.1) 我们得到

$$\nabla_1^2 u_z=\frac{1}{c_2^2}\frac{\partial^2 u_z}{\partial t^2} \tag{A1.10.7}$$

此即反平面波动方程.

A1.11　固体准晶弹性

固体准晶具有两个位移场, 与结构材料的变形规律很不同, 虽然第 7 章和第 10 章简单介绍了一下, 这里有必要再提一提. 第 7 章是普遍的推导, 意义很大, 但是那里得到的终态方程是微分–变分方程, 既难以理解, 更难以求解. 把微分–变分方程化成微分方程, 要用到如下热力学关系:

$$
\begin{aligned}
h_{ij}^{\boldsymbol{u}} &= \left.\frac{\partial \varepsilon}{\partial \nabla_i u_j}\right|_{s,\rho,g_i\nabla_i w_j} = \left.\frac{\partial f}{\partial \nabla_i u_j}\right|_{s,\rho,g_i\nabla_i w_j} \\
h_{ij}^{\boldsymbol{w}} &= \left.\frac{\partial \varepsilon}{\partial \nabla_i w_j}\right|_{s,\rho,g_i\nabla_i u_j} = \left.\frac{\partial f}{\partial \nabla_i w_j}\right|_{s,\rho,g_i\nabla_i u_j}
\end{aligned} \tag{A1.11.1}
$$

进一步的推导, 还有

$$
\begin{aligned}
\frac{\delta F}{\delta u_j} &= -\nabla_i \frac{\partial f}{\partial(\nabla_i u_j)} = -\nabla_i h_{ij}^{u} \\
\frac{\delta F}{\delta w_j} &= -\nabla_i \frac{\partial f}{\partial(\nabla_i w_j)} = -\nabla_i h_{ij}^{w}
\end{aligned} \tag{A1.11.2}
$$

其中

$$
\begin{aligned}
h_{ij}^{u} &= \sigma_{ij} + B\frac{\delta\rho}{\rho_0}\delta_{ij} \\
h_{ij}^{w} &= H_{ij}
\end{aligned} \tag{A1.11.3}
$$

利用这些基本关系, 第 7 章得到的微分–变分方程就都化成偏微分方程, 看起来比较容易理解, 在数学求解上也比较方便. 详见范天佑《固体与软物质数学弹性与相关理论及应用》(北京理工大学出版社, 2014) 第十六章附录.

把变形几何关系和应力–应变关系代入第 7 章准晶的广义流体动力学方程, 在忽略流体效应时就得到准晶弹性方程.

A1.11.1　二维准晶平面弹性

二维准晶是准晶中的一类, 原子排列沿一个方向 (例如, z 方向或 x_3 方向), 也就是五次对称轴, 或八次, 或十次, 或十二次对称轴的方向) 是周期的, 沿另外两个方向排列是准周期的, 这时

$$
w_3 = 0 \tag{A1.11.4}
$$

又如果外场与 x_3 无关

$$
\frac{\partial}{\partial x_3} = 0 \tag{A1.11.5}
$$

这样

$$
\begin{aligned}
\sigma_{ij} &= C_{ijkl}\varepsilon_{kl} + R_{ijkl}w_{kl} \\
H_{ij} &= K_{ijkl}w_{kl} + R_{klij}\varepsilon_{kl}
\end{aligned} \tag{A1.11.6}
$$

其中

$$C_{ijkl} = L\delta_{ij}\delta_{kl} + M(\delta_{ik}\delta_{jl} + \delta_{il}\delta_{jk})$$

$$L = C_{12}, \quad M = (C_{11} - C_{12})/2 \tag{A1.11.7}$$

$$\begin{aligned} K_{ijkl} =& (K_1 - K_2 - K_3)\delta_{ik}\delta_{jl} + K_2\delta_{ij}\delta_{kl} + K_3\delta_{il}\delta \\ &+ 2(K_2 + K_3)(\delta_{i1}\delta_{j2}\delta_{k1}\delta_{l2} + \delta_{i2}\delta_{j1}\delta_{k2}\delta_{l1}) \end{aligned} \tag{A1.11.8}$$

$$\begin{aligned} R_{ijkl} =& R_1(\delta_{i1} - \delta)(\delta_{ij}\delta_{kl} - \delta_{ik}\delta_{jl} + \delta_{il}\delta_{jk}) + R_2[(1 - \delta_{ij})\delta_{kl} \\ &+ \delta_{ij}(\delta_{i1} - \delta_{i2})(\delta_{k1}\delta_{l2} - \delta_{k2}\delta_{l1})](i, j, k, l = 1, 2) \end{aligned} \tag{A1.11.9}$$

因为 C_{12}, C_{12}(或 L, M), K_1, K_2, K_3, R_1 和 R_2 在第 7 章, 第 10 章和第 11 章已经介绍过, 这里不必多重复.

对点群 10mm 二维准晶, $R_1 > 0$, $R_2 = 0$, $K_1 > 0$, $K_2 > 0$, $K_2 + K_3 = 0$; 对点群 8mm 二维准晶, $R_1 > 0$, $R_2 = 0$, $K_1 > 0$, $K_2 > 0$, $K_3 > 0$; 对点群 10, $\overline{10}$ 二维准晶 $R_1 > 0$, $R_2 > 0$, $K_1 > 0$, $K_2 > 0$, $K_2 + K_3 = 0$; 对点群 12mm 二维准晶, $R_1 = 0$, $R_2 = 0$, $K_1 > 0$, $K_2 > 0$, $K_3 > 0$(但是测量结果发现 $K_2 < 0$).

应变的定义为

$$\varepsilon_{ij} = \frac{1}{2}\left(\frac{\partial u_i}{\partial x_j} + \frac{\partial u_j}{\partial x_i}\right), \quad w_{ij} = \frac{\partial w_i}{\partial x_j} \tag{A1.11.10}$$

应力满足平衡方程

$$\frac{\partial \sigma_{ij}}{\partial x_j} + f_i = 0, \quad \frac{\partial H_{ij}}{\partial x_j} + g_i = 0 \tag{A1.11.11}$$

应力边界条件为

$$\sigma_{ij}n_j = T_i, \quad H_{ij}n_j = h_i, \quad (x_1, x_2) \in S_t \tag{A1.11.12}$$

而在位移边界 S_u 上有

$$\begin{aligned} u_i = \bar{u}_i, \\ w_i = \bar{w}_i, \end{aligned} \quad (x_1, x_2) \in S_u \tag{A1.11.13}$$

其中 T_i 为表面力, h_i 为广义表面力.

最重要的是十次对称准晶, 其平面问题, 无论用位移势还是应力势, 都化成四重调和方程

$$\nabla^2\nabla^2\nabla^2\nabla^2 F(x, y) = 0 \tag{A1.11.14}$$

方程 (A1.11.14) 的求解成为二维固体准晶弹性和缺陷问题的核心. 它也为非线性问题的求解提供了一个基础 (因为准晶非线性本构方程尚未建立, 非线性问题的理论基础尚未建立, 往往把非线性问题线性化, 线性化之后, 方程 (A1.11.14) 成了求解的基础).

A1.11.2 三维二十面体准晶平面弹性

三维二十面体准晶是固体准晶中最重要的一类, 在数量上占已发现的固体准晶的一半, 目前能够得到求解的主要是平面弹性问题, 在这项研究中, 假设

$$\frac{\partial}{\partial x_3}=0\left(或\frac{\partial}{\partial z}=0\right) \tag{A1.11.15}$$

在这种情况下, 三维弹性问题转化成平面弹性问题. 在条件 (A1.11.15) 下, 我们有

$$\varepsilon_{zz}=w_{zz}=w_{xz}=w_{yz}=0 \tag{A1.11.16}$$

因此, 场变量和场方程的数目从 36 减少到 32. 虽然总数减少的不是很多, 所得到的方程组已经大大简化, 具体如下

$$\begin{gathered}
\mu\nabla_1^2u_x+(\lambda+\mu)\frac{\partial}{\partial x}\nabla_1\cdot\boldsymbol{u}_1+R\left(\frac{\partial^2w_x}{\partial x^2}+2\frac{\partial^2w_y}{\partial x\partial y}-\frac{\partial^2w_y}{\partial y^2}\right)=0\\
\mu\nabla_1^2u_y+(\lambda+\mu)\frac{\partial}{\partial y}\nabla_1\cdot\boldsymbol{u}_1+R\left(\frac{\partial^2w_y}{\partial x^2}-2\frac{\partial^2w_x}{\partial x\partial y}-\frac{\partial^2w_y}{\partial y^2}\right)=0\\
\mu\nabla_1^2u_z+R\left(\frac{\partial^2w_x}{\partial x^2}-2\frac{\partial^2w_y}{\partial x\partial y}-\frac{\partial^2w_x}{\partial y^2}+\nabla_1^2w_z\right)=0\\
K_1\nabla_1^2w_x+K_2\left(\frac{\partial^2w_z}{\partial x^2}-\frac{\partial^2w_z}{\partial y^2}\right)+R\left(\frac{\partial^2u_x}{\partial x^2}-2\frac{\partial^2u_y}{\partial x\partial y}-\frac{\partial^2u_x}{\partial y^2}+\frac{\partial^2u_z}{\partial x^2}-\frac{\partial^2u_z}{\partial y^2}\right)=0\\
K_1\nabla_1^2w_y-2K_2\frac{\partial^2w_z}{\partial x\partial y}+R\left(\frac{\partial^2u_y}{\partial x^2}+2\frac{\partial^2u_x}{\partial x\partial y}-\frac{\partial^2u_y}{\partial y^2}-2\frac{\partial^2u_z}{\partial x\partial y}\right)=0\\
(K_1-K_2)\nabla_1^2w_z+K_2\left(\frac{\partial^2w_x}{\partial x^2}-2\frac{\partial^2w_y}{\partial x\partial y}-\frac{\partial^2w_y}{\partial y^2}\right)+R\nabla_1^2u_z=0
\end{gathered} \tag{A1.11.17}$$

其中 ∇_1^2 和 $\nabla_1\cdot\boldsymbol{u}_1$ 为二维算子. 为简单起见, 在下面将省略二维 Laplace 算子的下标 1.

方程组 (A1.11.17) 比三维方程组要简单得多, 但仍然相当复杂.

如果我们引入位移势 $F(x,y)$ 满足

$$\begin{aligned}
u_x=&R\frac{\partial^2}{\partial x\partial y}\nabla^2\nabla^2[\mu\alpha\varPi_1+\beta(\lambda+2\mu)\varPi_2]F\\
&+c_0R\frac{\partial^2}{\partial x\partial y}\varLambda\left[(3\mu-\lambda)\frac{\partial^4}{\partial x^4}+10(\lambda+\mu)\frac{\partial^4}{\partial x^2\partial y^2}-(5\lambda+9\mu)\frac{\partial^4}{\partial y^4}\right]F\\
u_y=&R\nabla^2\nabla^2\left[\mu\alpha\frac{\partial^2}{\partial y^2}\varPi_1-\beta(\lambda+2\mu)\frac{\partial^2}{\partial x^2}\varPi_2\right]F
\end{aligned}$$

$$+c_0R\Lambda^2[(\lambda+2\mu)\frac{\partial^6}{\partial x^6}-5(2\lambda+3\mu)\frac{\partial^6}{\partial x^4\partial y^2}+5\lambda\frac{\partial^6}{\partial x^2\partial y^4}+\mu\frac{\partial^6}{\partial y^6}]F$$

$$u_z=c_1\frac{\partial^2}{\partial x\partial y}\left[(\alpha-\beta)\Lambda^2\Pi_1\Pi_2+\alpha\frac{\partial^2}{\partial y^2}\Pi_1^2+\beta\frac{\partial^2}{\partial x^2}\Pi_2^2\right]F$$

$$w_x=-\omega\frac{\partial^2}{\partial x\partial y}\nabla^2[2c_0\Lambda^2\nabla^2-(\alpha-\beta)\Pi_1\Pi_2]F$$

$$w_y=-\omega\nabla^2\left[c_0\Lambda^2\Lambda^2\nabla^2+\alpha\frac{\partial^2}{\partial y^2}\Pi_1^2+\beta\frac{\partial^2}{\partial x^2}\Pi_2^2\right]F$$

$$w_z=c_2\frac{\partial^2}{\partial x\partial y}\left[(\alpha-\beta)\Lambda^2\Pi_1\Pi_2+\alpha\frac{\partial^2}{\partial y^2}\Pi_1^2+\beta\frac{\partial^2}{\partial x^2}\Pi_2^2\right]F \tag{A1.11.18}$$

那么场方程 (A1.11.17) 将被满足, 如果

$$\nabla^2\nabla^2\nabla^2\nabla^2\nabla^2\nabla^2F(x,y)+\nabla^2LF(x,y)=0 \tag{A1.11.19}$$

其中

$$\alpha=(\lambda+2\mu)R^2-\omega K_1,\quad \beta=\mu R^2-\omega K_1,\quad \omega=\mu(\lambda+2\mu)$$

$$c_0=\omega\frac{\mu K_2^2+(K_1-3K_2)R^2}{\mu(K_1-K_2)-R^2},\quad c_1=\frac{(K_1-2K_2)R\omega}{\mu(K_1-K_2)-R^2},\quad c_2=\frac{(K_2\mu-R^2)\omega}{\mu(K_1-K_2)-R^2}$$

$$\Pi_1=3\frac{\partial^2}{\partial x^2}-\frac{\partial^2}{\partial y^2},\quad \Pi_2=3\frac{\partial^2}{\partial y^2}-\frac{\partial^2}{\partial x^2},\quad \nabla^2=\frac{\partial^2}{\partial x^2}+\frac{\partial^2}{\partial y^2},\quad \Lambda^2=\frac{\partial^2}{\partial x^2}-\frac{\partial^2}{\partial y^2} \tag{A1.11.20}$$

这里二维 Laplace 算子的下标 1 已省略, 并且算子

$$\begin{aligned}L=&\frac{c_0}{\beta}\Bigg[-\frac{\partial^{10}}{\partial x^{10}}+5\left(4-5\frac{\alpha}{\beta}\right)\frac{\partial^{10}}{\partial x^8\partial y^2}\\&-10\left(11-10\frac{\alpha}{\beta}\right)\frac{\partial^{10}}{\partial x^6\partial y^4}+10\left(10-11\frac{\alpha}{\beta}\right)\frac{\partial^{10}}{\partial x^4\partial y^6}\\&-5\left(5-4\frac{\alpha}{\beta}\right)\frac{\partial^{10}}{\partial x^2\partial y^8}-\frac{\alpha}{\beta}\frac{\partial^{10}}{\partial y^{10}}\Bigg]\end{aligned} \tag{A1.11.21}$$

假设

$$R^2/(\mu K_1)\ll 1 \tag{A1.11.22}$$

(这是可以理解的, 因为耦合效应比较弱), 再由式 (A1.11.21) 和 (A1.11.22)

$$\beta/\alpha\to 1,\quad \nabla^2L=\frac{c_0}{\beta}\nabla^2\nabla^2\nabla^2\nabla^2\nabla^2\nabla^2 \tag{A1.11.23}$$

将式 (A1.11.23) 代入式 (A1.11.19), 我们发现,

$$\nabla^2\nabla^2\nabla^2\nabla^2\nabla^2\nabla^2 F(x,y)=0 \tag{A1.11.24}$$

这是基于位移势函数的二十面体准晶平面弹性问题的最终控制方程. 根据广义 Hooke 定律, 声子场和相位子场应力分量也可以用势函数 $F(x,y)$ 表示, 为简单起见, 这里省略.

换句话说, 方程组 (A1.11.18) 给出了二十面体准晶平面弹性问题基于位移势函数 $F(x,y)$ 的基本解, 为从根本上为解决这类准晶平面弹性力学问题奠定了基础. 一旦获得了满足方程 (A1.11.24) 及边界条件的位移势函数 $F(x,y)$, 可以根据方程 (A1.11.18) 获得整个弹性场的表达式, 见专著 (范天佑. 固体与软物质准晶数学弹性与相关理论及应用. 北京: 北京理工大学出版社, 2014).

本小组也从应力势出发化简二十面体准晶平面弹性的方程, 工作中还存在一些问题, 例如, 首先分母中含有耦合弹性常数 R, 当 $R\to 0$ 解将变成无限大, 就是说解不能还原为经典弹性问题的解. 其次, 推导中还存在一些其他问题, 例如, 并不满足有关条件 (A1.11.22). 所以二十面体准晶的应力势方法这里不进一步介绍.

A1.12 软物质准晶弹性——流体动力学

软物质不同于固体, 也不同于流体, 它们同时具有固体与流体的性质. 要描写它们的运动, 要用广义流体动力学方程. 这里针对软物质准晶作简单介绍. 软物质准晶目前只发现具有十二次对称和十八次对称的两类. 分别在液晶、聚合物和胶体中发现, 我们知道液晶、聚合物和胶体虽然都属于软物质, 又各不相同, 那么, 如何描写它们的准晶呢? 这本身就是一大难题. 也可以说, 这是无法回答的问题.

我们参考固体准晶的启发, 再学习 Landau 关于流体声子的概念, 初步认定软物质准晶, 作为准晶应该存在声子和相位子, 它具有流体特点, 应该存在流体声子. 这样, 根据广义流体动力学, 有运动方程如下:

$$\left\{\begin{aligned}
&\rho\frac{\partial V_i}{\partial t}+\rho\boldsymbol{V}(\nabla V_i)=\frac{\partial}{\partial x_j}\left(\sigma_{ij}+\sigma'_{ij}\right)\\
&\frac{\partial\rho}{\partial t}+\frac{\partial \rho V_j}{\partial x_j}=0\\
&\frac{\partial u_i}{\partial t}+\boldsymbol{V}(\nabla u_i)+\mathit{\Gamma}_u\frac{\partial\sigma_{ij}}{\partial x_j}-V_i=0\\
&\frac{\partial w_i}{\partial t}+\boldsymbol{V}(\nabla w_i)+\mathit{\Gamma}_w\frac{\partial H_{ij}}{\partial x_j}=0
\end{aligned}\right. \tag{A1.12.1}$$

其中

$$\begin{cases} \sigma_{ij} = C_{ijkl}\varepsilon_{kl} + R_{ijkl}w_{kl} \\ H_{ij} = K_{ijkl}w_{kl} + R_{klij}\varepsilon_{kl} \end{cases} \tag{A1.12.2}$$

代表声子与相位子应力张量, 弹性常数有对称性决定; 又

$$\sigma'_{ij} = -p\delta_{ij} + \eta\dot{\xi}_{kl} \tag{A1.12.3}$$

p 为流体压力, η 为流体黏性系数, $\dot{\xi}_{kl}$ 为流体变形速度张量如下

$$\dot{\xi}_{xx} = \frac{\partial V_x}{\partial x}, \quad \dot{\xi}_{yy} = \frac{\partial V_y}{\partial y}, \quad \dot{\xi}_{zz} = \frac{\partial V_z}{\partial z} \tag{A1.12.4}$$

$$\begin{cases} \dot{\xi}_{yz} = \dot{\xi}_{zy} = \dfrac{1}{2}\left(\dfrac{\partial V_z}{\partial y} + \dfrac{\partial V_y}{\partial z}\right) \\ \dot{\xi}_{zx} = \dot{\xi}_{xz} = \dfrac{1}{2}\left(\dfrac{\partial V_z}{\partial x} + \dfrac{\partial V_x}{\partial z}\right) \\ \dot{\xi}_{xy} = \dot{\xi}_{yx} = \dfrac{1}{2}\left(\dfrac{\partial V_x}{\partial y} + \dfrac{\partial V_y}{\partial x}\right) \end{cases} \tag{A1.12.5}$$

以上方程适合十二次对称软物质准晶. 而十八次对称软物质准晶太复杂, 要用到所谓六维镶嵌空间理论, 这里不再介绍.

A1.13 液晶广义流体动力学

液晶是软物质的一类, 也很复杂. 这里仅简单地介绍比较简单的一类, 即 A 类层状液晶.

液晶的理论已经超出普通弹性理论和普通流体力学, 其弹性的变形已超出经典的 Cauchy 应变, 而是包括体应变 (即 Cauchy 应变) 和曲率引起的应变 (称为 Franck 应变). 所以与过去我们在普通弹性理论和普通流体力学的叙述不同, 这里必须在引进位移矢量的同时, 必须引进另外一个矢量称为方向矢量或指向矢

$$\boldsymbol{n} = (\boldsymbol{n}_x, \boldsymbol{n}_y, \boldsymbol{n}_z)$$

同时先写出自由能, 例如, 对层状液晶, 有

$$U = F = F_e + F_c + F_{ec} \tag{A1.13.1}$$

其中

$$F_e = \frac{1}{2}C_{ijkl}\varepsilon_{ij}\varepsilon_{kl} \tag{A1.13.2}$$

为普通弹性**Cauchy**应变能密度, 而

$$F_c = \frac{1}{2}K_1(\mathrm{div}(\boldsymbol{n}))^2 + \frac{1}{2}K_2(\boldsymbol{n}\cdot\mathrm{rot}\boldsymbol{n})^2 + \frac{1}{2}K_3(\boldsymbol{n}\times\mathrm{rot}\boldsymbol{n})^2 \tag{A1.13.3}$$

为 Frank 能, 由曲率而引起, 另外

$$F_{ec} \tag{A1.13.4}$$

为 Cauchy-Frank 耦合能. 在大多数情形, F_{ec} 可以忽略. 在一级近似下, A 类层状液晶的方向矢为

$$\boldsymbol{n}_x \approx \frac{\partial \boldsymbol{u}_z}{\partial \boldsymbol{x}}, \quad \boldsymbol{n}_y \approx \frac{\partial \boldsymbol{u}_z}{\partial \boldsymbol{y}}, \quad \boldsymbol{n}_z \approx 1 \tag{A1.13.5}$$

这样体弹性能密度 F_e 和曲率引起的弹性能密度 F_c 可以得到. 进而得到弹性应力分量如下

$$\begin{cases} \sigma_{xx} = \sigma_{yy} = K_1\nabla^2\dfrac{\partial u}{\partial z} \\ \sigma_{zz} = \rho_0 B'\dfrac{\partial u}{\partial z} \\ \sigma_{zx} = \sigma_{xz} = -K_1\nabla^2\dfrac{\partial u}{\partial x} \\ \sigma_{zy} = \sigma_{yz} = -K_1\nabla^2\dfrac{\partial u}{\partial y} \\ \sigma_{xy} = \sigma_{yx} = 0 \end{cases} \tag{A1.13.6}$$

而流体应力分量为

$$\sigma'_{ij} = -p\delta_{ij} + \eta\dot{\xi}_{kl} \tag{A1.13.7}$$

其运动方程为

$$\begin{cases} \rho\dfrac{\partial V_i}{\partial t} + \rho\boldsymbol{V}(\nabla V_i) = \dfrac{\partial}{\partial x_j}\left(\sigma_{ij} + \sigma'_{ij}\right) \\ \dfrac{\partial \rho}{\partial t} + \dfrac{\partial \rho V_j}{\partial x_j} = 0 \\ \dfrac{\partial u_i}{\partial t} + \boldsymbol{V}(\nabla u_i) + \mathit{\Gamma}_u\dfrac{\partial \sigma_{ij}}{\partial x_j} - V_i = 0 \end{cases} \tag{A1.13.8}$$

类似地, 柱状液晶的方向矢, 在一级近似下为

$$\boldsymbol{n}_x \approx \frac{\partial \boldsymbol{u}_x}{\partial z}, \quad \boldsymbol{n}_y \approx \frac{\partial u_y}{\partial z}, \quad \boldsymbol{n}_z \approx 1 \tag{A1.13.9}$$

运动方程也可以得到, 不过这里不进一步讨论.

A1.14　其他软物质材料的广义流体动力学

软物质中非常重要和巨大的一类是聚合物, 它太复杂, 因为它本身就是一个多层次的结构, 包括聚合物分子、聚合物溶液、聚合物熔体和聚合物共混体, 其本构方程很难简单表示出来, 运动方程更难简单表达出来, 所以第 7 章中未能讨论, 第 12 章中也未能讨论.

附录二　复分析方法及其在弹性与缺陷问题中的应用及补充推导

第 1 章中对若干重要裂纹问题的位移与应力分析由复分析方法推导出来, 它们为断裂理论的创立奠定了基础和作了准备. 但是复分析方法的重要性远不止于此. 在第 1、3、5、10 章中介绍用 Fourier 方法求缺陷问题解时, 计算积分变换的反演以及推导对偶积分方程的解, 又大量地使用了函数论方法. Nobel 奖得主李政道教授在其著作《物理学中的数学方法》(吴顺唐, 译. 南京: 江苏科学技术出版社, 1980 年) 一书中指出, 复分析在理论物理中具有根本的重要性. 数学大师陈省身教授对复变函数及复变函数论的评价就更高了 (张洪光. 一生事业在铸人——当代世界几何学家陈省身. 自然辩证法通讯, 1997 年第 5 期). 这里虽不可能去详细讨论复分析方法, 但对正文中使用的复分析方法及有关计算作若干补充, 以供读者参考.

A2.1　复变函数基本公式

为了对断裂理论中最简单、最严格的复势法有所了解, 以利于理解断裂力学中的许多重要结果, 这里有必要先回顾一下复变函数理论的基本知识. 它并不要求读者已经熟悉这一理论.

1.　复变函数, 解析函数

通常以 $z = x + \mathrm{i}y$ 表示一个复变量, 其中 $\mathrm{i} = \sqrt{-1}$, 有时也记 $z = r\mathrm{e}^{\mathrm{i}\theta}$, $r = \sqrt{x^2 + y^2}$, 称为复变量 z 的模, $\theta = \arctan(y/x)$, 称为它的幅角. 设 $f(z)$ 是一个复变量的函数, 简称为复变函数, 也往往称为复函数, 他可以表示成

$$f(z) = P(x, y) + \mathrm{i}Q(x, y) \tag{A2.1.1}$$

这里 $P(x, y)$ 与 $Q(x, y)$ 为两个实变量函数, $P(x, y)$ 称为复变函数的实部, 记为 $P(x, y) = \mathrm{Re}f(z)$; $Q(x, y)$ 为其虚部, 记为 $Q(x, y) = \mathrm{Im}f(z)$.

复变函数中有一类函数称为解析函数 (或正则函数、单值的解析函数称为全纯函数), 在物理学中有重要应用, 下面着重讨论与之有关的某些概念.

复变函数 $f(z)$ 在一个给定的区域内解析, 是指它在所给的区域内任一点 $z_0 =$

$x_0+\mathrm{i}y_0$ 的邻域内, 可以展开成 $(z-z_0)$ 的幂级数

$$f(z)=\sum_{n=0}^{\infty}a_n(z-z_0)^n \tag{A2.1.2}$$

其中 a_n 是复常数. 这一概念在后面的计算中多次用到.

解析函数的另一个等价定义是：若式 (A2.1.1) 中的实函数 $P(x,y)$ 与 $Q(x,y)$ 在某一区域内单值, 有连续的一阶偏导数, 并且满足下述的 Cauchy-Riemann 条件

$$\frac{\partial P}{\partial x}=\frac{\partial Q}{\partial y},\quad \frac{\partial P}{\partial y}=-\frac{\partial Q}{\partial x} \tag{A2.1.3}$$

则复变函数 $f(z)$ 是所给定区域内的解析函数. $P(x,y)$ 与 $Q(x,y)$ 称为互相共轭的调和函数. 由公式 (A2.1.1) 可以立即得到

$$\nabla^2 P=\left(\frac{\partial^2}{\partial x^2}+\frac{\partial^2}{\partial y^2}\right)P=0,\quad \nabla^2 Q=\left(\frac{\partial^2}{\partial x^2}+\frac{\partial^2}{\partial y^2}\right)Q=0$$

这一概念在下面的计算中用到.

还可以用积分的形式定义解析函数. Γ 是任意简单的闭曲线 (有时简称为闭曲线), 如果 $f(z)$ 在以 Γ 为边界的有界闭区域上解析, 则

$$\int_{\Gamma}f(z)\mathrm{d}z=0 \tag{A2.1.4}$$

结论 (A2.1.4) 被称为 Cauchy 积分定理 (简称为 Cauchy 定理), 后面在计算中要常用到它.

复变函数的理论证明这几种定义是等价的. 更严格的阐述, 见复变函数专著与教材.

2. Cauchy 公式 (这里仅限于讨论圆形区域)

因为后面要计算的若干实例, 都是把物理平面上的问题用保角变换映射到单位圆上去求解, 所以只要知道这种区域上的解析函数的性质就够了, 当然这里有些结论的成立并不仅局限于这种区域.

(1) 设 $f(z)$ 在某一个圆 Γ 所围成的单连通区域 D 内解析, 并且在 $D+\Gamma$ 上连续, 则有

$$\frac{1}{2\pi\mathrm{i}}\int_{\Gamma}\frac{f(t)}{t-z}\mathrm{d}t=f(z) \tag{A2.1.5}$$

其中 z 为 D 内任一点.

证明　以 z 为中心, ρ 为半径, 在 D 内作一个小圆周 γ(图 A2.1.1), 由 Cauchy 定理 (A2.1.4)

$$\int_{\Gamma}\frac{f(t)}{t-z}\mathrm{d}t=\int_{\gamma}\frac{f(t)}{t-z}\mathrm{d}t \tag{A2.1.6}$$

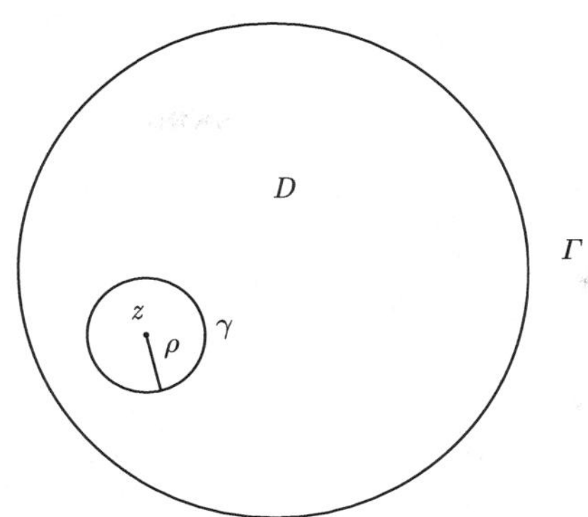

图 A2.1.1 区域 D 及其内一点 z

因为 $f(z)$ 在 D 内连续和解析, 所以对任意小的数 $\varepsilon > 0$, 只要 ρ 充分小, 对 γ 上的任意点 t, 总有

$$|f(t) - f(z)| < \varepsilon$$

(注意 $|t - z| = \rho$). 因此

$$\left|\int_\gamma \frac{f(t)dt}{t-z} - \int_\gamma \frac{f(z)\mathrm{d}t}{t-z}\right| = \left|\int_\gamma \frac{f(t)-f(z)}{t-z}\mathrm{d}t\right| < \frac{\varepsilon}{\rho}2\pi\rho = 2\pi\varepsilon$$

由于 ε 可以取任意小, 所以

$$\lim_{\rho\to 0}\int_\gamma \frac{f(t)\mathrm{d}t}{t-z} = \int_\gamma \frac{f(z)\mathrm{d}t}{t-z} \tag{A2.1.7}$$

如一开始就指出的, 由于 $f(z)$ 在 D 内解析, 积分

$$\int_\gamma \frac{f(t)\mathrm{d}t}{t-z}$$

在 ρ 减小时, 其值不变化, 因此式 (A2.1.7) 左端的极限符号可以略去. 如果再考虑到

$$\int_\gamma \frac{f(z)\mathrm{d}t}{t-z} = f(z)\int_\gamma \frac{\mathrm{d}t}{t-z} = f(z)\int_0^{2\pi} \frac{\rho\mathrm{e}^{\mathrm{i}\theta}\mathrm{d}\theta}{\rho\mathrm{e}^{\mathrm{i}\theta}} = 2\pi\mathrm{i}f(z)$$

所以由此公式与 (A2.1.6) 就证明了 (A2.1.5). 上式通常称为 Cauchy 积分公式, 它对 D 为更一般的区域也是成立的.

(2) 在公式 (A2.1.5) 中, 若 z 在 D 外取值, 则有

$$\frac{1}{2\pi\mathrm{i}}\int_\Gamma \frac{f(t)}{t-z}\mathrm{d}t = 0 \tag{A2.1.8}$$

事实上, 这是 Cauchy 积分定理的直接结果, 因为 $f(t)/(t-z)$ 作为 t 的函数在 D 内解析.

(3) 所有条件都与 2.1 相同, 有 (注意: z 在 Γ 内取值)

$$\frac{1}{2\pi\mathrm{i}}\int_{\Gamma}\frac{\overline{f(t)}}{t-z}\mathrm{d}t=\overline{f(0)} \tag{A2.1.9}$$

证明　因为 $f(z)$ 在圆域 D 内解析, 所以可以展开成 $(z-z_0)$ 的幂级数 (见 (A2.1.2)), 这里不妨取 $z_0=0$, 于是有

$$\begin{aligned}f(z)&=a_0+a_1z+a_2z^2+\cdots\\&=f(0)+f'(0)z+\frac{1}{2!}f''(0)z^2+\cdots\end{aligned}$$

公式 (A2.1.9) 中的函数 $\overline{f(t)}$ 是函数 $\overline{f}\left(\frac{1}{z}\right)$ 在圆周 Γ 上之值, 这里

$$\overline{f}\left(\frac{1}{z}\right)=\overline{f(0)}+\overline{f'(0)}\frac{1}{z}+\frac{1}{2!}\overline{f''(0)}\frac{1}{z^2}+\cdots$$

是一个圆域 D 之外的区域中解析的函数. 由 Cauchy 积分公式可知

$$\frac{1}{2\pi\mathrm{i}}\int_{\Gamma}\frac{\mathrm{d}t}{t^k(t-z)}=\begin{cases}1,k=0\\0,k>0\end{cases}$$

这样就证明了方程 (A2.1.9).

(4) 与 2.(3) 相反, 这里 D 是圆外且包括无穷远点在内的区域 (即 $f(z)$ 在圆外包含无穷远点在解析. 同时积分沿 Γ 的逆时针方向), 则

$$\frac{1}{2\pi\mathrm{i}}\int_{\Gamma}\frac{f(t)}{t-z}\mathrm{d}t=-f(z)+f(\infty),\quad 当z在圆外 \tag{A2.1.10}$$

$$\frac{1}{2\pi\mathrm{i}}\int_{\Gamma}\frac{f(t)}{t-z}\mathrm{d}t=f(\infty),\qquad 当z在圆内 \tag{A2.1.10$'$}$$

这两个式子的证明可以用证明 (A2.1.5) 类似的方法得到, 只要注意两点:

(i) 对于在圆外 (且包括 $z=\infty$ 在内) 的解析函数, 可以展开成如下级数 (对充分大的 $|z|$):

$$f(z)=C_0+C_1\frac{1}{z}+C_2\frac{1}{z^2}+\cdots$$

(ii) $\displaystyle\frac{1}{2\pi\mathrm{i}}\int_{\Gamma}\frac{C_0\mathrm{d}t}{t-z}=\begin{cases}0, & z在圆外,\\C_0, & z在圆内.\end{cases}\quad C_0=f(\infty)\neq 0$

(5) 所有条件与 2.(4) 相同, 有 (注意: z 在 Γ 外取值)

$$\frac{1}{2\pi\mathrm{i}}\int_{\Gamma}\frac{\overline{f(t)}}{t-z}\mathrm{d}t=0 \tag{A2.1.11}$$

3. 极点

设 a 为 z 平面上某一有限点 (即 a 不是无穷远点), 并且在此点的某邻域内, 函数有如下形状:

$$f(z) = G(z) + f_0(z) \tag{A2.1.12}$$

其中 $f_0(z)$ 是解析函数,

$$G(z) = \frac{A_1}{z-a} + \frac{A_2}{(z-a)^2} + \cdots + \frac{A_l}{(z-a)^l} \tag{A2.1.13}$$

这里 $A_1, A_2, \cdots, A_l$ 均为常数, 且 $A_l \neq 0$, 则称 $f(z)$ 在 a 有 l 阶的极点.

如果 a 为无穷远点, 式 (A2.1.13) 中的 $f_0(z)$ 在无穷远点正则 (即 $f_0(z) = C_0 + C_1 z^{-1} + C_2 z^{-2} + \cdots$), 而在 $z = \infty$ 处

$$G(z) = A_0 + A_1 z + A_2 z^2 + \cdots + A_l z^l \tag{A2.1.14}$$

则说 $f(z)$ 在点 $z = \infty$ 有 l 阶极点.

4. 留数计算公式与留数定理

如果函数 $f(z)$ 在点 a 存在 l 阶极点, 它的积分可以用计算留数的方法很简单得出.

什么称为留数? 假设函数 $f(z)$ 在 a 点的邻域, 除点 a 之外, 它是解析的, 而在点 a 处, 它为无限大, 这样的点 a 称为极点. 取围绕点 a 的任意闭曲线 Γ, 下述积分值的 $1/2\pi\mathrm{i}$ 倍, 称为函数 $f(z)$ 在 a 点的留数, 即

$$\frac{1}{2\pi\mathrm{i}} \int_\Gamma f(z)\mathrm{d}z$$

并且记为 $\mathrm{Res}f(a)$.

如果点 a 为 $f(z)$ 的 l 阶极点, 则其留数可以用下述公式计算得到:

$$\mathrm{Res}f(a) = \frac{1}{(l-1)!} \lim_{z\to a} \frac{\mathrm{d}^{l-1}}{\mathrm{d}z^{l-1}} \left|(z-a)^l f(z)\right| \tag{A2.1.15}$$

显然积分

$$\int_\Gamma f(z)\mathrm{d}z = 2\pi\mathrm{i}\mathrm{Res}f(a)$$

可见求积分可以通过求导数而计算出来. 因此大为简化. 如果 a 是一阶极点, 则

$$\mathrm{Res}f(a) = \lim_{z\to a}(z-a)f(z) \tag{A2.1.15$'$}$$

更为简单.

下面简单介绍留数定理: 如果函数 $f(z)$ 在区域 D 内除有限极点 $a_1, a_2, \cdots, a_n$ 外解析, 在 $D+\Gamma$ 上除 $a_1, a_2, \cdots, a_n$ 外连续, 则沿区域 D 的边界 Γ 的积分, 等于这些留数的代数和的 $2\pi\mathrm{i}$ 倍:

$$\int_{\Gamma} f(z)\mathrm{d}z = 2\pi\mathrm{i}\sum_{k=1}^{n}\mathrm{Res}f(a_k) \tag{A2.1.16}$$

有了上述准备, 就可以转入讨论下面的应用问题, 并且在具体应用中加深对上述知识的理解. 更加详细的讨论可以参考相关文献①.

A2.2　经典弹性平面问题的函数论方法基础

1. **复势**

由附录一可知, 弹性平面问题在不考虑体力或体力是常数时可以化成双调和方程 $\nabla^2\nabla^2 U = 0$ 求解.

引用复变量 $z = x + \mathrm{i}y$ 及其共轭 $\overline{z} = x - \mathrm{i}y$ 代替实变量 x 和 y, 即 $U(x,y) = U(z,\overline{z})$ 以及

$$\frac{\partial z}{\partial x} = 1, \quad \frac{\partial z}{\partial y} = \mathrm{i}, \quad \frac{\partial \overline{z}}{\partial x} = 1, \quad \frac{\partial \overline{z}}{\partial y} = -\mathrm{i}$$

可以得到

$$\frac{\partial U}{\partial x} = \frac{\partial U}{\partial z}\frac{\partial z}{\partial x} + \frac{\partial U}{\partial \overline{z}}\frac{\partial \overline{z}}{\partial x} = \left(\frac{\partial}{\partial z} + \frac{\partial}{\partial \overline{z}}\right)U \tag{a}$$

$$\frac{\partial U}{\partial y} = \frac{\partial U}{\partial z}\frac{\partial z}{\partial y} + \frac{\partial U}{\partial \overline{z}}\frac{\partial \overline{z}}{\partial y} = \mathrm{i}\left(\frac{\partial}{\partial z} - \frac{\partial}{\partial \overline{z}}\right)U$$

$$\frac{\partial U}{\partial x} + \mathrm{i}\frac{\partial U}{\partial y} = 2\frac{\partial U}{\partial \overline{z}}, \quad \frac{\partial U}{\partial x} - \mathrm{i}\frac{\partial U}{\partial y} = 2\frac{\partial U}{\partial z} \tag{b}$$

由以上公式, 进而可以得到

$$\frac{\partial^2 U}{\partial x^2} = \left(\frac{\partial}{\partial z} + \frac{\partial}{\partial \overline{z}}\right)^2 U, \quad \frac{\partial^2 U}{\partial y^2} = -\left(\frac{\partial}{\partial z} - \frac{\partial}{\partial \overline{z}}\right)^2 U$$

$$\nabla^2 U = \frac{\partial^2 U}{\partial x^2} + \frac{\partial^2 U}{\partial y^2} = 4\frac{\partial^2 U}{\partial z \partial \overline{z}} \tag{c}$$

于是, 双调和方程 $\nabla^2\nabla^2 U = 16\dfrac{\partial^4 U}{\partial z^2 \partial \overline{z}^2} = 0$, 即

$$\frac{\partial^4 U}{\partial z^2 \partial \overline{z}^2} = 0 \tag{A2.2.1}$$

① М. А. Лаврентъев(М А 拉甫伦捷夫) 等. 复变函数论方法, 上、下册. 施林祥等译. 北京: 高等教育出版社, 1958, 或见 2006 新译本.

将 (A2.2.1) 对 z 及 $\overline{z}$ 各积分两次, 得到

$$U = f_1(z) + \overline{z} f_2(z) + f_3(\overline{z}) + z f_4(\overline{z})$$

其中 f_1, f_2, f_3 与 f_4 为任意函数. 注意到上式左端的 U 为实函数, 可见该式右端的四项一定是两两共轭, 即

$$f_3(\overline{z}) = \overline{f_1(z)}, \quad f_4(\overline{z}) = \overline{f_2(z)}$$

于是联系上式, U 可以只用 f_1 及 f 表示出来:

$$U = f_1(z) + \overline{z} f_2(z) + \overline{f_1(z)} + z\overline{f_2(z)}$$

将任意函数 $f_1(z)$ 与 $f_2(z)$ 分别写成 $\dfrac{1}{2}\chi(z)$ 与 $\dfrac{1}{2}\phi(z)$, 即得到 Goursat 公式

$$U = \frac{1}{2}\left[\overline{z}\phi(z) + z\overline{\phi(z)} + \chi(z) + \overline{\chi(z)}\right] \tag{d}$$

式 (d) 也可以改写成

$$U = \mathrm{Re}\left[\overline{z}\phi(z) + \chi(z)\right] \tag{A2.2.2}$$

可见在常体力的平面问题中, Airy 应力函数 U 总可以通过两个解析函数 $\phi(z)$ 与 $\chi(z)$ 表示, 它们通常称为复应力函数, 或复势. 公式 (A2.2.2) 也可以用其他方法推导, 但是以上方法最简单①.

2. 应力与位移的复数表示

因为

$$\sigma_{xx} = \frac{\partial^2 U}{\partial y^2}, \quad \sigma_{yy} = \frac{\partial^2 U}{\partial x^2}, \quad \sigma_{xy} = -\frac{\partial^2 U}{\partial x \partial y} \tag{e}$$

把 (d) 代入式 (e)(注意这时 U 仅仅作为独立变量 z 与 $\overline{z}$ 的函数), 得到

$$\sigma_{xx} + \sigma_{yy} = 2\left[\phi'(z) + \overline{\phi'(z)}\right] = 4\mathrm{Re}\phi'(z) \tag{A2.2.3}$$

又因为

$$\sigma_{yy} - \sigma_{xx} + 2\mathrm{i}\sigma_{xy} = \frac{\partial^2 U}{\partial x^2} - \frac{\partial^2 U}{\partial y^2} - 2\mathrm{i}\frac{\partial^2 U}{\partial x \partial y} = \left(\frac{\partial}{\partial x} - \frac{\partial}{\partial y}\right)^2 U$$

由式 (b) 可知

$$\left(\frac{\partial}{\partial x} - \frac{\partial}{\partial y}\right)^2 U = 4\frac{\partial^2 U}{\partial x \partial y} = 4\frac{\partial^2 U}{\partial z^2}$$

① 徐芝纶. 弹性力学, 上册. 北京: 高等教育出版社, 1978.

所以将式 (d) 代入以上两式, 得到

$$\sigma_{yy}-\sigma_{xx}+2\mathrm{i}\sigma_{xy}=2\left[\bar{z}\phi''(z)+\chi''(z)\right]$$

今后并不直接用 $\chi(z)$, 只是用它的导数

$$\psi(z)=\chi'(z) \tag{f}$$

这样应力公式 (f) 可以表示成

$$\sigma_{yy}-\sigma_{xx}+2\mathrm{i}\sigma_{xy}=2\left[\bar{z}\phi''(z)+\psi'(z)\right] \tag{A2.2.4}$$

注意 $\phi(z)$ 与 $\psi(z)$ 具有相同的量纲 [力]·[长度]$^{-1}$.

公式 (A2.2.3) 与 (A2.2.4) 是应力分量的复数表示. 只要知道 $\phi(z)$ 与 $\psi(z)$ 就可以把公式 (A2.2.4) 右端的实部与虚部分开, 由实部得到 $\sigma_{yy}-\sigma_{xx}$, 由虚部得到 σ_{xy}. 前者与公式 (A2.2.3) 联系, 就可以求 σ_{xx} 与 σ_{yy}.

现在来求位移的复数表示. 由附录一 A1.7 节可知, 对平面应力情形, 由几何方程与物理方程有

$$E\frac{\partial u_x}{\partial x}=\sigma_{xx}-\nu\sigma_{yy}=(\sigma_{xx}+\sigma_{yy})-(1+\nu)\sigma_{yy} \tag{g}$$

$$E\frac{\partial u_y}{\partial y}=\sigma_{yy}-\nu\sigma_{xx}=(\sigma_{xx}+\sigma_{yy})-(1+\nu)\sigma_{xx} \tag{h}$$

$$\frac{E}{2(1+\nu)}\left(\frac{\partial u_y}{\partial x}+\frac{\partial u_x}{\partial y}\right)=\sigma_{xy} \tag{i}$$

利用式 (A2.2.3) 与式 (e) 中的第二式, 式 (g) 可以化成

$$\begin{aligned}E\frac{\partial u_x}{\partial x}&=2\left[\phi'(z)+\overline{\phi'(z)}\right]-(1+\nu)\frac{\partial^2 U}{\partial x^2}\\&=2\frac{\partial}{\partial x}\left[\phi(z)+\overline{\phi(z)}\right]-(1+\nu)\frac{\partial^2 U}{\partial x^2}\end{aligned}$$

类似地, 式 (h) 可以化成

$$\begin{aligned}E\frac{\partial u_y}{\partial y}&=2\left[\phi'(z)+\overline{\phi'(z)}\right]-(1+\nu)\frac{\partial^2 U}{\partial y^2}\\&=-2\mathrm{i}\frac{\partial}{\partial y}\left[\phi(z)-\overline{\phi(z)}\right]-(1+\nu)\frac{\partial^2 U}{\partial y^2}\end{aligned}$$

对上面得到的两个十字分别对 x 与 y 积分, 得到

$$\left\{\begin{aligned}Eu_x&=2\left[\phi(z)+\overline{\phi(z)}\right]-(1+\nu)\frac{\partial U}{\partial x}+f_1(y)\\Eu_y&=-2\mathrm{i}\left[\phi(z)+\overline{\phi(z)}\right]-(1+\nu)\frac{\partial U}{\partial y}+f_2(x)\end{aligned}\right. \tag{j}$$

式 (j) 代入式 (i) 再利用式 (a), 得到

$$-\frac{\mathrm{d}f_1(y)}{\mathrm{d}y}=\frac{\mathrm{d}f_2(x)}{\mathrm{d}x}$$

上式左端为 y 的函数, 右端为 x 的函数, 它们要成立, 必须等于同一常数 ω, 即

$$-\frac{\mathrm{d}f_1(y)}{\mathrm{d}y}=\omega,\quad \frac{\mathrm{d}f_2(x)}{\mathrm{d}x}=\omega$$

积分后得到

$$f_1(y)=u_0-\omega y,\quad f_2(x)=v_0+\omega x$$

它们代表位移, 对应力与应变无贡献, 可以略去. 再略去刚体位移之后, 由式 (j) 可以得到

$$E(u_x+\mathrm{i}u_y)=4\phi(z)-(1+\nu)\left(\frac{\partial U}{\partial x}+\mathrm{i}\frac{\partial U}{\partial y}\right)\tag{k}$$

由式 (b) 的第一式与式 (d) 有

$$\begin{aligned}\frac{\partial U}{\partial x}+\mathrm{i}\frac{\partial U}{\partial y}&=2\frac{\partial U}{\partial \overline{z}}=\phi(z)+z\overline{\phi'(z)}+\overline{\chi'(z)}\\&=\phi(z)+z\overline{\phi'(z)}+\overline{\psi(z)}\end{aligned}\tag{l}$$

比较式 (k) 与式 (l), 得到

$$E(u_x+\mathrm{i}u_y)=(3-\nu)\phi(z)-(1+\nu)\left[z\overline{\phi'(z)}+\overline{\psi(z)}\right]$$

两边除以 $(1+\nu)$, 得到

$$\frac{E}{1+\nu}(u_x+\mathrm{i}u_y)=\frac{3-\nu}{1+\nu}\phi(z)-z\overline{\phi'(z)}-\overline{\psi(z)}\tag{m}$$

以上是针对平面应力情形推导的. 若考虑平面应变情形, 以 $E/(1-\nu^2)$ 和 $\nu/(1-\nu)$ 分别代替公式 (m) 中的 E 与 ν, 我们得到

$$\frac{E}{1+\nu}(u_x+\mathrm{i}u_y)=\frac{3-\nu}{1+\nu}\phi(z)-z\overline{\phi'(z)}-\overline{\psi(z)}\tag{n}$$

把式 (m) 与式 (n) 统一写成一个公式

$$2\mu(u_x+\mathrm{i}u_y)=\kappa\phi(z)-z\overline{\phi'(z)}-\overline{\psi(z)}\tag{A2.2.5}$$

其中 $\mu=E/2(1+\nu)$ 以及

$$\kappa=\begin{cases}\dfrac{3-\nu}{1+\nu}=\dfrac{\lambda^*+3\mu}{\lambda^*+\mu}, & \text{平面应力}\\ 3-4\nu=\dfrac{\lambda+3\mu}{\lambda+\mu}, & \text{平面应变}\end{cases}\tag{A2.2.6}$$

$$\lambda^*=2\lambda\mu/(\lambda+2\mu)=\nu E/(1+\nu)(1-\nu)$$

3. 边界条件的复数表示

1) 位移边界条件

若边界 L 上给定了位移为

$$u_x = g_1(s), \quad u_y = g_2(s)$$

则由公式 (A2.2.5) 有

$$\kappa\phi(z) - z\overline{\phi'(z)} - \overline{\psi(z)} = 2\mu(g_1 + \mathrm{i}g_2) \quad 在L上 \tag{A2.2.7}$$

这就是位移边界条件的复数表示, 其中 g_1 与 g_2 为 L 上给定的函数.

2) 应力边界条件

若边界 L 上给定的是面力 T_x 与 T_y, 我们知道 (见附录一以及图 A2.2.1)

$$\sigma_{xx}\cos(n,x) + \sigma_{xx}\cos(n,y) = T_x$$
$$\sigma_{xy}\cos(n,x) + \sigma_{yy}\cos(n,y) = T_y$$

或者写成

$$\frac{\partial^2 U}{\partial y^2}\cos(n,x) - \frac{\partial^2 U}{\partial x \partial y}\cos(n,y) = T_x$$
$$\frac{\partial^2 U}{\partial x \partial y}\cos(n,x) + \frac{\partial^2 U}{\partial x^2}\cos(n,y) = T_y \tag{o}$$

又 (图 A2.2.1)

$$\cos(n,x) = \cos(t,y) = \frac{\mathrm{d}y}{\mathrm{d}s}$$
$$\cos(n,y) = \cos(t,x) = -\frac{\mathrm{d}x}{\mathrm{d}s}$$

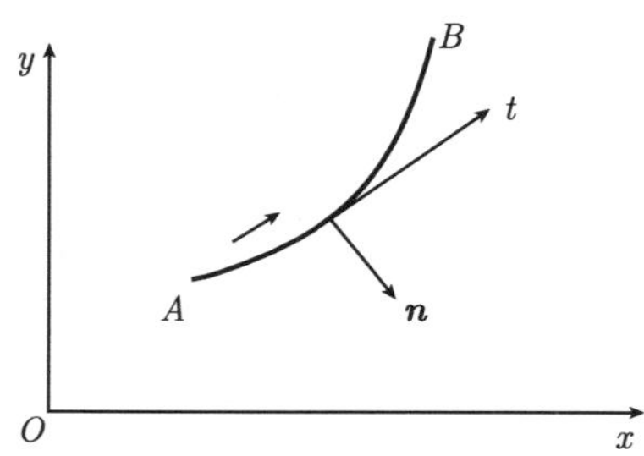

图 A2.2.1 边界 L 上的弧段 AB 及其方向的定义

将上式代入式 (o), 并且注意

$$\frac{\mathrm{d}}{\mathrm{d}s} = \frac{\partial}{\partial x}\frac{\mathrm{d}x}{\mathrm{d}s} + \frac{\partial}{\partial y}\frac{\mathrm{d}y}{\mathrm{d}s}$$

则得到

$$T_x = \frac{\mathrm{d}}{\mathrm{d}s}\left(\frac{\partial U}{\partial y}\right), \quad T_y = -\frac{\mathrm{d}}{\mathrm{d}s}\left(\frac{\partial U}{\partial x}\right)$$

或写成复数形式

$$\begin{aligned} T_x + \mathrm{i}T_y &= \frac{\mathrm{d}}{\mathrm{d}s}\left(\frac{\partial U}{\partial y} - \mathrm{i}\frac{\partial U}{\partial x}\right) \\ &= -\mathrm{i}\frac{\mathrm{d}}{\mathrm{d}s}\left(\frac{\partial U}{\partial x} + \mathrm{i}\frac{\partial U}{\partial y}\right) \end{aligned}$$

或

$$(T_x + \mathrm{i}T_y)\mathrm{d}s = -\mathrm{i}\mathrm{d}\left(\frac{\partial U}{\partial x} + \mathrm{i}\frac{\partial U}{\partial y}\right)$$

把式 (1) 代入上式, 得到

$$(T_x + \mathrm{i}T_y)\mathrm{d}s = -\mathrm{i}\mathrm{d}\left(\frac{\partial U}{\partial x} + \mathrm{i}\frac{\partial U}{\partial y}\right) = -\mathrm{i}\mathrm{d}\left[\phi(z) + z\overline{\phi'(z)} + \overline{\psi(z)}\right]$$

在边界 L 上, 设 A 点固定, B 点变动, 并且用 $z = x + \mathrm{i}y$ 代表动点坐标, 将上式对曲线段 AB 积分, 得到

$$\begin{aligned} \phi(z) + z\overline{\phi'(z)} + \overline{\psi(z)} &= \left[\frac{\partial U}{\partial x} + \mathrm{i}\frac{\partial U}{\partial y}\right]_A^B \\ &= \mathrm{i}\int_{AB}(T_x + \mathrm{i}T_y)\mathrm{d}s + \text{常数}, \quad \text{在}L\text{上} \end{aligned} \tag{A2.2.8}$$

其中 $[\ ]_A^B$ 表示括号内的表达式沿点 A 到点 B 的增量. 上式也可以写成

$$\phi(z) + z\overline{\phi'(z)} + \overline{\psi(z)} = f + \text{常数}, \quad \text{在}L\text{上} \tag{A2.2.8$'$}$$

其中

$$\begin{gathered} f = f_1 + \mathrm{i}f_2 \\ f_1 = -\int_{AB} T_y \mathrm{d}s, \quad f_2 = \mathrm{i}\int_{AB} T_x \mathrm{d}s \end{gathered} \tag{A2.2.8$''$}$$

显然这里 f_1 与 f_2 是 L 上给定的函数. (A2.2.8)(或 A2.2.8$'$) 便是应力边界条件的复数表示.

4. 复势确定的程度

设 $\phi_1(z)$ 与 $\psi_1(z)$ 满足关系 (A2.2.3) 与 (A2.2.4), 则

$$\begin{aligned} \phi_2(z) &= \phi_1(z) + \mathrm{i}Cz + \gamma \\ \psi_2(z) &= \psi_1(z) + \gamma' \end{aligned}$$

也满足上述关系式, 其中 C 为实常数, $\gamma = A + \mathrm{i}B$, $\gamma' = A' + \mathrm{i}B'$, 这表明同一应力状态可以对于不同的复势, 也就是具有某种任意性.

把 $\phi_1(z)$ 与 $\psi_1(z)$ 和 $\phi_2(z)$ 与 $\psi_2(z)$ 分别代入位移公式 (A2.2.5) 中, 并且临着两组位移相等, 则要求

$$C = 0, \quad \kappa\gamma - \gamma' = 0 \tag{A2.2.9}$$

这样便限制了复势的一部分任意性.

在给定应力时, 任意常数 C, γ 与 γ' 可以由条件

$$\phi(0) = 0, \quad \mathrm{lm}\phi'(0) = 0, \quad \psi(0) = 0 \tag{A.2.2.10}$$

确定.

在给定位移时, 任意常数 γ 与 γ' 可以由

$$\phi(0) = 0 \tag{A.2.2.11}$$

确定.

这样, 复势的任意性便得以确定.

5. **复势的结构**

在单连通区域中 $\phi(z)$ 与 $\psi(z)$ 是单值的解析函数 (也称为全纯函数). 在第 1 章所介绍的许多孔口与裂纹问题, 物体所占的区域是多连通的, 这时 $\phi(z)$ 与 $\psi(z)$ 虽然解析, 但未必单值. 但是从物理上考虑位移与应力必须单值. 根据位移与应力的单值性条件, 可以得出复势的结构.

设物体所占的多连通区域具有 m 个内边界 $L_1, L_2, \cdots, L_m$ 和一个外边界 L_{m+1} (图 A2.2.2)

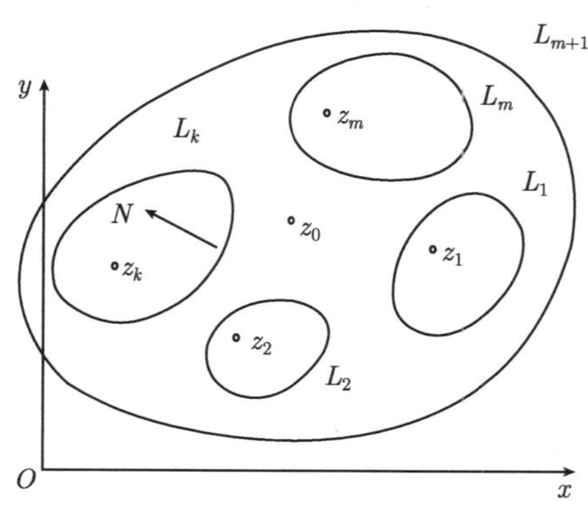

图 A2.2.2 多连通区域示意图

由于应力分量必须是单值的, 由公式 (A2.2.3) 我们有

$$\sigma_{xx}+\sigma_{yy}=4\mathrm{Re}\phi'(z)$$

所以 $\phi'(z)$ 的实部是单值, 这样, 在绕任一内边界 L_k 一周之后, $\phi'(z)$ 的虚部可能出现一个增量, 设其为 $2\pi\mathrm{i}A_k$, 其中 A_k 为实数.

现在令

$$\phi_1'(z)=\phi'(z)-\sum_{k=1}^{m}A_k\ln(z-z_k)$$

其中 $z_1,z_2,\cdots,z_m$ 是在各个内边界之内 (物体之外) 任选的定点. 由图 A2.2.2, 在绕 z_k 一周之后, $A_h\mathrm{In}(z-z_k)$ 将增大 $2\pi\mathrm{i}A_k$, 而求和号 $\sum$ 里的其余各项恢复原值, $\phi_1'(z)$ 将恢复原值, 于是 $\phi_1'(z)$ 为多连通区域中的单值解析函数.

上式可以改写成

$$\phi'(z)=\sum_{k=1}^{m}A_k\ln(z-z_k)+\phi_1'(z) \tag{p}$$

对它积分, 得到

$$\phi(z)=\sum A_k\left[(z-z_k)\ln(z-z_k)-(z-z_k)\right]+\int_{z_0}^{z}\phi_1'(z)\mathrm{d}z+常数 \tag{q}$$

其中 z_0 为物体内任选的定点 (图 A2.2.2). 积分

$$\int_{z_0}^{z}\phi_1'(z)\mathrm{d}z$$

是复变数 z 的函数, 但是当绕 L_k 一周之后它可能得到一个增量 $2\pi\mathrm{i}C_k$, 这里 C_k 一般为复数, 因子 $2\pi\mathrm{i}$ 是为了方便而写上的. 于是与上类似, 可以写出

$$\int_{z_0}^{z}\phi_1'(z)\mathrm{d}z=\sum_{k=1}^{m}C_k\ln(z-z_k)+单值解析函数$$

将上式代入 (p), 有

$$\phi(z)=z\sum_{k=1}^{m}A_k\ln(z-z_k)+\sum_{k=1}^{m}\gamma_k\ln(z-z_k)+\phi_1(z) \tag{r}$$

其中 $\phi_1(z)$ 是多连通物体中的单值解析函数, 而 γ_k 为常数 (一般为复数).

由式 (A2.2.4), 即

$$\sigma_{yy}-\sigma_{xx}+2\mathrm{i}\sigma_{xy}=2\left[\bar{z}\phi''(z)+\overline{\psi'(z)}\right]$$

可知, 其左端为单值的, 右端中的 $\phi''(z)$ 是单值的 (因为由式 (p), $\phi'(z)$ 为单值, $\phi_1''(z)$ 自然单值, 由 $\mathrm{In}(z-z_k)$ 对 z 的导数, 即 $1/(z-z_k)$ 在多连通的体内边单值, 其中 z_k 不在物体内, 而 $\phi''(z)$ 是 $\phi_1''(z)$ 与 $\sum\limits_{h=1}^{m} A_k/(z-z_k)$ 的和, 所以是单值), 这样 $\overline{\psi'(z)}$ 也是单值.

采用和上面类似的讨论可以得出

$$\psi(z)=\sum_{k=1}^{m}\gamma_k \ln(z-z_k)+\psi_1(z) \tag{s}$$

其中 $\psi_1(z)$ 为多连通域中的单值解析函数, γ_k' 为复常数.

因为位移分量 (即式 (A2.2.5)) 为

$$2\mu(u_x+\mathrm{i}u_y)=\kappa\phi(z)-z\overline{\phi'(z)}-\overline{\psi(z)}$$

把公式 (p), (r) 与 (s) 代入上式, 在绕 L_k 一周后, 它得到一个增量为

$$2\pi\mathrm{i}\left[(\kappa-1)A_k z+\kappa\gamma_k+\gamma_k\right]$$

由位移单值性条件它应该等于零, 即

$$A_k=0,\quad \kappa\gamma_k+\gamma_k=0\ (k=1,2,\cdots,m) \tag{A2.2.12}$$

量 γ_k 与 γ_k' 同整个内边界 L_k 上的面力的合力有密切关系.

把公式 (A2.2.8) 用于内边界 L_k 的整个区间 (这时 B 与 A 点重合), 我们有

$$\begin{aligned}\left[\phi(z)+z\overline{\phi'(z)}-\overline{\psi'(z)}\right]_{L_k}&=\mathrm{i}\int_{L_k}(T_x+\mathrm{i}T_y)\mathrm{d}s\\&=\mathrm{i}(X_k+\mathrm{i}Y_k)\end{aligned}$$

注意为了防止与 (A2.2.8) 中的 $\int_{AB}(T_x+\mathrm{i}T_y)\mathrm{d}s$ 相混淆, 这里记

$$X_k=\int_{L_k}T_x\mathrm{d}s,\quad Y_k=\int_{L_k}T_y\mathrm{d}s \tag{t}$$

它们分别是沿 x 方向与 y 方向的面力的合力. 注意, 对于内边界绕行的方向为顺时针方向 (以保证物体位于左侧, 或者说使边界的外法线指向右侧). 将公式 (p), (r) 与 (s) 代入式 (t), 顺时针绕行一周之后, 得到

$$-2\pi\mathrm{i}(\gamma_k-\overline{\gamma}_k')=\mathrm{i}(X_k+\mathrm{i}Y_k) \tag{A2.2.13}$$

由式 (A2.2.12) 与式 (A2.2.13) 联立解得

$$A_k = 0, \quad \gamma_k = -\frac{X_k + \mathrm{i}Y_k}{2\pi(1+\kappa)}, \quad \gamma_k' = \frac{\kappa(X_k - \mathrm{i}Y_k)}{2\pi(1+\kappa)} \tag{A2.2.14}$$

因而 $\phi(z)$ 与 $\psi(z)$ 具有如下结构:

$$\begin{cases} \phi(z) = -\dfrac{1}{2\pi(1+\kappa)}\displaystyle\sum_{k=1}^{m}(X_k + \mathrm{i}Y_k)\ln(z - z_k) + \phi_1(z) \\ \psi(z) = \dfrac{\kappa}{2\pi(1+\kappa)}\displaystyle\sum_{k=1}^{m}(X_k - \mathrm{i}Y_k)\ln(z - z_k) + \psi_1(z) \end{cases} \tag{A2.2.15}$$

由这种 $\phi(z)$ 与 $\psi(z)$ 得到的位移与应力将是单值的, 其中 $\phi_1(z)$ 与 $\psi_1(z)$ 为多连通区域中的单值解析函数.

6. 无限大的多连通区域的情形

在上面所讨论的多连通区域 (图 A2.2.2) 中, 令外边界 L_{m+1} 区域无限远, 它就成了一个无限大的多连通区域, 这是需对复势 $\phi(z)$ 与 $\psi(z)$ 再作一些讨论.

以坐标原点的圆心, 以 R 为半径作一个圆 L_R, 把所有的内边界从 L_1 到 L_m 均包围在其中, 则对于在 L_R 之外, 物体内的任一点 z, 显然 $|z| > |z_k|$, 于是可以将 $\mathrm{In}(z - z_k)$ 展开为

$$\begin{aligned} \ln(z - z_k) &= \ln z + \ln\left(1 - \frac{z_k}{z}\right) \\ &= \ln z - \frac{z_k}{z} - \frac{1}{2}\left(\frac{z_k}{z}\right)^2 + \cdots \\ &= \ln z + \text{在}z_k\text{之外解析的函数} \end{aligned}$$

因此公式 (A2.2.15) 可以写成

$$\begin{cases} \phi(z) = -\dfrac{X + \mathrm{i}Y}{2\pi(1+\kappa)}\ln z + \phi^0(z) \\ \psi(z) = \dfrac{\kappa(X - \mathrm{i}Y)}{2\pi(1+\kappa)}\ln z + \psi^0(z) \end{cases} \tag{A2.2.16}$$

其中

$$X = \sum_{k=1}^{m} X_k, \quad Y = \sum_{k=1}^{m} Y_k \tag{A2.2.17}$$

其中 $\phi^0(z)$ 与 $\psi^0(z)$ 为 L_k 之外的解析函数 (但在 $z = \infty$ 处可能除外). 它们在 L_k

之外, 可以展开成洛朗 (Laurent) 级数

$$\phi^0(z) = \sum_{n=-\infty}^{\infty} a_n z^n$$
$$\psi^0(z) = \sum_{n=-\infty}^{\infty} b_n z^n$$

其中 a_n 与 b_n 为复常数. 将它们代入 (A2.2.16) 再代入应力公式 (A2.2.3) 与 (A2.2.4). 不难证明当 $z \to \infty$ 时, 为了保证应力有界, 必须

$$a_n = 0, \quad b_n = 0 \quad (n \geqslant 2) \tag{A2.2.18}$$

因此

$$\begin{cases} \phi(z) = -\dfrac{X + \mathrm{i}Y}{2\pi(1+\kappa)} \ln z + \Gamma z + \phi_0(z) \\ \psi(z) = \dfrac{\kappa(X - \mathrm{i}Y)}{2\pi(1+\kappa)} \ln z + \Gamma' z + \psi_0(z) \end{cases} \tag{A2.2.19}$$

其中

$$\Gamma = B + \mathrm{i}C, \quad \Gamma' = B' + \mathrm{i}C' \tag{A2.2.20}$$

$\phi_0(z)$ 与 $\psi_0(z)$ 是包括无限远点在内的解析函数, 即对充分大的 $|z|$, 有

$$\phi_0(z) = \sum_{n=0}^{\infty} a_n z^{-n}, \quad \psi_0(z) = \sum_{n=0}^{\infty} b_n z^{-n} \tag{A2.2.21}$$

公式 (A2.2.20) 中 B, C, B' 与 C' 有明显的物理意义. 由该式求出 $\phi'(z), z\phi''(z)$ 和 $\psi'(z)$ 然后令 $z \to \infty$, 可见有

$$\lim \phi'(z) = \lim \overline{\phi'(z)} = B$$
$$\lim \bar{z}\phi''(z) = 0, \quad \lim \psi'(z) = B' + \mathrm{i}C'$$

由 (A2.2.3) 与 (A2.2.4) 在 $z \to \infty$ 有

$$\sigma_{xy} + \sigma_{yy} = 4B, \quad \sigma_{yy} - \sigma_{xx} + 2\mathrm{i}\sigma_{xy} = 2(B' + \mathrm{i}C') \tag{A2.2.22}$$

设 σ_1 与 σ_2 为 $z = \infty$ 处的主应力, 则有

$$\sigma_{xx} = \frac{\sigma_1 + \sigma_2}{2} + \frac{\sigma_1 - \sigma_2}{2} \cos 2\alpha$$

$$\sigma_{yy} = \frac{\sigma_1 + \sigma_2}{2} - \frac{\sigma_1 - \sigma_2}{2} \cos 2\alpha, \quad \sigma_{xy} = \frac{\sigma_1 - \sigma_2}{2} \sin 2\alpha$$

其中 α 是 σ_1 与 x 轴的夹角. 这样 (A2.2.22) 可以写成

$$B = \frac{1}{4}(\sigma_1 + \sigma_2), \quad B' + \mathrm{i}C' = -\frac{1}{2}(\sigma_1 - \sigma_2)\mathrm{e}^{-2\mathrm{i}\alpha} \tag{A2.2.22$'$}$$

经过冗长的推导可以得到

$$C=\frac{2\mu\varepsilon^{(\infty)}}{1+\kappa}$$

其中 $\varepsilon^{(\infty)}$ 代表无限远处的一个刚体转动. 由于它对应力分布无影响, 不妨取 C=0.

A2.3 化边值问题为函数方程

由公式 (A2.2.15) 与 (A2.2.19) 可知, 对有限尺寸与无限尺寸的多连通域的解的结构已经确立, 剩下的问题是如何定出单值解析函数 $\phi_1(z)$ 与 $\psi_1(z)$ 以及 $\phi_0(z)$ 与 $\psi_0(z)$. 它们必须有具体问题的边界条件确定. 在本节至 A2.7 节介绍用保角变换法在复势法中使用的最广泛和最有效的一种方法. 在 A2.8 节中介绍化成 Riemann-Hilbert 问题去求解.

1. 保角映射

看起来最简单的 Griffith 裂纹问题, 代表该裂纹的轮廓的曲线 L 却不是简单的曲线, 因为在曲线的两端点, 曲率半径 $\rho_0=0$, 而此时曲率经历一个突变. 如果直接在物理平面 (z 平面) 去求解, 上述方法很难奏效. 因而人们希望用一个保角变换

$$z=\omega(\zeta) \tag{A2.3.1}$$

把 $z=x+\mathrm{i}y$ 平面上的裂纹映射成 $\zeta=\xi+\mathrm{i}\eta$ 平面上的单位圆 γ. 这样带裂纹的区域 D 变成 ζ 平面上的单位圆的内部 (或外部), 因而把裂纹映射成辅助平面上的简单曲线, 把裂纹体所占的区域映射成辅助平面上的简单区域, 使计算简化. 当然也可以用适当的保角变换 $z=\omega(\zeta)$ 把裂纹映射成一条直线, 因而把裂纹所在的区域映射成上半平面 (或下半平面).

为此, 有必要介绍一下保角变换的几何意义.

设 z 平面上过某点 z_0 的两个曲线 1 与 2 切线的夹角为 α, 在变换 (A2.3.1) 下, 变成 ζ 平面上过与该点相对应的点 ζ_0 的两曲线 $1'$ 与 $2'$, 若 $1'$ 与 $2'$ 在点 ζ_0 处切线的夹角仍为 α, 并且旋转的方向也相同, 这种变换便是保角变换 (图 A2.3.1). 若变换 (A2.3.1) 中的 $\omega(\zeta)$ 是解析函数, 则在 $\omega'(\zeta)$ 不为零的一切点, 这种变换是保角的. 其逆命题也成立: $z=\omega(\zeta)$ 把区域 D 保角地且互为单值地映射成区域 Ω, 即此变换为单值解析的, 则其反变换 $\zeta=f(z)$ 也是单值解析的.

把裂纹映射到 ζ 平面上, 自然有关的标量函数、矢量函数和张量函数也要作相应的变换.

标量函数的变换最简单, 下面会介绍. 而矢量的变换必须考虑一些几何关系, 现在就来考虑这一问题.

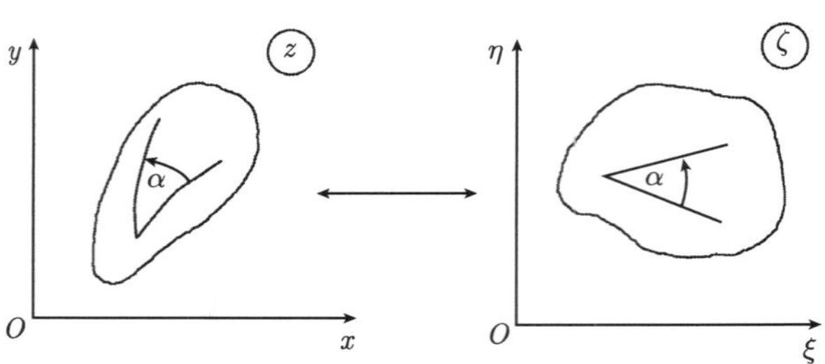

图 A2.3.1 z 平面与 ζ 平面之间的保角映射

我们知道在 z 平面上, $x=\text{const}$, $y=\text{const}$ 构成正交直线族. 同样地, 若 ξ, η 与 x, y 无关, 那么 $\xi=\text{const}$, $\eta=\text{const}$ 也构成正交直线族, 相反地, 则构成正交曲线族 (图 A2.3.2). 但下面不用这种正交坐标表示位移与应力, 而是用另一种正交坐标系. 因为 $z=r\mathrm{e}^{\mathrm{i}\theta}$, 类似地, 记 $\zeta=\rho\mathrm{e}^{\mathrm{i}\varphi}$(注意不要把 θ 与 φ 相混淆), 这样 $\rho=\text{const}$ 与 $\varphi=\text{const}$ 在 ζ 平面上表示同心圆族及与之相垂直的直线族 (不过它们在 z 平面上则为一般正交曲线族)(图 A2.3.3) 由于在 ζ 平面上只用坐标 (ρ,φ) 很简洁, 因而在这种坐标系中表示位移与应力.

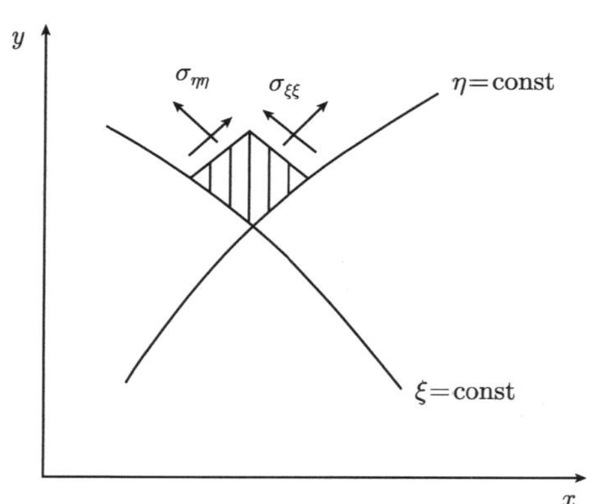

图 A2.3.2 z 平面上曲线坐标系的引入

在 z 平面上一矢量 $\boldsymbol{A}$, 它的起点在 $z=\omega(\zeta)=\omega(\rho\mathrm{e}^{\mathrm{i}\varphi})$. 设 ρ 轴与 x 轴的夹角为 α, 则 $\overrightarrow{A}$ 在 x 与 y 轴上的投影 A_x 与 A_y 和它在 ρ 与 φ 方向的投影 A_ρ 与 A_φ 有如下关系:

$$A_x=A_\rho\cos\alpha-A_\varphi\sin\alpha,\quad A_y=A_\rho\sin\alpha+A_\varphi\cos\alpha$$

于是有

$$A_x+\mathrm{i}A_y=(A_\rho+\mathrm{i}A_\varphi)\mathrm{e}^{\mathrm{i}\alpha}$$

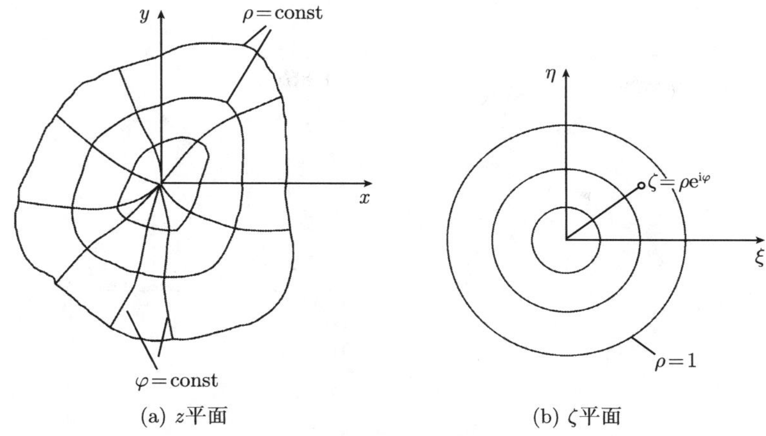

(a) z平面 (b) ζ平面

图 A2.3.3 映射到单位圆内部的示意

或

$$A_\rho + \mathrm{i}A_\varphi = (A_x + \mathrm{i}A_y)\mathrm{e}^{-\mathrm{i}\alpha} \tag{a}$$

为了计算 $\mathrm{e}^{\mathrm{i}\alpha}$, 想象沿径向方向 ($\varphi = \text{const}$ 的方向) 给 z 点以位移 $\mathrm{d}z$(图 A2.3.4), 于是有

$$\mathrm{d}z = |\mathrm{d}z|(\cos\alpha + \mathrm{i}\sin\alpha) = \mathrm{e}^{\mathrm{i}\alpha}|\mathrm{d}z|$$

$$\mathrm{d}\zeta = |\mathrm{d}\zeta|(\cos\varphi + \mathrm{i}\sin\varphi) = \mathrm{e}^{\mathrm{i}\varphi}|\mathrm{d}\zeta|$$

所以

$$\begin{aligned}\mathrm{e}^{\mathrm{i}\alpha} &= \frac{\mathrm{d}z}{|\mathrm{d}z|} = \frac{\omega'(\zeta)\mathrm{d}\zeta}{|\omega'(\zeta)|\cdot|\mathrm{d}\zeta|} = \mathrm{e}^{\mathrm{i}\varphi}\frac{\omega'(\zeta)}{|\omega'(\zeta)|} \\ &= \frac{\zeta}{\rho}\frac{\omega'(\zeta)}{|\omega'(\zeta)|}\end{aligned} \tag{b}$$

于是式 (a) 变成

$$A_\rho + \mathrm{i}A_\varphi = \frac{\overline{\zeta}}{\rho}\frac{\omega'(\zeta)}{|\omega'(\zeta)|}(A_x + \mathrm{i}A_y) \tag{c}$$

下面介绍矢量的变换. 设 $\phi_1(z)$ 与 $\psi_1(z)$ 为 z 平面上的复势, 在保角变换 (A2.3.1) 下变成

$$\begin{cases}\phi_1(\zeta) = \phi_1[\omega(z)] = \phi(\zeta) \\ \psi_1(z) = \phi_1[\omega(\zeta)] = \psi(\zeta)\end{cases} \tag{A2.3.2}$$

$$\begin{cases}\phi_1'(z) = \phi'(\zeta)/\omega'(\zeta) = \varPhi(\zeta) \\ \psi_1'(z) = \psi'(\zeta)/\omega'(\zeta) = \varPsi(\zeta)\end{cases} \tag{A2.3.3}$$

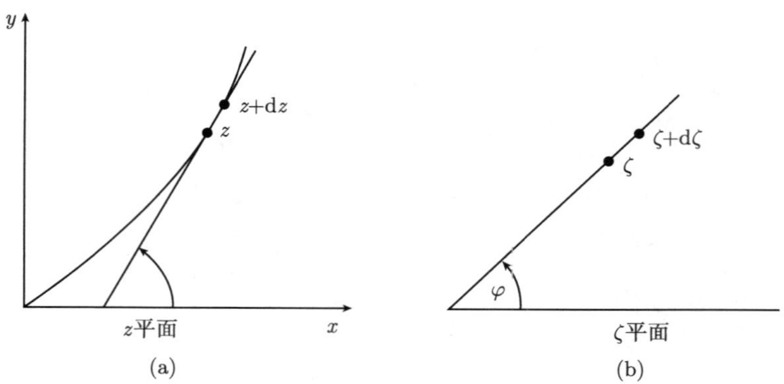

图 A2.3.4　无限小位移及其对应关系

这样位移公式 (A2.3.5) 变换成

$$2\mu(u_x+\mathrm{i}u_y)=\kappa\phi(\zeta)-\frac{\omega(\zeta)}{\overline{\omega'(\zeta)}}\overline{\phi'(\zeta)}-\overline{\psi(\zeta)} \tag{A2.3.4}$$

如果记 ρ 轴与 φ 轴方向的位移为 u_ρ 与 u_φ, 则由 (A2.3.4) 与 (c) 有

$$\begin{aligned}2\mu(u_\rho+\mathrm{i}u_\varphi)&=\frac{\overline{\zeta}}{\rho}\frac{\overline{\omega'(\zeta)}}{|\omega'(\zeta)|}2\mu(u_x+\mathrm{i}u_y)\\&=\frac{\overline{\zeta}}{\rho}\frac{\overline{\omega'(\zeta)}}{|\omega'(\zeta)|}\left[\kappa\phi(\zeta)-\frac{\omega(\zeta)}{\overline{\omega'(\zeta)}}\overline{\phi'(\zeta)}-\overline{\psi(\zeta)}\right]\end{aligned} \tag{A2.3.5}$$

现在来研究张量的变换

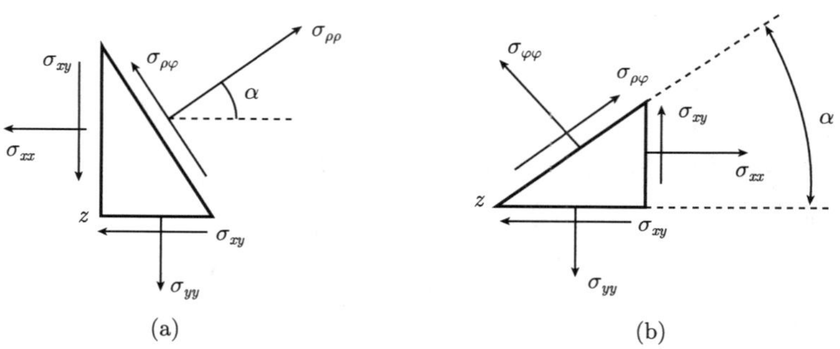

图 A2.3.5　不同平面上应力张量分量间的几何关系

应力 σ_{xx}, σ_{yy} 与 σ_{xy} 和 $\sigma_{\rho\rho}$, $\sigma_{\rho\varphi}$ 与 $\sigma_{\rho\rho}$ 的关系如图 A2.3.5 所示. 由附录一可

知

$$\sigma_{\rho\rho}=\frac{\sigma_{xx}+\sigma_{yy}}{2}+\frac{\sigma_{xx}-\sigma_{yy}}{2}\cos 2\alpha+\sigma_{xy}\sin 2\alpha$$

$$\sigma_{\varphi\varphi}=\frac{\sigma_{xx}+\sigma_{yy}}{2}-\frac{\sigma_{xx}-\sigma_{yy}}{2}\cos 2\alpha-\sigma_{xy}\sin 2\alpha$$

$$\sigma_{\rho\varphi}=-\frac{\sigma_{xx}-\sigma_{yy}}{2}\sin 2\alpha+\sigma_{xy}\cos 2\alpha$$

因而有

$$\sigma_{\rho\rho}+\sigma_{\varphi\varphi}=\sigma_{xx}+\sigma_{yy}$$

$$\sigma_{\varphi\varphi}-\sigma_{\rho\rho}+2\mathrm{i}\sigma_{\rho\varphi}=(\sigma_{yy}-\sigma_{xx}+2\mathrm{i}\sigma_{xy})\mathrm{e}^{2\mathrm{i}\alpha} \tag{d}$$

将公式 (A2.3.3) 与 (A2.3.4) 代入式 (d) 右端, 得到

$$\sigma_{\rho\rho}+\sigma_{\varphi\varphi}=4\mathrm{Re}\phi_1'(z)$$

$$\sigma_{\varphi\varphi}-\sigma_{\rho\rho}+2\mathrm{i}\sigma_{\rho\varphi}=2\left[z\phi_1''(z)+\psi_1'(z)\right]\mathrm{e}^{2\mathrm{i}\alpha}$$

由 (b) 有

$$\mathrm{e}^{2\mathrm{i}\alpha}=\frac{\zeta^2\left[\omega'(\zeta)\right]^2}{\rho^2\left|\omega'(\zeta)\right|^2}=\frac{\zeta^2}{\rho^2}\frac{\left[\omega'(\zeta)\right]^2}{\omega'(\zeta)\overline{\omega'(\zeta)}}=\frac{\zeta^2}{\rho^2}\frac{\omega'(\zeta)}{\overline{\omega'(\zeta)}}$$

将此结果代入上式, 得到

$$\left\{\begin{aligned}&\sigma_{\rho\rho}+\sigma_{\varphi\varphi}=2\left[\varPhi(\zeta)+\overline{\varPhi(\zeta)}\right]=4\mathrm{Re}\varPhi(\zeta)\\&\sigma_{\varphi\varphi}-\sigma_{\rho\rho}+2\mathrm{i}\sigma_{\rho\varphi}=\frac{2\zeta^2}{\rho^2\overline{\omega'(\zeta)}}\left[\overline{\omega(\zeta)}\varPhi'(\zeta)+\omega'(\zeta)\varPsi(\zeta)\right]\end{aligned}\right. \tag{A2.3.6}$$

2. 化孔洞或裂纹边值问题为函数方程

求解孔洞或裂纹问题显示了复势方法的优越性. 对于几何上较复杂的问题, 不用这一方法几乎无法求解. 这里以及以下几节, 只以无限大弹性体中的孔洞与裂纹为限, 有限尺寸代裂纹体问题将放在 A2.7 节中以及上册第 6 章 (数值解法) 进行讨论.

对上述问题进行保角变换时, 最简单的是把 z 平面物体所占的区域映射成 ζ 平面上的中心单位圆 γ 的内部或外部. γ 的原点在 $\zeta=0$, 且半径为 $\rho=1$, 在圆周上 $\zeta=\sigma=\mathrm{e}^{\mathrm{i}\varphi}$. 由物体到单位圆内部的变换函数的形式 Muskhelishvili 建议为

$$z=\omega(\zeta)=R\left(\frac{1}{\zeta}+\sum_{k=0}^{m}C_k\zeta^k\right) \tag{A2.3.7}$$

其中 R 为实常数, C_k 为复常数, 要求

$$\sum_{k=0}^{n}|C_k|<1 \tag{e}$$

显然这里 $z=\infty$ 对应于 $\zeta=0$.

由于现在研究的是无限域, 因而问题的解具有形式 (A2.2.19). 考虑在变换 (A2.3.7) 下表达式 (A2.2.19) 的变换. 该式中的 $\ln z$ 可以写成

$$\begin{aligned}\ln z=\ln\omega(\zeta)&=\ln\left[\frac{R}{\zeta}(1+C_0\zeta+C_1\zeta^2+C_2\zeta^3+\cdots+C_n\zeta^{n+1})\right]\\&=-\ln\zeta+\ln R+\ln\left[1+(C_0\zeta+C_1\zeta^2+\cdots+C_n\zeta^{n+1})\right]\end{aligned}$$

在单位圆内及单位圆周上, 由于 $|\zeta|\leqslant 1$ 及假定式 (e) 成立, 所以

$$\sum_{k=0}^{n}\left|C_k\zeta^k\right|<1$$

于是有展开式 (在 $C_0\zeta+C_\zeta^2+\cdots+C_n\zeta^{n+1}\sim 0$ 附近展开)

$$\ln\left[1+(C_0\zeta+C_1\zeta^2+\cdots+C_n\zeta^{n+1})\right]=(C_0\zeta+C_1\zeta^2+\cdots)-\frac{1}{2}(C_0\zeta+C_1\zeta^2+\cdots)^2+\cdots$$

从而有

$$\ln z=-\ln\zeta+\text{单位圆内的全纯函数(单值解析函数)}$$

基于同样的理由, 对式 (A2.2.19) 中 $\phi_0(z)$ 和 $\psi_0(z)$(由式 (A2.2.21) 给出) 的各项, 例如

$$\frac{a_1}{z}=\frac{a_1}{\dfrac{R}{\zeta}(1+C_0\zeta+C_1\zeta^2+\cdots)}=\frac{a_1\zeta}{R}(1-C_0\zeta-C_1\zeta^2-\cdots)$$

等, 显然 $\phi_0(z)$ 与 $\psi_0(z)$ 中的各项都是单位圆内的全纯函数. 将以上所得结果代入式 (A2.2.19) 中, 整理后有

$$\left\{\begin{aligned}\phi(\zeta)&=-\frac{X+\mathrm{i}Y}{2\pi(1+\kappa)}\ln\zeta+(B+\mathrm{i}C)\omega(\zeta)+\phi_0(\zeta)\\\psi(\zeta)&=\frac{\kappa(X-\mathrm{i}Y)}{2\pi(1+\kappa)}\ln\zeta+(B'+\mathrm{i}C')\omega(\zeta)+\psi_0(\zeta)\end{aligned}\right.\tag{A2.3.8}$$

或

$$\left\{\begin{aligned}\phi(\zeta)&=-\frac{X+\mathrm{i}Y}{2\pi(1+\kappa)}\ln\zeta+R\frac{B+\mathrm{i}C}{\zeta}+\phi_0(\zeta)\\\psi(\zeta)&=\frac{\kappa(X-\mathrm{i}Y)}{2\pi(1+\kappa)}\ln\zeta+R\frac{B'+\mathrm{i}C'}{\zeta}+\psi_0(\zeta)\end{aligned}\right.\tag{A2.3.8$'$}$$

其中

$$\phi_0(\zeta)=\sum_{n=0}^{\infty}\alpha_n\zeta^n,\quad \psi_0(\zeta)=\sum_{n=0}^{\infty}\beta_n\zeta^n\tag{A2.3.9}$$

是单位圆内的解析函数.

若把物体映射到 ζ 平面上单位圆的外部, 变换函数为

$$z=\omega(\zeta)=R\left(\zeta+\sum_{k=0}^{n}d_k\zeta^{-k}\right) \tag{A2.3.10}$$

其中 R 为实常数, d_k 为复常数, 经过类似的讨论, 可以得到在变换 (A2.3.10) 下, 公式 (A2.3.19) 化成

$$\begin{cases}\phi(\zeta)=-\dfrac{X+\mathrm{i}Y}{2\pi(1+\kappa)}\ln\zeta+(B+\mathrm{i}C)\omega(\zeta)+\phi_*(\zeta)\\ \psi(\zeta)=\dfrac{\kappa(X-\mathrm{i}Y)}{2\pi(1+\kappa)}\ln\zeta+(B'+\mathrm{i}C')\omega(\zeta)+\psi_*(\zeta)\end{cases} \tag{A2.3.11}$$

或

$$\begin{cases}\phi(\zeta)=-\dfrac{X+\mathrm{i}Y}{2\pi(1+\kappa)}\ln\zeta+(B+\mathrm{i}C)\zeta+\phi_*(\zeta)\\ \psi(\zeta)=\dfrac{\kappa(X-\mathrm{i}Y)}{2\pi(1+\kappa)}\ln\zeta+(B'+\mathrm{i}C')\zeta+\psi_*(\zeta)\end{cases} \tag{A2.3.12}$$

其中

$$\phi_*(\zeta)=\sum_{n=0}^{\infty}\alpha_n\zeta^{-n},\quad \psi_*(\zeta)=\sum_{n=0}^{\infty}\beta_n\zeta^{-n} \tag{A2.3.13}$$

为 $|\zeta|>1$ 内的解析函数.

现在来讨论位移边界条件 (A2.2.7) 的变换.

用新的记号, 条件 (A2.2.7) 可以写成

$$\kappa\phi_1(z)-z\overline{\phi_1'(z)}-\overline{\psi_1(z)}=2\mu(g_1+\mathrm{i}g_2)\text{在}L\text{上} \tag{A2.3.14}$$

因为 $z=\omega(\zeta)$, 又在 ζ 平面的单位圆 γ 上, $\rho=1$, $\zeta=\sigma=\mathrm{e}^{\mathrm{i}\varphi}$. 把这些关系代入式 (A2.2.14), 有

$$\kappa\varphi(\sigma)-\frac{\omega(\sigma)}{\overline{\omega'(\sigma)}}\overline{\phi'(\sigma)}-\overline{\psi(\sigma)}=2\mu(g_1+\mathrm{i}g_2) \tag{A2.3.15}$$

进而考虑应力边界条件 (A2.2.8) 的变换. 公式 (A2.2.8) 在 ζ 平面上, 具有形式

$$\phi(\zeta)+\frac{\omega(\zeta)}{\overline{\omega'(\zeta)}}\overline{\phi'(\zeta)}+\overline{\psi(\zeta)}=f(s),\quad \text{在}\gamma\text{上} \tag{A2.3.16}$$

其中

$$f(s)=\mathrm{i}\int(T_x+\mathrm{i}T_y)\mathrm{d}s,\quad \text{在}\gamma\text{上}$$

把 $\zeta=\sigma=\mathrm{e}^{\mathrm{i}\varphi}$ 代入式 (A2.3.16), 则

$$\phi(\sigma)+\frac{\omega(\sigma)}{\overline{\omega'(\sigma)}}\overline{\phi'(\sigma)}+\overline{\psi(\sigma)}=f(\sigma) \tag{A2.3.17}$$

把式 (A2.3.8) 代入式 (A2.3.17) 化简合并之后可以写成

$$\phi_0(\sigma)+\frac{\omega(\sigma)}{\overline{\omega'(\sigma)}}\overline{\phi_0'(\sigma)}+\overline{\psi_0(\sigma)}=f_0 \tag{A2.3.18}$$

其中 (已知 C=0)

$$\begin{aligned}f_0=&f-\frac{X+\mathrm{i}Y}{2\pi}\ln\sigma-\frac{X-\mathrm{i}Y}{2\pi(1+\kappa)}\frac{\omega(\sigma)}{\overline{\omega'(\sigma)}}\sigma\\&-2B\omega(\sigma)-(B'-\mathrm{i}C')\overline{\omega(\sigma)}\end{aligned} \tag{A2.3.19}$$

f 的意义同上. 而把式 (A2.3.11) 代入式 (A2.3.17), 则有

$$\phi_*(\sigma)+\frac{\omega(\sigma)}{\overline{\omega'(\sigma)}}\overline{\varphi_*'(\sigma)}+\overline{\psi_*(\sigma)}=f_* \tag{A2.3.20}$$

其中

$$f_*=f+\frac{X+\mathrm{i}Y}{2\pi}\ln\sigma+\frac{X-\mathrm{i}Y}{2\pi(1+\kappa)}\frac{\omega(\sigma)}{\overline{\omega'(\sigma)}}\sigma-2B\omega(\sigma)-(B'-\mathrm{i}C')\overline{\omega}(\sigma) \tag{A2.3.21}$$

取 (A2.3.15) 的共轭, 得到位移边界条件的另一线性无关的函数方程. 由这两个方程可以确定未知函数 $\phi(\zeta)$ 与 $\psi(\zeta)$. 这是由位移边界条件确定复势的最终函数方程.

类似地, 取 (A2.3.17) 的共轭, 得到应力边界条件的另一线性无关函数方程. 这两个方程可以确定为未知函数 $\phi(\zeta)$ 与 $\psi(\zeta)$. 这是由应力边界条件确定复势的最终函数方程. 这里已经取 $C=0$.

由混合边界条件 (一部分边界上给定位移, 一部分边界上给定应力) 确定复势, 比较困难, 这里尚且无法给出满意的结论.

3. *函数方程*

下面用积分的方法求解函数方程 (A2.3.15) 或 (A2.3.17)(或 A2.3.18), 或 (A2.3.20), 这些方程的解法无本质上的不同. 为了说明具体算法, 下面讨论方程 (A2.3.18) 的解.

对方程 (A2.3.18) 两边, 乘 $\mathrm{d}\sigma/2\pi\mathrm{i}(\sigma-\zeta)$, 并且沿 γ 积分, 我们得到

$$\frac{1}{2\pi\mathrm{i}}\int_\gamma\frac{\phi_0(\sigma)}{\sigma-\zeta}\mathrm{d}\sigma-\frac{1}{2\pi\mathrm{i}}\int_\gamma\frac{\omega(\sigma)}{\overline{\omega'(\sigma)}}\frac{\overline{\phi_0'(\sigma)}}{\sigma-\zeta}\mathrm{d}\sigma+\frac{1}{2\pi\mathrm{i}}\int_\gamma\frac{\overline{\psi_0(\sigma)}}{\sigma-\zeta}\mathrm{d}\sigma=\frac{1}{2\pi\mathrm{i}}\int_\gamma\frac{f_0}{\sigma-\zeta}\mathrm{d}\sigma,\quad|\zeta|<1$$

其中 f_0 由 (A2.3.19) 给定.

因为 $\phi_0(\zeta)$ 与 $\psi_0(\zeta)$ 为单位圆内的单值解析函数 (全纯函数), 根据公式 (A2.1.5) 与 (A2.1.9), 有

$$\frac{1}{2\pi \mathrm{i}}\int_\gamma \frac{\phi_0(\sigma)}{\sigma-\zeta}\mathrm{d}\sigma = \phi_0(\zeta)$$

$$\frac{1}{2\pi \mathrm{i}}\int_\gamma \frac{\overline{\psi_0(\sigma)}}{\sigma-\zeta}\mathrm{d}\sigma = \overline{\psi_0(0)}$$

这样上述方程化成

$$\phi_0(\zeta)+\frac{1}{2\pi \mathrm{i}}\int_\gamma \frac{\omega(\sigma)}{\overline{\omega'(\sigma)}}\frac{\overline{\phi_0'(\sigma)}}{\sigma-\zeta}\mathrm{d}\sigma+\overline{\psi_0(0)} = \frac{1}{2\pi \mathrm{i}}\int_\gamma \frac{f_0}{\sigma-\zeta}\mathrm{d}\sigma \tag{A2.3.22a}$$

对 (A2.3.18) 取共轭, 并且重复刚才所说的步骤, 得到

$$\psi_0(\zeta)+\frac{1}{2\pi \mathrm{i}}\int_\gamma \frac{\overline{\omega(\sigma)}}{\omega'(\sigma)}\frac{\phi_0'(\sigma)}{\sigma-\zeta}\mathrm{d}\sigma+\overline{\phi_0(0)} = \frac{1}{2\pi \mathrm{i}}\int_\gamma \frac{\overline{f_0}}{\sigma-\zeta}\mathrm{d}\sigma \tag{A2.3.22b}$$

解方程 (A2.3.22), 未知函数 $\phi_0(\zeta)$ 与 $\psi_0(\zeta)$ 即被确定, 因而由 (A2.3.8) 可知, 复应力函数 $\phi(\zeta)$ 与 $\psi(\zeta)$ 亦被确定. 方程 (A2.3.22) 的求解既取决于保角映射函数 $\omega(\zeta)$, 又取决于边界条件 $f_1+\mathrm{i}f_2$. 下面将详细讨论, 针对不同的区域 (因而对应不同的映射函数 $\omega(\zeta)$) 和不同的边界条件 (因而对应不同的 $f_1+\mathrm{i}f_2$) 去求解函数方程 (A2.3.22).

A2.4 无限大平面中的孔洞与裂纹的解

A2.4.1 受远处斜拉伸的椭圆孔或裂纹

如图 1.1.1(a) 所示, 一缺口受远处斜拉伸. 若孔的尺寸相对于物体较小, 可以认为物体为无限大, 保角变换是

$$z=\omega(\zeta)=R\left(\frac{1}{\zeta}+m\zeta\right) \tag{a}$$

这里有参数方程

$$x=R\left(\frac{1}{\rho}+m\rho\right)\cos\varphi,\quad y=R\left(\frac{1}{\rho}+m\rho\right)\sin\varphi$$

$\zeta=\rho\mathrm{e}^{\mathrm{i}\varphi}$, R 的意义如正文所说. 由公式 (a), 得到如下初等关系式

$$\omega(\sigma)=R\left(\frac{1}{\sigma}+m\sigma\right),\quad \omega'(\sigma)=R\left(m-\frac{1}{\sigma^2}\right)$$

$$\overline{\omega'(\sigma)}=R(m-\sigma^2)$$

$$\frac{\omega(\sigma)}{\overline{\omega'(\sigma)}}=-\frac{1}{\sigma}\frac{m\sigma^2+1}{\sigma^2-m},\quad \frac{\overline{\omega(\sigma)}}{\omega'(\sigma)}=\sigma\frac{\sigma^2+m}{m\sigma^2-1}$$

从而方程 (A2.3.22a) 化成

$$\phi_0(\zeta)+\frac{1}{2\pi \mathrm{i}}\int_\gamma\left(-\frac{1}{\sigma}\frac{m\sigma^2+1}{\sigma^2-m}\right)\frac{\overline{\phi_0'(\zeta)}}{\sigma-\zeta}\mathrm{d}\sigma+\overline{\psi_0(0)}=\frac{1}{2\pi \mathrm{i}}\int_\gamma\frac{f_0}{\sigma-\zeta}\mathrm{d}\sigma \tag{b}$$

由方程 (A2.3.9), 可知

$$\overline{\phi_0'(\sigma)}=\sum_{n=1}^{\infty}n\bar{a}_n\left(\frac{1}{\sigma}\right)^{n-1}$$

那么

$$\overline{\phi}_0'\left(\frac{1}{\zeta}\right)=\sum_{n=1}^{\infty}n\bar{a}_n\left(\frac{1}{\zeta}\right)^{n-1} \tag{c}$$

此函数在单位圆 γ 外解析. 因而函数

$$\left(-\frac{1}{\sigma}\frac{m\sigma^2+1}{\sigma^2-m}\right)\overline{\phi_0'(\sigma)}=\left(-\frac{1}{\sigma}\frac{m\sigma^2+1}{\sigma^2-m}\right)\overline{\phi}_0'\left(\frac{1}{\sigma}\right)$$

可以看作下列在单位圆外解析的函数 $F(\zeta)$

$$\left(-\frac{1}{\zeta}\frac{m\zeta^2+1}{\zeta^2-m}\right)\overline{\phi}_0'\left(\frac{1}{\zeta}\right)\equiv F(\zeta) \tag{d}$$

的边值 (在单位圆周 γ 上之值). 按照 Cauchy 积分公式 (A2.1.10″), 则公式 (b) 中左端的积分为

$$\frac{1}{2\pi \mathrm{i}}\int_\gamma\left(-\frac{1}{\sigma}\frac{m\sigma^2+1}{\sigma^2-m}\right)\frac{\overline{\phi_0'(\zeta)}}{\sigma-\zeta}\mathrm{d}\sigma=\frac{1}{2\pi \mathrm{i}}\int_\gamma\frac{F(\sigma)}{\sigma-\zeta}\mathrm{d}\sigma=F(\infty)=0,\quad |\zeta|<1 \tag{e}$$

(由 (c) 与式 (d), 显然 $F(\infty)=0$), 于是

$$\phi_0(\zeta)=\frac{1}{2\pi \mathrm{i}}\int_\gamma\frac{f_0}{\sigma-\zeta}\mathrm{d}\sigma-\overline{\psi_0(0)} \tag{A2.4.1a}$$

把公式 (a) 代入方程 (A2.3.22b), 并且注意 $\overline{\phi_0(0)}=0$, 我们得到

$$\psi_0(0)+\frac{1}{2\pi \mathrm{i}}\int_\gamma\sigma\frac{\sigma^2+m}{m\sigma^2-1}\frac{\phi_0'(\sigma)}{\sigma-\zeta}\mathrm{d}\sigma=\frac{1}{2\pi \mathrm{i}}\int_\gamma\frac{\overline{f}_0}{\sigma-\zeta}\mathrm{d}\sigma \tag{f}$$

其中

$$\sigma\frac{\sigma^2+m}{m\sigma^2-1}\phi_0'(\sigma)$$

可以看作单位圆 γ 内解析的函数

$$\zeta\frac{\zeta^2+m}{m\zeta^2-1}\phi_0'(\zeta)=\zeta\frac{\zeta^2+m}{m\zeta^2-1}\sum_{n=1}^{\infty}na_n\zeta^{n-1}$$

的边值 (在单位圆 γ 上之值). 按照 Cauchy 积分公式 (A2.1.5), 有

$$\frac{1}{2\pi\mathrm{i}}\int_\gamma \sigma\frac{\sigma^2+m}{m\sigma^2-1}\frac{\phi_0'(\sigma)}{\sigma-\zeta}\mathrm{d}\sigma=\zeta\frac{\zeta^2+m}{m\zeta^2-1}\phi_0'(\zeta),\quad |\zeta|<1 \tag{g}$$

那么式 (f) 变成

$$\psi_0(\zeta)+\zeta\frac{\zeta^2+m}{m\zeta^2-1}\phi_0'(\zeta)=\frac{1}{2\pi\mathrm{i}}\int_\gamma\frac{\overline{f}_0}{\sigma-\zeta}\mathrm{d}\sigma \tag{A2.4.1b}$$

现在来计算 (A2.4.1) 右端的积分.

由图 1.1.1(a), 我们知道物体在远处作用一个与 x 轴成 α 角方向的斜拉伸, 因孔边自由, 那么

$$\sigma_1=p,\quad \sigma_2=0,\quad T_x=T_y=0,\quad X=Y=0 \tag{h$'$}$$

这样 (A2.2.22) 给出

$$B=\frac{p}{4},\quad B'+\mathrm{i}C'=-\frac{p}{2}\mathrm{e}^{-2\mathrm{i}\alpha},\quad B'-\mathrm{i}C'=-\frac{p}{2}\mathrm{e}^{2\mathrm{i}\alpha} \tag{h$''$}$$

因而 (A2.3.19) 为

$$\begin{aligned}f_0&=-2B\omega(\sigma)-(B'-\mathrm{i}C')\overline{\omega(\sigma)}\\&=-\frac{pR}{2}\left(\frac{1}{\sigma}+m\sigma\right)+\frac{pR}{2}\left(\sigma+\frac{m}{\sigma}\right)\mathrm{e}^{2\mathrm{i}\alpha}\end{aligned}$$

把此结果代入 (A2.4.1a) 并且利用 (A2.1.5) 与 (A2.1.10′), 得到

$$\phi_0(\zeta)=\frac{pR}{2}(\mathrm{e}^{2\mathrm{i}\alpha}-m)\zeta-\overline{\psi_0(0)}$$

在上式中令 $\zeta=0$, 可见常数 $\overline{\psi_0(0)}=0$, 所以

$$\phi_0(\zeta)=\frac{pR}{2}(\mathrm{e}^{2\mathrm{i}\alpha}-m)\zeta \tag{A2.4.2a}$$

进行类似的计算, 得到

$$\psi_0(\zeta)=-\frac{pR}{2}\left[(1-m\mathrm{e}^{-2\mathrm{i}\alpha})\zeta+(m-\mathrm{e}^{2\mathrm{i}\alpha})\frac{m+\zeta^2}{1-m\zeta^2}\zeta\right] \tag{A2.4.2b}$$

根据 (A2.3.8) 和上面的 (h′) 与 (h″)(同时注意 $C=0$) 以及 (A2.4.2), 得到

$$\begin{cases}\phi(\zeta)=\dfrac{pR}{4}\left[\dfrac{1}{\zeta}+(2\mathrm{e}^{2\mathrm{i}\alpha}-m)\zeta\right]\\[2ex]\psi(\zeta)=-\dfrac{pR}{2}\left[\dfrac{1}{\zeta}\mathrm{e}^{-2\mathrm{i}\alpha}+\dfrac{\zeta^3\mathrm{e}^{2\mathrm{i}\alpha}+(m\mathrm{e}^{2\mathrm{i}\alpha}-m^2-1)\zeta}{m\zeta^2-1}\right]\end{cases} \tag{A2.4.3}$$

这就是解 (1.1.2). 如果取 $m=1$, 便得到 Griffith 裂纹问题的解. 这一结果是 Muskhelishvili 用复变函数方法计算出来的, 最初发表于 1919 年. 在那之前, 英国人 Inglis①② 用椭圆坐标得到该问题的解. 由于 Inglis 的算法太复杂, 因而不如复变函数方法那样普遍有效. 更早 1909 年 Kolosov 就解决了这一问题.

然后对 (A2.4.3) 中的 $\phi(\zeta)$ 与 $\psi(\zeta)$ 求导, 并且注意 $\phi_1'(z)=\phi'(\zeta)/\omega'(\zeta)$, $\psi_1'(z)=\phi'(\zeta)/\omega'(\zeta)$ 并且运用 (A2.3.4) 就可以推导出 1.1.1 小节中的应力公式.

A2.4.2 椭圆孔或 Griffith 裂纹受内压情形下的解

此问题如图 1.1.2 所示, 即

$$T_x=-p\cos(n,x),\quad T_y=-p\cos(n,y)$$

$$(T_x+\mathrm{i}T_y)\mathrm{d}s=-p\left[\cos(n,x)+\mathrm{i}\cos(n,y)\right]\mathrm{d}s=-p(\mathrm{d}y-\mathrm{id}x)=\mathrm{i}p\mathrm{d}x$$

注意, 由 (A2.2.15) 和 (A2.2.18), $X=Y=0$. 由于在远处不受力, $B=0, B'-\mathrm{i}C'=0$. 这样

$$\begin{aligned}f_0&=\mathrm{i}\int(T_x+\mathrm{i}T_y)\mathrm{d}s=-p\int\mathrm{d}z=-pz\\&=-p\omega(\sigma)=-pR\left(\frac{1}{\sigma}+m\sigma\right)\end{aligned}$$

由 (A2.4.1) 和 (A2.3.8) 得到

$$\begin{cases}\phi_0(\zeta)=\phi(\zeta)=-pRm\zeta\\ \psi_0(\zeta)=\psi(\zeta)=-pR(1+m^2)\dfrac{\zeta}{1-m\zeta^2}\end{cases}\tag{A2.4.4}$$

这就是 1.1 节中给出的解 (1.1.5). 当 $m=1$ 时, (A2.4.4) 就转化成 Griffith 裂纹受内压的解.

A2.4.3 椭圆孔或 Griffith 裂纹的一段表面上受压力作用的情形

此问题由图 1.1.3 所示. 这里用保角映射

$$z=\omega(\zeta)=R\left(\frac{1}{\zeta}+m\zeta\right)\tag{A2.4.5}$$

把物体映射到 ζ 平面上单位圆 γ 的外部 (式 (A2.4.5) 就是 1.1 节的 (f')).

① Мусхелишвили Н. И.(Muskhelishvili N I, 穆斯赫里什维里Н И.). 数学弹性力学的几个基本问题. 赵惠元, 译. 北京：科学出版社, 1958.

② Inglis C E. Stresses in a plate due to the presence of cracks and sharp comers. Trans. Roy. Inst. Naval Arch, 1913, 66: 219~230.

由图 1.1.3 可见

$$T_x=-p\cos(n,x),\quad T_y=-p\cos(n,y)\quad 在z_1Mz_2上$$

$$(T_x+\mathrm{i}T_y)\mathrm{d}s=\begin{cases}\mathrm{i}p\mathrm{d}z, & 在z_1Mz_2上\\ 0, & 在z_2Mz_1上\end{cases}$$

这里

$$z_1=R\left(\sigma_1+\frac{m}{\sigma_1}\right),\quad z_2=R\left(\sigma_2+\frac{m}{\sigma_2}\right)$$

作用在孔边上面力的合力为

$$X+\mathrm{i}Y=\int_L(T_x+\mathrm{i}T_y)\mathrm{d}s=\mathrm{i}p(z_1-z_2)$$

由于远处不受力, 自然 $B=0$, $B'-\mathrm{i}C'=0$. 由 (A2.3.21) 和 (A2.4.5) 知

$$f_*=f+\frac{X+\mathrm{i}Y}{2\pi}\ln\sigma+\frac{X-\mathrm{i}Y}{2\pi(1+\gamma)}\frac{\sigma^2+m}{1-m\sigma^2}$$

$$=f-\frac{p(z_1-z_2)}{2\pi\mathrm{i}}\ln\sigma+\frac{p(\overline{z}_1-\overline{z}_2)}{2\pi\mathrm{i}(1+\gamma)}\frac{\sigma^2+m}{1-m\sigma^2}$$

于是由 (A2.3.20) 有 (如同推导 (A2.3.22) 那样只有一些初等计算)

$$\phi_*(\zeta)=-\frac{1}{2\pi\mathrm{i}}\int_\gamma\frac{f_*}{\sigma-\zeta}\mathrm{d}\sigma=\frac{pR}{2\pi\mathrm{i}}\int_{\sigma_1}^{\sigma_2}\left(\sigma+\frac{m}{\sigma}\right)\frac{\mathrm{d}\sigma}{\sigma-\zeta}$$

$$+\frac{pz_2}{2\pi\mathrm{i}}\int_{\sigma_2}^{\sigma_1}\frac{\mathrm{d}\sigma}{\sigma-\zeta}+\frac{p(z_1-z_2)}{2\pi\mathrm{i}}\frac{1}{2\pi\mathrm{i}}\int_\gamma\frac{\ln\sigma}{\sigma-\zeta}\mathrm{d}\sigma$$

$$-\frac{p(\overline{z}_1-\overline{z}_2)}{2\pi\mathrm{i}(1+k)}\frac{1}{2\pi\mathrm{i}}\int_\gamma\frac{\sigma^2+m}{1-m\sigma^2}\frac{\mathrm{d}\sigma}{\sigma-\zeta}$$

其中

$$\int_{\sigma_1}^{\sigma_2}\left(\sigma+\frac{m}{\sigma}\right)\frac{\mathrm{d}\sigma}{\sigma-\zeta}=\int_{\sigma_1}^{\sigma_2}\sigma\frac{\mathrm{d}\sigma}{\sigma-\zeta}+m\int_{\sigma_1}^{\sigma_2}\frac{1}{\sigma}\frac{\mathrm{d}\sigma}{\sigma-\zeta}$$

$$=\sigma_2-\sigma_1-\frac{m}{\zeta}\ln\frac{\sigma_2}{\sigma_1}+\left(\zeta+\frac{m}{\zeta}\right)\ln\frac{\sigma_2-\zeta}{\sigma_1-\zeta}$$

$$\int_{\sigma_2}^{\sigma_1}\frac{\mathrm{d}\sigma}{\sigma-\zeta}=\ln\frac{\sigma_1-\zeta}{\sigma_2-\zeta}$$

又因为 $\dfrac{\zeta^2+m}{1-m\zeta^2}$ 在单位圆 γ 内解析, 根据 (A2.1.8) 有

$$\frac{1}{2\pi\mathrm{i}}\int_\gamma\frac{\sigma^2+m}{1-m\sigma^2}\frac{\mathrm{d}\sigma}{\sigma-\zeta}=0,\quad |\zeta|<1$$

剩下的一个积分

$$I(\zeta) = \frac{1}{2\pi \mathrm{i}} \int_{\gamma} \frac{\ln \sigma}{\sigma - \zeta} \mathrm{d}\sigma$$

可以如下计算. 因为

$$\begin{aligned}\frac{\mathrm{d}I(\zeta)}{\mathrm{d}\zeta} &= \frac{1}{2\pi \mathrm{i}} \int_{\gamma} \frac{\ln \sigma}{(\sigma - \zeta)^2} \mathrm{d}\sigma = -\frac{1}{2\pi \mathrm{i}} \int_{\gamma} \ln \sigma \mathrm{d} \frac{1}{\sigma - \zeta} \\ &= -\frac{1}{2\pi \mathrm{i}} \left[\frac{\ln \sigma}{\sigma - \zeta} \right]_{\sigma = \mathrm{e}^{\mathrm{i}\varphi_1}}^{\sigma = \mathrm{e}^{\mathrm{i}(\varphi_1 + 2\pi)}} + \frac{1}{2\pi \mathrm{i}} \int_{\gamma} \frac{\mathrm{d}\sigma}{\sigma(\sigma - \zeta)}\end{aligned}$$

由 Cauchy 积分公式 (A2.1.10′), 有

$$\frac{1}{2\pi \mathrm{i}} \int_{\gamma} \overline{\sigma} \frac{\mathrm{d}\sigma}{(\sigma - \zeta)} = -\frac{1}{\zeta}$$

又

$$\left[\frac{\ln \sigma}{\sigma - \zeta} \right]_{\sigma = \mathrm{e}^{\mathrm{i}\varphi_1}}^{\sigma = \mathrm{e}^{\mathrm{i}(\varphi_1 + 2\pi)}} = \frac{1}{\sigma_1 - \zeta} \ln \frac{\mathrm{e}^{\mathrm{i}(\varphi_1 + 2\pi)}}{\mathrm{e}^{\mathrm{i}\varphi_1}} = \frac{2\pi \mathrm{i}}{\sigma_1 - \zeta}$$

其中 $\sigma_1 = \mathrm{e}^{\mathrm{i}\varphi_1}$, 由此

$$\frac{\mathrm{d}I(\zeta)}{\mathrm{d}\zeta} = -\frac{1}{\zeta} - \frac{1}{\sigma_1 - \zeta}$$

对它积分, 得到

$$I(\zeta) = \ln(\sigma_1 - \zeta) - \ln \zeta + \text{常数}$$

把以上各式相加, 略去常数项之后, 有

$$\begin{aligned}\phi_*(\zeta) =& \frac{p}{2\pi \mathrm{i}} \times \left\{ -\frac{mR}{\zeta} \ln \frac{\sigma_2}{\sigma_1} + \left[R\left(\zeta + \frac{m}{\zeta}\right) - z_2 \right] \ln(\sigma_2 - \zeta) \right. \\ & \left. - \left[R\left(\zeta + \frac{m}{\zeta}\right) - z_1 \right] \ln(\sigma_1 - \zeta) - (z_1 - z_2) \ln \zeta \right\}\end{aligned}$$

由这一结果以及考虑到 (A2.3.11), 得到

$$\begin{aligned}\phi(\zeta) =& \frac{p}{2\pi \mathrm{i}} \times \left\{ -\frac{mR}{\zeta} \ln \frac{\sigma_2}{\sigma_1} + \left[R\left(\zeta + \frac{m}{\zeta}\right) - z_2 \right] \ln(\sigma_2 - \zeta) \right. \\ & \left. - \left[R\left(\zeta + \frac{m}{\zeta}\right) - z_1 \right] \ln(\sigma_1 - \zeta) - \frac{\kappa(z_1 - z_2)}{\kappa + 1} \ln \zeta \right\} \qquad \text{(A2.4.6a)}\end{aligned}$$

经过类似的计算, 有

$$\psi(\zeta) = \frac{p}{2\pi \mathrm{i}} \left\{ -\frac{R(1 + m^2)}{\zeta^2 - m} \zeta \ln \frac{\sigma_2}{\sigma_1} + R(\sigma_1 - \sigma_2) \frac{1 + m\zeta^2}{\zeta^2 - m} \right.$$

$$
\left.-\overline{z}_2\ln(\sigma_2-\zeta)+\overline{z}_1\ln(\sigma_1-\zeta)-\frac{\overline{z}_1-\overline{z}_2}{\kappa+1}\ln\zeta-\frac{z_1-z_2}{\kappa+1}\frac{1+m^2}{\zeta^2-m}\right\} \tag{A2.4.6b}
$$

这就是解 (1.1.7), 由 Muskhelishvili 给出, 当 $m=1$ 时, 就得到 Griffith 裂纹问题的解.

A2.4.4 椭圆孔或 Griffith 裂纹内表面上受一对集中力作用

此问题如图 1.1.2(b) 所示, 设集中力为 $\boldsymbol{F}$ 在公式 (A2.4.6) 中, 取 $p=\dfrac{F}{|z_1-z_2|}$, 令 $z_2\to z_1$, 此极限过程导致①

$$
\begin{aligned}
\phi(\zeta)=&\frac{\boldsymbol{F}}{2\pi\mathrm{i}}\left\{-\frac{mR}{\zeta}\lim_{z_2\to z_1}\frac{1}{|z_2-z_1|}\ln\frac{\sigma_2}{\sigma_1}+\frac{\kappa}{\kappa+1}\ln\zeta\right.\\
&\left.+\lim_{z_2\to z_1}\frac{\left[R\left(\zeta+\dfrac{m}{\zeta}\right)-z_2\right]\ln(\sigma_2-\zeta)-\left[R\left(\zeta+\dfrac{m}{\zeta}\right)-z_1\right]\ln(\sigma_1-\zeta)}{|z_2-z_1|}\right\}\\
=&\frac{\boldsymbol{F}}{2\pi\mathrm{i}}\left\{-\frac{mR}{\zeta}\lim_{z_2\to z_1}\left[\frac{\mathrm{d}}{\mathrm{d}\sigma_2}(\ln\sigma_2-\ln\sigma_1)\right]\Big/\frac{\mathrm{d}z_2}{\mathrm{d}\sigma_2}+\frac{\kappa}{\kappa+1}\ln\zeta\right\}\\
&+\frac{\boldsymbol{F}}{2\pi\mathrm{i}}\lim_{z_2\to z_1}\left\{-\ln(\sigma_1-\zeta)+\left[R\left(\zeta+\frac{m}{\zeta}\right)\right]\right.\\
&\left.\times\left[\frac{\mathrm{d}}{\mathrm{d}\sigma_2}\ln(\sigma_2-\zeta)\right]\Big/\frac{\mathrm{d}z_2}{\mathrm{d}\sigma_2}\right\}\cdot\lim_{z_2\to z_1}\frac{z_2-z_1}{|z_2-z_1|}\\
=&\frac{\boldsymbol{F}}{2\pi\mathrm{i}}\left\{-\frac{m\sigma_1}{\zeta(\sigma_1^2-m)}-\frac{\kappa}{\kappa+1}\ln\zeta-\ln(\sigma_1-\zeta)\right.\\
&\left.+\frac{\sigma_1^2[R(\zeta+\dfrac{m}{\zeta}-z_1)]}{R(\sigma_1-\zeta)(\sigma_1^2-m)}\right\}\cdot\frac{\mathrm{i}(\sigma_1-m\overline{\sigma}_1)}{|\sigma_1-m\overline{\sigma}_1|}
\end{aligned} \tag{A2.4.7a}
$$

用类似的计算可以得到 $\psi(\zeta)$ 如下:

$$
\begin{aligned}
\psi(\zeta)=&\frac{\boldsymbol{F}}{2\pi\mathrm{i}}\left\{-\frac{\zeta\sigma_1(1+m^2)}{(\zeta^2-m)(\sigma_1^2-m)}+\frac{\ln\zeta}{\kappa+1}+\frac{1+m^2}{(\kappa+1)(\zeta^2-m)}\right.\\
&-\frac{\sigma_1^2(1+m\zeta^2)}{(\zeta^2-m)(\sigma_1^2-m)}-\ln(\sigma_1-\zeta)\\
&\left.-\frac{\overline{z}_1\sigma_1^2}{R(\sigma_1-\zeta)(\sigma_1^2-m)}\right\}\cdot\frac{\mathrm{i}(\sigma_1^2-m)}{\sigma_1|\sigma_1-m\overline{\sigma_1}|}
\end{aligned} \tag{A2.4.7b}
$$

此即解 (1.1.8), 当 $m=1$ 时, 它化成 Griffith 裂纹问题的解.

① 此式最终形式由申大维订正.

A2.4.5 椭圆孔或 Griffith 裂纹在两端内表面上受对称压力作用

此问题由图 1.1.3(d) 所示. 利用解 (A2.4.6), 首先把 z_1 变成 $\overline{z_2}$, 我们有

$$\phi(\zeta)\Big|_{\substack{z_1=\overline{z}_2\\z_2=z_2}}=\frac{p}{2\pi\mathrm{i}}\left\{-\frac{mR}{\zeta}\ln\frac{\sigma_2}{\overline{\sigma}_2}+\left[R\left(\zeta+\frac{m}{\zeta}\right)-z_2\right]\right.$$

$$\left.\times\ln(\sigma_2-\zeta)-\left[R\left(\zeta+\frac{m}{\zeta}\right)-\overline{z}_2\right]\ln(\overline{\sigma}_2-\zeta)-\frac{\kappa(\overline{z}_2-z_2)}{\kappa+1}\ln\zeta\right\}$$

$$\psi(\zeta)\Big|_{\substack{z_1=\overline{z}_2\\z_2=z_2}}=\frac{p}{2\pi\mathrm{i}}\left\{-\frac{R\left(1+m^2\right)}{\zeta^2-m}\zeta\ln\frac{\sigma_2}{\overline{\sigma}_2}+R(\overline{\sigma}_2-\sigma_2)\frac{1+m\zeta^2}{\zeta^2-m}\right.$$

$$\left.-\overline{z}_2\ln(\sigma_2-\zeta)+z_2\ln(\overline{\sigma}_2-\zeta)-\frac{z_2-\overline{z}_2}{\kappa+1}\ln\zeta-\frac{\overline{z}_2-z_2}{\kappa+1}\frac{1+m^2}{\zeta^2-m}\right\}$$

其次, 把 z_1 变成 $-\overline{z_2}$, z_2 变成 $-z_2$, 由 (A2.4.6) 得

$$\phi(\zeta)\Big|_{\substack{z_1=-\overline{z}_2\\z_2=-z_2}}=\frac{p}{2\pi\mathrm{i}}\times\left\{-\frac{mR}{\zeta}\ln\frac{-\sigma_2}{\overline{\overline{-\sigma_2}}}+\left[R\left(\zeta+\frac{m}{\zeta}\right)+z_2\right]\ln(-\sigma_2-\zeta)\right.$$

$$\left.-\left[R\left(\zeta+\frac{m}{\zeta}\right)+\overline{z}_2\right]\ln(-\overline{\sigma}_2-\zeta)-\frac{\kappa(\overline{-z}_2+z_2)}{\kappa+1}\ln\zeta\right\}$$

$$\psi(\zeta)\Big|_{\substack{z_1=-\overline{z}_2\\z_2=-z_2}}=\frac{p}{2\pi\mathrm{i}}\left\{-\frac{R(1+m^2)}{\zeta^2-m}\zeta\ln\frac{-\sigma_2}{-\overline{\sigma}_2}+R(-\overline{\sigma}_2+\sigma_2)\frac{1+m\zeta^2}{\zeta^2-m}\right.$$

$$+\overline{z}_2\ln(-\sigma_2-\zeta)-z_2\ln(-\overline{\sigma}_2-\zeta)-\frac{-z_2+\overline{z}_2}{\kappa+1}\ln\zeta$$

$$\left.-\frac{-\overline{z}_2+z_2}{\kappa+1}\frac{1+m^2}{\zeta^2-m}\right\}$$

把以上两个结果相加, 即得到解 (1.1.9). 当 $m=1$, 就化成 Griffith 裂纹问题的解.

A2.4.6 受剪切作用的椭圆孔或 Griffith 裂纹

此类问题可以用类似的方法得到解答.

例如, 有椭圆孔的平面, 在远处受剪切, 即

$$\sigma_{xy}=\tau_1,\quad \sqrt{x^2+y^2}\to\infty$$

于是

$$B=0,\quad B'-\mathrm{i}C'=-\mathrm{i}\tau_1$$

又假设孔边无应力, 我们有

$$f=0,\quad X=Y=0$$

因而得到

$$f_0(\sigma) = -(B' - \mathrm{i}C')\omega(\sigma) = \mathrm{i}\tau_1 R\left(\frac{1}{\sigma} + m\sigma\right)$$

利用求解公式 (A2.3.22) 和 (A2.3.8), 得到解 (1.2.1). 当 $m = 1$ 时, 即为裂纹解.

又例如在椭圆孔内表面作用均与剪切应力 τ_0. 在此情形

$$B = 0, \quad B' - \mathrm{i}C' = 0, \quad X = Y = 0$$
$$f_0 = f = \mathrm{i}\tau_0 z = \mathrm{i}\tau_0 R\left(\frac{1}{\sigma} + m\sigma\right)$$

把它们代入 (A2.3.22) 和 (A2.3.8), 得到解 (1.2.2). 当 $m = 1$ 时, 即为裂纹解.

A2.4.7 小结

以上研究了无限平面中的椭圆孔或裂纹的若干解答, 有关的裂纹解可以由椭圆孔的解取极限而得到.

不难见到, 若在远处或由孔的边缘上受连续分布的应力, 则复应力函数 $\phi(\zeta)$ 与 $\psi(\zeta)$(或 $\phi_1(z)$ 与 $\psi_1(z)$) 比较容易确定. 相反地, 若外应力比较复杂, 例如, T_x 与 T_y 是非连续分布的, 则计算很复杂, 在 A2.7 节将进一步讨论此类问题.

另外, 若保角映射函数 $\omega(\zeta)$ 复杂, 那么积分

$$\frac{1}{2\pi\mathrm{i}}\int_\gamma \frac{\omega(\sigma)}{\overline{\omega'(\sigma)}}\frac{\overline{\phi_0'(\sigma)}}{\sigma - \zeta}\mathrm{d}\sigma$$

或

$$\frac{1}{2\pi\mathrm{i}}\int_\gamma \frac{\omega(\sigma)}{\overline{\omega'(\sigma)}}\frac{\overline{\phi_*'(\sigma)}}{\sigma - \zeta}\mathrm{d}\sigma$$

未必等于零 (除非 $\omega(\zeta)/\overline{\omega'(\zeta)}$ 解析), 这些问题在 A2.5 节以及 A2.7 节中将进一步讨论.

A2.5 无限平面中构型稍复杂的裂纹

前面介绍的都是构型最简单的孔洞或裂纹, 现在的讨论仍针对无限平面, 但裂纹几何稍复杂一点.

A2.5.1 唇型裂纹

此问题如图 1.1.6 所示, 裂纹表面上不受力, 在远处受两向拉伸. 这样 $T_x = T_y = 0$, 因而 $X = Y = 0$. 由远处受力情况, 有

$$B = \frac{1}{4}(p_1 + p_2), \quad B' = \frac{1}{2}(p_1 - p_2)\cos 2\alpha$$

$$C' = \frac{1}{2}(p_1 - p_2)\sin 2\alpha$$

当然已假定 $C=0$.

现在的问题与椭圆孔无联系. 匡震邦①用保角映射

$$z = \omega(\zeta) = \frac{a}{2}\rho\mathrm{i}\left[\zeta + \frac{m}{\zeta} - \frac{\zeta}{\rho^2(\zeta^3 + m)}\right] \tag{A2.5.1}$$

把物体映射到 ζ 平面上单位圆 γ 的外部, 上式中

$$\rho = \frac{1}{1-m}, \quad \beta = \frac{h}{a} = \frac{1}{2}\frac{1+m}{1-m}\left[1 - \frac{(1+m)^2}{(1-m)^2}\right]^2$$

其中 h 是裂纹的半高, a 是裂纹的半长. 由于 $\beta<1$, 可以有近似

$$\rho \approx 1 + \frac{\beta}{2} + \frac{\beta^2}{4}, \quad m \approx \frac{\beta}{2} - \frac{\beta^2}{8} \tag{A2.5.2}$$

由式 (A2.3.12), 有

$$\begin{cases} \phi(\zeta) = RB\zeta + \phi_*(\zeta) \\ \psi(\zeta) = R(B' + \mathrm{i}C')\zeta + \psi_*(\zeta) \end{cases} \tag{A2.5.3}$$

这里 $R = \dfrac{a}{2}\mathrm{i}\rho$, 又由式 (A2.3.20)

$$\phi_*(\zeta) + \frac{1}{2\pi\mathrm{i}}\int_\gamma \frac{\omega(\sigma)}{\overline{\omega'(\sigma)}}\frac{\overline{\phi'_*(\sigma)}}{\sigma - \zeta}\mathrm{d}\sigma + \overline{\psi_*(\infty)} = \frac{1}{2\pi\mathrm{i}}\int_\gamma \frac{f_*}{\sigma-\zeta}\mathrm{d}\sigma \tag{A2.5.4a}$$

$$\psi_*(\zeta) + \frac{1}{2\pi\mathrm{i}}\int_\gamma \frac{\overline{\omega(\sigma)}}{\omega'(\sigma)}\frac{\phi'_*(\sigma)}{\sigma - \zeta}\mathrm{d}\sigma + \overline{\phi_*(\infty)} = \frac{1}{2\pi\mathrm{i}}\int_\gamma \frac{\overline{f}_*}{\sigma-\zeta}\mathrm{d}\sigma \tag{A2.5.4b}$$

其中

$$f_* = -RB\frac{1}{\sigma} - \overline{R}(B' - \mathrm{i}C')\frac{1}{\sigma} - \frac{\omega(\sigma)}{\overline{\omega'(\sigma)}}\overline{R}B \tag{A2.5.5}$$

首先考虑方程 (A2.5.4a), 那里

$$\frac{\omega(\sigma)}{\overline{\omega'(\sigma)}} = -\frac{(1+m\sigma^2)^2\left[\rho^2(\sigma^2+m)^2 - \sigma^2\right]}{\rho^2\sigma(\sigma^2+m)(1-m\sigma^2)(1+\sigma^2)(1+m^2\sigma^2)}$$

因而函数

$$\frac{\omega(\sigma)}{\overline{\omega'(\sigma)}}\overline{\phi'_*(\sigma)}$$

可以看作函数

$$-\frac{(1+m\zeta^2)^2\left[\rho^2(\zeta^2+m)^2 - \zeta^2\right]}{\rho^2\zeta(\zeta^2+m)(1-m\zeta^2)(1+\zeta^2)(1+m^2\zeta^2)}\overline{\phi'_*}\left(\frac{1}{\zeta}\right)$$

① 匡震邦. 平面曲边多角形缺陷的应力分析. 力学学报, 1979, 14, 218~228.

的边值 (在单位圆 γ 上之值), 其中

$$\overline{\phi'_*}\left(\frac{1}{\zeta}\right)=\sum_{n-1}^{\infty}-na_n\zeta^{n-1}$$

此函数在单位圆内解析, 但是函数

$$-\frac{(1+m\zeta^2)^2\left[\rho^2(\zeta^2+m)^2-\zeta^2\right]}{\rho^2\zeta(\zeta^2+m)(1-m\zeta^2)(1+\zeta^2)(1+m^2\zeta^2)}$$

在单位圆内有三个一阶极点：$\zeta=0$, $\zeta=\mathrm{i}\sqrt{m}$ 和 $\zeta=-\mathrm{i}\sqrt{m}$(因为 $m<1$).

下面用留数定理去计算 (A2.5.4a) 左端的积分. 此被积函数可以记为

$$F(w)=-\frac{(1+mw^2)^2\left[\rho^2(w^2+m)^2-w^2\right]}{\rho^2w(w^2+m)(1-mw^2)(1+w^2)(1+m^2w^2)}\frac{\overline{\phi'_*}\left(\dfrac{1}{w}\right)}{w-\zeta}$$

那么该积分可以写成

$$\frac{1}{2\pi\mathrm{i}}\int_\gamma F(w)\mathrm{d}w\equiv I$$

由留数定理 (A2.1.16)

$$I=\mathrm{Res}F(0)+\mathrm{Res}F(\mathrm{i}\sqrt{m})+\mathrm{Res}F(-\mathrm{i}\sqrt{m})$$

又由留数计算公式

$$\mathrm{Res}F(0)=\lim_{w\to0}F(\varpi)=m\frac{\overline{\phi'_*}\left(\dfrac{1}{\varpi}\right)}{\zeta}\bigg|_{\varpi=0}=0$$

$$\left(\text{因为}\overline{\phi'_*}\left(\frac{1}{\varpi}\right)\bigg|_{\varpi=0}=0\right)$$

$$\begin{aligned}\mathrm{Res}F(\mathrm{i}\sqrt{m})&=\lim_{w\to\mathrm{i}\sqrt{m}}(w-\mathrm{i}\sqrt{m})F(w)\\&=-\frac{(1+m)^2}{2\rho^2(1+m^2)(1+m+m^2)}\frac{\overline{\phi'_*}\left(-\dfrac{\mathrm{i}}{\sqrt{\mathrm{m}}}\right)}{\zeta-\mathrm{i}\sqrt{m}}\end{aligned}$$

$$\begin{aligned}\mathrm{Res}F(-\mathrm{i}\sqrt{m})&=\lim_{w\to-\mathrm{i}\sqrt{m}}(\varpi+\mathrm{i}\sqrt{m})F(w)\\&=-\frac{(1+m)^2}{2\rho^2(1+m^2)(1+m+m^2)}\frac{\overline{\phi'_*}\left(\dfrac{\mathrm{i}}{\sqrt{\mathrm{m}}}\right)}{\zeta+\mathrm{i}\sqrt{m}}\end{aligned}$$

最后得到

$$\frac{1}{2\pi\mathrm{i}}\int_\gamma \frac{\omega(\sigma)}{\overline{\omega'(\sigma)}}\frac{\overline{\phi'_*(\sigma)}}{\sigma-\zeta}\mathrm{d}\sigma=-\frac{(1+m)^2}{2\rho^2(1+m^2)(1+m+m^2)}\left\{\frac{\overline{\phi'_*}\left(-\frac{\mathrm{i}}{\sqrt{m}}\right)}{\zeta-\mathrm{i}\sqrt{m}}+\frac{\overline{\phi'_*}\left(\frac{\mathrm{i}}{\sqrt{m}}\right)}{\zeta+\mathrm{i}\sqrt{m}}\right\}$$

其中 $\overline{\phi}'_*\left(-\frac{\mathrm{i}}{\sqrt{m}}\right)$ 与 $\overline{\phi}''_*\left(\frac{\mathrm{i}}{\sqrt{m}}\right)$ 是两个待定常数, 其数值将在后面去确定.

类似地可以计算出 (A2.5.4a) 右端的积分, 为

$$\frac{1}{2\pi\mathrm{i}}\int_\gamma \frac{f_*}{\sigma-\zeta}\mathrm{d}\sigma=-\overline{R}(B'-\mathrm{i}C')\frac{1}{\zeta}+\overline{R}B\frac{m}{\zeta}$$
$$+\frac{(1+m)^2\overline{R}B}{2\rho^2(1+m^2)(1+m+m^2)}\left\{\frac{1}{\zeta-\mathrm{i}\sqrt{m}}+\frac{1}{\zeta+\mathrm{i}\sqrt{m}}\right\}$$

同时假定 $\overline{\psi_*(\infty)}=0$. 把以上两个结果相合并, 即得

$$\phi_*(\zeta)=-\overline{R}(B'-\mathrm{i}C')\frac{1}{\zeta}+\overline{R}B\frac{m}{\zeta}$$
$$+\frac{(1+m)^2}{2\rho^2(1+m^2)(1+m+m^2)}\left\{\frac{1}{\zeta-\mathrm{i}\sqrt{m}}\left[\overline{R}B+\overline{\phi'_*}\left(-\frac{\mathrm{i}}{\sqrt{m}}\right)\right]\right.$$
$$\left.+\frac{1}{\zeta+\mathrm{i}\sqrt{m}}\left[\overline{R}B+\overline{\phi'_*}\left(\frac{\mathrm{i}}{\sqrt{m}}\right)\right]\right\}$$

由此式, 经过一些初等计算, 可以确定常数 $\overline{\phi}'_*\left(\frac{\mathrm{i}}{\sqrt{m}}\right)$ 与 $\overline{\phi}'_*\left(-\frac{\mathrm{i}}{\sqrt{m}}\right)$ 为

$$\overline{\phi'_*}\left(\frac{\mathrm{i}}{\sqrt{m}}\right)=\overline{\phi'}\left(-\frac{\mathrm{i}}{\sqrt{m}}\right)=\frac{1}{1-q^2}\{RB-\overline{R}(B'-\mathrm{i}C')m$$
$$+\overline{R}Bm-q\left[\overline{R}B-R(B'-\mathrm{i}C')m+RBm\right]\}-RB$$
$$q=\frac{m}{1+m+m^2}$$

所以

$$\phi_*(\zeta)=-\overline{R}(B'-\mathrm{i}C')\frac{1}{\zeta}+\overline{R}B\frac{m}{\zeta}$$
$$+\frac{(1+m)^2}{\rho^2(1+m^2)(1+m+m^2)}\left[\overline{R}B+\overline{\phi'_*}\left(\frac{\mathrm{i}}{\sqrt{m}}\right)\right]\frac{\zeta}{\zeta^2+m}\quad\text{(A2.5.6a)}$$

类似地得到

$$\psi_*(\zeta)=-\overline{R}B\frac{1}{\zeta}-RBm\zeta$$

$$+\frac{(\zeta^2+m)^2\zeta\left[\rho^2(1+m\zeta^2)^2-\zeta^2\right]}{\rho^2(1+m\zeta^2)(\zeta^2-m)(\zeta^2+m^2)(\zeta^2+1)}\left[RB+\phi_*'(\zeta)\right]$$
$$+\frac{(1+m)^2}{\rho^2(1+m^2)(1+m+m^2)}\left[\overline{R}B+\overline{\phi_*'}(\frac{\mathrm{i}}{\sqrt{m}})\right]\frac{1}{1+m\zeta^2} \quad \text{(A2.5.6b)}$$

把它们代入 (A2.5.3), 就确定了 $\phi(\zeta)$ 与 $\psi(z)$. 这就是解 (1.1.29).

匡震邦 ① 还讨论了其他去边多角形裂纹的解, 这里不再一一详细讨论.

A2.5.2 半无限裂纹局部表面受力

半无限裂纹在其中一部分表面上收均匀压应力或剪应力作用, 如正文第 1 章图 1.1.5(a) 所示. 坐标原点取在裂纹顶端. 假设在 $y=0, -a<x<0$ 这一段表面上受均匀压应力, 其中长度 a 可以用模拟一个有限尺寸裂纹. 点 $z=0$, $z=(-a,0^+)$ 和 $z=(-a,0^-)$ 可以在下面的保角映射

$$z=\omega(\zeta)=a\left(\frac{1+\zeta}{1-\zeta}\right)^2 \quad \text{(A2.5.7)}$$

下, 分别映射成 $\zeta=-1$, $\zeta=\mathrm{i}$ 和 $\zeta=-\mathrm{i}$. 而 z 平面上的区域映射成 ζ 平面上单位圆 γ 的内部. 在这种情形下:

$$B=B'=C'=0,\quad X=Y=0$$

$$f=\mathrm{i}\int(T_x+\mathrm{i}T_y)\mathrm{d}s=\begin{cases}-px=-p\omega(\sigma), & -a<z<0\\ -pa, & x<-a\end{cases}$$

于是 $f_0=f$ 同时函数方程 (A2.3.22a) 左端的积分等于零, 因而

$$\begin{aligned}\phi(\zeta)=\phi_0(\zeta)=&\frac{1}{2\pi\mathrm{i}}\int_{\mathrm{i}}^{-\mathrm{i}}\frac{f_0}{\sigma-\zeta}\mathrm{d}\sigma\\ =&\frac{pa}{2\pi\mathrm{i}}\int_{\mathrm{i}}^{-\mathrm{i}}\frac{\mathrm{d}\sigma}{\sigma-\zeta}-\frac{p}{2\pi\mathrm{i}}\int_{\mathrm{i}}^{-\mathrm{i}}\frac{\omega(\sigma)}{\sigma-\zeta}\mathrm{d}\sigma\\ =&-\frac{pa}{2\pi\mathrm{i}}\ln\frac{\zeta+\mathrm{i}}{\zeta-\mathrm{i}}-\frac{pa}{2\pi\mathrm{i}}\int_{\mathrm{i}}^{-\mathrm{i}}\left(\frac{1+\sigma}{1-\sigma}\right)^2\frac{\mathrm{d}\sigma}{\sigma-\zeta}\\ =&-\frac{pa}{2\pi\mathrm{i}}\ln\frac{\zeta+\mathrm{i}}{\zeta-\mathrm{i}}-\frac{pa}{2\pi\mathrm{i}}\int_{\mathrm{i}}^{-\mathrm{i}}\frac{\mathrm{d}\sigma}{(\sigma-1)(\sigma-\zeta)}\\ &-\frac{2pa}{\pi\mathrm{i}}\int_{\mathrm{i}}^{-\mathrm{i}}\frac{1}{\sigma-1}\left(\frac{1}{\sigma-1}-\frac{1}{\sigma-\zeta}\right)\frac{1}{1-\sigma}\mathrm{d}\sigma\\ =&-\frac{pa}{\pi\mathrm{i}}\ln\frac{\zeta+\mathrm{i}}{\zeta-\mathrm{i}}-\frac{2pa}{\pi\mathrm{i}}\frac{1}{1-\zeta}\int_{\mathrm{i}}^{-\mathrm{i}}\frac{\mathrm{d}\sigma}{(\sigma-1)^2}\end{aligned}$$

$$+\frac{2pa}{\pi \mathrm{i}}\frac{\zeta}{1-\zeta}\int_{\mathrm{i}}^{-\mathrm{i}}\frac{\mathrm{d}\sigma}{(\sigma-1)(\sigma-\zeta)}$$

$$=-\frac{pa}{\pi \mathrm{i}}\ln\frac{\zeta+\mathrm{i}}{\zeta-\mathrm{i}}+\frac{2pa}{\pi(1-\zeta)}+\frac{2pa}{\pi \mathrm{i}}\frac{\zeta}{(1-\zeta)^2}\ln\frac{1+\mathrm{i}\zeta}{\zeta+\mathrm{i}} \quad \text{(A2.5.8a)}$$

类似地得到

$$\psi(\zeta)=-\frac{pa}{\pi \mathrm{i}}\ln\frac{\zeta+\mathrm{i}}{\zeta-\mathrm{i}}+\frac{2pa}{\pi(1-\zeta)}+\frac{2pa}{\pi \mathrm{i}}\ln\frac{1+\mathrm{i}\zeta}{\zeta+\mathrm{i}}-\frac{1-\zeta^2}{4}\phi'(\zeta) \quad \text{(A2.5.8b)}$$

它们就是解 (1.1.28), 此种形式的解由本书著者给出.

现在来检验一下这种普遍形式的解同 Westergaard 解的关系.

由式 (A2.5.8a), 得到

$$\phi'(\zeta)=\frac{2pa}{\pi}\frac{1}{1+\zeta^2}+\frac{2pa}{\pi}\frac{1}{(1-\zeta)^2}$$

$$+\frac{2pa}{\pi \mathrm{i}}\frac{1+\zeta}{(1-\zeta)^3}\ln\frac{1+\mathrm{i}\zeta}{\zeta+\mathrm{i}}+\frac{4pa}{\pi}\frac{\zeta}{(1-\zeta)^2(1+\zeta^2)}$$

又由 (A2.5.7), 可得

$$\omega'(\zeta)=\frac{4a(1+\zeta)}{(1-\zeta)^3}$$

那么

$$\phi_1'(\zeta)=\frac{\phi'(\zeta)}{\omega'(\zeta)}=\frac{p}{2\pi}\frac{1-\zeta}{1+\zeta}+\frac{p}{2\pi \mathrm{i}}\ln\frac{1+\mathrm{i}\zeta}{\zeta+\mathrm{i}}+\frac{p}{2\pi}\frac{(1-\zeta)^3}{(1+\zeta)(1+\zeta^2)}$$

$$+\frac{p}{\pi}\frac{(1-\zeta)\zeta}{(1+\zeta)(1+\zeta^2)}=\frac{p}{\pi}\frac{1-\zeta}{1+\zeta}+\frac{p}{2\pi \mathrm{i}}\ln\frac{1+\mathrm{i}\zeta}{\zeta+\mathrm{i}} \quad \text{(A2.5.9)}$$

又由式 (A2.5.7)

$$\frac{p}{\pi}\frac{1-\zeta}{1+\zeta}=\frac{p}{\pi}\sqrt{\frac{a}{z}}$$

所以

$$\frac{p}{2\pi \mathrm{i}}\ln\frac{1+\mathrm{i}\zeta}{\zeta+\mathrm{i}}=-\arctan\sqrt{\frac{a}{z}}$$

那么由式 (A2.5.9) 得到

$$\phi_1'(z)=\frac{p}{\pi}\left(\sqrt{\frac{a}{z}}-\arctan\sqrt{\frac{a}{z}}\right)=\frac{1}{2}Z(x) \quad \text{(A2.5.10)}$$

这里 $Z(x)$ 由 Tada 等①给出.

① Tada H, Paris P C, Irwin G R. The Stress Analysis or Craclcs Hand book. Del Research Corporation Hellertown, Pennsylvania, 1973.

A2.6 反平面裂纹问题

从附录一中可知, 反平面问题由方程 $\nabla^2 u_z = 0$ 所控制, 即 $u_z(x, y)$ 为一调和函数, 它可以是一个复解析函数的实部或虚部, 例如, 取 $u_z = \text{Re}\phi_1(t)$, $t = x + \text{i}y$. 那么

$$\sigma_{xz} - \text{i}\sigma_{yz} = \mu\phi_1'(t)$$

作保角映射

$$t = \omega(\zeta)$$

把 z 平面映射到 ζ 平面上单位圆 γ 内, 不难得到

$$\begin{cases} \sigma_{xz} = \dfrac{1}{2}\mu\left\{\dfrac{\phi'(\zeta)}{\omega'(\zeta)} + \dfrac{\overline{\phi'(\zeta)}}{\overline{\omega'(\zeta)}}\right\} \\ \sigma_{yz} = \dfrac{1}{2}\mu\left\{\dfrac{\overline{\phi'(\zeta)}}{\overline{\omega'(\zeta)}} - \dfrac{\phi'(\zeta)}{\omega'(\zeta)}\right\} \end{cases} \tag{A2.6.1}$$

其中 $\phi(\zeta) = \phi_1(t) = \phi_1[\omega(\zeta)]$.

考虑边界条件

$$\sigma_{yz} = f, \quad 在L上 \tag{A2.6.2}$$

这里 f 为已知函数.

把式 (A.6.1) 代入式 (A2.6.2), 有

$$\phi'(\sigma) - \frac{\omega'(\zeta)}{\overline{\omega'(\zeta)}}\overline{\phi'(\sigma)} = \frac{2\text{i}}{\mu}\omega'(\sigma)f, \quad 在\gamma上$$

其中 σ 代表 ζ 在 γ 上之值, 即 $\sigma = \text{e}^{\text{i}\varphi}$.

对上式积分, 得到

$$\phi'(\zeta) - \frac{1}{2\pi\text{i}}\int_\gamma \frac{\omega'(\sigma)}{\overline{\omega'(\sigma)}}\overline{\phi'(\sigma)}\frac{\text{d}\sigma}{\sigma - \zeta} = \frac{2\text{i}}{\mu}\frac{1}{2\pi\text{i}}\int_\gamma \frac{\omega'(\sigma)f}{\sigma - \zeta}\text{d}\sigma \tag{A2.6.3}$$

函数方程 (A2.6.3) 可以用和前面类似的步骤求解, 具体算例不再列举.

A2.7 有限尺寸裂纹体和超越函数保角映射

Muskhelishvili 从创立平面弹性的复变函数论方法开始, 一直假定保角映射函数

$$z = \omega(\zeta) = R\left(\frac{1}{\zeta} + \sum_{k=0}^{n}(C_k\zeta^k)\right) \tag{A2.7.1}$$

或

$$z = \omega(\zeta) = R\left(\frac{1}{\zeta} + \sum_{k=1}^{n}(B_k\zeta^{-k})\right) \tag{A2.7.2}$$

其中 R 以及 C_k 与 B_k 均为常数. 这两个假定, 限制保角映射必须是最简单的有理函数. Muskhelishvili 是一位卓越的数学家, 他这样限制是有道理的. 因为在求解函数方程 (A2.3.22) 时, 遇到积分

$$\frac{1}{2\pi\mathrm{i}}\int_{\gamma}\frac{\omega(\sigma)}{\overline{\omega'(\sigma)}}\frac{\overline{\psi_0'(\sigma)}}{\sigma-\zeta}\mathrm{d}\sigma$$

与

$$\frac{1}{2\pi\mathrm{i}}\int_{\gamma}\frac{\overline{\omega(\sigma)}}{\omega'(\sigma)}\frac{\phi_0'(\sigma)}{\sigma-\zeta}\mathrm{d}\sigma$$

为计算出这些积分, 往往要用复变函数中的解析延拓理论. 若 $\omega(\zeta)$ 是最简单的有理函数 (A2.7.1) 或 (A2.7.2), 则函数 $\omega(\sigma)/\overline{\omega'(\sigma)}$ 或 $\overline{\omega(\sigma)}/\omega'(\sigma)$ 的解析延拓性质简单, 好处理. 相反地, 若 $\omega(\zeta)$ 不是简单的有理函数, 则上述这些函数很复杂, 其解析延拓很难讨论. 在 Muskhelishvili 创立复势法之后, 似乎未见他本人以及其他学者进一步讨论或发展这一方面的问题. 这样其方法只能计算一些简单区域的问题 (例如, 无限大平面中的简单形状的孔洞与裂纹问题) 的分析解. 虽然后来有个别学者推广了映射函数的范围, 例如, Bowie, 他也仅仅是为了求数值解, 并未见他得到过新的解析解.

相反地, 若我们力图研究有限尺寸物体中的裂纹问题, 并且希望利用保角映射技术, 则不得不突破限制 (A2.7.1) 或 (A2.7.2), 而必须采用超越函数的保角映射. 在本书正文第 1、2 章中已经给出了若干这方面的结果, 现在对其某些计算作进一步补充介绍.

A2.7.1 狭长体中单裂纹问题

此问题由图 1.4.1 所示, 本书著者①建议用保角映射

$$z = \omega(\zeta) = \frac{H}{\pi}\ln\left[1 + \left(\frac{1+\zeta}{1-\zeta}\right)^2\right] \tag{A2.7.3}$$

把物体映射到 ζ 平面上单位圆 γ 的内部, 这里 H 代表狭长体的半高. (A2.7.3) 是一个多值函数. 此变换的逆变换为

$$\zeta = \omega^{-1}(z) = \frac{-\mathrm{e}^{\pi z/H} + \mathrm{i}\sqrt{1-\mathrm{e}^{\pi z/H}}}{z - \mathrm{e}^{\pi z/H}} \tag{A2.7.4}$$

① 范天佑. 狭长体中静态裂纹与快速传播裂纹的精确解析解. 中国科学, A, 1991, 21: 262~269.

在裂纹面 $y=0$, $-a<x<0$ 一段上作用均匀压应力或剪应力, 其中 a 可以模拟一个有限尺寸裂纹.

由逆变换 (A2.7.4) 可知, $z=0$ 对应于 $\zeta=-1$; $y=0^+$, $x=-a$ 对应于 σ_{-a}; $y=0^-$, $x=-a$ 对应于 $\overline{\sigma}_{-a}$, 如下式

$$\begin{cases} \sigma_{-a}=\dfrac{-\mathrm{e}^{\pi a/H}+2\mathrm{i}\sqrt{1-\mathrm{e}^{\pi a/H}}}{2-\mathrm{e}^{\pi a/H}} \\ \overline{\sigma}_{-a}=\dfrac{-\mathrm{e}^{\pi a/H}-2\mathrm{i}\sqrt{1-\mathrm{e}^{\pi a/H}}}{2-\mathrm{e}^{\pi a/H}} \end{cases} \tag{A2.7.5}$$

由于远处不受力, $B=B'=C'=0$, $X=Y=0$

$$f=\mathrm{i}\int(T_x+\mathrm{i}T_y)\mathrm{d}s=\begin{cases} -px=-p\omega(\sigma), & -a<x<0 \\ -pa, & x<-a \end{cases}$$

所以 $f_0=f$, 又

$$\frac{\omega(\sigma)}{\overline{\omega'(\sigma)}}=\frac{1}{4\sigma^2}\left[(1-\sigma)^2+(1+\sigma)^2\right]\ln\left[1+\left(\frac{1+\sigma}{1-\sigma}\right)^2\right]\equiv\overline{G(\sigma)} \tag{A2.7.6}$$

由式 (A2.3.22a) 有

$$\phi_0(\zeta)+\frac{1}{2\pi\mathrm{i}}\int_\gamma\overline{G(\sigma)}\frac{\overline{\phi_0'(\sigma)}}{\sigma-\zeta}\mathrm{d}\sigma+\psi_0(\sigma)=\frac{1}{2\pi\mathrm{i}}\int_{\sigma_{-a}}^{\overline{\sigma}_{-a}}-p\left[\omega(\sigma)+a\right]\frac{\mathrm{d}\sigma}{\sigma-\zeta} \tag{A2.7.7}$$

由于

$$G(\zeta)=\frac{\overline{\omega\left(\dfrac{1}{\overline{\zeta}}\right)}}{\omega'(\zeta)}$$

是一个在单位圆内 $|\zeta|<1$ 解析 (其中 $\overline{\zeta}$ 是 ζ 的复共轭), 并且在 $|\zeta|\leqslant 1$ 连续的函数, 由 Cauchy 积分公式有

$$\frac{1}{2\pi\mathrm{i}}\int_\gamma\overline{G(\sigma)}\frac{\overline{\phi_0'(\sigma)}}{\sigma-\zeta}\mathrm{d}\sigma=\overline{G(0)}\ \overline{\phi_0'(0)} \tag{A2.7.8}$$

这样式 (A2.7.7) 化简成

$$\phi_0(\zeta)+\overline{G(0)}\ \overline{\phi_0'(0)}+\overline{\psi(0)}=\frac{1}{2\pi\mathrm{i}}\int_{\sigma_{-a}}^{\overline{\sigma}_{-a}}-p\left[\omega(\sigma)+a\right]\frac{\mathrm{d}\sigma}{\sigma-\zeta} \tag{A2.7.9}$$

从确定应力强度因子的实际需要出发, 得到 $\phi_0'(\zeta)$ 即可.

对式 (A2.7.9) 求导, 即得

$$\phi_0'(\zeta)=pa\frac{1}{2\pi\mathrm{i}}\frac{1}{\sigma-\zeta}\Big|_{\sigma_{-a}}^{\overline{\sigma}_{-a}}-\frac{H}{\pi}\frac{p}{2\pi\mathrm{i}}\int_{\sigma_{-a}}^{\overline{\sigma}_{-a}}\ln\left[1+\left(\frac{1+\sigma}{1-\sigma}\right)^2\right]\frac{\mathrm{d}\sigma}{(\sigma-\zeta)^2}$$

对上式再用分部积分法, 得到

$$\begin{aligned}\phi_0'(\zeta)=&\frac{pa}{2\pi\mathrm{i}}\frac{1}{\sigma-\zeta}\Big|_{\sigma_{-a}}^{\overline{\sigma}_{-a}}+\frac{H}{\pi}\frac{p}{2\pi\mathrm{i}}\left\{\frac{1}{\sigma-\zeta}\ln\left[1+\left(\frac{1+\zeta}{1-\zeta}\right)^2\right]\right\}_{\sigma_{-a}}^{\overline{\sigma}_{-a}}\\&-4\frac{H}{\pi}p\frac{1}{2\pi\mathrm{i}}\int_{\sigma_{-a}}^{\overline{\sigma}_{-a}}\frac{(1+\sigma)\mathrm{d}\sigma}{(\sigma-\zeta)(1-\sigma)\left[(1-\sigma)^2+(1+\sigma)^2\right]}\\=&\frac{Hp}{2\pi^2\mathrm{i}}\left\{\frac{1}{1-\zeta}\ln(1-\sigma)-\frac{1+\zeta}{(1-\zeta)(1+\zeta^2)}\ln(\sigma-\zeta)\right.\\&\left.-\frac{\zeta}{2(1+\zeta^2)}\ln(1+\sigma^2)+\frac{\mathrm{i}}{2(1+\zeta^2)}\ln\frac{\sigma-\mathrm{i}}{\sigma+\mathrm{i}}\right\}_{\sigma_{-a}}^{\overline{\sigma}_{-a}}\end{aligned}\tag{A2.7.10}$$

由于 $B=B'=C'=0,\ X=Y=0$, 所以 $\phi(\zeta)=\phi_0(\zeta)$, 自然 $\phi'(\zeta)=\phi_0'(\zeta)$.

以上结果就是解 (1.4.5).

A2.7.2 狭长体中二裂纹问题

Shen 与 Fan① 把以上工作进一步推广到狭长体中二裂纹问题, 如图 1.4.2 所示, 这里用保角映射

$$z=\omega(\zeta)=\frac{H}{\pi}\ln\frac{1+\alpha\left(\dfrac{1-\zeta}{1+\zeta}\right)^2}{1+\gamma\alpha\left(\dfrac{1-\zeta}{1+\zeta}\right)^2}\tag{A2.7.11}$$

把物体映射到 ζ 平面上单位圆的内部, 其中

$$\alpha=\frac{1-\mathrm{e}^{-\pi a/H}}{1-\mathrm{e}^{-\pi(a+L)/H}},\quad \gamma=\mathrm{e}^{-\pi L/H}\tag{A2.7.12}$$

这里 a 与前一例子相同, 代表受载荷的一段裂纹面的长度, L 代表两条裂纹之间的距离. 式 (A2.7.12) 中的 α 与 γ 不仅具有几何意义, 其实也有物理意义, 代表裂纹间相互作用因子.

① Shen D W, Fan T Y. Exact solutions of two semi-infinite collinear cracks in a strip. Eng. Fracture Mech, 2003, 70: 813~822.

变换 (A2.7.11) 的逆变换为

$$\zeta=\omega^{-1}(z)=\frac{\sqrt{\alpha}-\sqrt{\dfrac{\mathrm{e}^{\pi z/H}-1}{1-\gamma\mathrm{e}^{\pi z/H}}}}{\sqrt{\alpha}+\sqrt{\dfrac{\mathrm{e}^{\pi z/H}-1}{1-\gamma\mathrm{e}^{\pi z/H}}}} \tag{A2.7.13}$$

所以把 $z=0$ 映射到 $\zeta=1$, $z=L$ 变成 $\zeta=-1$, $x+\mathrm{i}y=-a+\mathrm{i}0^{+}$ 变成 $\zeta=-\mathrm{i}$, $x+\mathrm{i}y=-a+\mathrm{i}0^{-}$ 变成 $\zeta=\mathrm{i}$. 因而后面计算积分时, 积分的上下限简单.

对 $\omega(\sigma)/\overline{\omega'(\sigma)}$ 以及对应合力 f, 可以同上一例子作类似讨论, 因而代入方程 (A2.3.22a) 进行计算, 也可以进行类似处理, 其中右端的积分为

$$\begin{aligned}\frac{1}{2\pi\mathrm{i}}\int_{\gamma}\frac{f_0}{\sigma-\zeta}\mathrm{d}\sigma=&-\frac{P}{2\pi\mathrm{i}}\int_{-\mathrm{i}}^{\mathrm{i}}\frac{\omega(\sigma)+\sigma}{(\sigma-\zeta)^2}\mathrm{d}\sigma\\=&\frac{2pH}{\pi^2}\left[\frac{\sqrt{\gamma\alpha}M}{(1+\zeta)^2+\gamma\alpha(1-\zeta)^2}-\frac{\sqrt{\alpha}A}{(1+\zeta)^2+\alpha(1-\zeta)^2}\right]\\&-\frac{2pH}{\pi^2}\frac{\mathrm{i}\alpha(1-\gamma)(1-\zeta)^2}{[(1+\zeta)^2+a(1-\zeta)^2]\,[(1+\zeta)^2+\gamma a(1-\zeta)^2]}\ln\frac{\mathrm{i}-\zeta}{1-\mathrm{i}\zeta}\end{aligned} \tag{A2.7.14}$$

其中

$$A=\ln\frac{1+\sqrt{\alpha}}{1-\sqrt{\alpha}},\quad M=\ln\frac{1+\sqrt{\gamma\alpha}}{1-\sqrt{\gamma\alpha}} \tag{A2.7.15}$$

这就是解 (1.4.10).

A2.7.3 宽度为有限的狭长体中单裂纹问题

本书著者及其学生①还研究过用反三角函数作保角映射

$$z=\omega(\zeta)=\left(\frac{2l}{\pi}\right)\arctan\left[\sqrt{1-\zeta^2}\cdot\tan\left(\frac{\pi a}{2l}\right)\right]-a \tag{A2.7.16}$$

把带裂纹的有限宽度试样区域映射到 ζ 在平面的上半平面, 映射平面上的函数 $\phi(\zeta)$ 和 $\psi(\zeta)$ 满足边界方程

$$\phi(\zeta)+\frac{1}{2\pi\mathrm{i}}\int_{\gamma}\frac{\omega(\sigma)}{\overline{\omega'(\sigma)}}\frac{\overline{\phi'(\sigma)}}{\sigma-\zeta}\mathrm{d}\sigma+\overline{\psi(0)}=\frac{1}{2\pi\mathrm{i}}\int_{\gamma}\frac{f_0}{\sigma-\zeta}\mathrm{d}\sigma \tag{A2.7.17a}$$

---

① Fan T Y, Yang X C, Li H X. Exact analytic solution for a finite width strip with a single edge crack. Chin Phys Lett, 1999, 16(1): 32~34; Li W. Analytic solutions of a finite width strip with a single edge crack of two-dimensional quasicrystals. Chin Phys B, 2011, 20(11): 116~201.

$$\overline{\phi(0)}+\frac{1}{2\pi\mathrm{i}}\int_{\gamma}\frac{\overline{\omega(\sigma)}}{\overline{\omega'(\sigma)}}\frac{\psi'(\sigma)}{\sigma-\zeta}\mathrm{d}\sigma+\psi(\zeta)=\frac{1}{2\pi\mathrm{i}}\int_{\gamma}\frac{\overline{f_0}}{\sigma-\zeta}\mathrm{d}\sigma \tag{A2.7.17b}$$

其中 σ 代表 ζ 映射平面的实轴 γ 上 ζ 的值. 我们知道函数 $\dfrac{\omega(\zeta)}{\overline{\omega'(\zeta)}}\overline{\phi'(\zeta)}$ 在下半平面 $\eta<0$ 解析, 并且根据在远处不受应力作用的条件, 可以导出

$$\lim_{z\to\infty} z\overline{\phi_1'(z)}=0 \tag{A2.7.18}$$

这样我们得到 $\displaystyle\lim_{\zeta\to\infty}\frac{\omega(\zeta)}{\overline{\omega'(\zeta)}}\overline{\phi'(\zeta)}=\lim_{z\to\infty} z\overline{\phi_1'(z)}=0$. 应用 Cauchy 积分理论, 我们有

$$\frac{1}{2\pi\mathrm{i}}\int_{\gamma}\frac{\omega(\sigma)}{\overline{\omega'(\sigma)}}\frac{\overline{\phi'(\sigma)}}{\sigma-\zeta}\mathrm{d}\sigma=0 \tag{A2.7.19}$$

这样由公式 (A2.7.9) 得到

$$\phi(\zeta)=\frac{1}{2\pi\mathrm{i}}\int_{-1}^{1}\frac{p[\omega(\sigma)+a]}{\sigma-\zeta}\mathrm{d}\sigma \tag{A2.7.20}$$

进而对式 (A2.7.20) 对 ζ 求导再分部积分, 得到

$$\begin{aligned}\phi'(\zeta)=&-\frac{1}{32c_1}\frac{1}{2\pi\mathrm{i}}\int_{-1}^{1}\frac{p\omega'(\sigma)}{\sigma-\zeta}\mathrm{d}\sigma=-\frac{pw}{\pi\mathrm{i}}\sin\left(\frac{\pi a}{2w}\right)\\&-\frac{pw}{\pi\mathrm{i}}\sin\left(\frac{\pi a}{2w}\right)\frac{\zeta^2\tan^2\left(\dfrac{\pi a}{2w}\right)}{\left[1+(1-\zeta^2)\tan^2\left(\dfrac{\pi a}{2w}\right)\right]}\\&+\frac{pw}{\pi^2\mathrm{i}}\tan\left(\frac{\pi a}{2w}\right)\frac{\ln|\zeta|}{\left[1+(1-\zeta^2)\tan^2\left(\dfrac{\pi a}{2w}\right)\right]}\cdot\frac{\zeta}{\sqrt{1-\zeta^2}}\end{aligned} \tag{A2.7.21}$$

其推导见范天佑《固体与软物质准晶数学弹性与相关理论及应用》的主附录 I 的公式 (AI-21)(北京理工大学出版社, 北京, 2014).

从方程 (A2.7.21) 出发, 我们知道

$$\omega''(0)=-\frac{2l}{\pi}\tan\left(\frac{\pi a}{2l}\right)\cos^2\left(\frac{\pi a}{2l}\right) \tag{A2.7.22}$$

所以我们得到如下应力强度因子:

对 I 型加载

$$K_{\mathrm{I}}^{\parallel}=\frac{2}{\sqrt{\pi}}\sqrt{\frac{2l}{\pi a}\arctan\frac{\pi a}{2l}}\sqrt{\pi a}p,\quad K_{\mathrm{II}}^{\parallel}=0. \tag{A2.7.23}$$

对于Ⅱ型加载

$$K_{\mathrm{I}}^{\parallel}=0,\quad K_{\mathrm{II}}^{\parallel}=\frac{2}{\sqrt{\pi}}\sqrt{\frac{2l}{\pi a}\arctan\frac{\pi a}{2l}}\sqrt{\pi a}\tau. \tag{A2.7.24}$$

把带裂纹的有限尺寸物体映射到单位圆的内部 (或上半平面), 也得到精确解.

A2.8　化裂纹问题为 Riemann-Hilbert 问题

A2.1~A2.7 节用复变函数论方法求解裂纹问题, 都用了保角变换技术, 本节也用复变函数论方法, 但把边值问题化成 Riemann-Hilbert 问题去求解. 这里除了要用 A2.1 节中介绍的复变函数基本知识之外, 还要用 Plemelj 公式, 这是普通复变函数教材很少涉及的内容.

A2.8.1　Hoelder 条件

考虑一曲线 L(它可能是一个弧段, 也可能是一条闭曲线). 我们说函数 $f(t)$ 在 L 上满足 Hoelder 条件, 或 H 条件, 是指 L 上的每一对点 t_1 与 t_2, 能使下式成立;

$$|f(t_2)-f(t_1)|\leqslant A|t_2-t_1|^{a} \tag{A2.8.1}$$

其中 A 与 α 为正的常数, 并且 $0<\alpha\leqslant 1$.

A2.8.2　积分的主值

设 $f(t)$ 是定义在 L 上的函数, t_0 是 L 的内点, 在 t_0 的邻域内 $f(t)$ 满足 H 条件, t_1 与 t_2 为 t_0 各一侧的两个点, 并且 $|t_1-t_0|=|t_2-t_0|=\varepsilon$. 若

$$\lim_{\varepsilon\to 0}\int_{L-\delta}\frac{f(t)}{t-t_0}\mathrm{d}t \tag{A2.8.2}$$

存在, 则称它为积分的主值, 这里 δ 代表弧 $\widehat{t_1t_0t_2}$.

注意, 具有主值的积分, 在寻常的积分方式, 它无意义, 但其主值却存在, 亦即

$$\int_{-1}^{1}\frac{\mathrm{d}x}{x}$$

按寻常的计算方式, 它无意义, 但其主值却存在, 亦即

$$\lim_{\varepsilon\to 0}\left\{\int_{-1}^{-\varepsilon}\frac{\mathrm{d}x}{x}+\int_{\varepsilon}^{1}\frac{\mathrm{d}x}{x}\right\}=\lim_{\varepsilon\to 0}(\ln\varepsilon-\ln\varepsilon)=0$$

A2.8.3　Cauchy 型积分

让 $f(t)=f_1(t)+\mathrm{i}f_2(t)$ 代表给定在 L 上的一般复变函数, 并且除去有限个点之外, 在 L 上连续. 积分

$$F(z)=\frac{1}{2\pi\mathrm{i}}\int_L\frac{f(t)}{t-z}\mathrm{d}t \tag{A2.8.3}$$

定义了一个新的函数, 可以容易表明, 它是一个除去 L 上的那些点外的全平面上单值解析函数. 这样一个函数称为 Cauchy 型积分. 曲线 L 把该平面分成若干区域. 一般地, 在不同的区域, 积分

$$\frac{1}{2\pi\mathrm{i}}\int\frac{f(t)}{t-z}\mathrm{d}t$$

定义不同的解析函数, 于是由式 (A2.8.3) 定义的 $F(z)$ 是分片单值解析函数.

A2.8.4　Plemelj 公式

若区域 D^+ 有个边界, 此边界可能是一个也可能是多个曲线构成. 我们说曲线是正的, 是指 D^+ 在其左方. 在 D^+ 的外部并且有上述曲线作边界的区域记为 D^-, 则它在曲线的右方. 因为

$$F(z)=\frac{1}{2\pi\mathrm{i}}\int_L\frac{f(t)-f(z)}{t-z}\mathrm{d}t+\frac{1}{2\pi\mathrm{i}}\int_L\frac{f(z)}{t-z}\mathrm{d}t$$

若 $z\in D^+$, 按照式 (A2.1.5), 那么

$$F(z)=\frac{1}{2\pi\mathrm{i}}\int_L\frac{f(t)-f(z)}{t-z}\mathrm{d}t+f(z),\quad z\in D^+$$

若 $z\to t_0$, 其中 $t_0\in L$, 定义

$$F^+(t_0)=\frac{1}{2\pi\mathrm{i}}\int_L\frac{f(t)-f(t_0)}{t-t_0}\mathrm{d}t+f(t_0)$$

而 $z\in D^-$, 那么按式 (A2.1.8), 有

$$F(z)=\frac{1}{2\pi\mathrm{i}}\int_L\frac{f(t)-f(z)}{t-z}\mathrm{d}t,\quad z\in D^-$$

若 $z\to t_0$ 定义

$$F^-(t_0)=\frac{1}{2\pi\mathrm{i}}\int_L\frac{f(t)-f(t_0)}{t-t_0}\mathrm{d}t$$

这里 $F^+(t_0)$ 与 $F^-(t_0)$ 代表当 z 分别由 D^+ 与由 D^- 趋于 L 时 $F(z)$ 的值.

另外, 还有

$$\frac{1}{2\pi\mathrm{i}}\int_L\frac{\mathrm{d}t}{t-t_0}=\frac{1}{2},\quad \frac{1}{2\pi\mathrm{i}}\int_L\frac{f(t_0)}{t-t_0}\mathrm{d}t=\frac{1}{2}f(t_0)$$

(注意这些结果与 A2.1 节所列是不同的)

由以上结果可以得到

$$F^+(t_0) = \frac{1}{2}f(t_0) + \frac{1}{2\pi i}\int_L \frac{f(t)}{t-t_0}dt \tag{A2.8.4a}$$

$$F^-(t_0) = -\frac{1}{2}f(t_0) + \frac{1}{2\pi i}\int_L \frac{f(t)}{t-t_0}dt \tag{A2.8.4b}$$

这就是著名的 Plemelj 公式, 它可以写成

$$\begin{cases} F^+(t_0) - F^-(t_0) = f(t_0) \\ F^+(t_0) + F^-(t_0) = \dfrac{1}{\pi i}\displaystyle\int_L \frac{f(t)}{t-t_0}dt \end{cases} \tag{A2.8.5}$$

这些公式是对一个回路——封闭弧线所定义. 然而若 $f(t)$ 在一个非封闭弧线上定义并且连续, 并且 $f(t)$ 在弧的两端等于零, 上述公式仍成立.

若 $f(t)$ 在 L 上满足 H 条件, 则式 (A2.8.4) 与式 (A2.8.5) 中的积分在主值的意义上存在.

A2.8.5 Riemann-Hilbert 问题

寻求一解析 (确切地说是分段单值解析) 函数 $\phi(z)$ 满足条件

$$\phi^+(t) = G(t)\phi^-(t) + F(t), \quad 在\ L\ 上$$

称为 Riemann-Hilbert 问题, 或称边值线性关系问题, 其中 $G(t)$ 与 $F(t)$ 为 L 上给定的函数, 并且满足 H 条件.

不少半平面上的裂纹问题或接触问题可以化成 Riemann-Hilbert 问题

$$\beta\phi^+(x) + \phi^-(x) = F(x), \quad 在\ L'\ 上 \tag{A2.8.6a}$$

$$\phi^+(x) + \phi^-(x) = 0, \quad 在\ L''\ 上 \tag{A2.8.6b}$$

其中 L' 是裂纹部分 (或接触区), 由实轴上若干个弧段组成, L'' 是实轴上的其余部分, 在 L'' 上对裂纹问题满足位移连续条件, 对接触问题满足无应力条件, β 是一个常数, $F(x)$ 满足 H 条件, 在 L' 的端点 x_0 附近, 要求 $\phi(x)$ 满足

$$|\phi(x)| = O(|x-x_0|^{-\alpha}), \quad 0 \leqslant \alpha < 1 \tag{A2.8.7}$$

另外要求解在无限远处单值解析.

为了求解 Riemann-Hilbert 问题 (A2.8.6), 先求解下列齐次方程

$$\beta\phi_0^+(x) + \phi_0^-(x) = 0, \quad 在\ L'\ 上 \tag{A2.8.8a}$$

$$\phi_0^+(x) - \phi_0^-(x) = 0, \quad 在\ L''\ 上 \tag{A2.8.8b}$$

首先研究 L' 是一个单个弧段 $-a < x < a$; 令 γ 是一复数, 并且考虑函数的一个分支

$$\phi_0(z) = (z-a)^{-1/2+\mathrm{i}\gamma} - (z+a)^{-1/2-\mathrm{i}\gamma} \tag{A2.8.9}$$

它在带割缝 L' 的平面上单值解析, 并且在无限远处具有

$$\phi_0(z) = z^{-1} + O(z^{-2})$$

为了使 $\phi_0(z)$ 满足式 (A2.8.7), 若 $\gamma = \gamma_1 + \mathrm{i}\gamma_2$, 那么必须

$$-\frac{1}{2} < \gamma_2 < \frac{1}{2} \tag{A2.8.10}$$

组成 $\phi_0(z)$ 的两个因子的分支是

$$\begin{aligned}(z-a)^{-1/2+\mathrm{i}\gamma} &= (r_1\mathrm{e}^{\mathrm{i}\theta_1})^{-1/2+\mathrm{i}\gamma}\\ (z+a)^{-1/2-\mathrm{i}\gamma} &= (r_2\mathrm{e}^{\mathrm{i}\theta_2})^{-1/2+\mathrm{i}\gamma}\end{aligned}$$

其中 r_1, θ_1, r_2, θ_2 在第 1 章与第 2 章中多次使用. 在直线 $y=0$, $x>a$ 的上岸, $\phi_0(z)$ 的边值

$$\phi_0^+(x) = (x-a)^{-1/2+\mathrm{i}\gamma}(x+a)^{-1/2-\mathrm{i}\gamma} \tag{A2.8.11a}$$

而在 $y=0$, $x>a$ 的下岸, 有

$$\phi_0^-(x) = \left[(x-a)\mathrm{e}^{\mathrm{i}2\pi}\right]^{-1/2+\mathrm{i}\gamma}\left[(x+a)\mathrm{e}^{\mathrm{i}2\pi}\right]^{-1/2-\mathrm{i}\gamma} = \phi_0^+(x), \quad 在\ L''\ 上 \tag{A2.8.11b}$$

在区间 $(-a,a)$ 上的边值为

$$\phi_0^+(x) = \left[(x-a)\mathrm{e}^{\mathrm{i}\pi}\right]^{-1/2+\mathrm{i}\gamma}(x+a)^{-1/2-\mathrm{i}\gamma} \tag{A2.8.12a}$$

$$\phi_0^-(x) = \left[(x-a)\mathrm{e}^{\mathrm{i}\pi}\right]^{-1/2+\mathrm{i}\gamma}\left[(x+a)\mathrm{e}^{\mathrm{i}2\pi}\right]^{-1/2-\mathrm{i}\gamma} \tag{A2.8.12b}$$

于是

$$\phi_0^-(x) = -\mathrm{e}^{2\pi\gamma}\phi_0^+(x), \quad 在\ L'\ 上 \tag{A2.8.13}$$

若

$$\mathrm{e}^{2\pi\gamma} = \beta \tag{A2.8.14}$$

则 $\phi_0(z)$ 满足方程 (A2.8.9a).

若 $\phi_1(z)$ 是方程 (A2.8.8) 的其他任一个解, 又设函数 $Q(z) = \phi_1(z)/\phi_0(z)$, 它穿过 L'' 时连续并在 L' 上满足条件

$$Q^-(x) = \phi_1^-(x)/\phi_0^-(x) = -\beta\phi_0^+(\infty)/\left[-\beta\phi_0^+(x)\right] = Q^+(x)$$

那么 $Q(x)$ 再出去无限远点之外的全平面上单值解析, 因而它必须是一个多项式 (由广义 Liouville 定理可以证明, 可以参考本书 A3.8 节). 这样

$$\phi_1(z) = Q(z)\phi_0(z) \tag{A2.8.15}$$

若 $\phi_1(z)$ 在无限远处单值解析, 则 $Q(z)$ 必须是线性函数, 那么方程 (A2.8.8) 的一般解, 在带割缝的平面上包括无限远点单值解析, 则为

$$\phi_1(z) = (Az + B)\phi_0(z) \tag{A2.8.16}$$

若 $\phi_1(z)$ 在无限远点等于零, 必须 $A = 0$.

现在回到非齐次方程 (A2.8.6), 并且两端被 $\phi_0^+(x) = -\beta^{-1}\phi_0^-(x)$ 除. 这样在 L' 上

$$\beta\phi^+(x)/\phi_0^+(x) - \beta\phi^-(x)/\phi_0^-(x) = F(x)/\phi_0^+(x) \tag{A2.8.17}$$

记 $\psi(x) = \phi(x)/\phi_0(z)$, 我们有

$$\begin{cases} \psi^+(x) - \psi^-(x) = F(x)/(\beta\phi_0^+(x)), & \text{在 } L' \text{ 上} \\ \psi^+(x) - \psi^-(x) = 0, & \text{在 } L'' \text{ 上} \end{cases} \tag{A2.8.18}$$

这是未知函数 $\psi^+(x)$ 与 $\psi^-(x)$ 的非齐次线性方程组, 其通解可以由齐次方程 (A2.8.8) 的通解加一个特解. 这样通解为

$$\phi(z) = \phi_0(z)\psi(z) = \frac{\phi_0(z)}{2\pi i\beta}\int_L \frac{F(t)}{\phi_0^+(t)(t-z)}dt + (Az + B)\phi_0(z) \tag{A2.8.19}$$

记 $\phi_0(z) = 1/X(z)$, 我们有

$$\phi(z) = \frac{1}{2\pi i\beta X(z)}\int_L \frac{X^+(t)F(t)}{t-z}dt + \frac{Az+B}{X(z)} \tag{A2.8.19$'$}$$

对多裂纹问题, L 由简单弧 $L_k (k = 1, 2, \cdots)$ 组成, 这些弧用 a_k 标记, 而 a_k, b_k 代表弧 L_k 的两个端点坐标. 把以上结果推广到普遍情形:

$$\phi(z) = \frac{1}{2\pi i\beta X(z)}\int_L \frac{X^+(t)F(t)}{t-z}dt + \frac{P_n(z)}{X(z)} \tag{A2.8.20}$$

其中

$$P_n(z) = C_0 z^n + C_1 z^{n-1} + \cdots + C_{n-1}z + C_n$$

$$X(z) = \sqrt{(z-a_1)(z-b_1)\cdots(z-a_n)(z-b_n)}$$

这样就证明了 1.6 节中那些公式.

详细的讨论, 可以参考脚注①②

A2.9 动态裂纹问题的函数论方法

考虑由一曲线 L 定义的运动裂纹或扩展裂纹, 它的复变函数论解法可以讨论如下.

如附录一所示, Lamé势 $\phi(x_1,y,t)$ 与 $\psi(x_1,y,t)$ 在固定坐标系 (x_1,y,t) 中定义如下:

$$u_{x_1}=\frac{\partial\phi}{\partial x_1}+\frac{\partial\psi}{\partial y},\quad u_y=\frac{\partial\phi}{\partial y}+\frac{\partial\psi}{\partial x_1} \tag{A2.9.1}$$

它们满足被动方程

$$\nabla^2\phi=\frac{1}{c_1^2}\frac{\partial^2\phi}{\partial t^t},\quad \nabla^2\psi=\frac{1}{c_2^2}\frac{\partial^2\psi}{\partial t^t} \tag{A2.9.2}$$

$\nabla^2=\partial^2/\partial x_1^2+\partial^2/\partial y^2$, c_1 与 c_2 为纵波与横波波速:

$$c_1=\left(\frac{\lambda+2\mu}{\rho}\right)^{\frac{1}{2}},c_2=\left(\frac{\mu}{\rho}\right)^{\frac{1}{2}} \tag{A2.9.3}$$

λ,μ 与 ρ 为 Lamé常数与质量密度.

设裂纹以常速度 V 向正 x_1 方向运动, 或半无限长裂纹顶端以常速度 V 向正 x_1 方向扩展. 作如下坐标变换:

$$x=x_1-Vt,\quad y=y \tag{A2.9.4}$$

则式 (A2.9.3) 化成

$$\left(\frac{\partial^2}{\partial x^2}+\frac{\partial^2}{\partial y_1^2}\right)\phi(x,y_1)=0,\quad \left(\frac{\partial^2}{\partial x^2}+\frac{\partial^2}{\partial y_2^2}\right)\psi(x,y_2)=0 \tag{A2.9.5}$$

其中

$$\begin{cases} y_1=\alpha_1 y, y_2=\alpha_2 y \\ \alpha_1=(1-V^2/c_1^2)^{\frac{1}{2}},\alpha_2=(1-V^2/c_2^2)^{\frac{1}{2}} \end{cases} \tag{A2.9.6}$$

---

① Muskhelishvili N. I. .Singular Integral Equations(translated by J. R. M Radok from the Russian),P. Noordhoff Ltd Gronongen, Holland(1956)(中译本, 奇异积分方程. 米季纳, 译, 路可见, 校. 上海: 上海科学技术出版社, 1966).

② Gladwell G M L. Contact Problems in the Classical Theory of Elaticity. Sijhoff & Noordhoff Alphen ann ofen Rijn, The Netherlands, 1980(中译本, 经典弹性理论中的接触问题. 范天佑, 译. 北京: 北京理工大学出版社, 1992).

Gladwell①引进复势 $F_1(z_1)$ 与 $F_2(z_2)$

$$\begin{cases} \phi(x,y_1) = F_1(z_1) + \overline{F_1(z_1)} \\ \psi(x,y_2) = \mathrm{i}\left[F_2(z_2) - \overline{F_2(z_2)}\right] \end{cases} \tag{A2.9.7}$$

其中 $F_1(z_1)$ 与 $F_2(z_2)$ 分别是 z_1 与 z_2 的解析函数,

$$z_1 = x + \mathrm{i}y_1, \quad z_2 = x + \mathrm{i}y_2 \tag{A2.9.8}$$

定义

$$\Phi(z_1) = \frac{\mathrm{d}F_1}{\mathrm{d}z_1} = F_1'(z_1), \quad \Psi(z_2) = \frac{\mathrm{d}F_2}{\mathrm{d}z_2} = F_2'(z_2) \tag{A2.9.9}$$

那么位移与应力有如下复表示

$$\begin{cases} u_x + \mathrm{i}u_y = (1-\alpha_1)\Phi(z_1) + (1+\alpha_1)\overline{\Phi(z_1)} \\ \qquad +(1-\alpha_2)\Psi(z_2) - (1-\alpha_2)\overline{\Psi(z_2)} \end{cases} \tag{A2.9.10}$$

$$\begin{cases} \sigma_{xx} + \sigma_{yy} = 2\mu(\alpha_1^2 - \alpha_2^2)\left[\Phi'(z_1) + \overline{\Phi'(z_1)}\right] \\ \sigma_{xx} + \sigma_{yy} - 2\mathrm{i}\sigma_{xy} = 2\mu\left[(1-\alpha_1)^2\Phi(z_1) + (1+\alpha_1)^2\Phi(z_1)\right. \\ \qquad \left. +(1-\alpha_2)^2\Psi(z_2) - (1-\alpha_2)^2\Psi(z_2)\right] \end{cases} \tag{A2.9.11}$$

复势 $\Phi(z_1)$ 与 $\Psi(z_2)$ 有如下结构.

当 z_1 与 z_2 充分大时

$$\begin{cases} \Phi(z_1) = \dfrac{A_1 + \mathrm{i}B_1}{2\mu} + \dfrac{C_1}{2\mu}\ln z_1 + \sum\limits_{n=1}^{\infty} z_1^{-n} \\ \Psi(z_2) = \dfrac{A_2 + \mathrm{i}B_2}{2\mu} + \dfrac{C_2}{2\mu}\ln z_2 + \sum\limits_{n=1}^{\infty} z_2^{-n} \end{cases} \tag{A2.9.12}$$

并且

$$\begin{cases} A_1 = \dfrac{\sigma_{xx}^{(\infty)} + \sigma_{yy}^{(\infty)}}{2(\alpha_1^2 + \alpha_2^2)}, B_1 = -\dfrac{\sigma_{xy}^{(\infty)}}{2\alpha_1^2} \\ A_2 = \dfrac{\sigma_{yy}^{(\infty)}}{2\alpha_2} + \dfrac{1+\alpha_2^2}{4\alpha_2(\alpha_1^2 - \alpha_2^2)}(\sigma_{xx}^{(\infty)} + \sigma_{yy}^{(\infty)}), B_2 = 0 \end{cases} \tag{A2.9.13}$$

这里 $\sigma_{ij}^{(\infty)}$ 代表无限远处的应力分量, 并且取

$$C_1 = C_2 = 0 \tag{A2.9.14}$$

① Gladwell G M L. On the solution of the problems of dynamic plane elasticity. Mathematica, 1957, 4: 166~168.

在某些情形下, 可以引进保角映射

$$z_1, z_2 = \omega(\zeta) \tag{A2.9.15}$$

把 z_1 与 z_2 平面上与 L 的外部映射到 ζ 平面上的单位圆 γ 的内部. 又设 L 上的应力为 $-pf_1(x)$ 与 $\tau f_2(x)$, 那么由式 (A2.9.11) 有

$$\left\{\begin{array}{l} \mathrm{Re}\left[(1+\alpha_2^2)\varPhi'(z_1)-2\alpha_2\psi'(z_2)\right]=\dfrac{p}{2\mu}f_1(x), \\ \mathrm{Im}\left[2\alpha_1\varPhi'(z_1)-(1-\alpha_2^2)\psi'(z_2)\right]=\dfrac{\tau}{2\mu}f_2(x), \end{array}\right. \quad 在L上 \tag{A2.9.16}$$

由变换 (A2.9.15), 有

$$\varPhi(z_1)=\varPhi\left[\omega(\zeta)\right]=\varPhi_*(\zeta), \quad \varPsi(z_2)=\psi\left[\omega(\zeta)\right]=\psi_*(\zeta) \tag{A2.9.17}$$

$$\varPhi'(z_1)=\varPhi_*'(\zeta)/\omega'(\zeta), \quad \varPsi'(z_2)=\psi_*'(\zeta)/\omega'(\zeta) \tag{A2.9.18}$$

那么边界条件 (A2.9.16) 可以化成函数方程

$$\left\{\begin{array}{l} G_1(\zeta)+\dfrac{1}{2\pi\mathrm{i}}\displaystyle\int_\gamma \frac{\omega'(\sigma)}{\overline{\omega'(\sigma)}}\overline{G_1(\sigma)}\frac{\mathrm{d}\sigma}{\sigma-\zeta}=\frac{p}{2\mu}\frac{1}{2\pi\mathrm{i}}\int_\gamma \omega'(\sigma)f_1\frac{\mathrm{d}\sigma}{\sigma-\zeta} \\ G_2(\zeta)-\dfrac{1}{2\pi\mathrm{i}}\displaystyle\int_\gamma \frac{\omega'(\sigma)}{\overline{\omega'(\sigma)}}\overline{G_2(\sigma)}\frac{\mathrm{d}\sigma}{\sigma-\zeta}=\frac{\tau}{2\mu}\frac{1}{2\pi\mathrm{i}}\int_\gamma \omega'(\sigma)f_2\frac{\mathrm{d}\sigma}{\sigma-\zeta} \end{array}\right. \tag{A2.9.19}$$

其中

$$\left\{\begin{array}{l} G_1(\zeta)=(1+\alpha_2^2)\varPhi_*'(\zeta)-2\alpha_2\varPsi_*'(\zeta) \\ G_2(\zeta)=2\alpha_1\varPhi_*'(\zeta)-(1-\alpha_2^2)\varPsi_*'(\zeta) \end{array}\right. \tag{A2.9.20}$$

本书著者其后的若干工作中, 用上述方法求解了一系列动态裂纹问题①等.

A2.10　二维固体准晶弹性与孔洞/裂纹问题，四重调和方程的复分析

二维十次对称准晶平面问题的终态方程为八阶偏微分方程 (四重调和方程). 这些工作自然远远超出了经典弹性, 也是广大读者所生疏的, 这里有必要稍详细介绍一下. 随着新材料的大量涌现, 这些新材料的力学将突破经典连续力学范畴, 新的控制方程也会超出原先那些熟知的方程, 应此研究新的基本方程的边值问题的解很

① Fan T Y. Analysis of moving and growing crack in coupled by nonlinear deformation. Science in China, A, 1988, 31: 950~960.

有意义. 在第 10 章中已用 Fourier 方法作了讨论. 用复变函数方法进行求解①, 效果很好.

点群 10mm 与点群 10 十次对称二维准晶弹性很接近, 前者仅含一个耦合弹性常数 R, 后者含两个耦合弹性常数 R_1 与 R_2.

点群 10mm 十次对称准晶的平面弹性, 无论用位移势函数法还是用应力势函数法, 都化成四重调和方程. 点群 10 十次对称准晶的平面弹性, 用位移势或应力势函数法, 也化成四重调和方程. 从数学结构上看, 它们具有共性, 即都归结求解方程

$$\nabla^2\nabla^2\nabla^2\nabla^2 G(x,y)=0 \tag{A2.10.1}$$

的边值问题. 以下针对点群 10mm 十次对称准晶的平面弹性求解.

若引用 $z=x+\mathrm{i}y$, $\bar{z}=x-\mathrm{i}y$, 则式 (A2.10.1) 化成

$$\frac{\partial^8 G}{\partial z^4\partial \bar{z}^4}=0 \tag{A2.10.2}$$

方程 (A2.10.2) 的解为

$$G(x,y)=\mathrm{Re}\left[g_1(z)+\bar{z}g_2(z)+\bar{z}^2g_3(z)+\bar{z}^3g_4(z)\right] \tag{A2.10.3}$$

其中 $g_i(z)(i=1,2,3,4)$ 为 z 的解析函数.

应力分量可以由以上解析函数表示为

$$\begin{aligned}
\sigma_{xx}&=-32c_1\mathrm{Re}(\varOmega(z)-2g_4'''(z))\\
\sigma_{yy}&=32c_1\mathrm{Re}(\varOmega(z)+2g_4'''(z))\\
\sigma_{xy}&=\sigma_{yx}=32c_1\mathrm{Im}\varOmega(z)\\
H_{xx}&=32R_1\mathrm{Re}(\varTheta'(z)-\varOmega(z))-32R_2\mathrm{Im}(\varTheta'(z)-\varOmega(z))\\
H_{xy}&=-32R_1\mathrm{Im}(\varTheta'(z)+\varOmega(z))-32R_2\mathrm{Re}(\varTheta'(z)+\varOmega(z))\\
H_{yx}&=-32R_1\mathrm{Im}(\varTheta'(z)-\varOmega(z))-32R_2\mathrm{Re}(\varTheta'(z)-\varOmega(z))\\
H_{yy}&=-32R_1\mathrm{Re}(\varTheta'(z)+\varOmega(z))+32R_2\mathrm{Im}(\varTheta'(z)+\varOmega(z))
\end{aligned} \tag{A2.10.4}$$

其中

$$\begin{aligned}
\varTheta(z)&=g_2^{(\mathrm{IV})}(z)+\bar{z}g_3^{(\mathrm{IV})}(z)+\frac{1}{2}\bar{z}^2g_4^{(\mathrm{IV})}(z)\\
\varOmega(z)&=g_3^{(\mathrm{IV})}(z)+\bar{z}g_4^{(\mathrm{IV})}(z)
\end{aligned} \tag{A2.10.5}$$

① 范天佑. Mathematical Theory of Elasticity of Quasicrystals and Its Applications. Beijing: Science Press, Heidelberg: Springer-Verlag, 2010; 固体与软物质准晶数学弹性与相关理论及应用. 北京: 北京理工大学出版社, 2014.

其中上标一撇、两撇和三撇表示求导数, 上标 (Ⅳ) 表示求四阶导数. 另外需要注意 $\Theta'(z)=\mathrm{d}\Theta(z)/\mathrm{d}z$, 而 $\Theta(z)$ 和 $\Omega(z)$ 并不是解析函数.

由式 (A2.10.3) 出发经过推导, 我们有位移的复表示如下

$$u_x+\mathrm{i}u_y=32(4c_1c_2-c_3-c_1c_4)g_4''(z)-32(c_1c_4-c_3)(\overline{g_3'''(z)}+z\overline{g_4'''(z)})\quad\text{(A2.10.6)}$$

$$w_x+\mathrm{i}w_y=\frac{32(R_1-\mathrm{i}R_2)}{K_1-K_2}\overline{\Theta(z)}\quad\text{(A2.10.7)}$$

其中常量

$$c=M(K_1+K_2)-2(R_1^2+R_2^2),\quad c_1=\frac{c}{K_1-K_2}+M,\quad c_2=\frac{c+(L+M)(K_1+K_2)}{4(L+M)c}$$
$$c_3=\frac{R_1^2+R_2^2}{c},\quad c_4=\frac{K_1+K_2}{c}$$

可以得到声子场和相位子场应力边界条件的复表示为

$$g_4''(z)+\overline{g_3'''(z)}+z\overline{g_4'''(z)}=\frac{\mathrm{i}}{32\mathrm{c}_1}\int(T_x+\mathrm{i}T_y)\mathrm{d}s,\quad z\in L_t\quad\text{(A2.10.8)}$$

$$(R_2-\mathrm{i}R_1)\Theta(z)=\mathrm{i}\int(h_x+\mathrm{i}h_y)\mathrm{d}s,\quad z\in L_t$$

为了简单起见, 引进新的符号如下

$$g_2^{(\mathrm{IV})}(z)=h_2(z),\quad g_3'''(z)=h_3(z),\quad g_4''(z)=h_4(z)\quad\text{(A2.10.9)}$$

计算表明 $g_1(z)$ 对应力和位移无贡献, 取 $g_1(z)$=0, 则应力分量的复表示可以改写为

$$\sigma_{xx}+\sigma_{yy}=128c_1\mathrm{Re}h_4'(z)\quad\text{(A2.10.10)}$$

$$\sigma_{yy}-\sigma_{xx}+2\mathrm{i}\sigma_{xy}=64c_1\Omega(z)=64c_1[h_3'(z)+\bar{z}h_4''(z)]\quad\text{(A2.10.11)}$$

$$H_{xy}-H_{yx}-\mathrm{i}(H_{xx}+H_{yy})=64(\mathrm{i}R_1-R_2)\Omega(z)\quad\text{(A2.10.12)}$$

$$(H_{xx}-H_{yy})-\mathrm{i}(H_{xy}+H_{yx})=64(R_1+R_2)\Theta'(z)\quad\text{(A2.10.13)}$$

位移分量也可以类似得到, 这里略去.

利用保角映射 $z=\omega(\zeta)$ 把物理平面 (z 平面) 上的问题转化到映射平面 (ζ 平面) 单位圆 γ 的内部求解, 得到边值问题的函数方程如下

$$\frac{1}{2\pi\mathrm{i}}\int_\gamma\frac{\Phi_4(\sigma)\mathrm{d}\sigma}{\sigma-\zeta}+\frac{1}{2\pi\mathrm{i}}\int_\gamma\frac{\overline{\Phi_3(\sigma)}\mathrm{d}\sigma}{\sigma-\zeta}+\frac{1}{2\pi\mathrm{i}}\int_\gamma\frac{\omega(\sigma)}{\overline{\omega'(\sigma)}}\frac{\overline{\Phi}_4'(\sigma)\mathrm{d}\sigma}{\sigma-\zeta}$$
$$=\frac{1}{32c_1}\frac{1}{2\pi\mathrm{i}}\int_\gamma\frac{t\mathrm{d}\sigma}{\sigma-\zeta}\frac{1}{2\pi\mathrm{i}}\int_\gamma\frac{\overline{\Phi_4(\sigma)}\mathrm{d}\sigma}{\sigma-\zeta}+\frac{1}{2\pi\mathrm{i}}\int_\gamma\frac{\Phi_3(\sigma)\mathrm{d}\sigma}{\sigma-\zeta}+\frac{1}{2\pi\mathrm{i}}\int_\gamma\frac{\overline{\omega(\sigma)}}{\omega'(\sigma)}\frac{\Phi_4'(\sigma)\mathrm{d}\sigma}{\sigma-\zeta}$$

$$
\begin{aligned}
=&\frac{1}{32c_1}\frac{1}{2\pi\mathrm{i}}\int_\gamma\frac{\bar{t}\mathrm{d}\sigma}{\sigma-\zeta}\frac{1}{2\pi\mathrm{i}}\int_\gamma\frac{\Phi_2(\sigma)\mathrm{d}\sigma}{\sigma-\zeta}+\frac{1}{2\pi\mathrm{i}}\int_\gamma\frac{\overline{\omega(\sigma)}}{\omega'(\sigma)}\frac{\Phi_3'(\sigma)\mathrm{d}\sigma}{\sigma-\zeta}\\
&+\frac{1}{2\pi\mathrm{i}}\left[\int_\gamma\frac{\overline{\omega(\sigma)}^2}{[\omega'(\sigma)]^2}\frac{\Phi_4''(\sigma)\mathrm{d}\sigma}{\sigma-\zeta}-\int_\gamma\frac{\overline{\omega(\sigma)}^2\omega''(\sigma)}{[\omega'(\sigma)]^3}\frac{\Phi_4'(\sigma)\mathrm{d}\sigma}{\sigma-\zeta}\right]\\
=&\frac{1}{R_1-\mathrm{i}R_2}\frac{1}{2\pi\mathrm{i}}\int_\gamma\frac{h\mathrm{d}\sigma}{\sigma-\zeta}
\end{aligned}
\tag{A2.10.14}
$$

其中 $\Phi_j(\zeta)=h_j[\omega(\zeta)]$, $j=1,\cdots,4$, $t=\mathrm{i}\int(T_x+\mathrm{i}T_y)\mathrm{d}s$, $\bar{t}=-\mathrm{i}\int(T_x-\mathrm{i}T_y)\mathrm{d}s$, $h=\mathrm{i}\int(h_1+\mathrm{i}h_2)\mathrm{d}s$. 复势 $\Phi_i(\zeta)$ 在单位圆 γ 的内部是解析的, 并在单位圆周上满足边值条件.

函数方程 (A2.10.14) 的解可以由 Cauchy 积分理论得到, 和前面介绍的类似, 但是更复杂. 具体问题的解, 与区域的构型 (包括缺陷的几何) 有关, 同外加应力 $t=\mathrm{i}\int(T_x+\mathrm{i}T_y)\mathrm{d}s,\bar{t}=-\mathrm{i}\int(T_x-\mathrm{i}T_y)\mathrm{d}s,h=\mathrm{i}\int(h_1+\mathrm{i}h_2)\mathrm{d}s$ 有关.

针对带椭圆孔的无限平面在拉伸作用下, 在映射函数 $\omega(\zeta)=R_0\left(\frac{1}{\zeta}+m\zeta\right)$ (其中 $R_0=(a+b)/2,m=(a+b)/(a-b)$) 下由函数方程组 (A2.10.14) 得到解

$$
\begin{aligned}
&\Phi_3(\zeta)=\frac{pR_0}{32c_1}\frac{(1+m^2)\zeta}{m\zeta^2-1}\\
&\Phi_4(\zeta)=-\frac{pR_0}{32c_1}m\zeta\\
&\Phi_2(\zeta)=\frac{pR_0}{32c_1}\frac{\zeta(\zeta^2+m)[(1+m^2)(1+m\zeta^2)-(\zeta^2+m)]}{(m\zeta^2-1)^3}
\end{aligned}
\tag{A2.10.15}
$$

A2.11 三维固体准晶弹性与孔洞/裂纹问题, 六重调和方程的复分析

二十面体准晶的平面问题, 可以归结为求解六重调和方程

$$\nabla^2\nabla^2\nabla^2\nabla^2\nabla^2\nabla^2G(x,y)=0 \tag{A2.11.1}$$

它的解的复表示为

$$G(x,y)=\mathrm{Re}[g_1(z)+\bar{z}g_2(z)+\bar{z}^2g_3(z)+\bar{z}^3g_4(z)+\bar{z}^4g_5(z)+\bar{z}^5g_6(z)] \tag{A2.11.2}$$

这里 $g_i(z)$ 是关于变量 $z=x+\mathrm{i}y$ 的任意解析函数, "–" 是复共轭.

由正文介绍的基本公式和 (A2.11.1), (A2.11.2), 应力可以表示为

$$\sigma_{xx}+\sigma_{yy}=48c_2c_3R\mathrm{Im}\Gamma'(z),\quad \sigma_{yy}-\sigma_{xx}+2\mathrm{i}\sigma_{xy}=8\mathrm{i}c_2c_3R(12\overline{\Psi'(z)}-\Omega'(z))$$

$$
\begin{aligned}
&\sigma_{zy}-\mathrm{i}\sigma_{zx}=-960c_3c_4f_6'(z)\quad \sigma_{zz}=\frac{24\lambda R}{(\mu+\lambda)}c_2c_3\mathrm{Im}\varGamma'(z)\\
&H_{xy}-H_{yx}-\mathrm{i}(H_{xx}+H_{yy})=-96c_2c_5\overline{\varPsi'(z)}-8c_1c_2R\varOmega'(z)\\
&H_{yx}-H_{xy}+\mathrm{i}(H_{xx}-H_{yy})=-480c_2c_5\overline{f_6'(z)}-4c_1c_2R\varTheta'(z)\\
&H_{yz}+\mathrm{i}H_{xz}=48c_2c_6\varGamma'(z)-4c_2R^2(2K_2-K_1)\overline{\varOmega'(z)}\\
&H_{zz}=\frac{24R^2}{(\mu+\lambda)}c_2c_3\mathrm{Im}\varGamma'(z)
\end{aligned}\tag{A2.11.3}
$$

其中

$$
\begin{aligned}
c_1&=\frac{R(2K_2-K_1)(\mu K_1+\mu K_2-3R^2)}{2(\mu K_1-2R^2)}\\
c_2&=\frac{1}{R}K_2(\mu K_2-R^2)-R(2K_2-K_1)\\
c_3&=\mu(K_1-K_2)-R^2-\frac{(\mu K_2-R^2)^2}{\mu K_1-2R^2}\\
c_4&=c_1R+\frac{1}{2}c_3\left(K_1+\frac{\mu K_1-2R^2}{\lambda+\mu}\right)
\end{aligned}
$$

和

$$
\begin{aligned}
&\varPsi(z)=f_5(z)+5\bar{z}f_6'(z)\\
&\varGamma(z)=f_4(z)+4\bar{z}f_5'(z)+10\bar{z}^2f_6''(z)\\
&\varOmega(z)=f_3(z)+3\bar{z}f_4'(z)+6\bar{z}^2f_5''(z)+10\bar{z}^3f_6'''(z)\\
&\varTheta(z)=f_2(z)+2\bar{z}f_3'(z)+3\bar{z}^2f_4''(z)+4\bar{z}^3f_5'''(z)+5\bar{z}^4f_6^{(\mathrm{IV})}(z)\\
&c_5=2c_4-c_1R,\quad c_6=(2K_2-K_1)R^2-4c_4\frac{\mu K_2-R^2}{\mu K_1-2R^2}
\end{aligned}\tag{A2.11.4}
$$

在式 (A2.11.4) 中, 函数 $g_1(z)$ 没有出现, 求解应力边界值问题只需 5 个复势 $g_2(z)$, $g_3(z)$, $g_4(z)$, $g_5(z)$ 和 $g_6(z)$, 可以取 $g_1(z)=0$. 为简单起见, 我们引进了以下新的符号

$$
\begin{aligned}
&g_2^{(9)}(z)=f_2(z),\quad g_3^{(8)}(z)=f_3(z),\quad g_4^{(7)}(z)=f_4(z)\\
&g_5^{(6)}(z)=f_5(z),\quad g_6^{(5)}(z)=f_6(z)
\end{aligned}\tag{A2.11.5}
$$

其中 $g_i^{(n)}$ 表示关于变量 z 的 n 次微分. 与 A2.10 节类似, 位移分量的复表示如下 (这里我们忽略了刚体位移)

$$
\begin{aligned}
&u_y+\mathrm{i}u_x=-6c_2R\left(\frac{2c_3}{\mu+\lambda}+c_7\right)-2c_2c_7R\varOmega(z)\\
&u_z=\frac{4}{\mu(K_1+K_2)-3R^2}(240c_{10}\mathrm{Im}f_6(z))+c_1c_2R^2\mathrm{Im}(\varTheta(z)
\end{aligned}
$$

$$
\begin{aligned}
&-2\Omega(z)+6\Gamma(z)-24\Psi(z)))\\
&w_y+\mathrm{i}w_x=-\frac{R}{c_1(\mu K_1-2R^2)}(24c_9\overline{\Psi(z)}-c_8\Theta(z))\\
&w_z=\frac{4(\mu K_2-R^2)}{(K_1-2K_2)R(\mu(K_1+K_2)-3R^2)}\\
&\quad\cdot(240c_{10}\mathrm{Im}f_6(z))+c_1c_2R^2\mathrm{Im}(\Theta(z)-2\Omega(z)\\
&\quad+6\Gamma(z)-24\Psi(z)))
\end{aligned}
\tag{A2.11.6}
$$

其中

$$
\begin{aligned}
&c_7=\frac{c_3K_1+2c_1R}{\mu K_1-2R^2},\quad c_8=c_1c_2R(\mu(K_1-K_2)-R^2)\\
&c_9=c_8+2c_2c_4\left(c_3-\frac{(\mu K_2-R^2)^2}{\mu K_1-2R^2}\right),\quad c_{10}=c_1c_2R^2-c_4(c_2R-c_3K_1)
\end{aligned}
\tag{A2.11.7}
$$

这里考虑一个椭圆缺口, 它沿 z 轴方向穿透二十面体准晶, 椭圆缺口的边缘受到均匀压力 p.

这个问题的边界条件如下

$$
\sigma_{xx}\cos(\boldsymbol{n},x)+\sigma_{xy}\cos(\boldsymbol{n},y)=T_x,\quad \sigma_{xy}\cos(\boldsymbol{n},x)+\sigma_{yy}\cos(\boldsymbol{n},y)=T_y,\quad (x,y)\in L
\tag{A2.11.8}
$$

$$
H_{xx}\cos(\boldsymbol{n},x)+H_{xy}\cos(\boldsymbol{n},y)=h_x,\quad H_{yx}\cos(\boldsymbol{n},x)+H_{yy}\cos(\boldsymbol{n},y)=h_y,\quad (x,y)\in L
\tag{A2.11.9}
$$

$$
\sigma_{zx}\cos(\boldsymbol{n},x)+\sigma_{zy}\cos(\boldsymbol{n},y)=0,\quad H_{zx}\cos(\boldsymbol{n},x)+H_{zy}\cos(\boldsymbol{n},y)=0,\quad (x,y)\in L
\tag{A2.11.10}
$$

其中

$$
\cos(\boldsymbol{n},x)=\frac{\mathrm{d}y}{\mathrm{d}s},\quad \cos(\boldsymbol{n},y)=-\frac{\mathrm{d}x}{\mathrm{d}s},\quad T_x=-p\cos(\boldsymbol{n},x),\quad T_y=-p\cos(\boldsymbol{n},y)
$$

T_x, T_y 分别是表面力, p 是压力的大小, h_x, h_y 是广义表面力, $\boldsymbol{n}$ 表示椭圆缺口边界 L: $\dfrac{x^2}{a^2}+\dfrac{y^2}{b^2}=1$ 上任一点处的单位外法向量. 到目前为止, 尚未见到关于广义表面力的报道, 为简单起见, 我们假定

$$
h_x=0,\quad h_y=0
$$

利用以上方程, 我们得到

$$
\begin{aligned}
&-4c_2c_3R[3(f_4(z)+4\bar{z}f_5'(z)+10\bar{z}^2f_6''(z))-(\overline{f_3(z)}+3z\overline{f_4'(z)}\\
&+6z^2\overline{f_5''(z)}+10z^3\overline{f_6'''(z)})]=\int(T_x+\mathrm{i}T_y)\mathrm{d}s=\mathrm{i}pz
\end{aligned}
\tag{A2.11.11}
$$

在方程 (A2.11.11) 两边取复共轭, 可得

$$
-4c_2c_3R[3(\overline{f_4(z)}+4z\overline{f_5'(z)}+10z^2\overline{f_6''(z)})
$$

$$-(f_3(z)+3\bar{z}f_4'(z)+6z^2f_5'(z)+10\bar{z}^3f_6'''(z)=-\mathrm{i}p\bar{z} \quad \text{(A2.11.12)}$$

由于相位子应力的边界条件假设为齐次条件, 我们有

$$\begin{aligned}&48c_2(2c_4-c_1R)\mathrm{Re}\overline{\Psi(z)}+2c_1c_2R\mathrm{Re}\Theta(z)=0\\&-48c_2(2c_4-c_1R)\mathrm{Im}\overline{\Psi(z)}-2c_1c_2R\mathrm{Im}\Theta(z)=0\end{aligned} \quad \text{(A2.11.13)}$$

以 $-\mathrm{i}$ 乘以 (A2.11.13) 第二个式子, 并将它添加到第一个式子, 得到

$$48c_2(2c_4-c_1R)\overline{\Psi(z)}+2c_1c_2R\Theta(z)=0 \quad \text{(A2.11.14)}$$

由于我们假设沿椭圆轴的方向应力边界条件也是齐次条件, 有

$$\begin{aligned}&f_6(z)+\overline{f_6(z)}=0\\&4c_{11}\mathrm{Re}[f_5(z)+5\bar{z}f_6'(z)]+(2K_2-K_1)R\mathrm{Re}[f_4(z)+4\bar{z}f_5'(z)\\&+10\bar{z}^2f_6''(z)+20f_6(z)]=0\end{aligned} \quad \text{(A2.11.15)}$$

其中

$$c_{11}=(2K_2-K_1)R-\frac{4c_4(\mu K_2-R^2)}{(\mu K_1-2R^2)R} \quad \text{(A2.11.16)}$$

然而, 进一步在物理平面 (即 z 平面) 上计算是非常困难的, 所以采用保角映射

$$z=\omega(\zeta)=R_0\left(\frac{1}{\zeta}+m\zeta\right) \quad \text{(A2.11.17)}$$

将 z 平面上椭圆外部区域变换到 ζ 平面上的单位圆 γ 内部, 其中

$$R_0=(a+b)/2',\quad m=(a-b)/(a+b)$$

令

$$f_j(z)=f_j[\omega(\zeta)]=\Phi_j(\zeta)\ (j=2,\cdots,6) \quad \text{(A2.11.18)}$$

代入方程组 (A2.11.18), 然后在方程组两边乘以 $\mathrm{d}\sigma/[2\pi\mathrm{i}(\sigma-\zeta)]$($\sigma$ 表示 ζ 在单位圆上的值), 沿单位圆积分, 有

$$\frac{1}{2\pi\mathrm{i}}\int_\gamma\frac{\Phi_6(\sigma)}{\sigma-\varsigma}\mathrm{d}\sigma+\frac{1}{2\pi\mathrm{i}}\int_\gamma\frac{\overline{\Phi_6(\sigma)}}{\sigma-\varsigma}\mathrm{d}\sigma=0 \quad \text{(A2.11.19)}$$

$$\begin{aligned}&\frac{3}{2\pi\mathrm{i}}\int_\gamma\frac{\Phi_4(\sigma)}{\sigma-\varsigma}\mathrm{d}\sigma+\frac{4}{2\pi\mathrm{i}}\int_\gamma\frac{\overline{\omega(\sigma)}}{\omega'(\sigma)}\frac{\Phi_5'(\sigma)}{\sigma-\varsigma}\mathrm{d}\sigma-\frac{1}{2\pi\mathrm{i}}\int_\gamma\frac{\overline{\Phi_3(\sigma)}}{\sigma-\varsigma}\mathrm{d}\sigma\\&-3\frac{1}{2\pi\mathrm{i}}\int_\gamma\frac{\omega(\sigma)}{\overline{\omega'(\sigma)}}\frac{\overline{\Phi_4'(\sigma)}}{\sigma-\varsigma}\mathrm{d}\sigma-6\frac{1}{2\pi\mathrm{i}}\int_\gamma\left[\frac{[\omega(\sigma)]^2\overline{\Phi_5''(\sigma)}}{\overline{\omega}'(\sigma)^2}\right.\end{aligned}$$

$$-\left.\frac{[\omega(\sigma)]^2\overline{\omega''(\sigma)}}{\overline{\omega'(\sigma)}^3}\overline{\Phi_5'(\sigma)}\right]\frac{\mathrm{d}\sigma}{\sigma-\varsigma}=\frac{1}{4c_2c_3}\frac{1}{2\pi\mathrm{i}}\int_\gamma\frac{t}{\sigma-\varsigma}\mathrm{d}\sigma \tag{A2.11.20}$$

$$\begin{aligned}&\frac{3}{2\pi\mathrm{i}}\int_\gamma\frac{\overline{\Phi_4(\sigma)}}{\sigma-\varsigma}\mathrm{d}\sigma+\frac{4}{2\pi\mathrm{i}}\int_\gamma\frac{\overline{\omega(\sigma)}}{\omega'(\sigma)}\frac{\Phi_4'(\sigma)}{\sigma-\varsigma}\mathrm{d}\sigma-\frac{1}{2\pi\mathrm{i}}\int_\gamma\frac{\Phi_3(\sigma)}{\sigma-\zeta}\mathrm{d}\sigma\\&-3\frac{1}{2\pi\mathrm{i}}\int_\gamma\frac{\overline{\omega(\sigma)}}{\omega'(\sigma)}\frac{\Phi_3(\sigma)}{\sigma-\zeta}\mathrm{d}\sigma-6\frac{1}{2\pi\mathrm{i}}\int_\gamma\left[\frac{\overline{\omega(\sigma)}^2\Phi_5''(\sigma)}{[\omega'(\sigma)]^2}\right.\\&\left.-\frac{\overline{\omega(\sigma)}^2\omega''(\sigma)\Phi_5'(\sigma)}{[\omega'(\sigma)]^3}\right]\frac{\mathrm{d}\sigma}{\sigma-\varsigma}=\frac{1}{4c_2c_3R}\frac{1}{2\pi\mathrm{i}}\int_\gamma\frac{\bar{t}}{\sigma-\varsigma}\mathrm{d}\sigma\end{aligned} \tag{A2.11.21}$$

$$\begin{aligned}&\frac{1}{2\pi\mathrm{i}}\int_\gamma\frac{\Phi_2(\sigma)}{\sigma-\varsigma}\mathrm{d}\sigma+2\frac{1}{2\pi\mathrm{i}}\int_\gamma\frac{\overline{\omega(\sigma)}}{\omega'(\sigma)}\frac{\Phi_3'(\sigma)}{\sigma-\varsigma}\mathrm{d}\sigma+3\frac{1}{2\pi\mathrm{i}}\int_\gamma\left[\frac{\overline{\omega(\sigma)}^2\Phi_4''(\sigma)}{[\omega'(\sigma)]^2}\right.\\&\left.-\frac{\overline{\omega(\sigma)}^2\omega''(\sigma)\Phi_4'(\sigma)}{[\omega'(\sigma)]^3}\right]\frac{\mathrm{d}\sigma}{\sigma-\varsigma}+4\frac{1}{2\pi\mathrm{i}}\int_\gamma\left[\frac{\overline{\omega(\sigma)}^2\Phi_5'''(\sigma)}{[\omega'(\sigma)]^3}-3\frac{\overline{\omega(\sigma)}^3\omega''(\sigma)\Phi_5''(\sigma)}{[\omega'(\sigma)]^4}\right.\\&\left.+3\frac{\overline{\omega(\sigma)}^3\omega''(\sigma)\Phi_5'(\sigma)}{[\omega'(\sigma)]^5}-\frac{\overline{\omega(\sigma)}^3\omega'''(\sigma)\Phi_5'(\sigma)}{[\omega'(\sigma)]^4}\right]\frac{\mathrm{d}\sigma}{\sigma-\varsigma}=\frac{1}{2\pi\mathrm{i}}\int\frac{h}{\sigma-\varsigma}\mathrm{d}\sigma\end{aligned} \tag{A2.11.22}$$

$$\frac{4c_{11}}{2\pi\mathrm{i}}\int_\gamma\frac{\Phi_5(\sigma)}{\sigma-\varsigma}\mathrm{d}\sigma+\frac{(2K_2-K_1)R}{2\pi\mathrm{i}}\int_\gamma\left[\frac{\Phi_4(\sigma)}{\sigma-\varsigma}+4\frac{\overline{\omega(\sigma)}}{\omega'(\sigma)}\frac{\Phi_5'(\sigma)}{\sigma-\varsigma}\right]\mathrm{d}\sigma=0 \tag{A2.11.23}$$

其中

$$\boldsymbol{t}=\mathrm{i}\int(T_x+\mathrm{i}T_y)\mathrm{d}s,\quad \bar{\boldsymbol{t}}=-\mathrm{i}\int(T_x-\mathrm{i}T_y)\mathrm{d}s,\quad \boldsymbol{h}=\mathrm{i}\int(h_1+\mathrm{i}h_2)\mathrm{d}s$$

利用 Cauchy 积分公式及复变函数理论中的解析延拓定理有

$$\begin{aligned}\Phi_2(\zeta)=&\frac{R_0}{2c_2c_3R}\frac{\mathrm{i}p\zeta(\zeta^2+m)(m^3\zeta^2+1)}{(m\zeta^2-1)^3}\\&+\frac{(2K_2-K_1)R_0}{2c_2c_3C_{11}}\frac{pm\zeta^3(\zeta^2+m)[m^2\zeta^6-(m^3+4m)\zeta^4+(2m^4+4m^2+5)\zeta^2+m]}{(m\zeta^2-1)^5}\\\Phi_3(\zeta)=&\frac{R_0}{4c_2c_3R}\frac{\mathrm{i}p\zeta(m^2+1)}{(m\zeta^2-1)}-\frac{(2K_2-K_1)R_0}{12c_2c_3C_{11}}\frac{pm\zeta^3(\zeta^2+m)(m\zeta^2-m^2-2)}{(m\zeta^2-1)^3}\\\Phi_4(\zeta)=&-\frac{R_0}{12c_2c_3R}\mathrm{i}pm\zeta-\frac{(2K_2-K_1)R_0}{2c_2c_3C_{11}}\frac{pm\zeta(\zeta^2+m)}{(m\zeta^2-1)}\\\Phi_5(\zeta)=&-\frac{(2K_2-K_1)R_0}{48c_2c_3C_{11}}pm\zeta,\quad \Phi_6(\zeta)=0\end{aligned} \tag{A2.11.24}$$

椭圆缺口问题已经解决了, 如果让短半轴趋于零, 便得到 Griffith 裂纹问题的解.

附录三　解的积分表示与相关的积分方程及补充推导

在缺陷与断裂理论中, Fourier 分析是一种最为广泛使用的方法. 人们熟知这一方法在数学物理中占据着中心位置, 不仅在求解经典物理的问题是如此, 就是在现代物理的问题也如此. 随着非线性科学发展和非线性 Fourier 分析的成功, 使人们认识到 Fourier 方法不仅在线性问题, 而且在非线性问题中也有重要效力. 我们在本附录中详细讨论 Fourier 方法的各种应用, 固然是为本书正文部分尤其是第 1、3、5 和 10 章中的数学计算作补充, 同时也是希望为年轻读者打好基础出一点力. 我们的体会是, 在经典缺陷问题研究中使用的 Fourier 方法, 可以推广到更为复杂与困难的非传统材料的位错与裂纹问题中, 并且同样有效, 因而向年轻读者推荐.

在介绍 Fourier 分析时, 自然要涉及几种常用的积分变换. 学习这些变换本身并不困难, 但要能有效地使用这些变换, 有两点很关键, 即①如何正确地计算逆变换 (反演), 这里涉及一些复变函数的积分, 尤其是留数计算, 本书附录二中提供了一些初步知识, 这里还需要进一步讨论; ②如何求解有积分变换引出的积分方程, 这里也将作详细讨论, 因为这一问题若不解决, 其他问题的解决就无从谈起.

考虑到各个附录内容相对完整与独立, 同正文部分某些内容会有少量重复.

A3.1　Fourier 变换及其应用

Fourier 方法在缺陷理论中的成功应用主要用于求解位错和无限大与半无限大物体中的裂纹问题, 很少用级数形式的解, 而是用积分形式的解, 它就是 Fourier 变换. 然而 Fourier 变换与 Fourier 级数关系密切. 这里先从级数谈起.

A3.1.1　Fourier 级数

设 $f(x)$ 是以 T 为周期的周期函数, 因而可以表示成 Fourier 级数

$$f(x)=a_0+\sum_{n=1}^{\infty}\left(a_n\cos\frac{2n\pi}{T}x+b_n\sin\frac{2n\pi}{T}x\right) \tag{A3.1.1}$$

其中 a_n 与 b_n 为常数, 由下式给出

$$\begin{cases} a_n = \dfrac{2}{T}\displaystyle\int_0^T f(x)\cos\frac{2n\pi}{T}x\mathrm{d}x\ (n=0,1,2,\cdots) \\ b_n = \displaystyle\int_0^T f(x)\sin\frac{2n\pi}{T}x\mathrm{d}x\ (n=1,2,\cdots) \end{cases} \tag{A3.1.2}$$

若把式 (A3.1.2) 中的积分限改成 $(-T/2, T/2)$, 即

$$\begin{cases} a_n = \dfrac{2}{T}\displaystyle\int_{-T/2}^{T/2} f(x)\cos\frac{2n\pi}{T}x\mathrm{d}x\ (n=0,1,2,\cdots) \\ b_n = \displaystyle\int_{-T/2}^{T/2} f(x)\sin\frac{2n\pi}{T}x\mathrm{d}x\ (n=1,2,\cdots) \end{cases} \tag{A3.1.3}$$

级数 (A3.1.1) 也可以用指数形式表达, 即

$$f(x) = \sum_{n=-\infty}^{\infty} c_n \exp(-\mathrm{i}2n\pi x/T) \tag{A3.1.4}$$

其中

$$c_n = \frac{1}{T}\int_{-T/2}^{T/2} f(x)\exp(\mathrm{i}2n\pi x/T)\mathrm{d}x \tag{A3.1.5}$$

其中 $\mathrm{i} = \sqrt{-1}$, 利用 Euler 关系

$$\mathrm{e}^{\mathrm{i}x} = \cos x + \mathrm{i}\sin x$$

比较式 (A3.1.1) 与式 (A3.1.4) 有

$$c_n = \frac{a_n + \mathrm{i}b_n}{2}, \quad c_{-n} = \frac{a_n - \mathrm{i}b_n}{2} \tag{A3.1.6}$$

那么式 (A3.1.4) 可以写成

$$f(x) = \sum_{n=-\infty}^{\infty} \frac{1}{T}\int_{-T/2}^{T/2} f(x)\exp\left[\mathrm{i}2n\pi(t-x)/T\right]\mathrm{d}x \tag{A3.1.7}$$

则以上两种表示是等价的.

若周期函数 $f(x)$ 在区间 $(-T/2,\ T/2)$ 中分段单调, 并且只有有限个间断点, 此函数可展开成级数, 并且这个级数收敛到这个函数. 上述收敛性条件称为 Dirichlet 条件.

A3.1.2 Fourier 积分, 反演定理

把上述关于周期函数展开成 Fourier 级数的 Dirichlet 条件推广到非周期函数, 就可以得到 Fourier 变换. 一个非周期函数, 可以认为是 $(-\infty,\infty)$ 上的周期函数, 即 T 为无限大.

让

$$2\pi n/T=\alpha_n \tag{A3.1.8}$$

以及

$$\Delta\alpha_n=\alpha_{n+1}-\alpha_n=2\pi/T \tag{A3.1.9}$$

那么式 (A3.1.7) 可以写成

$$f(x)=\frac{1}{2\pi}\sum_{n=-\infty}^{\infty}\Delta\alpha_n\int_{-T/2}^{T/2}f(t)\exp\left[\mathrm{i}\alpha_n(t-x)\right]\mathrm{d}t \tag{A3.1.10}$$

当 $T\to\infty$, $\Delta\alpha_n=\Delta\alpha\to 0$, 这样离散参量 α_n 变成连续变量 α. 若式 (A3.1.10) 右端的积分在 $T\to\infty$ 时存在, 又级数 (A3.1.10) 收敛, 并且收敛到 $f(x)$, 那么

$$f(x)=\frac{1}{2\pi}\int_{-\infty}^{\infty}\mathrm{e}^{-\mathrm{i}\alpha x}\mathrm{d}\alpha\int_{-\infty}^{\infty}f(t)\mathrm{e}^{\mathrm{i}\alpha t}\mathrm{d}t \tag{A3.1.11}$$

式 (A3.1.11) 称为 Fourier 积分. 然而这里我们还不知道在 $T\to\infty$ 时

$$\overline{f}(\alpha)=\int_{-T/2}^{T/2}f(t)\mathrm{e}^{\mathrm{i}\alpha t}\mathrm{d}t \tag{A3.1.12}$$

是否存在, 以及级数

$$\lim_{\alpha_n\to 0}\frac{1}{2\pi}\sum_{n=-\infty}^{\infty}\Delta\alpha_n\overline{f}(\alpha_n)\mathrm{e}^{\mathrm{i}\alpha_n x} \tag{A3.1.13}$$

是否收敛于 $f(x)$. 因此式 (A3.1.11) 暂时只有形式上的意义. 若 $f(x)$ 在 $(-\infty,\infty)$ 上满足 Dirichlet 条件并且绝对可积, 即

$$\int_{-\infty}^{\infty}|f(x)|\mathrm{d}x<A$$

A 是一个常数, 那么

$$\frac{1}{2}\left(f(x+0)+f(x-0)\right)=\frac{1}{2\pi}\int_{-\infty}^{\infty}\overline{f}(\alpha)\mathrm{e}^{\mathrm{i}\alpha x}\mathrm{d}\alpha \tag{A3.1.14}$$

成立, 其中 $f(x+0)$ 与 $f(x-0)$ 代表右极限与左极限. 若 $f(x+0)=f(x-0)$, 则

$$f(x)=\frac{1}{2\pi}\int_{-\infty}^{\infty}\overline{f}(\alpha)\mathrm{e}^{-\mathrm{i}\alpha x}\mathrm{d}\alpha \tag{A3.1.14$'$}$$

这里的 $\overline{f}(\alpha)$ 为

$$\overline{f}(\alpha)=\int_{-\infty}^{\infty}f(x)\mathrm{e}^{\mathrm{i}\alpha x}\mathrm{d}x \tag{A3.1.15}$$

称为 $f(x)$ 的 Fourier 变换, 而 (A3.1.14) 称为 Fourier 变换的逆变换 (反演).

这就是 Fourier 反演定理, 其证明十分冗长①.

A3.1.3 Fourier 变换的性质

这里仅简单罗列几个后面要用到的性质并且不加证明.

(1) 它是一个线性变换 (线性算子).

(2) 函数导数的 Fourier 变换

$$\int_{-\infty}^{\infty}\frac{\mathrm{d}^n f}{\mathrm{d}x^n}\mathrm{e}^{\mathrm{i}\alpha x}\mathrm{d}x=(-\mathrm{i}\alpha)^n\overline{f}(\alpha)$$

(3) Fourier 变换的卷积公式.

若 $f_1(\alpha)$ 与 $f_2(\alpha)$ 是 $f_1(x)$ 与 $f_2(x)$ 的 Fourier 变换, 则

$$\int_{-\infty}^{\infty}f_1(x-\eta)f_2(\eta)\mathrm{d}\eta=\int_{-\infty}^{\infty}f_1(t)f_2(t)\mathrm{e}^{-\mathrm{i}xt}\mathrm{d}t$$

(4) 余弦与正弦 Fourier 变换.

若 $f(x)=f(-x)$, 那么

$$\overline{f}(\alpha)=\int_{0}^{\infty}f(x)\cos(\alpha x)\mathrm{d}x$$

$$f(x)=\frac{2}{\pi}\int_{0}^{\infty}\overline{f}(\alpha)\cos(\alpha x)\mathrm{d}\alpha$$

若 $f(x)=-f(-x)$, 那么

$$\overline{f}(\alpha)=\int_{0}^{\infty}f(x)\sin(\alpha x)\mathrm{d}x$$

$$f(x)=\frac{2}{\pi}\int_{0}^{\infty}\overline{f}(\alpha)\sin(\alpha x)\mathrm{d}\alpha$$

(5) 注.

绝对可积条件太强, 因而限制了 Fourier 的适用范围. 事实上, 若该条件放松, Fourier 变换仍存在. Populis 用分布论的观点对此点作了进一步的讨论.

---

① Sneddon I N. Fourier Transforms. New York: McGraw-Hill, 1951.

A3.1.4　应用 —— 求解经典弹性与准晶弹性静力学

1. 经典平面弹性静力学

由附录一可知, 经典弹性平面问题方程化成

$$\nabla^2\nabla^2 U = 0 \tag{a}$$

其中

$$\sigma_{xx}=\frac{\partial^2 U}{\partial x^2},\quad \sigma_{yy}=\frac{\partial^2 U}{\partial y^2},\quad \sigma_{xy}=-\frac{\partial^2 U}{\partial x\partial y}$$

$$\nabla^2=\partial^2/\partial x^2+\partial^2/\partial y^2+\partial^2/\partial z^2.$$

对 $\nabla^2 U$ 作 Fourier 变换, 得

$$\int_{-\infty}^{\infty}\nabla^2 U\mathrm{e}^{\mathrm{i}\xi x}\mathrm{d}x=\left(\frac{\mathrm{d}^2}{\mathrm{d}y^2}-\xi^2\right)\overline{U}$$

对 $\nabla^2\nabla^2 U$ 作 Fourier 变换, 得

$$\int_{-\infty}^{\infty}\nabla^2\nabla^2 U\mathrm{e}^{\mathrm{i}\xi x}\mathrm{d}x=\left(\frac{\mathrm{d}^2}{\mathrm{d}y^2}-\xi^2\right)^2\overline{U}=0 \tag{b}$$

其中

$$\overline{U}(\xi,y)=\int_{-\infty}^{\infty}U(x,y)\mathrm{e}^{\mathrm{i}\xi x}\mathrm{d}x \tag{c}$$

方程 (b) 的解为

$$\overline{U}(\xi,y)=[A(\xi)+B(\xi)y]\,\mathrm{e}^{-|\xi|y}+[C(\xi)+D(\xi)y]\,\mathrm{e}^{|\xi|y} \tag{d}$$

其中 A,B,C,D 仅仅是参考 ξ 的函数, 待定, 进而可以得应力分量的 Fourier 变换:

$$\overline{\sigma}_{xx}(\xi,y)=\int_{-\infty}^{\infty}\sigma_{xx}(x,y)\mathrm{e}^{\mathrm{i}\xi x}\mathrm{d}x=\int_{-\infty}^{\infty}\frac{\partial^2 U}{\partial y^2}\mathrm{e}^{\mathrm{i}\xi x}\mathrm{d}x=\overline{U}''(\xi,y)$$

$$\overline{\sigma}_{yy}(\xi,y)=\int_{-\infty}^{\infty}\sigma_{yy}(x,y)\mathrm{e}^{\mathrm{i}\xi x}\mathrm{d}x=\int_{-\infty}^{\infty}\frac{\partial^2 U}{\partial x^2}\mathrm{e}^{\mathrm{i}\xi x}\mathrm{d}x=-\,\xi^2\overline{U}(\xi,y)$$

$$\overline{\sigma}_{xy}(\xi,y)=\int_{-\infty}^{\infty}\sigma_{xy}(x,y)\mathrm{e}^{\mathrm{i}\xi x}\mathrm{d}x=-\int_{-\infty}^{\infty}\frac{\partial^2 U}{\partial x\partial y}\mathrm{e}^{\mathrm{i}\xi x}\mathrm{d}x=\mathrm{i}\xi\overline{U}'(\xi,y)$$

其中 $\overline{U}''(\xi,y)=\mathrm{d}\overline{U}/\mathrm{d}y$, $\overline{U}''(\xi,y)=\mathrm{d}^2\overline{U}/\mathrm{d}y^2$, 以此类推 (这里 ξ 仅仅当作一个参数使用).

以下推到位移分量的 Fourier 变换.

由广义 Hooke 定律, 在平面应变情形

$$\frac{E}{1+\nu}\frac{\partial u_x}{\partial x}=(1-\nu)\sigma_{xx}-\nu\sigma_{yy}$$

对它作 Fourier 变换并且把 $\overline{\sigma}_{xx}$ 与 $\overline{\sigma}_{yy}$ 代入, 有

$$\int_{-\infty}^{\infty}\frac{\partial u_x}{\partial x}\mathrm{e}^{\mathrm{i}\xi x}\mathrm{d}x=\frac{1+\nu}{E}\left[(1-\nu)\overline{U}'+\nu\xi^2\overline{U}\right]$$

又由导数 Fourier 变换

$$\int_{-\infty}^{\infty}\frac{\partial u_x}{\partial x}\mathrm{e}^{\mathrm{i}\xi x}\mathrm{d}x=-\mathrm{i}\xi u_x(\xi,y)=-\mathrm{i}\xi\int_{-\infty}^{\infty}u_x(\xi,y)\mathrm{e}^{\mathrm{i}\xi x}\mathrm{d}x$$

把以上结果进行比较, 得到

$$\overline{u}_x(\xi,y)=\frac{\mathrm{i}(1+\nu)}{\xi E}\left[(1-\nu)\overline{U}'+\nu\xi^2\overline{U}\right]$$

类似地有

$$\overline{u}_y(\xi,y)=\int_{-\infty}^{\infty}u_y(x,y)\mathrm{e}^{\mathrm{i}\xi x}\mathrm{d}x=\frac{1+\nu}{\xi^2E}\left[(1-\nu)\overline{U}'''-(2-\nu)\xi^2\overline{U}'\right]$$

作反演, 得到应力函数以及应力和位移的积分表示如下:

$$U(x,y)=\frac{1}{2\pi}\int_{-\infty}^{\infty}\overline{U}(\xi,y)\mathrm{e}^{-\mathrm{i}\xi x}\mathrm{d}\xi$$

$$\sigma_{xx}=\frac{1}{2\pi}\int_{-\infty}^{\infty}\overline{U}''(\xi,y)\mathrm{e}^{-\mathrm{i}\xi x}\mathrm{d}\xi$$

$$\sigma_{yy}=\frac{1}{2\pi}\int_{-\infty}^{\infty}\xi^2\overline{U}(\xi,y)\mathrm{e}^{-\mathrm{i}\xi x}\mathrm{d}\xi$$

$$\sigma_{xy}=\frac{1}{2\pi}\int_{-\infty}^{\infty}\mathrm{i}\xi\overline{U}'(\xi,y)\mathrm{e}^{-\mathrm{i}\xi x}\mathrm{d}\xi$$

$$u_x(x,y)=\frac{\mathrm{i}(1+\nu)}{2\pi E}\int_{-\infty}^{\infty}\left|(1-\nu)\overline{U}''(\xi,y)+\nu\xi^2\overline{U}(\xi,y)\right|\mathrm{e}^{-\mathrm{i}\xi x}\mathrm{d}\xi$$

$$u_y(x,y)=\frac{1+\nu}{2\pi E}\int_{-\infty}^{\infty}\left|(1-\nu)\overline{U}'''(\xi,y)-(2-\nu)\xi^2\overline{U}(\xi,y)\right|\mathrm{e}^{-\mathrm{i}\xi x}\frac{\mathrm{d}\xi}{\xi^2}$$

2. 十次对称准晶平面弹性静力学

点群 10mm 与点群 10 两类不同的十次对称准晶, 若取 z 轴为周期排列方向, xy 平面为准周期排列平面, 点群 10mm 十次对称准晶用应力函数法与位移函数法, 均得到最终控制方程为

$$\nabla^2\nabla^2\nabla^2\nabla^2\varPhi = 0 \tag{e}$$

其中 $\varPhi(x,y)$ 为应力函数或位移函数, 点群 10mm 十次对称准晶用位移函数法得到方程 (e), 其中 $\nabla^2 = \partial^2/\partial x^2 + \partial^2/\partial y^2$.

方程 (e) 是四重调和方程. 对它作 Fourier 变换, 可以得到

$$\overline{\varPhi}(\xi,y) = \left[A + By + Cy^2 + Dy^3\right]\mathrm{e}^{-|\xi|y} + \left[A_1 + B_1y + C_1y^2 + D_1y^3\right]\mathrm{e}^{|\xi|y} \tag{f}$$

其中 $\overline{\varPhi}(\xi,y)$ 是函数 $\varPhi(x,y)$ 的 Fourier 变换, A,B,C,D 和 A_1, B_1, C_1, D_1 仅是参数 ξ 的函数, 待定 (有具体问题的边界条件确定). 当这些量确定之后, 由 Fourier 反演, 得到

$$\varPhi(x,y) = \frac{1}{2\pi}\int_{-\infty}^{\infty}\overline{\varPhi}(x,y)\mathrm{e}^{-\mathrm{i}\xi x}\mathrm{d}s$$

进而得应力分量与位移分量的积分表示, 我们在第 8 章中作过简单介绍①.

3. 八次对称准晶平面弹性静力学

仍然设 z 方向为准晶的周期排列方向, xy 平面为准周期排列平面, 则引进位移函数 $\varPhi(x,y)$ 之后, 其平面弹性静力学最终方程为

$$(\nabla^2\nabla^2\nabla^2\nabla^2 - 4\varepsilon\nabla^2\nabla^2\varLambda^2\varLambda^2 + 4\varepsilon\varLambda^2\varLambda^2\varLambda^2\varLambda^2)\varPhi = 0 \tag{g}$$

其中 $\nabla^2 = \partial^2/\partial x^2 + \partial^2/\partial y^2, \varLambda^2 = \partial^2/\partial x^2 - \partial^2/\partial y^2$,

$$\varepsilon = \frac{R^2(L+M)(K_2+K_3)}{\left[M(K_1+K_2+K_3)-R^2\right]\left[(L+2M)K_1-R^2\right]}$$

$$L = C_{12}, \quad M = (C_{11}-C_{12})/2 = C_{66}$$

C_{11}, C_{12}, C_{66} 为声子场弹性常数, K_1, K_2, K_3 为相位子场弹性常数, R 为声子–相位子耦合弹性常数.

对方程 (g) 作 Fourier 变换后, 得到

$$\left[\left(\frac{\mathrm{d}^2}{\mathrm{d}y^2}-\xi^2\right)^4 - 4\varepsilon\left(\frac{\mathrm{d}^4}{\mathrm{d}y^4}-\xi^4\right)^2 + 4\varepsilon\left(\frac{\mathrm{d}^2}{\mathrm{d}y^2}+\xi^2\right)^4\overline{\varPhi}\right] = 0 \tag{h}$$

① 范天佑. 固体与软物质准晶数学弹性与相关理论及应用. 北京: 北京理工大学出版社, 2014.

方程 (h) 的解要分 $0<\varepsilon<1$ 与 $\varepsilon<0$ 两种情形讨论, 因为常数 K_2 可能是负的, 而且往往 $|K_2|>|K_3|$, 所以后一情形可能出现. 若仅限于讨论 $0<\varepsilon<1$ 情形, 则方程 (h) 的解为

$$\begin{aligned}\overline{\varPhi}(\xi,y)=&A_1\mathrm{e}^{-\lambda_1|\xi|y}\cos(\lambda_2|\xi|y)+A_2\mathrm{e}^{-\lambda_1|\xi|y}\sin(\lambda_2|\xi|y)\\&+A_3\mathrm{e}^{-\lambda_3|\xi|y}\cos(\lambda_4|\xi|y)+A_4\mathrm{e}^{-\lambda_3|\xi|y}\sin(\lambda_4|\xi|y)\\&+A_5\mathrm{e}^{-\lambda_1|\xi|y}\cos(\lambda_2|\xi|y)+A_6\mathrm{e}^{-\lambda_1|\xi|y}\sin(\lambda_2|\xi|y)\\&+A_7\mathrm{e}^{-\lambda_3|\xi|y}\cos(\lambda_4|\xi|y)+A_8\mathrm{e}^{-\lambda_3|\xi|y}\sin(\lambda_4|\xi|y)\end{aligned}\tag{i}$$

其中 $A_1, A_2, \cdots, A_8$ 仅仅是参量 ξ 的函数, 待定, 而 $\lambda_1,\lambda_2,\lambda_3,\lambda_4$ 为

$$\begin{aligned}\lambda_1&=\left[(1+\sqrt{\varepsilon})^{1/2}+\varepsilon^{1/4}\right](1-\sqrt{\varepsilon})^{1/2}\\\lambda_2&=\left[(1+\sqrt{\varepsilon})^{1/2}+\varepsilon^{1/4}\right]\varepsilon^{1/4}\\\lambda_3&=\left[(1+\sqrt{\varepsilon})^{1/2}-\varepsilon^{1/4}\right](1-\sqrt{\varepsilon})^{1/2}\\\lambda_4&=\left[(1+\sqrt{\varepsilon})^{1/2}-\varepsilon^{1/4}\right]\varepsilon^{1/4}\end{aligned}$$

将 $A_1, A_2, \cdots, A_8$ 确定之后, 由 (i) 作 Fourier 反演, 得到位移函数 $\varPhi(x,y)$, 进而得到位移与应力, 我们曾在第 8 章中作过简短介绍①.

4. **十二次对称准晶平面弹性静力学**

坐标系选取与前两类准晶相同, 引进位移函数 $F(x,y)$ 与 $G(x,y)$, 则它们均化成双调和方程 (a), 因而解法与经典弹性类似, 这里不再介绍.

5. **二十面体准晶平面弹性静力学**

二十面体准晶平面弹性静力学的终态控制方程为

$$\nabla^2\nabla^2\nabla^2\nabla^2\nabla^2\nabla^2F(x,y)=0\tag{j}$$

方程 (j) 是六重调和方程. 对它作 Fourier 变换, 可以得到

$$\begin{aligned}\overline{F}(\xi,y)=&\left[A_1+A_2y+A_3y^2+A_4y^3+A_5y^4+A_6y^5\right]\mathrm{e}^{-|\xi|y}\\&+\left[B_1+B_2y+B_3y^2+B_4y^3+B_5y^4+B_6y^5\right]\mathrm{e}^{|\xi|y}\end{aligned}\tag{k}$$

其中 $\overline{F}(\xi,y)$ 是函数 $F(x,y)$ 的 Fourier 变换, A_j, $B_j(j=1,2,\cdots,6)$ 仅是参数 ξ 的函数, 待定 (由具体问题的边界条件确定). 当这些量确定之后, 由 Fourier 反演, 得到

$$F(x,y)=\frac{1}{2\pi}\int_{-\infty}^{\infty}\overline{F}(\xi,y)\mathrm{e}^{-\mathrm{i}\xi x}\mathrm{d}\xi$$

① 范天佑. 固体与软物质准晶数学弹性与相关理论及应用. 北京：北京理工大学出版社, 2014.

进而得应力分量与位移分量的积分表示, 我们在第 10 章中作过简单介绍①.

A3.2 Laplace 变换及其应用

A3.2.1 定义

在式 (A3.1.14) 中, 把 $f(x)$ 由 $f(x)\mathrm{e}^{-\alpha x}$ 代替, 我们得到

$$
\begin{aligned}
f(x)\mathrm{e}^{-\alpha x} &= \int_{-\infty}^{\infty} \mathrm{d}\eta \frac{1}{2\pi} \int_{-\infty}^{\infty} f(u)\mathrm{e}^{-\alpha u}\mathrm{e}^{\mathrm{i}\eta(u-x)}\mathrm{d}x \\
&= \frac{1}{2\pi} \int_{-\infty}^{\infty} \mathrm{e}^{-\mathrm{i}\eta u}\mathrm{d}\eta \int_{-\infty}^{\infty} f(u)\mathrm{e}^{-\alpha u}\mathrm{e}^{\mathrm{i}\eta u}\mathrm{d}u \\
&= \frac{1}{2\pi} \int_{-\infty}^{\infty} \mathrm{e}^{-\mathrm{i}\beta u}\mathrm{d}\beta \int_{-\infty}^{\infty} f(u)\mathrm{e}^{-\alpha u}\mathrm{e}^{\mathrm{i}\beta u}\mathrm{d}u
\end{aligned}
$$

在最后这个表达式中使用了代换 $\beta = -\eta$.

上式结果可以重新写成

$$
\begin{aligned}
f(x) &= \frac{1}{2\pi}\mathrm{e}^{\alpha x} \int_{-\infty}^{\infty} \mathrm{e}^{-\mathrm{i}\beta u}\mathrm{d}\beta \int_{-\infty}^{\infty} f(u)\mathrm{e}^{-(\alpha+\mathrm{i}\beta)u}\mathrm{d}u \\
&= \frac{1}{2\pi} \int_{-\infty}^{\infty} \mathrm{e}^{(\alpha+\mathrm{i}\beta)x}\mathrm{d}\beta \int_{-\infty}^{\infty} f(u)\mathrm{e}^{-(\alpha+\mathrm{i}\beta)u}\mathrm{d}u
\end{aligned}
\tag{A3.2.1}
$$

在此公式中, 记 $s = \alpha + \mathrm{i}\beta$, 由于 α 是一个实的常数, $\mathrm{d}s = \mathrm{i}\mathrm{d}\beta$, 这样

$$
f(x) = \frac{1}{2\pi\mathrm{i}} \int_{\alpha-\mathrm{i}\infty}^{\alpha+\mathrm{i}\infty} \mathrm{e}^{sx}\mathrm{d}s \int_{-\infty}^{\infty} f(u)\mathrm{e}^{-su}\mathrm{d}u \tag{A3.2.2}
$$

若定义

$$
\widehat{f}(s) = \int_{-\infty}^{\infty} f(u)\mathrm{e}^{-su}\mathrm{d}u \tag{A3.2.3}
$$

为 $f(x)$ 的 Laplace 变换, 则

$$
f(x) = \frac{1}{2\pi\mathrm{i}} \int_{\alpha-\mathrm{i}\infty}^{\alpha+\mathrm{i}\infty} \widehat{f}(s)\mathrm{e}^{sx}\mathrm{d}s \tag{A3.2.4}
$$

是 Laplace 变换的逆变换, 或反演.

在上面的推导中, 我们要求积分

$$
\int_{-\infty}^{\infty} \mathrm{e}^{-sx}\left|f(x)\right|\mathrm{d}x
$$

① 范天佑. 固体与软物质准晶数学弹性与相关理论及应用. 北京：北京理工大学出版社, 2014.

在 α 的某个范围内, 如

$$\alpha_1 < \alpha < \alpha_2 \tag{A3.2.5}$$

内取有限值, 其中 $\alpha = \mathrm{Re}s$, 如一开始所指出.

由式 (A3.2.4) 可见, 积分沿平行于 s 的虚轴的一条直线计算.

在实际上, 往往 $f(x) = 0$, 当 $x < 0$ 时. 在这种情形, 若

$$|f(x)| \leqslant A\mathrm{e}^{\alpha_0 x}\ (0 < x < \infty) \tag{A3.2.6}$$

这里 A 与 α_0 为两个常数, Laplace 变换

$$\widehat{f}(s) = \int_0^\infty f(x)\mathrm{e}^{-sx}\mathrm{d}x \tag{A3.2.7}$$

存在, 那么反演 (A3.2.4) 成立, 此时要求 (A3.2.4) 中的 $\alpha > \alpha_0$. 在实际上, 积分 (A3.2.7) 是半平面 $\alpha > \alpha_0$ 上的解析函数.

A3.2.2 Laplace 变换的数值反演

由式 (A3.2.4) 可见, Laplace 变换的反演取决于 s 平面上回路积分的计算. 若 $f(s)$ 具有分析表达式, 这种回路积分有可能用复变函数方法计算出来. 若 $f(s)$ 无分析表达式, 则只能用数值方法去计算, 所以需要发展数值反演方法. 现在有许多种数值反演方法, 这里我们推荐 Miller 与 Guy① 的方法. 其主要步骤如下 ②.

设函数 $f(t)$ 的 Laplace 变换为

$$\widehat{f}(s) = \int_0^\infty f(t)\mathrm{e}^{-st}\mathrm{d}t \tag{A3.2.8}$$

其反演为

$$f(t) = \frac{1}{2\pi\mathrm{i}}\int_{c-\mathrm{i}\infty}^{c+\mathrm{i}\infty} \widehat{f}(s)\mathrm{e}^{st}\mathrm{d}s \tag{A3.2.9}$$

其中 $s = s_1 + \mathrm{i}s_2, c > c_0 \geqslant 0$, c_0 是一个常数.

让 s 在其中轴上取值, 并且离散化, 即

$$s = (\beta + k)\delta, \quad k = 1, 2, \cdots \tag{A3.2.10}$$

要求 $\beta > -1$, $\delta > 0$. 对积分变量作如下代换:

$$y = 2\mathrm{e}^{-st} - 1 \tag{A3.2.11}$$

① Miller M K, Guy T W. Numerical inversion of the Laplace transform by use of Jacobi polynomisls. SIAM Journal of Numerical Analysis, 1966, 3: 624~635.

② 范天佑. Laplace 变换的数值反演. 数学的认识与实践, 1987, 3: 69~74.

那么

$$t = -\frac{1}{\delta}\ln\left(\frac{1+y}{2}\right) \tag{A3.2.12}$$

我们得到定义在 $(-1,1)$ 的新的函数

$$f(t) = f\left[-\frac{1}{\delta}\ln\left(\frac{1+y}{2}\right)\right] = g(y) \tag{A3.2.13}$$

函数 (A3.2.8) 变成

$$\widehat{f}(s) = \frac{1}{2\delta}\int_{-1}^{1}\left(\frac{1+y}{2}\right)^{s/\delta-1} g(y)\mathrm{d}y \tag{A3.2.14}$$

把未知函数 $g(y)$ 用 Jacobi 多项式展开

$$g(y) = \sum_{n=1}^{\infty} C_n P_n^{(0,\beta)}(y) \tag{A3.2.15}$$

其中 $P_n^{(0,\beta)}(y)$ 为 n 阶 Jacobi 多项式①:

$$\begin{cases} P_n^{(0,\beta)}(y) = \dfrac{(-1)^{n-1}}{2^{n-1}(n-1)!}\left[(1+y)^{-\beta}\dfrac{\mathrm{d}^{n-1}}{\mathrm{d}y^{n-1}}\left[(1-y)^{n-1}(1+y)^{n-1+\beta}\right]\right] \\ P_1^{(0,\beta)}(y) = 1 \end{cases} \tag{A3.2.16}$$

C_n 为待定常数.

把式 (A3.2.15) 代入式 (A3.2.14), 并且利用 Jacobi 多项式的正交性, 我们得到

$$\begin{cases} \displaystyle\sum_{n=1}^{k}\frac{(k-1)(k-2)\cdots[k-(m-2)]}{(k+\beta)(k+\beta+1)\cdots(k+\beta+m)}C_m = \delta\widehat{f}\left[(\beta+k)\delta\right]\ (m \geqslant 2) \\ \dfrac{C_1}{\beta+1} = \delta\widehat{f}\left[(\beta+1)\delta\right]\ (m=1) \end{cases} \tag{A3.2.17}$$

由于方程 (A3.2.17) 的右端是已知的, 因而前 N 个常数 C_n 可以被确定. 这样 $g(y)$ 的近似值得到

$$g(y) \approx \sum_{n=1}^{N} C_n P_n^{(0,\beta)}(y) \tag{A3.2.18}$$

由式 (A3.2.13), 有

$$f(t) = g\left[y(t)\right] \approx \sum_{n=1}^{N} C_n P_n^{(0,\beta)}(2\mathrm{e}^{-st}-1) \tag{A3.2.19}$$

---

① Szego G. Orthogonal Polynomials. American Mathematical Society Colloguimm Publication, XII 1.rev,col. New York: American Mathematical Society, 1959.

A3.2.3 应用——求解弹性动力学问题

由附录一可知, 弹性动力学的最终控制方程为

$$\nabla^2\phi = \frac{1}{c_1^2}\frac{\partial^2\phi}{\partial t^2}, \quad \nabla^2\boldsymbol{\psi} = \frac{1}{c_2^2}\frac{\partial^2\boldsymbol{\psi}}{\partial t^2} \tag{a}$$

其中 ϕ 与 ψ 为 Lamé 势, 即

$$u = \nabla\phi + \nabla\times\psi \tag{b}$$

c_1 与 c_2 为纵波与横波波速.

对方程 (a) 作 Laplace 变换

$$f^*(x,s) = \int_0^\infty f(x,t)\mathrm{e}^{-st}\mathrm{d}t \tag{c}$$

$s = s_1 + \mathrm{i}s_2$ 为一复数, $x = (x_1, x_2, x_3)$, 进而对该方程作双重 Fourier 变换

$$\overline{f}^*(\xi_1,\xi_2,x_3,s) = \frac{1}{2\pi\mathrm{i}}\int_{-\infty}^{\infty}\int_{-\infty}^{\infty} f^*(x_1,x_2,x_3,t)\times\exp(\mathrm{i}\xi_1x_1 + \mathrm{i}\xi_2x_2)\mathrm{d}x_1\mathrm{d}x_2 \tag{d}$$

这里 $f(x,t)$ 代表 $\phi(x,t)$ 以及 $\psi = (\psi_1,\psi_2,\psi_3)$ 的任一分量. 把式 (d) 代入式 (a) 之后, 得到解

$$\begin{cases} \overline{\phi}^*(\xi_1,\xi_2,x_3,s) = A(\xi_1,\xi_2,s)\exp(-\gamma_1x_3 - \mathrm{i}\xi_1x_1 - \mathrm{i}\xi_2x_2) \\ \psi^*(\xi_1,\xi_2,x_3,s) = B(\xi_1,\xi_2,s)\exp(-\gamma_2x_3 - \mathrm{i}\xi_1x_1 - \mathrm{i}\xi_2x_2) \end{cases} \tag{e}$$

其中 A 与 $B(B_1,B_2,B_3)$ 代表任意函数, 以及

$$\gamma_1 = \left(\xi_1^2 + \xi_2^2 + \frac{s^2}{c_1^2}\right)^{1/2}, \quad \gamma_2 = \left(\xi_1^2 + \xi_2^2 + \frac{s^2}{c_2^2}\right)^{1/2} \tag{f}$$

对 (e) 作 Fourier 与 Laplace 反演, 得到

$$\begin{cases} \phi(x_1,x_2,x_3,t) = \dfrac{1}{2\pi\mathrm{i}}\displaystyle\int_{C-\mathrm{i}\infty}^{C+\mathrm{i}\infty}\mathrm{e}^{st}\mathrm{d}s\int_{-\infty}^{\infty}\int_{-\infty}^{\infty}A(\xi_1,\xi_2,s) \\ \qquad\times\exp(-\gamma_1x_3 - \mathrm{i}\xi_1x_1 - \mathrm{i}\xi_2x_2)\mathrm{d}\xi_1\mathrm{d}\xi_2 \\ \psi(x_1,x_2,x_3,t) = \dfrac{1}{2\pi\mathrm{i}}\displaystyle\int_{C-\mathrm{i}\infty}^{C+\mathrm{i}\infty}\mathrm{e}^{st}\mathrm{d}s\int_{-\infty}^{\infty}\int_{-\infty}^{\infty}B(\xi_1,\xi_2,s) \\ \qquad\times\exp(-\gamma_2x_3 - \mathrm{i}\xi_1x_1 - \mathrm{i}\xi_2x_2)\mathrm{d}\xi_1\mathrm{d}\xi_2 \end{cases} \tag{g}$$

这就是解的积分表示①.

① Fan T Y, Hahn H G, Voigt A. Three-dimensional problem of transient contact dynamics. Science in China, A, 1996, 39: 1096~1105.

对平面弹性动力学 $\Psi=(0,0,\psi)$, 以及 $\partial/\partial x_3=0$, 问题大为简化, 解的形式为

$$\begin{cases}\phi(x_1,x_2,t)=\dfrac{1}{2\pi\mathrm{i}}\displaystyle\int_{C-\mathrm{i}\infty}^{C+\mathrm{i}\infty}\mathrm{e}^{st}\mathrm{d}s\int_{-\infty}^{\infty}A(\xi_1,s)\exp(-\gamma_1x_2-\mathrm{i}\xi_1x_1)\mathrm{d}\xi_1\\ \psi(x_1,x_2,t)=\dfrac{1}{2\pi\mathrm{i}}\displaystyle\int_{C-\mathrm{i}\infty}^{C+\mathrm{i}\infty}\mathrm{e}^{st}\mathrm{d}s\int_{-\infty}^{\infty}B(\xi_1,s)\exp(-\gamma_2x_2-\mathrm{i}\xi_1x_1)\mathrm{d}\xi_1\end{cases}\tag{h}$$

$$\gamma_1=\left(\xi_1^2+\frac{s^2}{c_1^2}\right)^{1/2},\quad \gamma_2=\left(\xi_1^2+\frac{s^2}{c_2^2}\right)^{1/2}\tag{i}$$

A3.3 Mellin 变换及其卷积

在式 (A3.1.15) 中 x 与 α 被 ξ 与 s 替换, 其中 $\xi=\mathrm{e}^x$, $s=c+\mathrm{i}\alpha$, 那么

$$\overline{f}\left(\frac{s-c}{\mathrm{i}}\right)=\int_0^{\infty}\xi^{-s}f(\ln\xi)\xi^{s-1}\mathrm{d}\xi$$

并且在 (A3.1.16) 中作相同的变换量代换, 导致

$$f(\ln\xi)=\frac{1}{2\pi\mathrm{i}}\int_{c-\mathrm{i}\infty}^{c+\mathrm{i}\infty}\overline{f}\left(\frac{s-c}{\mathrm{i}}\right)\xi^{c-s}\mathrm{d}s$$

这样, 若记

$$g(\xi)=\xi^{-c}f(\ln\xi),\quad g(s)=\overline{f}\left(\frac{s-c}{\mathrm{i}}\right)$$

那么上面的一对积分构成 Mellin 变换及其反演. 我们有如下的反演定理.

定理　若积分

$$\int_0^{\infty}\xi^{k-1}\left|g(\xi)\right|\mathrm{d}\xi$$

对 $k>0$ 存在, 并且

$$g(s)=\int_0^{\infty}g(\xi)\xi^{s-1}\mathrm{d}\xi\tag{A3.3.1}$$

是函数 $g(\xi)$ 的 Mellin 变换, 那么反演

$$g(\xi)=\frac{1}{2\pi\mathrm{i}}\int_{c-\mathrm{i}\infty}^{c+\mathrm{i}\infty}g(s)\xi^{-s}\mathrm{d}s\tag{A3.3.2}$$

对 $c<k$ 成立. 显然 (A3.3.2) 中的积分沿一条与虚轴平行的直线计算.

Mellin 变换的卷积定理　若 $f(s)$ 与 $g(s)$ 是 $f(x)$ 与 $g(x)$ 的 Mellin 变换, 那么

$$\int_0^{\infty}f(x)g(x)x^{t-1}\mathrm{d}x=\frac{1}{2\pi\mathrm{i}}\int_{c-\mathrm{i}\infty}^{c+\mathrm{i}\infty}f(t)g(t-s)\mathrm{d}s\tag{A3.3.3}$$

这一结果称为 Mellin 变换的卷积定理, 证明从略. 它在下面 A3.6 节与 A3.9 节推导对偶积分方程理论公式时起重要作用.

A3.4 Hankel 变换及其应用

A3.4.1 Hankel 变换

这种变换在三维裂纹问题中有许多应用.

设函数 $f(y)$ 在 $(0,\infty)$ 上绝对可积, 并且在点 x 的邻域有界, 若

$$\overline{f}_\nu(u)=\int_0^\infty yf(y)\mathrm{J}_\nu(uy)\mathrm{d}y \tag{A3.4.1}$$

是函数 $f(y)$ 的 ν 阶 Hankel 变换, 那么反演

$$\frac{1}{2}\left[f(x+0)+f(x-0)\right]=\int_0^\infty u\overline{f}_\nu(u)\mathrm{J}_\nu(xu)\mathrm{d}u \tag{A3.4.2}$$

成立. 若 $f(y)$ 在点 x 连续, 则

$$f(x)=\int_0^\infty u\overline{f}_\nu(u)\mathrm{J}_\nu(xu)\mathrm{d}u \tag{A3.4.2$'$}$$

这一定理的证明略去, 其中 $\mathrm{J}_\nu(xu)$ 是 ν 阶第一类 Bessel 函数.

下面推导函数的导数的 Hankel 变换. 它要求在 $r\to 0$ 与 $r\to\infty$ 时 $rf(r)\to 0$ 利用式 (A3.4.2), 我们有

$$\overline{f}'_\nu(\xi)=(\nu-1)\int_0^\infty f(r)\mathrm{J}_\nu(\xi r)\mathrm{d}r-\xi\overline{f}_{\nu-1}(\xi) \tag{A3.4.3}$$

这里使用了 Bessel 函数的递推公式

$$\frac{\mathrm{d}}{\mathrm{d}r}\left[r\mathrm{J}_\nu(\xi r)\right]=\mathrm{J}_\nu(\xi r)+\xi r\mathrm{J}_{\nu-1}(\xi r)$$

进而使用递推公式

$$\mathrm{J}_{\nu-1}(r)-\frac{2\nu}{r}\mathrm{J}_\nu(r)+\mathrm{J}_{\nu+1}(r)=0$$

式 (A3.4.3) 可以重新写成

$$\overline{f}'_\nu(\xi)=\xi\left[\frac{\nu+1}{2\nu}\overline{f}_{\nu-1}(\xi)-\frac{\nu-1}{2\nu}\overline{f}_{\nu+1}(\xi)\right] \tag{A3.4.4}$$

类似地有

$$\overline{f}''_\nu(\xi)=-\xi\left[\frac{\nu+1}{2\nu}\overline{f}'_{\nu-1}(\xi)-\frac{\nu-1}{2\nu}\overline{f}'_{\nu+1}(\xi)\right] \tag{A3.4.5}$$

因而得到

$$\int_0^\infty r\left(\frac{\mathrm{d}^2f}{\mathrm{d}r^2}+\frac{1}{r}\frac{\mathrm{d}f}{\mathrm{d}r}-\frac{\nu^2f}{r}\right)\mathrm{J}_\nu(\xi r)\mathrm{d}r=-\xi^2\overline{f}_\nu(\xi) \tag{A3.4.6}$$

这结果对后面推导弹性理论基本方程的 Hankel 变换起了重要作用.

A3.4.2　轴对称三维经典弹性问题

轴对称三维弹性力学, 在引进位移函数 $\varPhi(r,z)$ 之后, 可以化成双调和方程

$$\nabla^2\nabla^2\varPhi=0 \tag{a}$$

其中 $\nabla^2=\partial^2/\partial r^2+\partial/r\partial r+\partial^2/\partial z^2$, 以及

$$u_r=\frac{\partial^2\varPhi}{\partial r\partial z},\quad u_z=2(1-\nu)-\nabla^2\varPhi\frac{\partial^2\varPhi}{\partial z^2} \tag{b}$$

$$\begin{cases}\dfrac{\sigma_{rr}}{2\mu}=-\dfrac{\partial}{\partial z}\left(\nu\nabla^2\varPhi-\dfrac{\partial^2\varPhi}{\partial r^2}\right)\\ \dfrac{\sigma_{\theta\theta}}{2\mu}=-\dfrac{\partial}{\partial z}\left(\nu\nabla^2\varPhi-\dfrac{1}{r}\dfrac{\partial^2\varPhi}{\partial r}\right)\\ \dfrac{\sigma_{zz}}{2\mu}=-\dfrac{\partial}{\partial z}\left((2-\nu)\nabla^2\varPhi-\dfrac{\partial^2\varPhi}{\partial z^2}\right)\\ \dfrac{\sigma_{rz}}{2\mu}=-\dfrac{\partial}{\partial r}\left((1-\nu)\nabla^2\varPhi-\dfrac{\partial^2\varPhi}{\partial z^2}\right)\end{cases} \tag{c}$$

引进零阶 Hankel 变换

$$G(\xi,z)=\int_0^\infty r\varPhi(r,z)\mathrm{J}_0(\xi r)\mathrm{d}r \tag{d}$$

其中 $\mathrm{J}_0(\xi r)$ 是零阶 Bessel 函数. 对方程 (a) 作零阶 Hankel 变换, 得到

$$\left(\frac{\mathrm{d}^2}{\mathrm{d}z^2}-\xi^2\right)^2G(\xi,z)=0 \tag{e}$$

此方程的解为

$$G(\xi,z)=(A+Bz)\mathrm{e}^{-\xi z}+(C+Dz)\mathrm{e}^{\xi z} \tag{f}$$

有关位移与应力的 Hankel 变换也可以得到. 由于已在第 3 章中对它们作了详细讨论, 这里不再重复.

A3.4.3　非轴对称三维经典弹性问题

非轴对称三维弹性问题, 若引进位移函数 $\varPhi(r,\theta,z)$ 与 $\psi(r,\theta,z)$, 可以化成

$$\nabla^2\nabla^2\varPhi=0,\quad \nabla^2\psi=0 \tag{a}$$

其中 $\nabla^2=\partial^2/\partial r^2+\partial/r\partial r+\partial^2/r^2\partial\theta^2+\partial^2\partial z^2$. 它最早由胡海昌针对横观各向同性弹性力学推导出来, 后来 Muki 用于各向同性弹性力学非轴对称三维问题.

方程 (a) 的解可以先作 Fourier 展开, 即

$$\left\{\begin{aligned} \varPhi(r,\theta,z) &= \sum_{n=0}^{\infty}\varPhi_m(r,z)\cos m\theta \\ \psi(r,\theta,z) &= \sum_{n=0}^{\infty}\psi_m(r,z)\sin m\theta \end{aligned}\right. \tag{b}$$

把 (b) 代入 (a) 之后, 化成关于 $(r,\ z)$ 的偏微分方程

$$\left\{\begin{aligned} &\left(\frac{\partial^2}{\partial r^2}+\frac{1}{r}\frac{\partial}{\partial r}-\frac{m^2}{r^2}+\frac{\partial^2}{\partial z^2}\right)^2\varPhi_m = 0 \\ &\left(\frac{\partial^2}{\partial r^2}+\frac{1}{r}\frac{\partial}{\partial r}-\frac{m^2}{r^2}+\frac{\partial^2}{\partial z^2}\right)\psi_m = 0 \end{aligned}\right. \tag{c}$$

对方程 (c) 作 m 阶 Hankel 变换, 则化成常微分方程并且得解. 这些步骤已在第 3 章中介绍过, 这里略去.

A3.4.4 立方准晶轴对称三维弹性问题

上述方法不仅在普遍 (经典) 弹性问题很有效, 也可以用于求解准晶弹性, 例如, 对三维立方准晶, 其轴对称三维弹性问题在引进位移函数 $\varPhi(r,z)$ 之后, 得到最终控制方程

$$\begin{aligned}&\left[\frac{\partial^8}{\partial z^8}-b\left(\frac{\partial^2}{\partial r^2}+\frac{1}{r}\frac{\partial}{\partial r}\right)\frac{\partial^6}{\partial z^6}+c\left(\frac{\partial^2}{\partial r^2}+\frac{1}{r}\frac{\partial}{\partial r}\right)^2\frac{\partial^4}{\partial z^4}\right.\\ &\left.-d\left(\frac{\partial^2}{\partial r^2}+\frac{1}{r}\frac{\partial}{\partial r}\right)^3\frac{\partial^2}{\partial z^2}+e\left(\frac{\partial^2}{\partial r^2}+\frac{1}{r}\frac{\partial}{\partial r}\right)^4\right]\varPhi=0\end{aligned} \tag{a}$$

其中 b, c, d 与 e 为常数 (仅与弹性模量有关).

对 (a) 作零阶 Hankel 变换, 则它化成八阶常微分方程

$$\left[\frac{\partial^8}{\partial z^8}+b\xi^2\frac{\partial^6}{\partial z^6}+c\xi^4\frac{\partial^4}{\partial z^4}+d\xi^6\frac{\partial^2}{\partial z^2}+e\xi^8\right]\overline{\varPhi}(\xi,z)=0 \tag{b}$$

其中

$$\overline{\varPhi}(\xi,r)=\int_0^{\infty} r\varPhi(r,z)\mathrm{J}_0(\xi r)\mathrm{d}r \tag{c}$$

方程 (b) 有 8 个特征根 $\pm\lambda_1$, $\pm\lambda_2$, $\pm\lambda_3$ 与 $\pm\lambda_4$, 它们都与材料常数有关. 由于公式较长, 这里不一一列举. 这样方程 (b) 的解为

$$\overline{\varPhi}(\xi,r)=\sum_{k=1}^{4}(A_k(\xi)\mathrm{e}^{-\lambda_k\xi z}+B_k(\xi)\mathrm{e}^{\lambda_k\xi z}) \tag{d}$$

$A_k(\xi), B_k(\xi)$ 待定. 待 $A_k(\xi), B_k(\xi)$ 确定后, 由 Hankel 反演可以进行计算出 $\Phi(r, z)$, 进而得到位移与应变.

A3.5 Abel 积分方程

由 A3.1~A3.4 可见, 在使用各种积分变换之后, 偏微分方程归结为确定未知函数 $A(\xi)$, $B(\xi)$, $C(\xi)$ 与 $D(\xi)$, 或 $A_k(\xi)$, $B_k(\xi)$. 对于位错问题, 这些函数满足一些代数方程. 对于裂纹问题, 它们往往满足一些积分方程, 通常为对偶积分方程. 推导对偶积分方程的解时, 要用复变函数的若干知识以及 Abel 积分方程的知识. 这里对 Abel 积分方程作简短介绍.

假设函数 $\phi(t)$ 已知, 而 $\psi(t)$ 未知, 若

$$\phi(t) = \int_0^t \frac{\psi(x)}{\sqrt{t^2 - x^2}} \mathrm{d}x, \quad 0 < t < 1 \tag{A3.5.1}$$

则方程 (A3.5.1) 称为未知函数 $\psi(t)$ 的 Abel 积分方程, 它的解为

$$\psi(t) = \frac{2}{\pi} \frac{\mathrm{d}}{\mathrm{d}t} \int_0^t \frac{x\phi(x)}{\sqrt{t^2 - x^2}} \mathrm{d}x, \quad 0 < t < 1 \tag{A3.5.2}$$

此表达式称为式 (A3.5.1) 的反演. 自然, 若 $\psi(t)$ 已知, $\phi(t)$ 未知, 式 (A3.5.1) 也可以称为式 (A3.5.2) 的反演.

A3.6 对偶积分方程 ——Titchmarsh 方法

A3.6.1 理论推导

在第 1 章、3 章、5 章和第 10 章中, 读者看到, 在使用各种积分变换处理裂纹问题时, 相当一部分问题归结为求解下列对偶积分方程

$$\begin{cases} \displaystyle\int_0^\infty y^\alpha f(y) \mathrm{J}_\nu(xy) \mathrm{d}y = g(x), & 0 < x < 1 \\ \displaystyle\int_0^\infty f(y) \mathrm{J}_\nu(x, y) \mathrm{d}y = 0, & x > 1 \end{cases} \tag{A3.6.1}$$

其中 $g(x)$ 是已知的, $f(x)$ 是未知的, α 与 ν 是实常数.

可以对 $f(y)$ 作一个变换, 使 (A3.6.1) 中的第二式自动满足, 然后把这一变换代入 (A3.6.1) 的第一式中, 我们得到一个 Abel 型积分方程, 用 A3.5 节介绍的方法求 Abel 积分方程的解, 再代回到该变换式中得到待定函数 $f(y)$. 这一方法在 A3.8 节

与 A3.10 节中将使用, 本节介绍求解方程 (A3.6.1) 的另一种方法 ——Titchmarsh 方法.

Titchmarsh 给出了 (A3.6.1) 的形式解, 它主要使用的复变函数方法. 其形式解为

$$f(x)=\frac{1}{2\pi\mathrm{i}}\int_{k-\mathrm{i}\infty}^{k+\mathrm{i}\infty}2^{s-\alpha}\frac{\Gamma\left(\frac{1}{2}+\frac{1}{2}\nu+\frac{1}{2}s\right)}{\Gamma\left(\frac{1}{2}+\frac{1}{2}\nu+\frac{1}{2}\alpha-\frac{1}{2}s\right)}\psi(s)x^{-s}\mathrm{d}s \tag{A3.6.2}$$

其中 $s=\sigma+\mathrm{i}\tau$ 及

$$\psi(s)=\frac{1}{2\pi\mathrm{i}}\int_{c-\mathrm{i}\infty}^{c+\mathrm{i}\infty}2^{s-\alpha}\frac{\Gamma\left(\frac{1}{2}+\frac{1}{2}\nu-\frac{1}{2}\alpha+\frac{1}{2}w\right)}{\Gamma\left(\frac{1}{2}+\frac{1}{2}\nu+\frac{1}{2}w\right)}\cdot\frac{\overline{g}(\alpha+1-w)}{w-s}\mathrm{d}w \tag{A3.6.3}$$

这里 $w=u+\mathrm{i}v,\sigma<u$ 及

$$\overline{g}(\alpha+1-w)=\int_0^1 g(x)x^{\alpha-w}\mathrm{d}x \tag{A3.6.4}$$

这里 $\Gamma(x)$ 代表 Euler gamma 函数 (见附录四).

若 $\alpha>0$, 解可以化成

$$f(x)=\frac{(2x)^{1-\alpha/2}}{\Gamma(\alpha/2)}\int_0^1\mu^{1+\alpha/2}\mathrm{J}_{\nu+\alpha/2}(\mu x)\mathrm{d}\mu\int_0^1 g(\rho\mu)\rho^{\nu+1}(1-\rho)^{\alpha/2-1}\mathrm{d}\rho \tag{A3.6.2$'$}$$

若 $\alpha>-2$, 则 (A3.6.4$'$) 化成

$$\begin{aligned}f(x)=&\frac{2^{-\alpha/2}x^{-\alpha}}{\Gamma(1+\alpha/2)}\left[x^{1+\alpha/2}\mathrm{J}_{\nu+\alpha/2}(x)\int_0^1 y^{\upsilon+1}(1-y^2)^{\alpha/2}g(y)\mathrm{d}y\right.\\&\left.+\int_0^1 y^{\alpha+1}(1-y^2)^{\alpha/2}\mathrm{d}y\int_0^1(xu)^{2+\alpha/2}g(yu)\mathrm{J}_{\nu+1+\alpha/2}(xu)\mathrm{d}u\right]\end{aligned} \tag{A3.6.2$''$}$$

证明 下面给出解 (A3.6.2) 推导的主要步骤.

首先假定 $0<\alpha<2.-\nu-1<\alpha-\dfrac{1}{2}<\nu+1$, 并且 $f(x)$ 的 Mellin 变换

$$f(s)=\int_0^\infty f(x)x^{s-1}\mathrm{d}x,\quad s=\sigma+\mathrm{i}r$$

(见式 (A3.3.1)) 在区域 $-\nu<\sigma<\alpha$ 内解析, 假设对 $\varepsilon>0$, 当 $t\to\infty$ 时具有阶 $O(|t|^{-\alpha+\varepsilon})$.

由定义 (A3.3.1), 可知 $y^\alpha J_\nu(xy)$ 的 Mellin 变换为

$$\overline{J}_\alpha(s)\equiv\int_0^\infty[y^\alpha J_\nu(xy)]\,y^{s-1}\mathrm{d}y=\frac{2^{\alpha+s-1}}{x^{\alpha+s}}\frac{\Gamma\left(\frac{1}{2}\alpha+\frac{1}{2}\nu+\frac{1}{2}s\right)}{\Gamma\left(1-\frac{1}{2}\alpha+\frac{1}{2}\nu-\frac{1}{2}s\right)}\tag{a}$$

再重复一遍, $s=\sigma+\mathrm{i}\tau$.

引用 Mellin 变换的卷积公式 (A3.3.3), 则方程 (A3.6.1) 第一式的左端, 第二式的左端利用式 (a) 的记号有

$$\int_0^\infty y^\alpha f(y)\mathrm{J}_\nu(xy)\mathrm{d}y=\frac{1}{2\pi\mathrm{i}}\int_{c-\mathrm{i}\infty}^{c+\mathrm{i}\infty}\overline{f}(s)\overline{\mathrm{J}}_\alpha(1-s)\mathrm{d}s$$

$$\int_0^\infty f(y)\mathrm{J}_\nu(xy)\mathrm{d}y=\frac{1}{2\pi\mathrm{i}}\int_{c-\mathrm{i}\infty}^{c+\mathrm{i}\infty}\overline{f}(s)\overline{\mathrm{J}}_0(1-s)\mathrm{d}s$$

把式 (a) 代入上式, 再代回式 (A3.6.1), 有

$$\frac{1}{2\pi\mathrm{i}}\int_{c-\mathrm{i}\infty}^{c+\mathrm{i}\infty}\frac{2^{\alpha-s}\Gamma\left(\frac{1}{2}+\frac{1}{2}\alpha+\frac{1}{2}\nu-\frac{1}{2}s\right)}{x^{1-s}\Gamma\left(\frac{1}{2}+\frac{1}{2}\nu-\frac{1}{2}\alpha+\frac{1}{2}s\right)}\overline{f}(s)\mathrm{d}s=g(x),\quad 0<x<1$$

$$\frac{1}{2\pi\mathrm{i}}\int_{c-\mathrm{i}\infty}^{c+\mathrm{i}\infty}\frac{2^{\alpha-s}\Gamma\left(\frac{1}{2}+\frac{1}{2}\nu-\frac{1}{2}s\right)}{\Gamma\left(\frac{1}{2}+\frac{1}{2}\nu+\frac{1}{2}s\right)}\overline{f}(s)\mathrm{d}s=0,\quad x>1$$

令

$$\overline{f}(s)=\frac{2^{\alpha-s}\Gamma\left(\frac{1}{2}+\frac{1}{2}\nu+\frac{1}{2}s\right)}{\Gamma\left(\frac{1}{2}+\frac{1}{2}\nu+\frac{1}{2}\alpha-\frac{1}{2}s\right)}\psi(s)\tag{b}$$

那么上述方程对化成

$$\begin{cases}\dfrac{1}{2\pi\mathrm{i}}\displaystyle\int_{c-\mathrm{i}\infty}^{c+\mathrm{i}\infty}\dfrac{\Gamma\left(\frac{1}{2}+\frac{1}{2}\nu+\frac{1}{2}s\right)}{\Gamma\left(\frac{1}{2}+\frac{1}{2}\nu-\frac{1}{2}\alpha+\frac{1}{2}s\right)}\psi(s)x^{s-1-\alpha}\mathrm{d}s=g(x),\quad 0<x<1\\[2ex]\dfrac{1}{2\pi\mathrm{i}}\displaystyle\int_{c-\mathrm{i}\infty}^{c+\mathrm{i}\infty}\dfrac{\Gamma\left(\frac{1}{2}+\frac{1}{2}\nu-\frac{1}{2}s\right)}{\Gamma\left(\frac{1}{2}+\frac{1}{2}\nu+\frac{1}{2}\alpha-\frac{1}{2}s\right)}\psi(s)x^{s-1}\mathrm{d}s=0,\quad x>1\end{cases}\tag{c}$$

对方程 (c) 的第一式乘 $x^{\alpha-w}$, 其中 $w=u+\mathrm{i}v$, 以及 $\sigma-u>0$, 然后对 x 在 (0,1) 上积分得到

$$\frac{1}{2\pi\mathrm{i}}\int_{c-\mathrm{i}\infty}^{c+\mathrm{i}\infty}\frac{\Gamma\left(\frac{1}{2}+\frac{1}{2}\nu+\frac{1}{2}s\right)}{\Gamma\left(\frac{1}{2}+\frac{1}{2}\nu-\frac{1}{2}\alpha+\frac{1}{2}s\right)}\psi(s)\frac{\mathrm{d}s}{s-w}=\overline{g}(\alpha-w+1) \tag{d}$$

这里 $u<c$, 以及

$$\overline{g}(\alpha-w+1)=\int_0^1 g(x)x^{\alpha-w}\mathrm{d}x$$

方程 (d) 的左端在带形区

$$-\nu<\sigma<\alpha$$

内除简单极点 $s=w$ 之外处解析, 并且具有阶 $O(|t|^{-\alpha+\varepsilon})$, 若我们把积分线由 $\sigma=c$ 移动到 $\sigma=c'<u$(图 A3.6.1), 由 Cauchy 积分公式 (见公式 (A2.1.5))

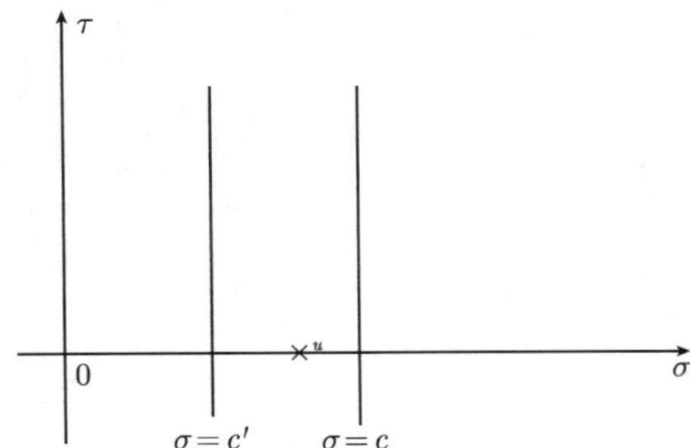

图 A3.6.1　s 平面上的积分路线

$$\begin{aligned}&\frac{1}{2\pi\mathrm{i}}\int_{c-\mathrm{i}\infty}^{c+\mathrm{i}\infty}\frac{\Gamma\left(\frac{1}{2}+\frac{1}{2}\nu+\frac{1}{2}w\right)}{\Gamma\left(\frac{1}{2}+\frac{1}{2}\nu-\frac{1}{2}\alpha+\frac{1}{2}s\right)}\psi(s)\frac{\mathrm{d}s}{s-w}\\&=\overline{g}(\alpha-w+1)-\frac{\Gamma\left(\frac{1}{2}+\frac{1}{2}\nu+\frac{1}{2}w\right)}{\Gamma\left(\frac{1}{2}+\frac{1}{2}\nu-\frac{1}{2}\alpha+\frac{1}{2}w\right)}\psi(w)\end{aligned}$$

这个积分线的平移相当于出现了一个闭区域, 在此闭区域的积分值正好等于上式右端的第二项数值 (包括符号在内). 因为上式左端对于 $u>c'$ 是解析的, 自然其右端

也如此. 另外

$$\psi(w)-\frac{\Gamma\left(\frac{1}{2}+\frac{1}{2}\nu-\frac{1}{2}\alpha+\frac{1}{2}w\right)}{\Gamma\left(\frac{1}{2}+\frac{1}{2}\nu+\frac{1}{2}\alpha\right)}\bar{g}(\alpha-w+1) \tag{e}$$

在

$$\frac{1}{2}+\frac{1}{2}\nu-\frac{1}{2}\alpha+\frac{1}{2}w\neq 0,-1,-2,\cdots$$

时也是解析的. 所以适当选取 u 值, 这点总可以保证.

对 (e) 沿在 $\sigma=c'$ 右端的一个大的矩形积分, 该矩形具有角点 $c-\mathrm{i}T$, $c+\mathrm{i}T$, $-T+\mathrm{i}T$, $-T-\mathrm{i}T(T>|u|)$. 可以发现积分的绝对值

$$\left|\int_{c-\mathrm{i}T}^{-T+\mathrm{i}T}\right|,\quad \left|\int_{-T-\mathrm{i}T}^{-T+\mathrm{i}T}\right|,\quad \left|\int_{-T+\mathrm{i}T}^{c-\mathrm{i}T}\right|$$

具有阶 $O(T^{-\alpha/2+\varepsilon})$, 并且 ε 总可以取得比 $\alpha/2$ 小, 那么当 $T\to\infty$ 时, 这些值趋于零. 因而按 Cauchy 积分定理, 有

$$\frac{1}{2\pi\mathrm{i}}\int_{c-\mathrm{i}\infty}^{c+\mathrm{i}\infty}\left\{\psi(s)-\frac{\Gamma\left(\frac{1}{2}+\frac{1}{2}\nu-\frac{1}{2}\alpha+\frac{1}{2}w\right)}{\Gamma\left(\frac{1}{2}+\frac{1}{2}\nu+\frac{1}{2}s\right)}\bar{g}(\alpha-w+1)\right\}\frac{\mathrm{d}s}{s-w}=0(u<c) \tag{f}$$

类似地, 对方称 (c) 的第二式乘以 x^{-w}, 这里 $\sigma-u<0$, 并且对 x 在 $(1,\infty)$ 上积分, 得到

$$\frac{1}{2\pi\mathrm{i}}\int_{c-\mathrm{i}\infty}^{c+\mathrm{i}\infty}\frac{\Gamma\left(\frac{1}{2}+\frac{1}{2}\nu-\frac{1}{2}s\right)}{\Gamma\left(\frac{1}{2}+\frac{1}{2}\nu+\frac{1}{2}\alpha-\frac{1}{2}s\right)}\psi(s)\frac{\mathrm{d}s}{s-w}=0\ (u>c)$$

移动积分线, 可以得到

$$\psi(w)=\frac{1}{2\pi\mathrm{i}}\int_{c-\mathrm{i}\infty}^{c+\mathrm{i}\infty}\psi(s)\frac{\mathrm{d}s}{s-w}\ (u<c) \tag{g}$$

比较 (f) 与 (g) 得到 (A3.6.3). 对 (A3.6.3) 作 Mellin 变换的反演, 即得解 (A3.6.2), 这就是 Ticthamarsh 解. 证明由脚注①给出, 细节可以查原文. 以上的解答是用复积分表达的, 有时用留数定理计算这些积分甚至比下面介绍的实积分更简单些. 这样做, 对加深理解和掌握复分析有益.

脚注①的论文提供了用实积分计算的公式, 现介绍如下:

① Busbridge I. Dual integral equations. Proc. London Math. Soc. 1938, 44: 115~124.

在式 (A3.6.3) 中

$$\overline{g}(\alpha+1-s)=\int_0^1 g(\xi)\xi^{\alpha-s}\mathrm{d}\xi$$

另外, 我们有

$$\frac{1}{s-w}=\int_0^1 \eta^{s-w-1}\mathrm{d}\eta$$

如果在上式中交换积分次序, 可以把式 (A3.6.3) 改写成

$$\psi(w)=\int_0^1 g(\xi)\xi^{\alpha}\mathrm{d}\xi\int_0^1 \eta^{-w-1}\mathrm{d}\eta\times\frac{1}{2\pi\mathrm{i}}\int_{c-\mathrm{i}\infty}^{c+\mathrm{i}\infty}\frac{\Gamma\left(\dfrac{1}{2}+\dfrac{1}{2}\nu-\dfrac{1}{2}\alpha+\dfrac{1}{2}s\right)}{\Gamma\left(\dfrac{1}{2}+\dfrac{1}{2}\nu+\dfrac{1}{2}s\right)}\left(\frac{\xi}{\eta}\right)^{-s}\mathrm{d}s$$

其中积分

$$\frac{1}{2\pi\mathrm{i}}\int_{c-\mathrm{i}\infty}^{c+\mathrm{i}\infty}\frac{\Gamma\left(\dfrac{1}{2}+\dfrac{1}{2}\nu-\dfrac{1}{2}\alpha+\dfrac{1}{2}s\right)}{\Gamma\left(\dfrac{1}{2}+\dfrac{1}{2}\nu+\dfrac{1}{2}s\right)}\left(\frac{\xi}{\eta}\right)^{-s}\mathrm{d}s$$

$$=\begin{cases}\dfrac{2}{\Gamma\left(\dfrac{1}{2}\alpha\right)}\xi^{1+\nu-\alpha}(\eta^2-\xi^2)^{\alpha/2-1}\eta^{1-\nu}, & \eta\geqslant\xi\\ 0, & 0<\eta<\xi\end{cases}$$

(这里积分的计算可以由 Mellin 变换的反演得到, 查积分变换手册, 或脚注①), 因而

$$\psi(w)=\frac{2}{\Gamma(\alpha/2)}\int_0^1 g(\xi)\xi^{1+\nu}\mathrm{d}\xi\int_0^1 \eta^{-w-\nu}(\eta^2-\xi^2)^{\alpha/2-1}\mathrm{d}\eta$$

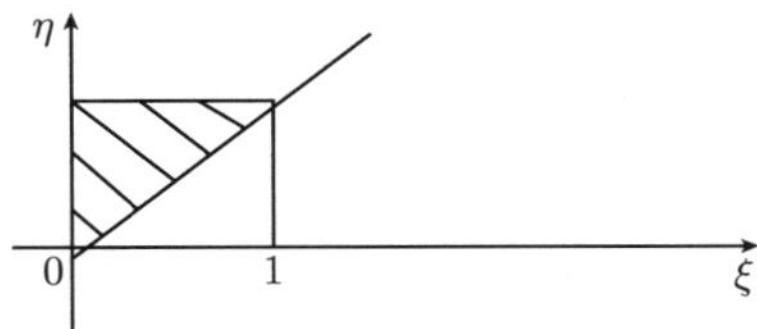

图 A3.6.2 $\xi\eta$ 平面上的积分区域

交换积分次序 (图 A3.6.2) 可以得到

$$\psi(w)=\frac{2}{\Gamma(\alpha/2)}\int_0^1 \eta^{-w-\nu}\mathrm{d}\eta\int_0^1 g(\xi)\xi^{1+\nu}(\eta^2-\xi^2)^{\alpha/2-1}\mathrm{d}\xi$$

---

① A. Erdalyi. 高级超越函数. 第一卷, 第二卷. 张致中译. 北京: 科学出版社, 1958.

$$=\frac{2}{\Gamma(\alpha/2)}\int_0^1\eta^{\alpha-\varpi}\mathrm{d}\eta\int_0^1 g(\xi)\xi^{\nu+1}(1-\xi^2)^{\alpha/2-1}\mathrm{d}\xi \tag{A3.6.3$'$}$$

把它代入式 (A3.6.2), 得到

$$f(x)=\frac{2}{\Gamma(\alpha/2)}\int_0^1\eta^{\alpha}\mathrm{d}\eta\int_0^1 g(\eta\zeta)\zeta^{\nu+1}(1-\zeta^2)^{\alpha/2-1}\mathrm{d}\zeta$$
$$\times\frac{1}{2\pi\mathrm{i}}\int_{c-\mathrm{i}\infty}^{c+\mathrm{i}\infty}2^{s-\alpha}(x\eta)^{-s}\frac{\Gamma\left(\frac{1}{2}+\frac{1}{2}\nu+\frac{1}{2}s\right)}{\Gamma\left(\frac{1}{2}+\frac{1}{2}\nu+\frac{1}{2}\alpha-\frac{1}{2}s\right)}\mathrm{d}s$$

利用 Mellin 变换的反演

$$\frac{1}{2\pi\mathrm{i}}\int_{c-\mathrm{i}\infty}^{c+\mathrm{i}\infty}2^{s-\alpha}\frac{\Gamma\left(\frac{1}{2}+\frac{1}{2}\nu+\frac{1}{2}s\right)}{\Gamma\left(\frac{1}{2}+\frac{1}{2}\nu+\frac{1}{2}\alpha-\frac{1}{2}s\right)}(at)^{-s}\mathrm{d}s=2^{-\alpha/2}(at)^{1-\alpha/2}\mathrm{J}_{\nu+\alpha/2}(at)$$

就得到式 (A3.6.2$'$).

对于 $\alpha>-2$ 的情形, 经过冗长的计算, 可以由 (A3.6.2) 化成 (A3.6.2$''$) 细节这里不再介绍, 可以查 Busbridge 的原文.

A3.6.2　应用举例

1. **求解对偶积分方程**

$$\begin{cases}\dfrac{2}{\pi}\displaystyle\int_0^\infty\xi A(\xi)\cos(\xi x)\mathrm{d}\xi=p(x), & 0<x<a\\ \displaystyle\int_0^\infty A(\xi)\cos(\xi x)\mathrm{d}\xi=0, & x>a\end{cases}\tag{h}$$

因为

$$\cos(\xi x)=\left(\frac{\pi\xi x}{2}\right)^{\frac{1}{2}}\mathrm{J}_{-1/2}(\xi x)$$

记

$$\begin{cases}\xi^{1/2}A(\xi)=f(\xi)=f(\eta),\eta=a\xi,\rho=\dfrac{x}{a}\\ g(\rho)=a\left(\dfrac{\pi a}{2\rho}\right)^{\frac{1}{2}}p(x)\end{cases}\tag{i}$$

于是 (h) 化成

$$\begin{cases}\displaystyle\int_0^\infty\eta f(\eta)\mathrm{J}_{-1/2}(\eta\rho)\mathrm{d}\eta=g(\rho), & 0<\rho<1\\ \displaystyle\int_0^\infty f(\eta)\mathrm{J}_{-1/2}(\eta\rho)\mathrm{d}\eta=0, & \rho>1\end{cases}\tag{g$'$}$$

根据对偶积分方程的标准形式 (A3.6.1), 这里 $\alpha = 1$, $\nu = -1/2$, 在 $p(x) = p =$ 常数时 $g(\rho) = g_0\rho^{-1/2}$, $g_0 =$ 常数 $= a(\pi a)^{1/2}p$, 在这种情形, 方程 (g′) 用复变回路积分 (A3.6.2) 和 (A3.6.3) 更容易计算出来, 但要注意积分路线的选取. 在前面介绍 Busbridge 对方称 (A3.6.2) 的证明中, 要求 $-\nu > k > \alpha$, $-\nu < c < \alpha$ 以及 $k < c$. 对方程 (g′), 由于 $\nu = -1/2$, $\alpha = 1$, 这样 $1/2 < k < 1$ 以及 $1/2 < c < 1$.

具体计算如下. 因为

$$\overline{g}(\alpha + 2 - t) = \int_0^1 g(\rho)\rho^{\alpha - t}\mathrm{d}\rho = g_0\int_0^1 \rho^{-1/2}\rho^{1-t}\mathrm{d}\rho = g_0\frac{1}{3/2 - t} \tag{j}$$

这里 $t = t_1 + \mathrm{i}t_2$ 为一复变量, 要求 $t_1 < 3/2$ 把 $\nu = -1/2$, $\alpha = 1$ 以及 (i) 中的数据和 (j) 代入式 (A3.6.3) 得到

$$\psi(s) = g_0\frac{1}{2\pi\mathrm{i}}\int_{c-\mathrm{i}\infty}^{c+\mathrm{i}\infty}\frac{\Gamma\left(-\dfrac{1}{4} + \dfrac{t}{2}\right)}{\Gamma\left(\dfrac{1}{4} + \dfrac{t}{2}\right)}\cdot\frac{1}{t - s}\cdot\frac{1}{\dfrac{3}{2} - t}\mathrm{d}t$$

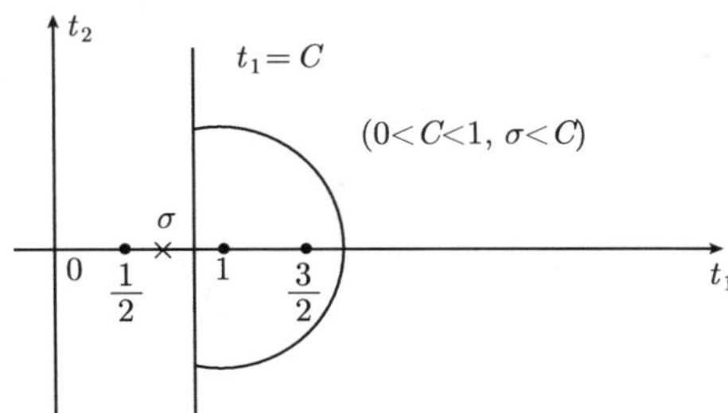

图 A3.6.3 t 平面上的积分路线

其积分路线如图 A3.6.3 所示. 在这种情形下, 被积函数仅有一个一阶极点 $t_1 = 3/2$. 有留数定理 (见附录二), 得到

$$\psi(s) = g_0\frac{\Gamma\left(\dfrac{1}{2}\right)}{\Gamma(1)}\frac{1}{\dfrac{3}{2} - s} = g_0\frac{\sqrt{\pi}}{\dfrac{3}{2} - s} \tag{k}$$

$\left(\text{因为 } \Gamma(1) = 1, \Gamma\left(\dfrac{1}{2}\right) = \sqrt{\pi}, \text{详见附录四}\right)$. 把此结果代入式 (A3.6.2) 有

$$f(\eta) = g_0\sqrt{\pi}\frac{1}{2\pi\mathrm{i}}\int_{k-\mathrm{i}\infty}^{k+\mathrm{i}\infty}\frac{2^{s-\alpha}\Gamma\left(\dfrac{1}{4} + \dfrac{s}{2}\right)}{\Gamma\left(\dfrac{1}{4} - \dfrac{s}{2}\right)}\eta^{-s}\mathrm{d}s \tag{l}$$

利用 Mellin 变换的反演公式

$$\frac{1}{2\pi\mathrm{i}}\int_{k-\mathrm{i}\infty}^{k+\mathrm{i}\infty}2^{s-\lambda}\frac{\Gamma\left(\frac{1}{2}+\frac{1}{2}\mu+\frac{1}{2}s\right)}{\Gamma\left(\frac{1}{2}+\frac{1}{2}\mu+\frac{1}{2}\lambda-\frac{1}{2}s\right)}(\beta\eta)^{-s}\mathrm{d}s=2^{-\lambda/2}(\beta\eta)^{1-\lambda/2}\mathrm{J}_{\mu+\lambda/2}(\beta\eta)$$

在公式 (l) 中, $\mu=-1/2,\lambda=3,\beta=1$, 所以

$$f(\eta)=g_0\sqrt{\pi}2^{-1/2}\eta^{-1/2}\mathrm{J}_1(\eta)=g_0\left(\frac{\pi}{2\eta}\right)^{1/2}\mathrm{J}_1(\eta)$$

此结果由 Sneddon 与 Elliot 由实积分所得到, 这里用复积分计算更简单. 运用公式 (i), 最后得到

$$A(\xi)=\xi^{-1/2}f(\xi)=\frac{\pi ap}{2}\xi^{-1}\mathrm{J}_1(a\xi)$$

这就是解 (1.9.5). 对 Ⅰ, Ⅱ, Ⅲ型 Griffith 裂纹, 用 Fourier 变换求解, 所得对偶积分方程的解都是这一结果. 对多种准晶中的 Griffith 裂纹, 用 Fourier 变换求解, 所得对偶积分方程的解, 也都是这一结果. 看来这一结果具有一定的普遍性.

2. 求解对偶积分方程

$$\begin{cases}\displaystyle\int_0^\infty \xi f(\xi)\mathrm{J}_0(\xi\rho)\mathrm{d}\xi=g(\rho), & 0<\rho<1\\ \displaystyle\int_0^\infty f(\xi)\mathrm{J}_0(\xi\rho)\mathrm{d}\xi=0, & \rho>1\end{cases}\tag{m}$$

的解.

这里 $\alpha=1,\nu=0,g(\rho)=g_0=$const, 由 (A3.6.2') 得到

$$\begin{aligned}f(x)=&\frac{(2x)^{1/2}}{\sqrt{\pi}}\int_0^1\eta^{3/2}\mathrm{J}_{-3/2}(\eta x)\mathrm{d}\eta\int_0^1 g_0(1-\xi^2)^{-1/2}\xi\mathrm{d}\xi\\=&\frac{(2x)^{1/2}}{\sqrt{\pi}}g_0x^{-5/2}\int_{\eta=0}^{\eta=1}(\eta x)^{3/2}\mathrm{J}_{3/2}(\eta x)\mathrm{d}(\eta x)\\=&\frac{(2x)^{1/2}}{\sqrt{\pi}}g_0x^{-5/2}\left[(\eta x)^{3/2}\mathrm{J}_{3/2}(\eta x)\right]_{\eta=0}^{\eta=1}\\=&g_0\sqrt{\frac{2}{\pi}}x^{-1/2}J_{3/2}(x)\end{aligned}$$

这是解 (3.4.14), 上面计算中用到了 Bessel 函数的递推公式 $[x^\nu\mathrm{J}_\nu(x)]'=x^\nu\mathrm{J}_{\nu-1}(x)$.

A3.7 对偶积分方程 ——Copson 解法

更普遍的对偶积分方程 (尤其在动力学问题中) 为

$$\begin{cases} \displaystyle\int_0^\infty y^{2\alpha}G(y)f(y)\mathrm{J}_\nu(xy)\mathrm{d}y = g(x), & 0<x<a \\ \displaystyle\int_0^\infty f(y)\mathrm{J}_\nu(xy)\mathrm{d}y = 0, & x>a \end{cases} \tag{A3.7.1}$$

这里 $G(y)$ 与 $g(x)$ 已知, $f(x)$ 待定.

设

$$h(x) = g(x) + \int_0^\infty y^{2\alpha}\left[1-G(y)\right]f(y)\mathrm{J}_\nu(xy)\mathrm{d}y \tag{a}$$

这样方程 (A3.7.1) 化成

$$\begin{cases} \displaystyle\int_0^\infty y^{2\alpha}f(y)\mathrm{J}_\nu(xy)\mathrm{d}y = h(x), & 0<x<a \\ \displaystyle\int_0^\infty f(y)\mathrm{J}_\nu(xy)\mathrm{d}y = 0, & x>a \end{cases} \tag{A3.7.1$'$}$$

从形式上看, 它与式 (A3.6.1) 一样, 但因为 $h(x)$ 中含有未知函数 $f(x)$, 所以它不能用 A3.6 节的方法求解.

现在把未知函数 $f(y)$ 用一新的未知函数 $\varPhi(t)$ 表示成

$$f(y) = y^{1-\alpha}\int_0^a \varPhi(t)\mathrm{J}_{\nu+\alpha}(yt)\mathrm{d}t \tag{b}$$

并且要求

$$\lim_{t\to 0^+} t^{\nu+\alpha-1}\varPhi(t) = 0$$

这样, 方程 (A3.7.1) 中的第二个方程自动满足, 因为

$$\int_0^\infty f_\lambda(at)\mathrm{J}_\mu(bt)t^{1+\mu-\lambda}\mathrm{d}t = \begin{cases} 0, & 0<a<b \\ \dfrac{b^\mu(a^2-b^2)^{\lambda-\mu-1}}{2^{\lambda-\mu-1}a^2\Gamma(\lambda-\mu)}, & 0<b<a \end{cases} \tag{c}$$

此式对 $\lambda>\mu>-1$ 成立 ①(或附录四).

方程 (b) 用分部积分化成

$$f(y) = y-\alpha\Big\{-\varPhi(a)\mathrm{J}_{\nu+\alpha-1}(ay)$$

$$+\int_0^a t^{1-\nu-\alpha}\frac{\mathrm{d}}{\mathrm{d}t}\left[t^{\nu+\alpha-1}\Phi(t)\right]J_{\nu+\alpha-1}(yt)\mathrm{d}t\Big\}$$

把此式代入 (A3.7.1′) 的第一个方程并且运用公式 (c), 我们得到一个 Abel 型积分方程

$$h(x)=\frac{2\alpha}{\Gamma(1-\alpha)}x^{-\nu}\int_0^x\frac{\mathrm{d}}{\mathrm{d}t}\left[t^{\nu+\alpha-1}\Phi(t)\right]\frac{\mathrm{d}t}{\sqrt{x^2-t^2}}$$

要求 $\nu>-\alpha$ 和 $0<\alpha<1$.

上式中, $h(x)$ 与 $\Phi(t)$ 均未知. 但不妨利用 Abel 积分方程 (A3.5.1) 的反演, 给出 $\Phi(t)$ 的显式表达

$$\Phi(t)=\frac{2^{1-\alpha}}{\Gamma(\alpha)}t^{\nu+\alpha-1}\int_0^t\frac{x^{1+\nu}h(x)}{(t^2-x^2)^{1-\alpha}}\mathrm{d}t$$

这里要求 $x^\nu h(x)$ 及其一阶导数在区间 $[0,a]$ 上连续. 把式 (a) 代入上式并且利用恒等式

$$\int_0^1 x^{1+\nu}\mathrm{J}_\nu(xs)\frac{\mathrm{d}x}{(t^2-x^2)^{1-\alpha}}=2^{\alpha-1}\Gamma(s)s^{-\alpha}t^{\alpha+\nu}\mathrm{J}_{\alpha+\nu}(st)$$

得到关于未知函数 $\Phi(t)$ 和 Fredholm 积分方程如下:

$$\Phi(t)+\int_0^a\Phi(\xi)K(\xi,t)\mathrm{d}\xi=\frac{2^{1-\alpha}}{\Gamma(\alpha)}t^{\nu+\alpha-1}\int_0^1\frac{x^{1+\nu}g(x)}{(t^2-x^2)^{1-\alpha}}\mathrm{d}x \tag{A3.7.2}$$

其中 $K(\xi,t)$ 记积分方程的核, 为

$$K(\xi,t)=t\int_0^\infty x\left[G(x)-1\right]\mathrm{J}_{\alpha+\nu}(xt)\mathrm{J}_{\alpha+\nu}(x\xi)\mathrm{d}x \tag{A3.7.3}$$

这便是在第 5 章中得到 Fredholm 积分方程, 不少动态载荷作用下的裂纹问题可以化成求解积分方程 (A3.7.2), 一般它只能用数值方法求解, 见 A3.1 节. 确定了 $\Phi(t)$, 由公式 (b) 知, $f(x)$ 即被确定.

这一方法最初由 Copson 创立, 后被 Chen 与 Sih 加以发展.

A3.8 Wiener-Hopf 方法及其在求解一类对偶积分方程中的应用

A3.8.1 理论推导

在第 5 章中讨论了一类动态裂纹问题, 用积分变换处理之后化成求解下列对偶积分方程

$$\begin{cases}\displaystyle\int_{-\infty}^{\infty}F(s)\mathrm{e}^{-\mathrm{i}sx}\mathrm{d}s=0, & x>0\\ \displaystyle\int_{-\infty}^{\infty}f(s)F(s)\mathrm{e}^{-\mathrm{i}sx}\mathrm{d}s=g(x), & x<0\end{cases} \tag{A3.8.1}$$

其中 $f(x)$ 与 $g(x)$ 已知, $F(s)$ 待定. 这一类方程有时可以用所谓的 Wiener-Hopf 方法求解 (Wiener 是一位瑞士数学家, Hopf 是一位德国数学家, 在 19 世纪末与 20 世纪初从事应用数学研究).

对方程 (A3.8.1) 的第一式作 Fourier 变换导出

$$\begin{aligned}F(s) &= \int_{-\infty}^{\infty} \psi(x)\mathrm{e}^{\mathrm{i}sx}\mathrm{d}x \\ &= \int_{-\infty}^{0} \psi(x)\mathrm{e}^{\mathrm{i}sx}\mathrm{d}x + \int_{0}^{\infty} \psi(x)\mathrm{e}^{\mathrm{i}sx}\mathrm{d}x \\ &= \int_{-\infty}^{0} \psi(x)\mathrm{e}^{\mathrm{i}sx}\mathrm{d}x \equiv \Psi_{-}(s) \end{aligned} \tag{a}$$

(因为 $\psi(x)=0$, 当 $x>0$ 时) 这里 $\psi(x)$ 是未知的.

若假定

$$|\psi(x)| < B\mathrm{e}^{\tau_{+}x}, \quad 当 \to -\infty \tag{b}$$

那么

$$\Psi_{-}(s) = \int_{-\infty}^{\infty} \psi(x)\mathrm{e}^{\mathrm{i}sx}\mathrm{d}x$$

在下半平面 $\tau<\tau_{+}$ 解析, 这里 $s=\sigma+\mathrm{i}\tau$.

类似地, 定义

$$\Phi_{+}(s) \equiv \int_{0}^{\infty} \phi(x)\mathrm{e}^{\mathrm{i}sx}\mathrm{d}x \tag{c}$$

若

$$|\phi(x)| < A\mathrm{e}^{\tau_{-}x}, \quad 当 \to +\infty \tag{d}$$

那么 $\Phi_{+}(s)$ 在上半平面 $\tau>\tau_{-}$ 解析.

对方程 (A3.8.1) 的第二式作 Fourier 变换得到

$$\Phi_{+}(s) - f(s)F(s) = -G(s) \tag{e}$$

其中 $G(s)=\int_{-\infty}^{0} g(x)\mathrm{e}^{\mathrm{i}sx}\mathrm{d}x$ 是已知的.

由 (a) 与 (e) 得到 $\Phi_{+}(s)$ 与 $\Psi_{-}(s)$ 的联系, 即

$$\Phi_{+}(s) - f(s)\Psi_{-}(s) = -G(s)$$

更一般地, 有

$$A(s)\Phi_{+}(s) + B(s)\Psi_{-}(s) + C(s) = 0 \tag{f}$$

其中 $\varPhi_+(s)$ 与 $\varPsi_-(s)$ 未知, $A(s)$, $B(s)$ 与 $C(s)$ 已知. 函数方程 (f) 称为 Wiener-Hopf 方程, 它在带形区

$$\tau_- < \tau < \tau_+, \quad -\infty < \sigma < \infty \tag{g}$$

内成立, 如图 A3.8.1 所示.

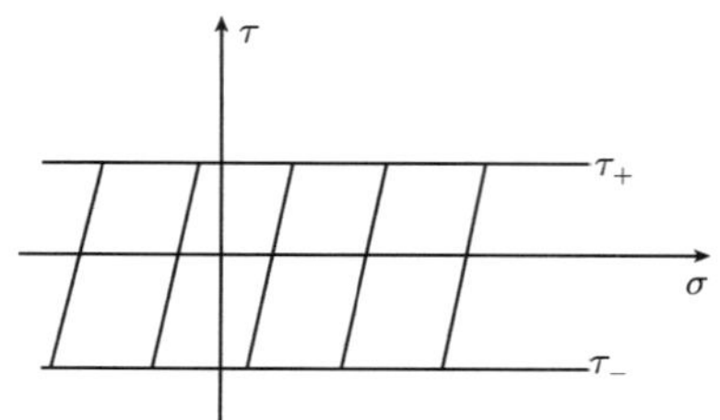

图 A3.8.1　定义 Wiener-Hop 方程的区域

这里再次强调, 函数 $\varPhi_+(s)$ 未知但在上半平面 $\tau > \tau_-$ 解析, 函数 $\varPsi_-(s)$ 未知, 但在下半平面 $\tau < \tau_{+1}$ 解析, $A(s)$, $B(s)$ 与 $C(s)$ 已知, 并且在带形区 (g) 中解析.

Wiener-Hopf 方法的基本步骤是进行函数分解 (把一个已知函数 $K(s)$ 分解成和式 $K(s) = K_+(s) + K_-(s)$, 其中 $K_+(s)$ 与 $K_-(s)$ 分别在上半平面与下半平面解析和无零点, 该半平面如图 A3.8.1 所示).

假设

$$\frac{K_+(s)}{K_-(s)} = \frac{A(s)}{B(s)} \tag{h}$$

那么方程 (f) 化成

$$K_+(s)\varPhi_+(s) + K_-(s)\varPsi_-(s) = -K_-(s)\frac{C(s)}{B(s)} \tag{i}$$

式 (i) 右端可以分解成

$$K_-(s)\frac{C(s)}{B(s)} = C_+(s) + C_-(s) \tag{j}$$

其中 $C_+(s)$ 在 $\tau > \tau_{-1}$ 解析, $C_-(s)$ 在 $\tau < \tau_{+1}$ 解析.

公式 (j) 与 (i) 的联立, 给出

$$K_+(s)\varPhi_+(s) + C_+(s) = -\left[K(s)\varPsi_-(s) + C_-(s)\right] \equiv J(s) \tag{k}$$

这样我们在区域 $\tau_- < \tau < \tau_+$ 内定义了一个新的函数 $J(s)$. 方程 (h) 的第一部分与第二部分分别在 $\tau > \tau_{-1}$ 与 $\tau < \tau_+$ 解析, $J(s)$ 必须在全平面上解析. 假设

$$\begin{cases} |K_+(s)\varPhi_+(s) + C_+(s)| < |s|^p, & 当 s \to \infty, \tau > \tau_{-1} \\ |K(s)\varPsi_-(s) + C_-(s)| < |s|^q, & 当 s \to \infty, \tau < \tau_{+1} \end{cases} \tag{l}$$

那么根据 Liouville 定理 (此定理及其证明详见本节最后的补充材料), $J(s)$ 必须是一个多项式 $P(s)$, 其阶数小于或等于 $\min(p,q)$ 的整数, 亦即

$$\begin{cases} K_+(s)\Phi_+(s)+C_+(s)=P(s) \\ K_-(s)\Psi_-(s)+C_-(s)=-P(s) \end{cases} \tag{m}$$

确定多项式 $P(s)$ 中的有限个任意常数的数值还需要利用所研究问题的其他物理条件. 当 $P(s)$ 被确定, 则 $\Phi_+(s)$ 与 $\Psi_-(s)$ 以及 $F(s)$ 便可以得到.

补充 ——Liouville 定理及其证明.

定理 假设 $J(s)$ 在全 $s=\sigma+\mathrm{i}\tau$ 平面上解析. 当 $\tau\to+\infty$ 时, $|J(s)|\leqslant|s|^p$; 当 $\tau\to-\infty$ 时, $|J(s)|\leqslant|s|^q$, 那么它必定是一个阶数不大于 $\min(p,q)$ 的整数的多项式.

证明 设 $p>q$. 由 $J(s)$ 在全 s 平面上解析, 它可以展开成 $s=0$ 邻域的 Taylor 级数 (见本书附录二)

$$J(s)=\sum_{n=0}^{\infty}a_n s^n$$

其中

$$a_n=\frac{1}{2\pi\mathrm{i}}\int_c\frac{J(s)}{s^{n+1}}\mathrm{d}s,\quad c:|s|=R$$

当 $n>p$,

$$|a_n|\leqslant\frac{1}{2\pi}\int_c\left|\frac{J(s)}{s^{n+1}}\right||\mathrm{d}s|\leqslant\frac{1}{2\pi}\int_c\frac{1}{R^{n+1-p}}|\mathrm{d}s|=\frac{1}{R^{n-p}}\to0\ (\text{当}R\to\infty)$$

这样 $a_n=0$, 所以

$$J(s)=a_ps^p+a_{p-1}s^{p-1}+\cdots+a_0$$

当 $\tau\to-\infty$

$$|J(s)|=\left|a_ps^p+a_{p-1}s^{p-1}+\cdots+a_0\right|\leqslant|s|^q$$

这样

$$a_{q+1}=a_{q+2}=\cdots=q_p=0$$

定理得证.

A3.8.2　应用举例

求对偶积分方程

$$\begin{cases} \int_0^\infty F(S)\mathrm{e}^{-\mathrm{i}sx}\mathrm{d}s = 0, & x > 0 \\ \int_0^\infty \beta(s)F(s)\mathrm{e}^{-\mathrm{i}sx}\mathrm{d}s = g_0\mathrm{e}^{-\mathrm{i}A\alpha x}, & x < 0 \end{cases} \tag{A3.8.2}$$

的解, 其中

$$\beta = (s^2-\alpha^2)^{1/2}, \quad g_0 = -\frac{2\pi\tau_2\sin\gamma}{\mu}, \quad A = \cos\gamma \tag{A3.8.3}$$

这里 $\alpha, \tau_2, \mu, \gamma$ 均为常数.

针对具体的裂纹问题, 一些表达式有物理意义, 例如, 在弹性波作用下的III型半无限裂纹

$$\int_{-\infty}^\infty F(S)\mathrm{e}^{-\mathrm{i}sx}\mathrm{d}s = \widetilde{u}_z(x,0), \quad x > 0$$

$$\int_{-\infty}^\infty \beta(s)F(s)\mathrm{e}^{-\mathrm{i}sx}\mathrm{d}s = \frac{2\pi}{\mu}\sigma_{yz}(x,0), \quad x < 0$$

对式 (A3.8.2) 作 Fourier 变换并且引进如下记号

$$\begin{cases} F(s) = \Psi_-(s) = \int_{-\infty}^0 \widetilde{u}_z(x,0)\mathrm{e}^{-\mathrm{i}sx}\mathrm{d}x \\ \beta(s)F(s) = \Phi_+(s) = \frac{2\pi}{\mu}\int_0^\infty \sigma_{yz}(x,0)\mathrm{e}^{-\mathrm{i}sx}\mathrm{d}x \end{cases} \tag{A3.8.4}$$

由公式 (e), 有

$$\Phi_+(s) - \beta(s)\Psi_-(s) = -G(s) \tag{A3.8.5}$$

这里

$$G(s) = \int_{-\infty}^0 (-g_0\mathrm{e}^{-\mathrm{i}A\alpha x})\mathrm{e}^{-\mathrm{i}sx}\mathrm{d}x = \frac{i\tau_2\sin\gamma}{\mu(s-\alpha\cos\gamma)} \tag{A3.8.6}$$

把 (A3.8.6) 的值代入上式, 有

$$\Phi_+(s) + \frac{\mathrm{i}\tau_2\sin\gamma}{\mu(s-a\cos\gamma)} = \beta(s)\Psi_-(s) \tag{A3.8.5$'$}$$

因为

$$\beta(s) = (s^2-\alpha^2)^{1/2} = (s-\alpha)^{1/2}(s+\alpha)^{1/2}$$

其中每个因子定义一个分支. 当 $\sigma\to\infty$ 时在带形区 $-\alpha_2 < \tau < \alpha_2$ 中, $(s\pm\alpha)^{1/2}\to s^{1/2}$. 因子 $(s+\alpha)^{1/2}$ 在 $\tau > -\alpha_2$ 时解析且无零点. 令 (A3.8.5$'$) 被 $(s+\alpha)^{1/2}$ 除

$$\frac{\Phi_+(s)}{(s+\alpha)^{1/2}} + \frac{\mathrm{i}\tau_2\sin\gamma}{\mu(s-\alpha\cos\gamma)(s+\alpha)^{1/2}} = \frac{\beta(s)\Psi_-(s)}{(s+\alpha)^{1/2}} = (s-\alpha)^{1/2}\Psi_-(s) \tag{A3.8.7}$$

式 (A3.8.7) 中左端第一项在 $\tau > -\alpha_2$ 解析, 式 (A3.8.7) 右端在 $\tau < \alpha_2 \cos\gamma$ 解析. 剩下的那一项在带形区 $-\alpha_2 < \tau < \alpha_2 \cos\gamma$ 内解析. 这样

$$\begin{aligned}\frac{\mathrm{i}\tau_2 \sin\gamma}{\mu(s-\alpha\cos\gamma)(s+\alpha)^{1/2}} =& \frac{\mathrm{i}\tau_2 \sin\gamma}{\mu(s-\alpha\cos\gamma)}\left\{\frac{1}{(s+\alpha)^{1/2}}\right.\\ &\left.-\frac{1}{(\alpha+\alpha\cos\gamma)}\right\}+\frac{\mathrm{i}\tau_2\sin\gamma}{\mu(\alpha+\alpha\cos\gamma)^{1/2}(s-\alpha\cos\gamma)}\\ =& H_+(s)+H_-(s)\end{aligned} \tag{A3.8.8}$$

其中 $H_+(s)$ 在 $\tau > -\alpha_2$ 解析, $H_-(s)$ 在 $\tau < \alpha_2\cos\gamma$ 解析. 把式 (A3.8.8) 代入 (A3.8.7) 并且加以整理, 有

$$J(s) = (s+\alpha)^{-1/2}\varPhi_+(s) + H_+(s) = (s-\alpha)^{1/2}\varPsi_-(s) - H_-(s) \tag{A3.8.9}$$

由式 (A3.8.9) 定义的函数 $J(s)$ 在 $\tau > -\alpha_2$ 解析, 在 $\tau < \alpha_2\cos\gamma$ 也解析, 由于这两个区域又重叠, 因而 $J(s)$ 在全 s 平面解析. 这样

$$\left|(s+\alpha)^{-1/2}\varPhi_+(s)+H_+(s)\right| < |s|^p,\quad 当 s\to\infty, \tau > -\alpha_2$$

$$\left|(s-\alpha)^{1/2}\varPsi_-(s)-H_-(s)\right| < |s|^q,\quad 当 s\to\infty, \tau > \alpha_2\cos\gamma$$

由 Liouville 定理

$$\begin{cases}(s+\alpha)^{-1/2}\varPhi_+(s)+H_+(s)=P(s)\\ (s-\alpha)^{1/2}\varPsi_-(s)+H_-(s)=-P(s)\end{cases} \tag{A3.8.10}$$

这里 $P(s)$ 是一个多项式, 其阶数不高于 $\min(p,q)$ 的整数值. 但至此, $P(s)$ 仍属未知. 为确定它, 必须利用问题的其他物理条件.

因为

$$\varPhi_+(s) = \frac{2\pi}{\mu}\int_0^\infty \sigma_{yz}(x,0)\mathrm{e}^{-\mathrm{i}sx}\mathrm{d}x$$

而当 $x\to 0$(即趋近于裂纹顶端)

$$\sigma_{yz}(x,0) = \frac{1}{\sqrt{x}}$$

按照 Abel 定理①, $|\varPhi_+(s)| < c_1|s|^{-1/2}$. 这样当 $s\to\infty$ 时, $|J(s)| < c_2|s|^{-1}$, 其中 c_1 与 c_2 为常数. 按照 Liouville 定理, 式 (A3.8.10) 中的 $P(s)=0$, 因此

$$\begin{cases}\varPhi_+(s) = -(s+\alpha)^{1/2}H_+(s)\\ \varPsi_-(s) = (s-\alpha)^{-1/2}H_-(s)\end{cases} \tag{A3.8.11}$$

① Noble B. Methods Based on the Wiener-Hopf Technigue. New York: Pergamon Press, Inc, 1958.

由式 (A3.8.4) 知 $\Psi_-(s)=F(s)$, 又由式 (A3.8.8) 知

$$H_-(s)=\frac{\mathrm{i}\tau_2\sin\gamma}{\mu(\alpha+\alpha\cos\gamma)^{1/2}(s-\alpha\cos\gamma)}$$

再根据式 (A3.8.11), 最后得到

$$\begin{aligned}F(s)=&\Psi_-(s)=(s-\alpha)^{-1/2}H_-(s)\\=&\frac{\mathrm{i}\tau_2\sin\gamma}{\mu(s-\alpha\cos\gamma)\left[\alpha(1+\cos\gamma)(s-\alpha)\right]^{1/2}}\end{aligned}\tag{A3.8.12}$$

这就是第 5 章中所讨论的半无限裂纹对 SH 波散射问题的解的详细推导. 它的解见前面所引 Chen 与 Sih 的文献, 但本书著者作了较多补充推导. 著名物理家 Sommerfeld①1901 年在求解半无限屏对电磁波的衍射时, 就处理过类似的数学问题, 他用的是 Green 函数法. Green 函数法也是一种解的积分表示法, 这里我们未能介绍它.

A3.9 联立对偶积分方程组及其应用

前面所讨论的对偶积分方程, 都是一个方程对, 即同一个未知函数, 要用两个不同区间上的积分关系去确定. 现在研究的对偶积分方程组是指多个未知函数的情形, 这时由多个方程对描写.

A3.9.1 理论推导

考虑联立对偶积分方程组

$$\begin{cases}\displaystyle\int_0^\infty y^{\alpha_j}\sum_{k=1}^{n}a'_{jk}f_k(y)J_{\nu_j}(xy)\mathrm{d}y=g_j(x), & 0<x<1\\ \displaystyle\int_0^\infty a_{jk}f_k(y)J_{\nu_j}(xy)\mathrm{d}y=0, & x>1(j=1,2,\cdots,n)\end{cases}\tag{A3.9.1}$$

其中 $g_j(x),\alpha_j,\nu_j,a'_{jk},a_{jk},(j=1,2,\cdots,n;k=1,2,\cdots,n)$ 是已知的函数和常数, $f_j(x)(j=1,2,\cdots,n)$ 是待定的.

脚注②推广前述文献的方法用于解决上述问题. 为了明了起见, 我们把有关结果写成两条引理如下.

①Sommerfeld A. Volesungen über theoretische Physik. Bd. IV. Optik, Diedrich Verlag, Wiesbaden, 1950.

② 范天佑. 对偶积分方程与对偶积分方程组及其在固体力学与流体力学中的应用. 应用数学学报, 1979, 2, 2(3): 212~230.

引理 1　若函数 $f_j(x)$ 和 $g_j(x)(j=1,2,\cdots,n)$ 的 Mellin 变换存在, 注意

$$\overline{g}_j(s)=\int_0^1 g_j(x)x^{s-1}\mathrm{d}x\ (j=1,2,\cdots,n) \tag{a}$$

是 $g_j(x)$ 的 Mellin 变换, 因为当 $x>1$, $g_j(x)=0(j=1,2,\cdots,n)$, 并且引进记号

$$G_j(w)=\frac{1}{2\pi\mathrm{i}}\int_{c-\mathrm{i}\infty}^{c+\mathrm{i}\infty}\frac{\Gamma\left(\dfrac{1}{2}+\dfrac{1}{2}\nu_j-\dfrac{1}{2}\alpha_j+\dfrac{1}{2}s\right)}{\Gamma\left(\dfrac{1}{2}+\dfrac{1}{2}\nu_j+\dfrac{1}{2}s\right)}\frac{\overline{g}_j(\alpha_j+1-s)}{s-w}\mathrm{d}s(j=1,2,\cdots,n) \tag{b}$$

假定

$$0<\alpha_j<2,\quad -\nu_j-1<\alpha_j-\frac{1}{2}<\nu_j+1 \tag{c}$$

以及

$$\max_{1\leqslant j\leqslant 2}(-\nu_j)<\mathrm{Re}s=\sigma<\min_{1\leqslant j\leqslant 2}(\alpha_j) \tag{d}$$

若 $f_j(x)$ 的 Mellin 变换

$$\overline{f}_j(s)=\int_0^\infty f_j(x)x^{s-1}\mathrm{d}x\ (j=1,2,\cdots,n) \tag{e}$$

在区域 (d) 上解析, 并且具有阶

$$O(|t|^{\sigma-\alpha_j+\varepsilon})\ (\varepsilon\to 0,t\to\infty) \tag{f}$$

那么对偶积分方程组 (A3.9.1) 可以化成如下等价的函数方程组:

$$\begin{aligned}&\sum_{k=1}^n a_{jk}\psi_k(w)-\frac{1}{2\pi\mathrm{i}}\gamma_j(w)\int_{c-\mathrm{i}\infty}^{c+\mathrm{i}\infty}\Gamma_j(s)\sum_{k=1}^n(a_{jk}-a'_{jk})\frac{\psi_k(s)}{s-w}\mathrm{d}s\\&=2^{\alpha_1-\alpha_j}\gamma_j(w)G_j(w)\,(j=1,2,\cdots,n)(u<c)\end{aligned} \tag{A3.9.2}$$

其中

$$\psi_k(s)=\frac{2^{\alpha_j-s}\Gamma\left(\dfrac{1}{2}+\dfrac{1}{2}\nu_j+\dfrac{1}{2}\alpha_j-\dfrac{1}{2}s\right)}{\Gamma\left(\dfrac{1}{2}+\dfrac{1}{2}\nu_j+\dfrac{1}{2}s\right)}\overline{f}_j(s) \tag{A3.9.3}$$

$$\begin{cases}\gamma_j(w)=\dfrac{\Gamma\left(\dfrac{1}{2}+\dfrac{1}{2}\nu_1+\dfrac{1}{2}\alpha_1-\dfrac{1}{2}w\right)}{\Gamma\left(\dfrac{1}{2}+\dfrac{1}{2}\nu_1+\dfrac{1}{2}w\right)}\dfrac{\Gamma\left(\dfrac{1}{2}+\dfrac{1}{2}\nu_j+\dfrac{1}{2}w\right)}{\Gamma\left(\dfrac{1}{2}+\dfrac{1}{2}\nu_j+\dfrac{1}{2}\alpha_j-\dfrac{1}{2}w\right)}\\ \Gamma_j(s)=\dfrac{\Gamma\left(\dfrac{1}{2}+\dfrac{1}{2}\nu_1+\dfrac{1}{2}s\right)}{\Gamma\left(\dfrac{1}{2}+\dfrac{1}{2}\nu_1+\dfrac{1}{2}\alpha_1-\dfrac{1}{2}s\right)}\dfrac{\Gamma\left(\dfrac{1}{2}+\dfrac{1}{2}\nu_j+\dfrac{1}{2}\alpha_j-\dfrac{1}{2}s\right)}{\Gamma\left(\dfrac{1}{2}+\dfrac{1}{2}\nu_j+\dfrac{1}{2}s\right)}\end{cases} \tag{A3.9.4}$$

证明　这里仅给出由 (A3.9.1) 到 (A3.9.2) 的主要步骤, 其中一部分与 A3.6 节中所讨论的相类似.

从方程组 (A3.9.1) 的第一对方程开始讨论. 经过与 A3.6 节中类似的推导, 得到

$$\frac{1}{2\pi\mathrm{i}}\int_{c-\mathrm{i}\infty}^{c+\mathrm{i}\infty}\left\{\sum_{k=1}^{n}a_{jk}\psi_k(s)-\frac{\Gamma\left(\frac{1}{2}+\frac{1}{2}\nu_1-\frac{1}{2}\alpha_1+\frac{1}{2}s\right)}{\Gamma\left(\frac{1}{2}+\frac{1}{2}\nu_1+\frac{1}{2}s\right)}\overline{g}_1(\alpha_1+1-s)\right\}\frac{\mathrm{d}s}{s-w}=0$$

$$\frac{1}{2\pi\mathrm{i}}\int_{c-\mathrm{i}\infty}^{c+\mathrm{i}\infty}\sum_{k=1}^{n}a_{jk}\psi_k(s)\frac{\mathrm{d}s}{s-w}=\sum_{k=1}^{n}a_{jk}\psi_k(s)$$

其中

$$\psi_j(s)=\frac{\Gamma\left(\frac{1}{2}+\frac{1}{2}\nu_1+\frac{1}{2}\alpha_1-\frac{1}{2}s\right)}{2^{s\alpha_1}\Gamma\left(\frac{1}{2}+\frac{1}{2}\nu_1+\frac{1}{2}s\right)}\overline{f}_j(s) \tag{A3.9.3$'$}$$

$$G_1(w)=\int_{c-\mathrm{i}\infty}^{c+\mathrm{i}\infty}\frac{\Gamma\left(\frac{1}{2}+\frac{1}{2}\nu_1-\frac{1}{2}\alpha_1+\frac{1}{2}s\right)}{\Gamma\left(\frac{1}{2}+\frac{1}{2}\nu_1+\frac{1}{2}s\right)}\frac{\overline{g}_1(\alpha_1+1-s)}{s-w}\mathrm{d}s$$

这样已把式 (A3.9.1) 中的第一对方程化成 (A3.9.2) 中的第一个方程, 显然 $\gamma_1(w)=1,\ \Gamma_1(s)=1$.

现在研究方程组 (A3.9.1) 的第二对方程. 设

$$\overline{f}_j(s)=2^{s-\alpha_2}\frac{\Gamma\left(\frac{1}{2}+\frac{1}{2}\nu_2+\frac{1}{2}s\right)}{\Gamma\left(\frac{1}{2}+\frac{1}{2}\nu_2+\frac{1}{2}\alpha_2-\frac{1}{2}s\right)}\phi_j(s)\ (j=1,2,\cdots,n) \tag{h}$$

类似地得到

$$\sum_{k=1}^{n}a_{2k}\phi_k(w)-\frac{1}{2\pi\mathrm{i}}\int_{c-\mathrm{i}\infty}^{c+\mathrm{i}\infty}\sum_{k=1}^{n}(a_{2k}-a'_{2k})\varphi_k(s)\frac{\mathrm{d}s}{s-w}=G_2(w) \tag{i}$$

$$G_2(w)=\frac{1}{2\pi\mathrm{i}}\int_{c-\mathrm{i}\infty}^{c+\mathrm{i}\infty}\frac{\Gamma\left(\frac{1}{2}+\frac{1}{2}\nu_2-\frac{1}{2}\alpha_2+\frac{1}{2}s\right)}{\Gamma\left(\frac{1}{2}+\frac{1}{2}\nu_2+\frac{1}{2}s\right)}\frac{\overline{g}_2(\alpha_2+1-s)}{s-w}\mathrm{d}s$$

比较式 (h) 与式 (A3.9.3$'$) 得到

$$\phi_2(s)=2^{\alpha_2-\alpha_1}\frac{\Gamma\left(\frac{1}{2}+\frac{1}{2}\nu_1+\frac{1}{2}s\right)}{\Gamma\left(\frac{1}{2}+\frac{1}{2}\nu_1+\frac{1}{2}\alpha_1-\frac{1}{2}s\right)}\frac{\Gamma\left(\frac{1}{2}+\frac{1}{2}\nu_2+\frac{1}{2}\alpha_2-\frac{1}{2}s\right)}{\Gamma\left(\frac{1}{2}+\frac{1}{2}\nu_2+\frac{1}{2}s\right)}\psi_2(s) \tag{j}$$

把式 (j) 代入式 (i) 得到

$$\sum_{k=1}^{n} a_{2k}\psi_k(w) - \frac{1}{2\pi \mathrm{i}}\gamma_2(w)\int_{c-\mathrm{i}\infty}^{c+\mathrm{i}\infty}\Gamma_2(s)\sum_{k=1}^{n}(a_{2k}-a'_{2k})\psi_k(s)\frac{\mathrm{d}s}{s-w}$$
$$=2^{\alpha_1-\alpha_2}\gamma_2(w)G_2(w) \tag{k}$$

其中

$$\gamma_2(w) = \frac{\Gamma\left(\frac{1}{2}+\frac{1}{2}\nu_1+\frac{1}{2}\alpha_1-\frac{1}{2}w\right)}{\Gamma\left(\frac{1}{2}+\frac{1}{2}\nu_1+\frac{1}{2}w\right)}\frac{\Gamma\left(\frac{1}{2}+\frac{1}{2}\nu_2+\frac{1}{2}w\right)}{\Gamma\left(\frac{1}{2}+\frac{1}{2}\nu_2+\frac{1}{2}\alpha_2-\frac{1}{2}w\right)}$$

$$\Gamma_2(s) = \frac{\Gamma\left(\frac{1}{2}+\frac{1}{2}\nu_1+\frac{1}{2}s\right)}{\Gamma\left(\frac{1}{2}+\frac{1}{2}\nu_1+\frac{1}{2}\alpha_1-\frac{1}{2}s\right)}\frac{\Gamma\left(\frac{1}{2}+\frac{1}{2}\nu_2+\frac{1}{2}\alpha_2-\frac{1}{2}s\right)}{\Gamma\left(\frac{1}{2}+\frac{1}{2}\nu_2+\frac{1}{2}s\right)}$$

用类似的方式, 方程 (A3.9.1) 其余的方程对均可以化成方程 (A3.9.2) 中相应的方程.

这样引理 1 已得到证明.

引理 2 若 $a_j > -2$, 而其他条件与引理 1 所给的相同, 引理 1 的结论成立 (证明略).

有几种途径可用于求解函数方程 (A3.9.2). 其中一种是利用附录二中 Plemelj 公式 (A2.7.5), 从而把方程组 (A3.9.2) 化成 Cauchy 核奇异积分方程组, 可以证明其解存在, 但只能用数值方法求解. 另一种方法是用迭代法求解. 现在讨论后者.

把方程组 (A3.9.2) 写成矢量形式

$$\psi(w) - \frac{1}{2\pi \mathrm{i}}\int_{c-\mathrm{i}\infty}^{c+\mathrm{i}\infty} K(w,s)\psi(s)\mathrm{d}s = H(w)\ (u<c) \tag{A3.9.5}$$

其中

$$\psi(w) = \begin{Bmatrix} \psi_1(w) \\ \psi_2(w) \\ \vdots \\ \psi_n(w) \end{Bmatrix}, \quad H(w) = A^{-1}\begin{bmatrix} G_1(w) \\ 2^{\alpha_1-\alpha_2}\gamma_2(w)G_2(w) \\ \vdots \\ 2^{\alpha_1-\alpha_n}\gamma_n(w)G_n(w) \end{bmatrix} \tag{A3.9.6}$$

$$K(w,s) = \begin{bmatrix} d_{11} & d_{12} & \cdots & d_{1n} \\ d_{21}\gamma_2(w)\Gamma_2(w) & d_{21}\gamma_2(w)\Gamma_2(w) & \cdots & d_{21}\gamma_2(w)\Gamma_2(w) \\ \vdots & \vdots & & \vdots \\ d_{n1}\gamma_n(w)\Gamma_n(w) & d_{n1}\gamma_n(w)\Gamma_n(w) & \cdots & d_{n1}\gamma_n(w)\Gamma_n(w) \end{bmatrix}\frac{1}{s-w} \tag{A3.9.7}$$

$$A = [a_{jk}], \quad B = \left[a_{jk} - a'_{jk}\right], \quad D = [d_{jk}] = A^{-1}B \tag{A3.9.8}$$

我们取 $\psi^{(0)} = 0$ 作为方程 (A3.9.5) 的零阶近似解, 那么

$$\psi^{(1)}(w) = H(w)$$

为一阶近似解. 而

$$\psi^{(m)}(w) = H(w) + \frac{1}{2\pi \mathrm{i}}\int_{c-\mathrm{i}\infty}^{c+\mathrm{i}\infty} K(w,s)\psi^{(m-1)}(s)\mathrm{d}s \tag{A3.9.9}$$

当 $m \to \infty$, $\psi^{(m)}(\omega)$ 代表一个级数. 若此级数收敛, 它可以取为 (A3.9.5) 的形式解. 然后由关系式 (A3.9.3'), 可以得到 $\overline{f}_j(s)$. 最后由 Mellin 变换的反演, 得到

$$\overline{f}_j(x) = \frac{1}{2\pi \mathrm{i}}\int_{c-\mathrm{i}\infty}^{c+\mathrm{i}\infty} \overline{f}_j(s)x^{-s}\mathrm{d}s \ (j = 1, 2, \cdots, n) \tag{A3.9.10}$$

因而方程组 (A3.9.1) 得解.

A3.9.2　应用举例

考虑第 3 章出现的对偶积分方程组 (3.6.24)

$$\begin{cases} \displaystyle\int_0^\infty \xi\left[A(\xi) + \frac{\nu}{2-\nu}B(\xi)\right]\mathrm{J}_0(\xi\rho)\mathrm{d}\xi = -\frac{2(1-\nu)}{2-\nu}, & 0 < \rho < 1 \\ \displaystyle\int_0^\infty A(\xi)\mathrm{J}_0(\xi\rho)\mathrm{d}\xi = 0, & \rho > 1 \\ \displaystyle\int_0^\infty \xi\left[\frac{\nu}{2-\nu}A(\xi) + B(\xi)\right]\mathrm{J}_2(\xi\rho)\mathrm{d}\xi = 0, & 0 < \rho < 1 \\ \displaystyle\int_0^\infty B(\xi)\mathrm{J}_2(\xi\rho)\mathrm{d}\xi = 0, & \rho > 1 \end{cases} \tag{A3.9.11}$$

其中 $A(\xi)$ 与 $B(\xi)$ 待定, 记 $f_1(\xi) = A(\xi)$, $f_2(\xi) = B(\xi)$, 以及

$$\max_{1\leqslant j\leqslant 2}(-\nu_j) = 0, \quad \min_{1\leqslant j\leqslant 2}(\alpha_j) = 1$$

基于这些数据, 对偶积分方程组 (A3.9.11) 化成函数方程组 (A3.9.2) 之后, 其积分路线必须取在 $0 < c < 1$ 内.

首先把对偶积分方程组 (A3.9.11) 化成相应的函数方程组 (A3.9.2). 由公式 (a) 得到

$$\begin{aligned} &\overline{g}_1(\alpha_1 + 1 - t) = -\frac{2(1-\nu)}{2-\nu}\cdot\frac{1}{2-t} \ (\mathrm{Re}t = t_1 < 2) \\ &\overline{g}_2(\alpha_2 + 1 - t) = 0 \end{aligned}$$

这里 $\alpha_1=1, \alpha_2=1, t=t_1+\mathrm{i}t_2$.

把 $\overline{g}_1(\alpha_1+1-t)$ 与 $\overline{g}_2(\alpha_2+1-t)$ 代入公式 (b) 有

$$G_1(s)=\frac{1}{2\pi\mathrm{i}}\int_{c-\mathrm{i}\infty}^{c+\mathrm{i}\infty}\frac{\Gamma\left(\frac{1}{2}\right)}{\Gamma\left(\frac{1}{2}+\frac{t}{2}\right)}\left[-\frac{2(1-\nu)}{2-\nu}\cdot\frac{1}{2-t}\right]\frac{\mathrm{d}t}{t-s}$$
$$=-\frac{t(1-\nu)}{\sqrt{\pi}(2-\nu)}\cdot\frac{1}{2-s}$$
$$G_2(s)=0$$

其中 $s=\sigma+\mathrm{i}\tau$, 上面的积分由极点 $t=2$ 处的留数计算得到, 积分路径由图 A3.9.1 给出.

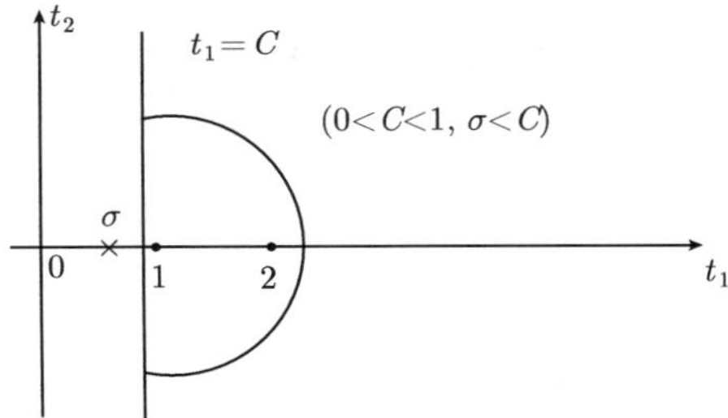

图 A3.9.1 t 平面上的积分路线

把方程组 (A3.9.11) 中有关数据代入 (A3.9.4), 得到

$$\gamma_1(s)=1,\quad \Gamma_1(t)=1$$
$$\gamma_2(s)=\frac{1+s}{2-s},\quad \Gamma_2(t)=\frac{2-t}{1+t}$$

如上面已指出 $t=t_1+\mathrm{i}t_2$, $s=\sigma+\mathrm{i}\tau$. 这样对偶积分方程组 (A3.9.11) 化成如下以 $\psi_1(t)$ 和 $\psi_2(t)$ 为未知函数等价的函数方程组

$$\psi_1(s)-\frac{1}{2\pi\mathrm{i}}\int_{c-\mathrm{i}\infty}^{c+\mathrm{i}\infty}\frac{\nu}{2-\nu}\psi_2(t)\frac{\mathrm{d}t}{t-s}=-\frac{4(1-\nu)}{\sqrt{\pi}(2-\nu)}\cdot\frac{1}{2-s}$$
$$\psi_2(s)-\frac{1}{2\pi\mathrm{i}}\int_{c-\mathrm{i}\infty}^{c+\mathrm{i}\infty}\frac{\nu}{2-\nu}\cdot\frac{1+s}{2-s}\cdot\frac{2-t}{1+t}\psi_1(t)\frac{\mathrm{d}t}{t-s}=0\ (\sigma<c)$$

用逐次逼近法求解上述函数方程组. 首先取

$$\psi_1^{(0)}(s)=0,\quad \psi_2^{(0)}(s)=0$$

作为零阶近似解, 将它代入方程, 得到一阶近似解

$$\psi_1^{(1)}(s)=-\frac{4(1-\nu)}{\sqrt{\pi}(2-\nu)}\cdot\frac{1}{2-s},\quad \psi_2^{(1)}(s)=0$$

进而求二阶近似解, 即

$$\begin{aligned}\psi_1^{(2)}(s) =& -\frac{4(1-\nu)}{\sqrt{\pi}(2-\nu)}\cdot\frac{1}{2-s}+\frac{1}{2\pi \mathrm{i}}\int_{c-\mathrm{i}\infty}^{c+\mathrm{i}\infty}\left[K_{11}(s,t)\psi_1^{(1)}(t)+K_{12}(s,t)\psi_2^{(1)}(t)\right]\mathrm{d}t\\ =& -\frac{4(1-\nu)}{\sqrt{\pi}(2-\nu)}\cdot\frac{1}{2-s}\ (K_{11}(s,t)=0,\psi_2^{(1)}(t)=0)\\ \psi_2^{(2)}(s) =& \frac{1}{2\pi \mathrm{i}}\int_{c-\mathrm{i}\infty}^{c+\mathrm{i}\infty}\left[K_{21}(s,t)\psi_1^{(1)}(t)+K_{27}(s,t)\psi_2^{(1)}(t)\right]\mathrm{d}t\\ =& -\frac{4(1-\nu)}{\sqrt{\pi}(2-\nu)}\cdot\frac{\nu}{2-\nu}\cdot\frac{1+s}{2-s}\cdot\frac{1}{2\pi \mathrm{i}}\int_{c-\mathrm{i}\infty}^{c+\mathrm{i}\infty}\frac{1}{1+t}\frac{\mathrm{d}t}{t-s}=0\end{aligned}$$

积分路径如图 A3.9.1 所示.

不难证明

$$\psi_1^{(m)}(s)=-\frac{4(1-\nu)}{\sqrt{\pi}(2-\nu)}\cdot\frac{1}{2-s},\quad \psi_2^{(m)}(s)=0$$

所以

$$\psi_1(s)=-\frac{4(1-\nu)}{\sqrt{\pi}(2-\nu)}\cdot\frac{1}{2-s},\quad \psi_2(s)=0$$

由式 (A3.9.3) 得到

$$\begin{aligned}\overline{f}_1(s) =& 2^{s-1}\frac{\Gamma\left(\frac{1}{2}+\frac{1}{2}s\right)}{\Gamma\left(1-\frac{1}{2}s\right)}\left[-\frac{4(1-\nu)}{\sqrt{\pi}(2-\nu)}\cdot\frac{1}{2-s}\right]\\ =& \frac{1-\nu}{\sqrt{\pi}(2-\nu)}\cdot 2^s\frac{\Gamma\left(\frac{1}{2}+\frac{1}{2}s\right)}{\Gamma\left(2-\frac{1}{2}s\right)}\\ \overline{f}_2(s) =& 0\end{aligned}$$

由 Mellin 变换的反演, 我们有

$$\left\{\begin{aligned}A(\xi) &= f_2(\xi)=\frac{1}{2\pi \mathrm{i}}\int_{k-\mathrm{i}\infty}^{k+\mathrm{i}\infty}-\frac{1-\nu}{\sqrt{\pi}(2-\nu)}2^s\frac{\Gamma\left(\frac{1}{2}+\frac{1}{2}s\right)}{\Gamma\left(2-\frac{1}{2}s\right)}\xi^{-s}\mathrm{d}s\\ &= -\frac{4(1-\nu)}{\sqrt{2\pi}(2-\nu)}\xi^{-1/2}\mathrm{J}_{3/2}(\xi)\\ B(\xi) &= f_2(\xi)=0\end{aligned}\right. \tag{A3.9.12}$$

由式 (3.6.23), 得到

$$C(\xi)=\frac{1-2\nu}{\sqrt{\pi}(2-\nu)}\xi^{-1/2}J_{3/2}(\xi)$$

这就是解 (3.6.25), (3.6.26).

上述理论及其应用有本书著者给出, 更详细的推导可以参考上述文献. 本书著者用此方法求得 Sneddon 等①用同一方法未能求解的圆盘状裂纹在剪切作用下的 II 型与III型问题的精确解 ②.

A3.10 半平面中边界裂纹解积分变换–积分方程解法的补充推导

半平面中边界裂纹是很著名的工作, 若干著名应用数学家与力学家, 例如 Sneddon, Koiter 等, 曾用不同的解析方法求解过它, 其中 Sneddon(见 1.9 节) 以积分变换与积分方程方法求解是比较系统的工作, 与本附录的内容十分吻合, 这里做一些补充推导, 不仅能帮助我们消化 1.9 节中的内容, 还有益于开拓对积分变换与积分方程方法的认识. 不过, 由于著者及其学生在复分析方面取得的进展, 已使这一工作的价值大大降低, 因为我们用复分析, 不仅得到半平面中边界裂纹的精确解, 而且得到有限边界的精确解 (见第 1 章), Sneddon 与 Koiter 等的半解析解, 仅仅是我们工作结果的一个特例.

由式 (1.9.18) 可以见到, 问题最后化成求解三个联立积分方程.

把未知函数 $A(\xi)$, $B(\eta)$ 用新的未知函数 $a(t)$, $b(t)$ 表示 (见 (1.9.19)), 并且代入 (1.9.18) 的第二式, 同时交换积分次序得到

$$\begin{aligned}&\frac{2}{\pi}\int_0^\infty \mathrm{d}\xi\left[\xi-1\frac{2}{\pi}p_0\xi\int_0^1 ta(t)\mathrm{J}_0(\xi t)\mathrm{d}t\sin(\xi t)\right]\\&\quad+\frac{2}{\pi}x\int_0^\infty \mathrm{d}\eta\int_0^\infty\frac{2}{\pi}p_0\eta tb(t)\mathrm{J}_0(\eta t)\mathrm{d}t\mathrm{e}^{-\eta x}\\&=p_0\int_0^1 ta(t)\mathrm{d}t\int_0^\infty \mathrm{J}_0(\xi t)\sin(\xi x)\mathrm{d}\xi+xp_0\int_0^\infty tb(t)\mathrm{d}t\int_0^\infty \eta\mathrm{J}_0(\eta t)\mathrm{e}^{-\eta x}\mathrm{d}\eta\end{aligned}\tag{a}$$

由附录四可知

$$\int_0^\infty \mathrm{J}_0(\xi t)\sin(\xi x)\mathrm{d}\xi=\begin{cases}(x^2-t^2)^{1/2}, & x>t\\ 0, & x<t\end{cases}$$

① Sneddon I N, Lowengrub M. Crack Problems in the Classical Theory of Elasticity. New York: Wiley, 1969.

② 范天佑. 剪切作用下的圆盘状裂纹. 断裂力学交流会文集 (中科院力学研究所主编), 1974, 北京: 221~234.

$$\int_0^\infty \eta \mathrm{J}_0(\eta t)\mathrm{e}^{-\eta x}\mathrm{d}\eta = x(x^2+t^2)^{-3/2}$$

不难发现公式 (a) 的右端化成

$$\int_0^x \frac{ta(t)\mathrm{d}t}{(x^2-t^2)^{1/2}} + x^2\int_0^\infty \frac{tb(t)\mathrm{d}t}{(x^2+t^2)^{3/2}} \tag{a$'$}$$

把这个结果代回到方程 (1.9.18) 的第二式化成

$$\int_0^x \frac{ta(t)\mathrm{d}t}{(x^2-t^2)^{1/2}} + x^2\int_0^\infty \frac{tb(t)\mathrm{d}t}{(x^2+t^2)^{3/2}} = \int_0^\infty f(t)\mathrm{d}t, \quad 0<x<1 \tag{b}$$

经过类似的讨论, (1.9.18) 的第一式化成

$$\int_0^y \frac{tb(t)\mathrm{d}t}{(y^2-t^2)^{1/2}} + y^2\int_0^\infty \frac{ta(t)\mathrm{d}t}{(t^2+y^2)^{3/2}} = 0, \quad y>0 \tag{c}$$

而式 (1.9.18) 的第三式自动满足.

现在问题化成求解联立积分方程 (b) 与 (c). 方程 (b) 可以改写成

$$\int_0^x \frac{ta(t)\mathrm{d}t}{(x^2-t^2)^{1/2}} = \int_0^x f(t)\mathrm{d}t - x^2\int_0^\infty \frac{tb(t)\mathrm{d}t}{(x^2+t^2)^{3/2}}$$

若认为上式右端是 “已知” 的 (实际上其中第二个积分是未知的), 那么上式是一个 Abel 型积分方程 (见 A3.5 节), 因而有

$$ta(t) = \frac{\mathrm{d}}{\mathrm{d}t}\int_0^1 \left[\frac{2x}{\pi}\int_0^x f(u)\mathrm{d}u - \frac{2x^3}{\pi}\int_0^\infty \frac{ub(u)\mathrm{d}u}{(u^2+t^2)^{3/2}}\right]\frac{\mathrm{d}x}{(t^2-x^2)^{1/2}} \tag{d}$$

式 (d) 右端的第一项, 经过交换积分次序, 并且考虑到 $x-u$ 平面上的积分在 $0<u<x$, $0<x<t$ 上计算 (亦即由直线 $u=x$ 和 $x=t$ 与 x 轴所界), 那么经过计算得到

$$\begin{aligned} I_1 =& \frac{\mathrm{d}}{\mathrm{d}t}\int_0^1 \frac{tf(u)\mathrm{d}u}{\pi}\int_0^t \frac{2x\mathrm{d}x}{(t^2-x^2)^{1/2}} \\ =& \frac{2}{\pi}\frac{\mathrm{d}}{\mathrm{d}t}\int_0^1 f(u)(t^2-u^2)^{1/2}\mathrm{d}u = \frac{2t}{\pi}\int_0^1 \frac{f(u)\mathrm{d}u}{(t^2-u^2)^{1/2}} \end{aligned} \tag{e}$$

(d) 中右端的第二项为

$$\begin{aligned} I_2 =& \frac{\mathrm{d}}{\mathrm{d}t}\int_0^\infty \frac{ub(u)\mathrm{d}u}{\pi}\int_0^1 \frac{2x\mathrm{d}x}{(t^2-x^2)^{1/2}(u^2+x^2)^{3/2}} \\ =& \frac{1}{\pi}\frac{\mathrm{d}}{\mathrm{d}t}\int_0^\infty ub(u)\mathrm{d}u\int_0^1 \frac{v\mathrm{d}v}{(t^2-v)^{1/2}(u^2+v)^{3/2}} \end{aligned}$$

$$
\begin{aligned}
=&\frac{1}{\pi}\frac{\mathrm{d}}{\mathrm{d}t}\int_0^\infty ub(u)\mathrm{d}u\left[\int_0^{t^2}\frac{\mathrm{d}v}{(t^2-v)^{1/2}(u^2+v)^{1/2}}\right.\\
&\left.-\int_0^1\frac{u^2\mathrm{d}v}{(t^2-v)^{1/2}(u^2+v)^{3/2}}\right]\\
=&-\frac{1}{\pi}\frac{\mathrm{d}}{\mathrm{d}t}\int_0^\infty ub(u)\mathrm{d}u\left[-\arctan\left(\frac{\sqrt{t^2-v}}{u^+v}\right)\Big|_{v=0}^{v=t^2}\right.\\
&\left.-u^2\left(-\frac{2(t^2-v)^{1/2}}{(u^2+t^2)(u^2+v)^{1/2}}\right)\Bigg|\begin{array}{l}v=t^2\\ v=0\end{array}\right]\\
=&-\frac{1}{\pi}\frac{\mathrm{d}}{\mathrm{d}t}\int_0^\infty ub(u)\mathrm{d}u\left[2\arctan\frac{1}{u}-\frac{2tu}{(u^2+t^2)}\right]\\
=&\int_0^\infty\frac{4t^2u^2}{\pi(u^2+t^2)^2}b(u)\mathrm{d}u
\end{aligned}\tag{f}
$$

把 (e) 与 (f) 代入 (d) 得到

$$
a(t)+\int_0^\infty K(t,\alpha)b(\alpha)\mathrm{d}\alpha=g(t),\quad 0<t<1\tag{g}
$$

经过与上面相类似的处理, 方程 (c) 可以化成

$$
b(t)+\int_0^1 K(t,\alpha)a(\alpha)\mathrm{d}\alpha=0,\quad t>0\tag{h}
$$

其中

$$
K(t,\alpha)=\frac{4t\alpha^2}{\pi(\alpha^2+t^2)^2}\tag{i}
$$

$$
g(t)=\frac{2}{\pi}\int_0^1\frac{f(s)\mathrm{d}s}{(t^2-s^2)^{1/2}}\tag{j}
$$

把 (h) 代入 (g), 亦即在 (g) 与 (h) 中消去 $b(t)$, 得到下列单个积分方程

$$
a(t)-\int_0^1 L(t,\tau)a(\tau)\mathrm{d}\tau=g(t)\tag{k}
$$

此即方程 (1.9.20), 它是第二类 Fredholm 积分方程, 其中方程的核 $L(t,\tau)$ 由下面计算给出

$$
\begin{aligned}
L(t,\tau)=&\int_0^\infty K(t,\alpha)K(\alpha,t)\mathrm{d}\alpha\\
=&\int_0^\infty\frac{4t\alpha^2}{\pi(\alpha^2+t^2)^2}\cdot\frac{4\varepsilon\tau^2}{\pi(\tau^2+\alpha^2)}\mathrm{d}\alpha=\frac{8t\tau^2}{\pi^2}\int_0^\infty\frac{v\mathrm{d}v}{(v+\tau^2)^2(v+t^2)^2}\\
=&\frac{8t\tau^2}{\pi^2(t^2-\tau^2)^2}\int_0^\infty\left[-\frac{t^2}{(v+t^2)^2}-\frac{\tau^2}{(v+\tau^2)^2}+\frac{\tau^2+t^2}{(v+t^2)^2(v+\tau^2)}\right]\mathrm{d}v
\end{aligned}
$$

$$=\frac{8t\tau^2}{\pi^2(t^2-\tau^2)^2}\left[\frac{t^2}{(v+\tau^2)^2}+\frac{\tau^2}{(v+\tau^2)^2}+\frac{\tau^2+t^2}{t^2-\tau^2}\ln\frac{v+t^2}{v+\tau^2}\right]_{v=0}^{v=\infty}$$

$$=\frac{16t\tau^2}{\pi^2}\left[\frac{t^2+\tau^2}{(t^2-\tau^2)}\ln\frac{t}{\tau}-\frac{1}{(t^2-\tau^2)^2}\right] \tag{l}$$

此即式 (1.9.21).

A3.11　第二类 Fredholm 积分方程的数值解

在附录二中详细讨论了用复变函数论方法求解平面弹性和裂纹问题, 它最终化成求解函数方程 (A2.3.22). 该函数方程与寻常的积分方程不尽相同, 但可以容易化成第二类 Fredholm 积分方程.

本附录详细讨论了用 Fourier 方法求解各种弹性和裂纹问题, 最终化成求解对偶积分方程, 若对偶积分方程不能直接求解, 可以化成第二类 Fredholm 积分方程求解.

在多数情形下, Fredholm 积分方程要用数值方法求解. 这里作一简单介绍.

第二类 Fredholm 积分方程

$$f(x)+\int_a^b K(x,y)f(y)\mathrm{d}y=g(x) \tag{A3.11.1}$$

中, $K(x,y)$ 与 $g(x)$ 已知, $f(x)$ 未知. 现有用许多种方法求它的数值解, 下面介绍 Fox 方法①.

首先介绍一下数值积分. 记

$$I=\int_a^b f(x)\mathrm{d}x,\quad f_0=f(a),\quad f_r=f(a+rh),\quad b=a+nh$$

a 与 b 为任意常数, n 代表整数.

$$\frac{1}{h}\int_a^{a+nh} f(x)\mathrm{d}x=\frac{1}{2}f_0++f_1+f_2+\cdots+\frac{1}{2}f_n+\Delta \tag{a}$$

其中 Δ 称为修正项, 其值取决于 f_n. 按 Fox①

$$\Delta=-\left(\frac{1}{2}\nabla^1+\frac{1}{24}\nabla^2+\frac{9}{720}\nabla^3+\cdots\right)f_n+\left(\frac{1}{12}\Delta^1-\frac{1}{24}\Delta^2+\frac{9}{720}\Delta^3+\cdots\right)f_0 \tag{b}$$

其中

$$\Delta^1 f_r=f_{r+1}-f_r$$

① Fox L, et al. The numerical solution of non-singular linear integral equations. Phil. Trans. Roy. Soc. Ser. A, 1953, 245: 505～514.

$$\Delta^2 f_r = \Delta^1 f_{r+1} - \Delta^1 f_r = f_{r+2} - 2f_{r+1} + f_r$$
$$\Delta^3 f_r = \Delta^2 f_{r+1} - \Delta^2 f_r = f_{r+3} - 3f_{r+2} + 3f_{r+1} - f_r$$

以及

$$\nabla^1 f_r = f_r - f_{r-1}$$
$$\nabla^2 f_r = \nabla^1 f_r - \nabla^1 f_{r-1} = f_r - 2f_{r-1} + f_{r-2}$$
$$\nabla^3 f_r = \nabla^2 f_r - \nabla^2 f_{r-1} = f_r - 3f_{r-1} + 3f_{r-2} - f_{r-3}$$

用这些记号, 量 Δ 表示成

$$\Delta = \frac{109}{720}f_n + \frac{39}{340}f_{n-1} - \frac{29}{240}f_{n-2} + \frac{19}{720}f_{n-3} + \cdots + \frac{19}{720}f_3 - \frac{29}{240}f_2 + \frac{59}{240}f_1 - \frac{19}{720}f_0 \quad \text{(c)}$$

把 (A3.11.1) 写成

$$\int_a^b K(x,y)f(y)\mathrm{d}y = g(x) - f(x) \tag{A3.11.1$'$}$$

利用公式 (a), 有

$$h\left[\frac{1}{2}K(x,0)f_0 + K(x,1)f_1 + \cdots + K(x,n-1)f_{n-1} + \frac{1}{2}K(x,n)f_n + \Delta(x)\right] = g(x) - f(x) \tag{d}$$

这里 $K(x,h)$ 是 $K(x,y)$ 在点 (x,kh) 之值, $k = 0,1,2,\cdots,n$. 取 $x = rh$, $r = 0,1,2,\cdots,n$, 这样得到一个线性代数方程组

$$h\left[\frac{1}{2}K(r,0)f_0 + K(r,1)f_1 + \cdots + K(r,n-1)f_{n-1} + \frac{1}{2}K(r,n)f_n + \Delta(r)\right] = g_r - f_r \tag{A3.11.2}$$

这里 $K(r,k)$ 为 $K(x,y)$ 在点 (rh,kh) 之值.

代数方程组 (A3.11.2) 可以用迭代法求解. 设 A 代表系数矩阵, g 代表右端项, Δ 代表关于 Δr 的矢量, $f^{(n)}$ 代表 n 次迭代解, 那么

$$Af^{(0)} = g$$
$$Af^{(1)} = -h\Delta(f^{(0)})$$
$$Af^{(2)} = -h\Delta(f^{(1)})$$
$$\cdots\cdots$$
$$Af^{(n+1)} = -h\Delta(f^{(n)})$$

(A3.11.1) 的解为

$$f = f^{(1)} + f^{(2)} + f^{(3)} + \cdots + f^{(n)} + \cdots \tag{A3.11.3}$$

实践表明这一程序具有较高精度.

A3.12　奇异积分方程

奇异积分方程也很有用，在许多领域都有应用. 不仅在结构材料的裂纹问题中很有用，在固体准晶、软物质准晶和液晶等非传统材料，它们的塑性理论尚未建立，它们的塑性变形和非线性裂纹问题无法直接研究. 不过，如果它们有位错问题的解，有些塑性问题，例如，塑性裂纹问题，可以得到求解，而求解的工具即奇异积分方程.

奇异积分方程，如果我们没有复分析的知识，从头开始讨论它，将需要很长的篇幅. 幸好，附录二对复分析作了比较详细的讨论，为我们现在研究奇异积分方程打了一个良好的基础.

我们讨论第 9 章中遇到的奇异积分方程

$$\int_L \frac{\varphi(x)\mathrm{d}x}{x-x_0}=f(x_0) \tag{A3.12.1}$$

其中 $f(x_0)$ 已知，$\varphi(x)$ 未知，$L=L_1+L_2+\cdots+L_p$，$L_1=(c_1,c_2)=(a_1,b_1),L_2=(c_3,c_4)=(a_2,b_2),\cdots$. 由附录二的介绍的 Cauchy 型积分的知识，知道分段全纯的函数

$$\varPhi(x)=\frac{1}{2\pi\mathrm{i}}\int_L \frac{\varphi(t)\mathrm{d}t}{t-x} \tag{A3.12.2}$$

如果在 $x=\infty,\varPhi(x)=0$，我们有

$$\varPhi^+(t_0)+\varPhi^-(t_0)=\frac{1}{\pi\mathrm{i}}\int_L \frac{\varphi(t)\mathrm{d}t}{t-t_0} \tag{A3.12.3}$$

那么积分方程 (1) 等价于下面的 Riemann-Hilbert 问题.

在 L 上，

$$\varPhi^+(t)+\varPhi^-(t)=f(t), \tag{A3.12.4}$$

要求 $t=\infty,\varPhi(t)=0$.

待定函数 $\varPhi(x),\varphi(t)$ 由 A2.8 节介绍的 Riemann-Hilbert 问题的解可以得到确定. 如果

$$\varphi(t)=\varPhi^+(t)-\varPhi^-(t) \tag{A3.12.5}$$

解已由 A2.8 节的结果作一些推广得到

$$\varphi(t_0)=\frac{1}{\pi\mathrm{i}}\frac{\sqrt{R_1(t_0)}}{\sqrt{R_2(t_0)}}\int_L \frac{\sqrt{R_2(t)}f(t)\mathrm{d}t}{\sqrt{R_1(t)}(t-t_0)}+\frac{\sqrt{R_1(t_0)}}{\sqrt{R_2(t_0)}}P_{p-q-1}(t_0) \tag{A3.12.6}$$

其中 $P_{p-q-1}(z)$ 为任一多项式，其阶数不高于 $p-q-1$，而

$$R_1(z)=(z-c_1)(z-c_2)\cdots(z-c_q),\quad R_2(z)=(z-c_{q+1})(z-c_{q+2})\cdots(z-c_{2p})$$

更详细的叙述, 可见 N. I. Muskhelishvili 的 Singular Integral Equations (Noordhoff, Groningen, Holland, 1958), pp239~251.

具体实例有本书正文解 (9.5.6), 就是最简单情形的一个解.

由这里简单的介绍, 可知奇异积分方程的基础是 Cauchy 型积分, 尤其是 Plemelj 公式和 Riemann-Hilbert 问题, 有了这些基础, 进而学习奇异积分方程, 并不困难, 相反地, 如果缺乏复分析的基础, 要学习奇异积分方程就很困难. 这就是我们为什么花大力气在附录二中详细讨论复分析的原因.

附录四　有关特殊函数的初步资料以及对正文的某些补充计算

本书第 1 章、3 章、5 章、10 章和附录三中, 多次用到 Bessel 函数, 同时还用到 Γ 函数, 超几何级数, 有一节用到修正 Bessel 函数, 有两节用到椭圆函数. 这里列出这些函数的最初资料, 目的在配合正文和附录三中的引用. 限于篇幅, 这些资料不能罗列太多, 而且一般不加以证明, 只引用结果. 介绍的重点是 Bessel 函数, 因为它用得最多.

A4.1　Bessel 函数

Bessel 函数的一个重要来源是由于求下列方程

$$\frac{\mathrm{d}^2 y}{\mathrm{d}x^2}+\frac{1}{x}\frac{\mathrm{d}y}{\mathrm{d}x}+\left(1-\frac{\nu^2}{x^2}\right)y=0 \tag{A4.1.1}$$

的解.

方程 (A4.1.1) 称为 Bessel 方程, 在力学、物理学和其他学科中经常出现, 这是引入人们广泛重视的一个原因, 此外, 有些偏微分方程在分离变量后, 也化成这种方程求解.

方程 (A4.1.1) 是变系数的线性常微分方程, 常用的解法是假设它的解可以展开成如下的广义幂级数:

$$y=\sum_{k-1}^{\infty}a_k x^{k+\alpha}$$

式中 α 是一待定常数. 将上式代入方程 (A4.1.1) 后, 整理同次幂, 得到 x^0, x^1, $x^2, \cdots, x^n, \cdots$ 的系数. 因为方程的右端为零, 所以各次幂的系数都应等于零, 因此得到一个关于 a_k 的递推公式, 同时得到一个关于 α 的指数方程以确定 α 的可能值. 这样计算的结果, 得到方程 (A4.1.1) 的一个解为 $J_v(x)$, 它由下式表示:

$$y_1=\mathrm{J}_\nu(x)=\sum_{k=0}^{\infty}\frac{(-1)^k(x/2)^{v+2k}}{k!\Gamma(k+\nu+1)} \tag{A4.1.2}$$

同时, 得到一个与 $\mathrm{J}_v(x)$ 线性无关的解 $y_2=\mathrm{J}_{-v}(x)$(因为在本书的全部内容中都没有涉及这个函数, 以下不予介绍), 式中 $\Gamma(k+\nu+1)$ 为 Γ 函数, 见 A4.3 节.

$J_v(x)$ 称为第一类 ν 阶 Bessel 函数.

以下介绍正文和附录三种用到的有关 Bessel 函数的若干公式.

1. **递推关系**

由式 (A4.1.2) 两边对 x 求导数, 然后再乘以 x, 得到

$$xJ'_v(x)=\sum_{k=0}^{\infty}\frac{(-1)^k}{k!}\frac{\nu+2k}{\Gamma(k+\nu+1)}\left(\frac{x}{2}\right)^{\nu+2k} \tag{A4.1.3}$$

但

$$\frac{\nu+2k}{\Gamma(k+\nu+1)}=\frac{-\nu}{\Gamma(k+\nu+1)}+\frac{2}{\Gamma(k+\nu)}$$

(利用关系式 $\Gamma(n+1)=n\Gamma(n)$ 立即得到. Γ 函数的这一性质详见 A4.3 节) 所以

$$xJ'_\nu(x)=x\sum_{k=0}^{\infty}\frac{(-1)^k}{k!}\frac{1}{\Gamma(k+\nu)}\left(\frac{x}{2}\right)^{\nu+2k-1}-\nu\sum_{k=0}^{\infty}\frac{(-1)^k}{k!}\frac{1}{\Gamma(k+\nu+1)}\left(\frac{x}{2}\right)^{\nu+2k}$$

将上式与式 (A4.1.2) 相比较, 即得

$$xJ'_\nu(x)=xJ_{\nu-1}(x)-xJ_\nu(x) \tag{A4.1.4}$$

此外, 在式 (A4.1.3) 中也可以利用关系式

$$\frac{(-1)^k}{k!}\frac{\nu+2k}{\Gamma(k+\nu+1)}=\frac{(-1)^k}{k!}\frac{\nu}{\Gamma(k+\nu+1)}+\frac{(-1)^k}{(k-1)!}\frac{2}{\Gamma(k+\nu+1)}$$

(此关系由 $\Gamma(n+1)=\Gamma n(n)$ 可立即得出) 而有

$$xJ'_\nu(x)=vJ_\nu(x)-xJ_{\nu+1}(x) \tag{A4.1.5}$$

由式 (A4.1.4) 与式 (A4.1.5), 可以得到另外一个递推关系

$$J_{\nu-1}(x)-\frac{2\nu}{x}J_\nu(x)+J_{\nu+1}(x)=0 \tag{A4.1.6}$$

仿此, 由式 (A4.1.2), 可得

$$x^\nu J_\nu(x)=\sum_{k=0}^{\infty}\frac{(-1)^k x^{2\nu+2k}}{k!\Gamma(k+\nu+1)}\left(\frac{1}{2}\right)^{\nu+2k}$$

将上式两边对 x 求导数, 并利用 $(2k+2\nu)/\Gamma(k+\nu+1)=2/\Gamma(k+\nu)$, 便得到

$$[x^\nu J_\nu(x)]'=\sum_{k=0}^{\infty}\frac{(-1)^k x^{2\nu+2k-1}}{k!\Gamma(k+\nu)}\left(\frac{1}{2}\right)^{\nu+2k-1}=x^\nu J_{\nu-1}(x) \tag{A4.1.7}$$

类似地, 可得到

$$\left[x^{-\nu}J_\nu(x)\right]'=-x^{-\nu}J_{\nu+1}(x) \tag{A4.1.8}$$

以上这些公式, 在第 3 章的推导中都用过.

2. 含 Bessel 函数的无穷积分

在第 1 章、3 章、5 章与第 8 章中遇见的许多含 Bessel 函数的无穷积分都是在下面这个积分的特殊情形, 因而都可以用下述公式进行计算:

$$
\begin{aligned}
&2^{\nu+\mu}\alpha^{-\mu}\beta^{-\nu}\gamma^{\lambda+\mu+\nu}\Gamma(\nu+1)\int_0^\infty \mathrm{J}_\mu(\alpha t)\,\mathrm{J}_\nu(\beta t)\,\mathrm{e}^{\gamma t}t^{\lambda-1}\mathrm{d}t\\
&=\sum_{m=0}^{\infty}\frac{\Gamma(\lambda+\mu+\nu+2m)}{m!\Gamma(\mu+m+1)}\times\ {}_2F_1\left(-m,-\mu-m;\nu+1;\frac{\beta^2}{\alpha^2}\right)\left(-\frac{1}{4}\frac{\alpha^2}{\gamma^2}\right)^m\\
&R_e(\lambda+\mu+\nu)>0,\quad R_e(\gamma\pm\mathrm{i}\alpha+\mathrm{i}\beta)>0
\end{aligned}
\tag{A4.1.9}
$$

公式 (A4.1.9) 的证明见附录三中所引 Erdelyi 的著作第二卷的 55 页. 上面公式中的记号 ${}_2F_1(a,b;c;x)$ 为超几何级数, 见 A4.4 节中介绍.

由于本书中出现的积分式 (A4.1.9), λ,μ,ν 以及 α,β,γ 等参数都是实数, 要求这个积分存在的条件 (亦即积分收敛的条件) 简化为

$$\lambda+\mu+\nu>0,\quad \gamma>0.$$

当公式 (A4.1.9) 中的 $\gamma=0$ 时, 上式的右端大为简化, 即得到所谓 Weber-Schafheitlin 间断积分

$$
\begin{aligned}
&2^{\lambda}b^{\mu-\lambda+1}\Gamma(\mu+1)\Gamma\left(\frac{1}{2}+\frac{1}{2}\nu+\frac{1}{2}\lambda-\frac{1}{2}\mu\right)\int_0^\infty \mathrm{J}_\mu(at)\,\mathrm{J}_\nu(bt)\,t^{-\lambda}\mathrm{d}t\\
&=a^{\mu}\Gamma\left(\frac{1}{2}+\frac{1}{2}v+\frac{1}{2}\mu-\frac{1}{2}\lambda\right){}_2F_1\left(\frac{1}{2}+\frac{1}{2}\nu+\frac{1}{2}\mu-\frac{1}{2}\lambda,\frac{1}{2}+\frac{1}{2}\mu-\frac{1}{2}\nu-\frac{1}{2}\lambda;\mu+1;\frac{a^2}{b^2}\right)\\
&\lambda+\mu-\nu+1>0,\quad \lambda>-1,\quad 0<a<b
\end{aligned}
\tag{A4.1.10}
$$

对于 0< $b<a$, 也有一个相应的表达式 (即在公式 (A4.1.10) 中 a 与 b 对调).

公式 (A4.1.10) 对于我们在第 1 章、第 3 章、第 5 章与第 10 章诸公式的计算很重要, 在第 3 章中, z=0 平面 (即裂纹所在的平面) 上的应力分量大多是用这个公式计算出来的, 并由此进一步得到应力强度因子. 同时计算 z=0 平面上的位移分量也需要利用这个公式.

例如, 由公式 (3.6.27) 和公式 (3.6.28) 分别得到

$$\mu_\rho(\rho,\theta,0)=\frac{4(1-v)s}{\sqrt{2\pi}(2-v)\mu}\cos\theta\int_0^\infty \mathrm{J}_{3/2}(\xi)\mathrm{J}_0(\xi_\rho)\,\xi^{-1/2}\mathrm{d}\xi$$

$$\mu_\theta(\rho,\theta,0)=-\frac{4(1-v)s}{\sqrt{2\pi}(2-v)\mu}\sin\theta\int_0^\infty \mathrm{J}_{3/2}(\xi)\mathrm{J}_0(\xi_\rho)\,\xi^{-1/2}\mathrm{d}\xi$$

上面两个式子右边的积分就是 Weber-Schafheitlin 间断积分, 这里 a=1, $b=\rho$, $\mu=3/2$, $\nu=0$, $\lambda=1/2$. 当计算 ρ >1 处的位移, 就是 $b>a$ 的情形; 当计算 ρ <1 处的

位移, 就是当 $a>b$ 的情形, 就算表明, $\rho>1$ 与 $\rho<1$ 时, 其积分值完全不同. 作为例子, 下面计算 $\rho>1$ 情形的上述积分, 有公式 (A4.1.10) 并且把被积函数中相应的 a, b, μ, ν, λ 值代入, 对 $\rho>1$ 则得

$$\int_0^\infty \mathrm{J}_{3/2}(\xi)\mathrm{J}_0(\xi\rho)\xi^{-1/2}\mathrm{d}\xi = \frac{\Gamma(1)}{\sqrt{2}\rho^2\Gamma\left(\frac{5}{2}\right)\Gamma(0)}\,{}_2F_1\left(1,1;\frac{5}{2},\frac{1}{\rho^2}\right) = 0$$

因为分母中出现的一个 Γ 函数为 $\Gamma(0)=\infty$, 所以这个积分值等于零. 同时, 还可以算出这个积分值当 $\rho>1$ 时不等于零. 建议读者自行验证. 这个计算表明, $\mu_\rho(\rho,\theta,0)$ 和 $\mu_\theta(\rho,\theta,0)$ 在 $\rho>1$ 时等于零, 而在 $\rho<1$ 时不等于零, 与边界条件相符, 说明 3.6 节中推出的解答确实是满足边界条件的. 有关应力的计算也都可以用类似的办法进行验算. 验算将证明, 在 z=0 平面上, $\rho>1$ 处 (裂纹外) 与 $\rho<1$ 处 (裂纹面上) 的应力大小是不同的 (间断的), 建议读者作这种验算.

$$\int_0^\infty \sin(a\eta)\mathrm{J}_0(b\eta)\mathrm{d}\eta = \begin{cases} 0, & b>a \\ (a^2-b^2)^{1/2}, & a>b \end{cases} \tag{A4.1.11}$$

$$\int_0^\infty \sin(a\eta)\mathrm{J}_1(b\eta)\mathrm{d}\eta = \begin{cases} \dfrac{a}{b}(b^2-a^2)^{-1/2}, & b>a \\ 0, & a>b \end{cases} \tag{A4.1.12}$$

$$\int_0^\infty \eta^{-1}\sin(a\eta)\mathrm{J}_1(b\eta)\mathrm{d}\eta = \begin{cases} \dfrac{a}{b}, & b>a \\ \dfrac{b}{a+(a^2-b^2)^{1/2}}, & a>b \end{cases} \tag{A4.1.13}$$

$$\int_0^\infty \eta\cos(a\eta)\mathrm{J}_1(b\eta)\mathrm{d}\eta = \begin{cases} b(b^2-a^2)^{-3/2}, & b>a \\ 0, & a>b \end{cases} \tag{A4.1.14}$$

$$\int_0^\infty \eta^{-1}\cos(a\eta)\mathrm{J}_1(b\eta)\mathrm{d}\eta = \begin{cases} 0, & b>a \\ \left[1-\left(\frac{a}{b}\right)^2\right]^{1/2}, & a>b \end{cases} \tag{A4.1.15}$$

以上公式在第 1 章、第 3 章、第 5 章与第 10 章的计算中都有用.

当式 (A4.1.9) 中的 β 趋于零时, 计算也大为简化, 得到所谓 Hankel 积分如下:

$$\begin{aligned}&\left(\frac{2\gamma}{\alpha}\right)^\mu \gamma^\lambda\Gamma(\mu+1)\int_0^\infty \mathrm{e}^{-\gamma t}J_\mu(\alpha t)t^{\lambda-1}\mathrm{d}t\\ =&\Gamma(\lambda+\mu)\,{}_2F_1\left(\frac{1}{2}\lambda+\frac{1}{2}\mu,\frac{1}{2}\lambda+\frac{1}{2}\mu+\frac{1}{2};\mu+1;-\frac{\alpha^2}{\gamma^2}\right)\end{aligned}$$

$$=\Gamma(\lambda+\mu)\left(1+\frac{\alpha^2}{\gamma^2}\right)^{-\frac{1}{2}\lambda-\frac{1}{2}\mu}{}_2F_1\left(\frac{1}{2}\lambda+\frac{1}{2}\mu,\frac{1}{2}+\frac{1}{2}\mu-\frac{1}{2}\lambda;\mu+1;\frac{\alpha^2}{\alpha^2+\gamma^2}\right)$$

$$\mathrm{Re}(\gamma+\mu)>0,\quad \mathrm{Re}(\gamma\pm\mathrm{i}\alpha)>0 \tag{A4.1.16}$$

如果 $\alpha, \gamma, \lambda, \mu$ 均为实数, 公式 (A4.1.16) 成立的条件简化为 $\gamma+\mu>0, \gamma>0$.

特殊地, 当公式 (A4.1.16) 中的 $\lambda=\mu+1$, 那么由它可化成

$$\int_0^\infty \mathrm{e}^{-\eta}\mathrm{J}_\mu(\alpha t)t^\mu\mathrm{d}t=\pi^{-1/2}(2\alpha)^\mu\Gamma\left(\mu+\frac{1}{2}\right)(\gamma^2+\alpha^2)^{-1/2-\mu}$$

$$2\mu+1>0,\quad \gamma>0 \tag{A4.1.17}$$

如果公式 (A4.1.16) 中 $\lambda=1$, 则有

$$\int_0^\infty {}^{-\gamma t}\mathrm{J}_\mu(\alpha t)\mathrm{d}t=\alpha^{-\mu}(\gamma^2+\alpha^2)^{-1/2}\left[(\gamma^2+\alpha^2)^{1/2}-\gamma\right]^\mu$$

$$\mu>-1,\quad \gamma>0 \tag{A4.1.18}$$

如果公式 (A4.1.16) 中 $\gamma=0$, 则有

$$\int_0^\infty \mathrm{J}_\mu(\alpha t)t^{\lambda-1}\mathrm{d}t=2^{\lambda-1}\alpha^{-\lambda}\Gamma\left(\frac{1}{2}\mu+\frac{1}{2}\lambda\right)\Big/\Gamma\left(\frac{1}{2}+\frac{1}{2}\mu-\frac{1}{2}\lambda\right)$$

$$-\mu<\lambda<\frac{3}{2},\quad \alpha>0 \tag{A4.1.19}$$

由公式 (A4.1.16)~(A4.1.18), 可以得到一些特殊情形下的结果:

$$\int_0^\infty \mathrm{e}^{-\gamma t}\mathrm{J}_1(\alpha t)t^{-1}\mathrm{d}t=\frac{1}{\alpha}\left[(\alpha^2+\gamma^2)^{1/2}-\gamma\right] \tag{A4.1.20}$$

$$\int_0^\infty \mathrm{e}^{-\gamma t}\mathrm{J}_0(\alpha t)\mathrm{d}t=(\alpha^2+\gamma^2)^{-1/2} \tag{A4.1.21}$$

$$\int_0^\infty \mathrm{e}^{-\gamma t}\mathrm{J}_1(\alpha t)\mathrm{d}t=\frac{1}{\alpha}\left[1-\gamma(\alpha^2+\gamma^2)^{-1/2}\right] \tag{A4.1.22}$$

$$\int_0^\infty t\mathrm{e}^{-\gamma t}\mathrm{J}_0(\alpha t)\mathrm{d}t=\gamma(\alpha^2+\gamma^2)^{-3/2} \tag{A4.1.23}$$

$$\int_0^\infty t\mathrm{e}^{-\gamma t}\mathrm{J}_1(\alpha t)\mathrm{d}t=\alpha(\alpha^2+\gamma^2)^{-3/2} \tag{A4.1.24}$$

以上公式在第 1 章、第 3 章、第 5 章和第 10 章的计算中要用到.

A4.2 修正 Bessel 函数

在 3.9 节中, 问题最后化成求解下述类型的 Bessel 方程 (如方程 (3.19.16):

$$\frac{\mathrm{d}^2w}{\mathrm{d}z^2}+\frac{1}{z}\frac{\mathrm{d}w}{\mathrm{d}z}-\left(1+\frac{\nu^2}{z^2}\right)w=0 \tag{A4.2.1}$$

函数

$$I_\nu(z)=\mathrm{e}^{-\mathrm{i}/2\nu\pi}\mathrm{J}_\nu(z\mathrm{e}^{\mathrm{i}/2\pi})=\sum_{k=0}^{\infty}\frac{(z/2)^{\nu+2k}}{k!\Gamma(k+\nu+1)} \tag{A4.2.2}$$

是方程 (A4.2.1) 的一个解, $I_{-\nu}(z)$ 是它的另一个解 (同 $I_\nu(z)$ 线性无关). 当是实数时, 它们都是函数. $I_\nu(z)$ 称为第一类 ν 阶修正 Bessel 函数. 而

$$\mathrm{K}_\nu(z)=\frac{1}{2}\pi(\sin\nu\pi)^{-1}\left[I_{-\nu}(z)-I_\nu(z)\right] \tag{A4.2.3}$$

也是方程 (A4.2.1) 的一个解, 称为第二类 ν 阶修正 Bessel 函数. 它们的求导公式可在附录三中所引 Erdelyi 的著作中查到.

A4.3 Γ 函 数

本书正文及附录中都多次用到 Γ 函数, 其定义如下:

$$\Gamma(z)=\int_0^\infty \mathrm{e}^{-t}t^{z-1}\mathrm{d}t,\quad \mathrm{Re}z>0 \tag{A4.3.1}$$

或者用复积分定义:

$$\frac{1}{\Gamma(z)}=\frac{1}{2\pi\mathrm{i}}\int_c \mathrm{e}^{\xi}\xi^{-z}\mathrm{d}\xi \tag{A4.3.2}$$

式 (A4.3.2) 中的积分路径 c 如图 A4.3.1 所示.

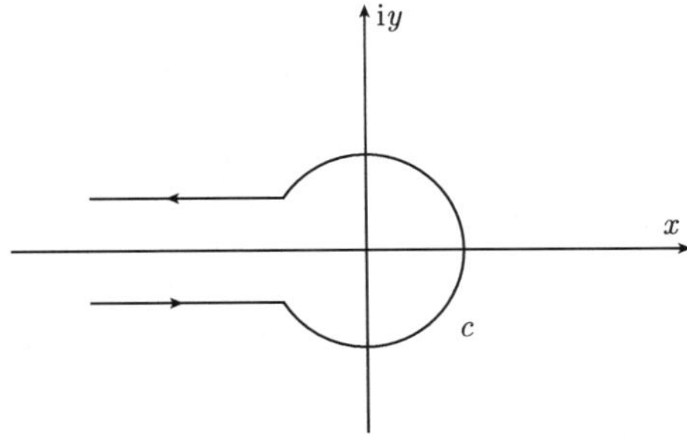

图 A4.3.1 定义 Γ 函数的积分路线

Γ 函数有如下性质:

(1) 除 z=0, -1, -2, $\cdots$, $-n$, $\cdots$ 外, 处处解析;

(2) $\Gamma(z+1)=z\Gamma(z)$; (A4.3.3)

(3) $z=n,\quad \Gamma(n+1)=n!$ (A4.3.4)

(4) Γ 函数的所有极点都是一阶的, $\Gamma(z)$ 在极点 $z=-n$ 处的留数

$$\text{Res}(\Gamma(z))=\frac{(-1)^n}{n!}\ (n=0,-1,-2\cdots) \tag{A4.3.5}$$

(5) $1/\Gamma(z)$ 是整函数 (在全平面上解析), 所以 $\Gamma(z)$ 不会取零值 (即 Γ 函数无零点);

(6)

$$\Gamma(z)\cdot\Gamma(-z)=-\pi\csc\pi z/z \tag{A4.3.6}$$

$$\Gamma(z)\cdot\Gamma(1-z)=\pi\csc\pi z \tag{A4.3.7}$$

由式 (A4.3.7), 得 $\Gamma\left(\dfrac{1}{2}\right)=\sqrt{\pi}$.

更详细的资料, 读者可查附录三中所引 Erdelyi 的著作第一卷.

A4.4 超几何级数

在正文和附录中多次出现几何级数, 它的定义是

$${}_2F_1(\alpha,\beta;\gamma;x)=1+\frac{\alpha\cdot\beta}{\gamma}\cdot\frac{x}{1!}+\frac{\alpha(\alpha+1)\beta(\beta+1)}{\gamma(\gamma+1)}\cdot\frac{x^2}{2!}+\cdots \tag{A4.4.1}$$

并且有如下关系:

$${}_2F_1(\alpha,\beta;\gamma;x)=(1-x)^{-a}{}_2F_1\left(\alpha,\gamma-\beta;\gamma;\frac{x}{x-1}\right) \tag{A4.4.2}$$

$${}_2F_1(\alpha,\beta;\gamma;1)=\frac{\Gamma(\gamma)\Gamma(\gamma-\alpha-\beta)}{\Gamma(\gamma-\alpha)\Gamma(\gamma-\beta)} \tag{A4.4.3}$$

A4.5 椭圆积分与椭圆函数

1. 椭圆积分的定义

在 3.11 节和 3.12 节中出现了第二类完全椭圆积分, 在第 3 章与第 10 章介绍应用实例时又用到它, 这里有必要介绍一下, 同时这一内容对我们了解椭圆函数也有直接的关系.

第二类完全椭圆积分的定义和记号通常用到下列式子表示:

$$E\left(\frac{1}{2}\pi, k\right) = E(k)$$
$$= \int_0^{\pi/2} (1 - k^2 \sin^2 \varphi)^{1/2} \mathrm{d}\varphi = \int_0^1 \left(\frac{1 - k^2 x^2}{1 - x^2}\right)^{1/2} \mathrm{d}x \quad \text{(A4.5.1)}$$

$$x = \sin\varphi, \quad k^2 = \frac{a^2 - b^2}{a^2}, \quad |k| < 1$$

而 a, b 的意义如前, 分别代表椭圆的长半轴与短半轴.

积分 (A4.5.1) 是第二类椭圆积分

$$E(\varphi, k) = \int_0^{\varphi} (1 - k^2 \sin^2 \varphi)^{1/2} \mathrm{d}\varphi \quad \text{(A4.5.2)}$$

的一个特殊情形.

以上公式中的 k 称为椭圆函数的模, 此外

$$k' = (1 - k^2)^{1/2} = \frac{b}{a} \quad \text{(A4.5.3)}$$

称为余模.

积分 (A4.5.1) 是复变函数理论意义下的多值函数, 有两个周期, 周期用完全椭圆积分表示. 第一个周期是 $4E$, 这里 E 即公式 (A4.5.1) 所定义. 第二周期是 $2\mathrm{i}(K' - E')$, 称为虚周期, 其中

$$K(k) = F\left(\frac{1}{2}\pi, k\right) = \int_0^{\varphi} (1 - k^2 \sin^2 \varphi)^{-1/2} \mathrm{d}\varphi \quad \text{(A4.5.4)}$$

$$K' = K'(k) = F\left(\frac{1}{2}\pi, k'\right) \quad \text{(A4.5.5)}$$

$$E' = E'(k) = E\left(\frac{1}{2}\pi, k'\right) \quad \text{(A4.5.6)}$$

这里 $F\left(\frac{1}{2}\pi, k\right)$ 称为第一类完全椭圆积分.

我们知道, 椭圆积分不能表示成初等函数, 但可将被积函数展开成级数, 然后逐项积分, 最后表示成级数形式, 例如

$$E = E\left(\frac{1}{2}\pi, k\right) = \frac{\pi}{2}\left[1 - \left(\frac{1}{2}\right)^2 k^2 - \left(\frac{1 \cdot 2}{3 \cdot 4}\right)^2 \frac{k^4}{3} - \left(\frac{1 \cdot 3 \cdot 5}{2 \cdot 4 \cdot 6}\right)^2 \frac{k^6}{5} - \cdots\right] \quad \text{(A4.5.7)}$$

积分 (A4.5.1) 等都已编写成表, 有关数值都可从表中查到.

2. Jacobi 椭圆函数

记

$$u=\int_0^{\Phi}\left(1-k^2\sin^2 t\right)^{-1/2}\mathrm{d}t=F(\varphi,k) \tag{A4.5.8}$$

即定义了 u 是 x=sinφ 的 (多值) 函数; 反之, 方程 (A4.5.9) 也把 φ 或 $\sin\varphi$ 定义为 u 的一个函数 (可能是多值的). 引进记号

$$\varphi=\mathrm{am}u=\mathrm{am}(u,k) \tag{A4.5.9}$$

表示它是模 k 和宗量 u 的函数, 并且以下列函数为基础函数

$$\mathrm{sn}u=\mathrm{sn}(u,k)=\sin(\mathrm{am}u) \tag{A4.5.10}$$

$$\mathrm{cn}u=\mathrm{cn}(u,k)=\cos(\mathrm{am}u) \tag{A4.5.11}$$

$$\mathrm{dn}u=\mathrm{dn}(u,k)=\Delta(\mathrm{am}u,k)=[1-k^2\sin^2(\mathrm{am}u)]^{1/2} \tag{A4.5.12}$$

以上函数的变化范围是

$$-1\leqslant\mathrm{sn}u\leqslant 1,\quad -1\leqslant\mathrm{cn}u\leqslant 1,\quad k'\leqslant\mathrm{dn}u\leqslant 1 \tag{A4.5.13}$$

除此之外, 还有下面常用的九种函数

$$\begin{cases}\mathrm{ns}u=1/\mathrm{sn}u,\quad \mathrm{nc}u=1/\mathrm{cn}u\\ \mathrm{nd}u=1/\mathrm{dn}u\\ \mathrm{cs}u=\mathrm{cn}u/\mathrm{sn}u,\quad \mathrm{sc}u=\mathrm{sn}u/\mathrm{cn}u\\ \mathrm{sd}u=\mathrm{sn}u/\mathrm{dn}u\\ \mathrm{ds}u=\mathrm{dn}u/\mathrm{sn}u,\quad \mathrm{dc}u=\mathrm{dn}u/\mathrm{cn}u\\ \mathrm{cd}u=\mathrm{cn}u/\mathrm{dn}u\end{cases} \tag{A4.5.14}$$

以上各函数都称为 Jacobi 椭圆函数, 有时简称为椭圆函数.

在 u=0 处, 可令

$$\mathrm{sn}0=0,\quad \mathrm{cn}0=\mathrm{dn}0=1 \tag{A4.5.15}$$

此外, 还有

$$\mathrm{cn}K=0. \tag{A4.5.16}$$

椭圆函数 sn$(u,\ k)$ 的周期为 $4K$, i$2K'$; cn(u,k) 的周期为 $4K$, $2K+\mathrm{i}2K'$; dn (u,k) 的周期为 $2K$, i$4K'$.

椭圆函数的其他性质, 下面仅列出与第 3 章的计算有关系的部分.

首先, 下面几个恒等式经常要用到:

$$\mathrm{sn}^2 u + \mathrm{cn}^2 u = 1 \tag{A4.5.17}$$

$$k^2\mathrm{sn}^2 u + \mathrm{dn}^2 u = 1 \tag{A4.5.18}$$

$$\mathrm{dn}^2 u - k^2\mathrm{cn}^2 u = k'^2 \tag{A4.5.19}$$

$$k'^2\mathrm{sn}^2 u + \mathrm{cn}^2 u = \mathrm{dn}^2 u \tag{A4.5.20}$$

其次, 再介绍几个导数公式, 椭圆函数作为模 k 和宗量 u 的函数, 因此求导数一定要明确是对模求导数还是对宗量求导数, 这两者根本不同, 这里将这两种偏导数分别列写几个:

$$\frac{\partial}{\partial k}(\mathrm{am}u) = \frac{\mathrm{dn}u}{kk'^2}[-E(u) + k'^2 u + k^2\mathrm{sn}u\mathrm{cd}u] \tag{A4.5.21}$$

$$\frac{\partial}{\partial k}(\mathrm{sn}u) = \frac{\mathrm{sn}u\mathrm{dn}u}{kk'^2}[-E(u) + k'^2 u + k^2\mathrm{sn}u\mathrm{cd}u] \tag{A4.5.22}$$

$$\frac{\partial}{\partial k}(\mathrm{cn}u) = \frac{\mathrm{sn}u\mathrm{dn}u}{kk'^2}[-k'^2 u + E(u) - k^2\mathrm{sn}u\mathrm{cd}u] \tag{A4.5.23}$$

$$\frac{\partial}{\partial k}(\mathrm{dn}u) = \frac{k\mathrm{sn}u\mathrm{cn}u}{k'^2}[E(u) - k'^2 u - \mathrm{dn}u\mathrm{sc}u] \tag{A4.5.24}$$

$$\frac{\partial}{\partial u}(\mathrm{am}u) = \mathrm{dn}u \tag{A4.5.25}$$

$$\frac{\partial}{\partial u}(\mathrm{sn}u) = \mathrm{cn}u\mathrm{dn}u \tag{A4.5.26}$$

$$\frac{\partial}{\partial u}(\mathrm{cn}u) = -\mathrm{sn}u\mathrm{dn}u \tag{A4.5.27}$$

$$\frac{\partial}{\partial_u}(\mathrm{dn}u) = -k^2\mathrm{sn}u\mathrm{cn}u \tag{A4.5.28}$$

有关椭圆函数的更详细的公式, 读者可查前面所引的 Erdelyi 的著作, 或者有关手册, 后者收集了十分丰富的椭圆积分与椭圆函数的资料.

A4.6 椭圆盘状裂纹问题

在 3.11 节叙述椭圆盘状裂纹问题时, 我们对于 Green-Sneddon 解已经作了一些补充说明, 需要用到的流体力学和数学知识已经在那里以及在 A4.5 节中进行了介绍.

但是有关公式的推导中涉及一些复杂的计算, 在 Green 和 Sneddon 1950 年的论文中是查不到的 (并且该文献不大好懂), 其他作者的论文和著作中也没有这方面的详细推导. Sneddon 和 Lowengrub 1969 年的那本专著中, 在叙述这一问题时,已经有所简化, 也稍许详细了一些, 但仍然过于简略, 并且有一些严重的错误. 因此这里给出详细的补充计算, 并且对上述著作中的错误一一指出和订正.

读者阅读这一节时, 注意参考 3.11 节, 同时最好同 Sneddon 等的著作的 167~172 页加以对照.

因为 (见公式 (3.11.19))

$$\frac{1}{s\sqrt{Q(s)}}=\frac{(s+a^2)(s+b^2)}{Q(s)\sqrt{Q(s)}}=\left[\frac{-2}{\sqrt{Q(s)}}\right]-\frac{2s+a^2+b^2}{(+a^2)(s+b^2)\sqrt{Q(s)}}$$

所以公式 (即公式 (3.11.23))

$$\frac{\partial f}{\partial z}=Az\int_{\xi}^{\infty}\frac{\mathrm{d}s}{s\sqrt{Q(s)}}$$

可以化成

$$\frac{\partial f}{\partial z}=Az\left[\frac{2}{\sqrt{Q(\xi)}}-\int_{\xi}^{\infty}\frac{(2s+a^2+b^2)\mathrm{d}s}{(s+a^2)(s+b^2)\sqrt{Q(s)}}\right] \tag{A4.6.1}$$

上面叙述 Sneddon 等的著作中的公式 (3.8.16) 的前一半显然是错误的.

下面我们给出由公式 (A4.6.1) 到公式 (3.11.23) 的详细推导, 同时进一步证明 Sneddon 等著作中的上述错误.

作变量代换 $s=a^2\mathrm{cn}^2u/\mathrm{sn}^2u$ 之后, 有

$$\sqrt{Q(s)}=\frac{a^2\mathrm{cn}u\sqrt{b^2\mathrm{sn}^2u+a^2\mathrm{cn}^2u}}{\mathrm{sn}^3u}$$

这里用到恒等式 $\mathrm{sn}^2u+\mathrm{cn}^2u=1$(即公式 (A4.5.18)). 若再注意到本附录中的公式 (A4.5.21), 则由上式可得

$$\begin{aligned}\frac{1}{\sqrt{Q(s)}}&=\frac{\mathrm{sn}u\mathrm{dn}u}{\mathrm{cn}u}\cdot\frac{\mathrm{sn}^2u}{a(b^2\mathrm{sn}^2u+a^2\mathrm{cn}^2u)}\\&=\frac{\mathrm{sn}u\mathrm{dn}u}{ab^2\mathrm{cn}u}\left(1-\frac{a^2\mathrm{cn}^2u}{b^2\mathrm{sn}^2u+a^2\mathrm{cn}^2u}\right)\\&=\frac{\mathrm{sn}u\mathrm{dn}u}{ab^2\mathrm{cn}^2u}\left(1-\frac{\mathrm{cn}^2u}{\mathrm{dn}^2u}\right)=\frac{\mathrm{sn}u\mathrm{dn}u}{ab^2\mathrm{cn}u}-\frac{\mathrm{sn}u\mathrm{cn}u}{ab^2\mathrm{dn}u}\end{aligned}$$

于是公式 (A4.6.1) 右端方括号中的第一项化成

$$\frac{2}{\sqrt{Q(s)}}=2\left(\frac{\mathrm{sn}u\mathrm{dn}u}{ab^2\mathrm{cn}u}-\frac{\mathrm{sn}u\mathrm{cn}u}{ab^2\mathrm{dn}u}\right) \tag{A4.6.2}$$

我们再来化简公式 (A4.6.1) 右端方括号中的第二项, 作同一变量代换 $s=a^2\mathrm{cn}^2t/\mathrm{sn}^2t$ 后, 可知

$$2s+a^2+b^2=\frac{a^2+a^2\mathrm{cn}^2t+b^2\mathrm{sn}^2t}{\mathrm{sn}^2t}$$

$$\left(a^2+s\right)\left(b^2+s\right)\sqrt{Q(s)}=\frac{a^4\mathrm{cn}t(b^2\mathrm{sn}^2t+a^2\mathrm{cn}^2t)}{\mathrm{sn}^2t}$$

同时注意到本附录中的公式 (A4.5.26)~(A4.5.29)(即椭圆函数对变量 u 的求导公式), 有

$$\mathrm{d}s=-\frac{2a^2\mathrm{cn}t\mathrm{dn}t}{\mathrm{sn}^3t}\mathrm{d}t$$

这样我们得到

$$\begin{aligned}&-\int_{\xi}^{\infty}\frac{(2s+a^2+b^2)\mathrm{d}s}{(s+a^2)(s+b^2)\sqrt{Q(s)}}\\&=-\int_{a^2\mathrm{cn}^2u/\mathrm{sn}^2u}^{\infty}\frac{(2s+a^2+b^2)\mathrm{d}s}{(s+a^2)(s+b^2)\sqrt{Q(s)}}\\&=-\int_0^{\infty}\frac{2\mathrm{sn}^2t\mathrm{dn}t\left(a^2+a^2\mathrm{cn}^2t+b^2\mathrm{sn}^2t\right)}{a^2\left(b^2\mathrm{sn}^2+a^2\mathrm{cn}^2t\right)^{\frac{3}{2}}}\mathrm{d}t\\&=-\int_0^{\infty}\mathrm{dn}^2t\left[\frac{2\mathrm{sn}^2t\left(a^2+a^2\mathrm{cn}^2t+b^2\mathrm{sn}^2t\right)}{a\left(b^2\mathrm{sn}^2+a^2\mathrm{cn}^2t\right)^2}\right]\mathrm{d}t\\&=-\int_0^{\infty}\mathrm{dn}^2t\frac{2}{ab^2}\mathrm{d}t+\int_0^{\infty}\mathrm{dn}^2t\left[\frac{2}{ab^2}-\frac{2\mathrm{sn}^2t\left(a^2+a^2\mathrm{cn}^2t+b^2\mathrm{sn}^2t\right)}{a\left(b^2\mathrm{sn}^2+a^2\mathrm{cn}^2t\right)^2}\right]\mathrm{d}t\end{aligned}\tag{A4.6.3}$$

因为

$$\begin{aligned}\frac{2}{ab^2}-\frac{2\mathrm{sn}^2t(a^2+a^2\mathrm{cn}^2t+b^2\mathrm{sn}^2t)}{a(b^2\mathrm{sn}^2t+a^2\mathrm{cn}^2t)^2}&=\frac{2(a^2b^2\mathrm{sn}^2t\mathrm{cn}^2t-a^2b^2\mathrm{sn}^2t+a^4\mathrm{cn}^4t)}{ab^2(b^2\mathrm{sn}^2t+a^2\mathrm{cn}^2t)^2}\\&=\frac{2(-a^2b^2\mathrm{sn}^4t+a^4\mathrm{cn}^4t)}{ab^2(b^2\mathrm{sn}^2t+a^2\mathrm{cn}^2t)^2}\end{aligned}$$

在注意到恒等式 (A4.5.21), 得知

$$\begin{aligned}&\int_0^u\mathrm{dn}^2t\left[\frac{2}{ab^2}-\frac{2\mathrm{sn}^2t(a^2+a^2\mathrm{cn}^2t+b^2\mathrm{sn}^2t)}{a(b^2\mathrm{sn}^2t+a^2\mathrm{cn}^2t)^2}\right]\mathrm{d}t\\&=2\int_0^u\mathrm{dn}^2t\cdot\frac{a^4\mathrm{cn}^4t-a^2b^2\mathrm{sn}^4t}{ab^2(b^2\mathrm{sn}^2t+a^2\mathrm{cn}^2t)^2}\mathrm{d}t\\&=\frac{2}{ab^2}\int_0^u\frac{a^2\mathrm{cn}^4t-b^2\mathrm{sn}^4t}{a^2\mathrm{dn}^2t}\mathrm{d}t\\&=\frac{2}{ab^2}\int_0^u\mathrm{d}\left(\frac{\mathrm{sn}t\mathrm{cn}t}{\mathrm{dn}t}\right)=\frac{2}{ab^2}\cdot\frac{\mathrm{sn}u\mathrm{cn}u}{\mathrm{dn}u}\end{aligned}\tag{A4.6.4}$$

根据公式 (A4.6.2),(A4.6.3) 和 (A4.6.4), 则公式 (A4.6.1) 化成

$$\frac{\partial f}{\partial z}=\frac{2Az}{ab^2}\left[\frac{\mathrm{sn}u\mathrm{dn}u}{\mathrm{cn}u}-E(u)\right]\tag{A4.6.5}$$

其中

$$E(u)=\int_0^u \mathrm{dn}^2 t\mathrm{d}t$$

公式 (A4.6.5) 即公式 (3.11.23). 这一公式是正确的, 而由 Sneddon 与 Lowengrub 的著作的公式 (3.8.16) 的前半部就推不出此结果.

由公式 (A4.6.5) 对 z 求一次导数可得 $\partial^2 f/\partial z^2$, 但这样得到的结果不易化简. 我们由公式 (A4.6.1) 对 z 求一次导数, 得到

$$\begin{aligned}\frac{\partial f}{\partial z^2}=&A\left[\frac{2}{\sqrt{Q(\xi)}}-\int_\xi^\infty \frac{(2s+a^2+b^2)\mathrm{d}s}{(a^2+s)(b^2+s)\sqrt{Q(s)}}\right]\\&+2Az\frac{\partial}{\partial z}\left(\frac{1}{\sqrt{Q(s)}}\right)-Az\frac{\partial}{\partial z}\left[\int_\xi^\infty \frac{(2s+a^2+b^2)\mathrm{d}s}{(a^2+s)(b^2+s)\sqrt{Q(s)}}\right]\\=&A\left[\frac{2}{\sqrt{Q(\xi)}}-\int_\xi^\infty \frac{(2s+a^2+b^2)\mathrm{d}s}{(a^2+s)(b^2+s)\sqrt{Q(s)}}\right]\\=&\frac{Az}{\sqrt{Q^3(\xi)}}\cdot\frac{\partial}{\partial Z}[\xi(a^2+\xi)(b^2+\xi)]-Az\left[-\frac{(2\xi+a^2+b^2)}{(a^2+\xi)(b^2+\xi)\sqrt{Q(\xi)}}\cdot\frac{\partial\xi}{\partial z}\right]\\=&A\left[\frac{2}{\sqrt{Q(\xi)}}-\int_\xi^\infty \frac{(2s+a^2+b^2)\mathrm{d}s}{(a^2+s)(b^2+s)\sqrt{Q}(s)}\right]\\&-\frac{Az}{\sqrt{Q^3(\xi)}}\left\{\left[(a^2+\xi)(b^2+\xi)+\xi(a^2+\xi)\right.\right.\\&\left.\left.+\xi(b^2+\xi)\right]\frac{z}{2\xi h_1^2}\right\}+Az\frac{2\xi+a^2+b^2}{(a^2+\xi)(b^2+\xi)\sqrt{Q(\xi)}}\cdot\frac{z}{2\xi h_1^2}\end{aligned}\tag{A4.6.6}$$

以上计算中用到了公式 (3.11.2). 如果把上面的 h_1 和 z 分别用公式 (3.11.22) 和公式 (3.11.20) 代替, 则经过简单代数运算后, 得出公式 (A4.6.6) 中三项之和为

$$\begin{aligned}&A\left\{\frac{2}{\sqrt{Q(\xi)}}-\frac{(a^2+\xi)(b^2+\xi)+\xi(a^2+\xi)+\xi(b^2+\xi)}{\sqrt{Q^3(\xi)}}\right.\\&\left.\cdot\frac{z^2}{2\xi h_1^2}+\frac{2\xi+a^2+b^2}{(a^2+\xi)(b^2+\xi)\sqrt{Q(\xi)}}\cdot\frac{z^2}{2\xi h_1^2}\right\}\\=&A\left\{\frac{2\xi^{1/2}\left[\xi(a^2b^2-\eta\zeta)-a^2b^2(\eta+\zeta)-(a^2+b^2)\right]\eta\zeta}{a^2b^2(\xi-\eta)(\xi-\zeta)(a^2+\xi)(b^2+\xi)^{1/2}}\right\}\end{aligned}\tag{A4.6.7}$$

公式 (A4.6.6) 右端的积分, 由公式 (A4.6.3) 和公式 (A4.6.4), 得知为

$$-\int_\varepsilon^\infty \frac{(2s+a+b)\,\mathrm{d}s}{(a^2+s)(b^2+s)\sqrt{Q(s)}}=-\frac{2}{ab^2}\left[E(u)-\frac{\mathrm{sn}u\mathrm{cn}u}{\mathrm{dn}u}\right]\tag{A4.6.8}$$

因而最后得到

$$\begin{aligned}\frac{\partial^2 f}{\partial z^2} =& A\left\{\frac{2\xi^{1/2}\left[\xi(a^2b^2-\eta\zeta)-a^2b^2(\eta+\zeta)-(a^2+b^2)\eta\zeta\right]}{a^2b^2(\xi-\eta)(\xi-\zeta)(a^2-\xi)^{1/2}(b^2+\xi)^{1/2}}\right.\\ &\left.-\frac{2}{ab^2}\left[E(u)-\frac{\mathrm{sn}u\mathrm{cn}u}{\mathrm{dn}u}\right]\right\}\end{aligned} \tag{A4.6.9}$$

这就是公式 (3.11.26). 读者可以将此公式与 Sneddon 与 Lowengrub 的著作第 171 页上的公式 (3.8.18) 相对照, 可见该著作上的公式 (3.8.18) 有严重错误.

我们这里所用的记号与 Sneddon 与 Lowengrub 的著作稍有不同, 我们这里的函数 $f(x,y,z)$ 与那里的 $\phi(x,y,z)$ 相当, 这里 ξ,η,ζ 表示椭球坐标, 而 Sneddon 等的著作上用 λ,μ,ν, 这只是纯粹形式上的差别.

附录五　传统与非传统材料性质涉及的群论的概念简介

A5.1　晶体的对称性和点群

周期晶体是一种传统材料, 它具有平移对称性. 这种对称性是在平移变换

$$\boldsymbol{T} = l\boldsymbol{a} + m\boldsymbol{b} + n\boldsymbol{c} \tag{A5.1.1}$$

下, 晶体具有某些不变性, 其中 $\boldsymbol{a}, \boldsymbol{b}, \boldsymbol{c}$ 代表晶格基矢量, l, m, n 为任意整数. 方程 (A5.1.1) 代表一种对称操作, 它是一种平移操作. 从数学上加以抽象, 平移操作构成平移群. 此外, 还有旋转操作和映射 (或镜面) 操作. 它们属于点操作. 下面给出关于旋转操作和取向对称性的简单介绍.

环绕晶格内任何一根轴旋转, 如果旋转角为 $2\pi/1, 2\pi/2, 2\pi/3, 2\pi/4$ 和 $2\pi/6$ 或它们的整数倍, 晶体都能恢复到原来的状态. 这是晶体的取向对称性, 或长程取向序. 由于平移对称性的制约, 取向对称性只在 $n = 1, 2, 3, 4$ 和 6 的情形下成立, n 不能等于 5, 也不能大于 6 , 这里的 n 是分数 $2\pi/n$ 的分母 (例如, 一个分子可以具有五重旋转对称性, 但是晶体就不可能具有这种对称性, 否则将导致重叠或缝隙, 图 10.1.1 就是 $n = 5$ 情形下晶体不可能存在的例子). 这一事实构成了如下晶体学对称基本定律.

晶体对称定律　在旋转操作下, n 重对称轴可以简单地用 n 代表, 由于平移对称性的制约, 轴只有 $n = 1, 2, 3, 4$ 和 6, 没有 5 也不能大于 6.

不同于平移对称性, 旋转是一种点对称性. 其他的点对称性有: 对称面, 相应的操作是映射 (或称镜面), 用符号 m 表示; 对称中心, 对应的操作是反演, 用符号 I 表示; 旋转 - 反演轴, 对应的操作是旋转和反演的复合操作, 当旋转 $2\pi/n$ 后反演, 用符号 $\bar{n}$ 表示.

对晶体而言, 点操作只包含相互独立的八种, 亦即

$$1, 2, 3, 4, 6, \quad I = (\bar{I}), \quad m = \bar{2}, \bar{4} \tag{A5.1.2}$$

它们是点对称的基本对称元素.

旋转对称也可以用符号 $C_n, n = 1, 2, 3, 4, 6$ 表示.

镜面 (映射) 也可以用符号 σ 表示. 水平镜面用符号 m_h 或 S_h 标记, 铅直镜面用符号 S_v 表示.

镜面 - 旋转是一种复合操作, 用符号 S_n 表示, 它可以理解为

$$S_n = C_n\sigma_h = \sigma_h C_n$$

前面说到的反演可以理解为

$$I = S_2 = C_2\sigma_h = \sigma_h C_2$$

另一个复合操作 —— 与 S_n 相联系的旋转–反演 $\bar{n}$ 时, 例如, $\bar{1} = S_2 = I$, $\bar{2} = S_1 = \sigma, \bar{3} = S_6, \bar{4} = S_4, \bar{6} = S_3$.

所以公式 (A5.1.2) 又可以表示成

$$C_1, C_2, C_3, C_4, C_6, I, \sigma, S_4 \tag{A5.1.3}$$

这八个基本操作中的每一个的集合构成一个点群, 它们及其复合操作的集合 (即全体) 构成晶体 32 个点群.

A5.2 准晶的对称性和点群

准晶中迄今出现了周期晶体中所不允许的 $n = 5, 8, 10, 12, 18$ 的取向对称性, 前 4 种仅在固体准晶中, 后两种在软物质准晶中. 它们和其他的点操作复合, 例如, 5,10,5m,10mm,$\overline{10}$,8,8mm,12,12mm,235,m$\bar{3}\bar{5}$ 等, 构成了许多新的点群. 例如, 一维固体准晶具有 31 个点群, 全部为晶体学点群; 二维固体准晶具有 57 个点群, 其中 31 个为晶体学点群, 26 个为非晶体学点群; 三维固体准晶具有 60 个点群, 其中 32 个为晶体学点群, 28 个为非晶体学点群; 软物质的十二次对称准晶, 与固体的十二次对称准晶具有相同的对称性; 软物质的十八次对称准晶是新型的结构 (固体中尚未发现十八次对称准晶), 构成新的点群. 可见, 准晶的发现, 导致大量新的点群的出现, 自然导致大量新的空间群的出现 (很可惜, 我们未能涉及空间群), 对群论的发展有很大的推动作用. 准晶由其对称性去分类, 主要依据点群. 准晶的材料常数也依靠点群, 同时利用群表示理论去确定, 可见点群和群表示理论在准晶研究中的重要性.

A5.3 群的数学概念

前面我们通过晶体对称操作引进群的概念, 比较直观, 读者易于了解. 在某个变换下一个系统保持不变, 我们称这一变换为对称变换. 进而再作一个对称变换, 我

们称它为两个变换的乘积. 显然这依然是对称变换. 三个以上对称变换的乘积将满足结合律. 对称变换的逆变换仍然是对称变换. 还有恒等变换, 也是对称变换. 这种变换的集合 (全体) 组成一个群, 具体的变换是这个群中的一个元素. 除了前面讨论过的晶体平移变换群、点群外, 在弹性和流体问题研究中所引用的坐标变换, 如果它的矩阵的行列式不等于零, 那么它存在逆变换, 如果矩阵的元素只有对角元素, 并且等于 1, 它等价于一个恒等变换. 这类坐标变换的全体也是群的一个例子. 现在把各种具体的群的例子的共同特性加以总结, 可以归结为:

(1) 封闭性　集合 G 中的两个元素 g_i 和 g_j, 也就是 $g_i \in G, g_j \in G$, 那么 $g_i g_j \in G$;

(2) 结合律　如果 $g_i, g_j, g_k \in G$, 那么 $g_i(g_j, g_k) = (g_i, g_j)g_k$;

(3) 存在恒元素 E　如果 $g_i \in G$, 那么 $Eg_i = g_i$;

(4) 存在逆元素 g_i^{-1}　如果 $g_i \in G$, 那么 $g_i g_i^{-1} = E$.

以上四点又称为群的四条公设. 它们自然适合于点群. 我们在本书中主要涉及点群及后面要介绍的 Lie 群.

A5.4　群的线性表示

假设元素 g_i 属于群 G, 它对应矩阵 A_i, 并且假设所有矩阵具有相同的阶, 它们的行列式不等于零, 如果乘积 $g_i g_j$ 对应于乘积 $A_i A_j$, 我们就称矩阵 A_i 是群 G 的线性表示.

假设群 G 的线性表示对应于 n 阶矩阵 A_i, 又有同一个群的线性表示对应于 m 阶矩阵 B_i. 组成 $(n+m)$ 阶准对角矩阵

$$[A_i, B_i] = \begin{bmatrix} A_i, & 0 \\ 0, & B_i \end{bmatrix} \equiv [C_i]$$

假设按照矩阵 XC_iX^{-1} 转到等价表示, 那么, 一般说来, 矩阵的准对角特征就消失了. 如果这种特征仍然得到保持, 就说这种表示是可约的 (reducible), 否则就是不可约的 (irreducible). 这一点我们在准晶研究中用过. 例如, 声子与普通矢量相同, 相反地, 相位子就与普通矢量具有不同的不可约表示, 这导致除立方准晶外, 所有准晶的相位子应力场不遵守角动量守恒定律.

A5.5　Lie 群概念和在正文第 7 章有关公式推导中的应用

第 7 章中, 用 Poisson 括号方法帮助建立某些非传统材料的运动方程, 其中关系 (7.2.7) 和 (7.3.3) 以及 (7.3.4) 扮演了基础作用. 这些结果也可以用 Lie 群概念

推导出来, 下面作简单介绍.

Lie 群和前面介绍的平移群、点群都是群, 都满足群的四条公设, 但是它与后者又不同, Lie 群是一种连续群, 并且群元素乘积可以用单值解析函数来描述. 因为第 7 章介绍的动量算子是运动群的生成元, 旋量算子是旋量空间旋转群的生成元, 量子 Poisson 括号同 Lie 群有密切的内在联系, 所以有些文献提出所谓 "群 Poisson 括号" 概念.

假设 g 是群 G 的一个元素, 它用 m 个实的连续参量 α_i 来描写, 即

$$g(\alpha_i) \in G, \quad \alpha_i \in \mathbb{R}, \quad i = 1, 2, \cdots, m \tag{A5.5.1}$$

$\mathbb{R}$ 代表实空间.

符号 "·" 把两个元素 $a(\alpha_i)$ 与 $b(\beta_i)$ 联系起来, 给出另一个元素 $c(\gamma_i) \in G$:

$$c(\gamma_i) = a(\alpha_i) \cdot b(\beta_i), \qquad i = 1, 2, \cdots, m \tag{A5.5.2}$$

对于连续变化的参量, 存在

$$\gamma_i = \phi_i(\alpha_1, \alpha_2, \cdots, \alpha_m, \beta_1, \beta_2, \cdots, \beta_m) \tag{A5.5.3}$$

如果 ϕ_i 是 $\alpha_1, \alpha_2, \cdots, \alpha_m, \beta_1, \beta_2, \cdots, \beta_m$ 单值解析函数, 这种连续群为 Lie 群. 有关单值解析函数的概念, 见本书附录二.

人们常取恒元素 E(恒元素 E 等概念见前面的介绍) 的参量为零, 即 $\alpha_i(E) = 0$. Lie 群的无穷小生成元 L_i, 可以用下面的偏导数表示

$$L_i = \mathrm{i}\frac{\partial a(\cdots, \alpha_i, \cdots)}{\partial \alpha_i}\bigg|_{\alpha_i = 0} \tag{A5.5.4}$$

群元素 a 可以用下列展开式表示

$$a(\cdots, \alpha_i, \cdots) = E(\cdots, 0, \cdots) + \alpha_i L_i + O(\alpha_i^2) \tag{A5.5.5}$$

Lie 群的无穷小元素在 Lie 群中具有重要意义. 假设 $D(A)$ 矩阵是 Lie 群 G 元素的表示矩阵. 无穷小元素 $A(\alpha)$ 的参量为无穷小量 α_i. 矩阵 $D(A)$ 可以作如下展开:

$$D(A) = 1 - \mathrm{i}\sum_{j=1}^{N} \alpha_j I_j \tag{A5.5.6}$$

又

$$I_j = \mathrm{i}\frac{\partial D(A)}{\partial \alpha_j}\bigg|_{\alpha_j = 0} \tag{A5.5.7}$$

N 个 I_j 称为表示 $D(A)$ 的生成元. Lie 代数通过群的生成元之间的对易关系

$$[L_i, L_j] = C_{ij}^k L_k, i, j, \quad k = 1, 2, \cdots, m \tag{A5.5.8}$$

构建, C_{ij}^k 称为结构常数. Lie 代数的反对称性、线性性质及 Jacobi 恒等关系如下:

$$[L_i, L_j] = -[L_j, L_i] \tag{A5.5.9}$$

$$[\alpha L_i + \beta L_j, L_k] = \alpha[L_i, L_k] + \beta[L_j, L_k], \quad \alpha, \beta \in \mathbb{R} \tag{A5.5.10}$$

$$[L_i, [L_j, L_k]] + [L_k, [L_i, L_j]] + [L_j, [L_k, L_i]] = 0 \tag{A5.5.11}$$

在弹性理论中使用的坐标变换

$$x^k \to x^k + u^k(r) \tag{A5.5.12}$$

在群论中称为平移群, 或运动群, 或无穷小运动群. 尤其有意义的是, $u^k(r)$ 在这里有明确的物理意义, 代表位移, 或晶格声子型位移. 注意, 这里 x^k 代表逆变矢量, 相反地, x_i 代表协变矢量. 前面提到有关物理量同群代数的密切联系, 因为动量算子是运动群的生成元, 旋量算子是旋量空间旋转群的生成元, 物理场变量 $a, b, c, \cdots$ 与变换群元素 $A, B, C, \cdots$ 之间可以建立某种关联

$$\{a, b, c, \cdots\} \to \{A, B, C, \cdots\} \tag{A5.5.13}$$

群元素的线性组合 A 可以由下列线性表示给出

$$A = \sum_{g \in G} A(g) g, \quad A(g) \in \mathbb{R} \tag{A5.5.14}$$

这里 $A(g)$ 可以理解为展开式的系数, 注意这里用求和号仅限于离散群, 而对连续群, 求和要换成积分, 因为在这种情形群元素为连续变化.

假设 A 可以按下式

$$A \to g A g^{-1} \tag{A5.5.15}$$

变换. 假设 δg 是一个无穷小变换, 若 $g = 1 + \delta g$, 那么线性近似为

$$A \to A + \delta A \tag{A5.5.16}$$

而

$$\delta A = [\delta g, A] \tag{A5.5.17}$$

无穷小变换 δg 可以用无穷小局域变换 "角度" $\alpha^k(r)$ 和局域变换群的生成元的 $L^k(r)$ 函数去表示, 例如,

$$\delta g = \frac{\mathrm{i}}{\hbar} \int \alpha^k(r) L^k(r) \mathrm{d}^d r \tag{A5.5.18}$$

其中 $\mathrm{i}=\sqrt{-1}, \hbar=h/2\pi$, h 为 Planck 常数.

对于运动群, 取 $\alpha^k(r)=u^k(r)$, 其生成元为动量算子, 那么由 (A5.5.17) 与 (A5.5.18) 有

$$\delta A(r)=\frac{\mathrm{i}}{\hbar}\int \alpha^k(r')\left[L^k(r'), A(r)\right]\mathrm{d}^d r' \tag{A5.5.19}$$

方程 (A5.5.19) 表明 δA 是无穷小局域变换 "角度"$\alpha^k(r)$ 的线性泛函, 相应的变分为

$$\frac{\delta A(r)}{\delta\alpha^k(r')}=\frac{\mathrm{i}}{\hbar}\left[L^k(r'), A(r)\right] \tag{A5.5.20}$$

量子力学到经典力学的极限过渡为

$$\frac{\delta\hat{A}}{\delta\alpha}=\frac{\mathrm{i}}{\hbar}\left[\hat{L},\hat{A}\right]\rightarrow\frac{\delta A}{\delta\alpha}=\{L, A\} \tag{A5.5.21}$$

再重复一下, 在量子力学中 $\hat{L},\hat{A}$ 代表算子, 在经典力学中 L, A 代表场变量. 这样式 (A5.5.21) 右端的公式不妨改写成

$$\frac{\delta a}{\delta\alpha}=\{l, a\} \tag{A5.5.22}$$

其中 a 可以代表流体动力学的任何场变量 $a, b, c, \cdots, l$ 代表它们所属的生成元 $l^k(r)$, 所以由 (A5.5.22) 有

$$\frac{\delta a(r)}{\delta\alpha^k(r')}=\left\{l^k(r'), a(r)\right\} \tag{A5.5.23}$$

进而

$$\frac{\delta l^m(r)}{\delta\alpha^k(r')}=\left\{l^k(r'), l^m(r)\right\},\quad \{a, a\}=\{a, b\}=\{b, b\}=0 \tag{A5.5.24}$$

因为在有限温度下, Hamilton 量可以表示成

$$H=\int\varepsilon(p,\rho,s)\mathrm{d}^d r,\quad \mathrm{d}\varepsilon=V^k\mathrm{d}p_k+\mu\mathrm{d}\rho+T\mathrm{d}s$$

其中 ε 为能量密度, $p=(p_x,p_y,p_z),\rho$ 意义同前, s 为熵, $V=(V_x,V_y,V_z)$ 为速度, μ 为化学势, T 为绝对温度. 我们有

$$\begin{aligned}
\delta p_k&=-u^l\nabla_l p_k-p_k\nabla_l u^l-p_k\nabla_l u^l\\
\delta\rho&=-u^l\nabla_l\rho-\rho\nabla_k u^k\\
\delta s&=-u^l\nabla_l s-s\nabla_k u^k
\end{aligned} \tag{A5.5.25}$$

由式 (A5.5.24) 和式 (A5.5.25), 得到

$$\{p_k(r_1),\rho(r_2)\}=\rho(r_1)\nabla_k(r_1)\delta(r_1-r_2)$$

$$\{p_k(r_1), p_l(r_2)\} = (p_l(r_1)\nabla_k(r_1) - p_k(r_2)\nabla_k(r_2))\,\delta(r_1 - r_2) \tag{A5.5.26}$$

这和用凝聚态物理学 Poisson 括号所得结果 (7.2.7) 完全一样. 这是苏联 Landau 学派得到的结果.

把以上方法用到准晶, 有

$$\{u_k(r_1), g_l(r_2)\} = (-\delta_{kl} + \nabla_l(r_1)u_k)\,\delta(r_1 - r_2) \tag{A5.5.27}$$

$$\{w_k(r_1), g_l(r_2)\} = (\nabla_l(r_1)w_k)\,\delta(r_1 - r_2) \tag{A5.5.28}$$

这与 Lubensky 等直接用 Poisson 括号得到的 (7.3.3) 和 (7.3.4) 也一致.

这表明群论方法的有效性和普遍性. 若干文献还证明, 有了以上结果, 再使用 Liouville 方程 (见第 7 章), 就可以得到有关体系的运动方程, 这实际与第 7 章的方法是一致的, 但是具有更大的普遍性 (包括许多在第 7 章未介绍的领域都有效).

以上结果不仅用于固体准晶, 见第 10 章的有关内容, 同时也可以用于软物质包括软物质准晶, 见第 11 章的有关内容.

凝聚态物理的 Poisson 括号方法已经是一个具有较大普遍性的方法, Lie 群和 Lie 代数方法具有更大的普遍性, 可以帮助我们探求其他更复杂的非传统材料的性能包括它们的运动方程.

名 词 索 引